U0385798

JIANMING GONGYE JISHUXUE

简明工业技术学

（工商管理及经济管理类专业适用）

曹英耀◎主编

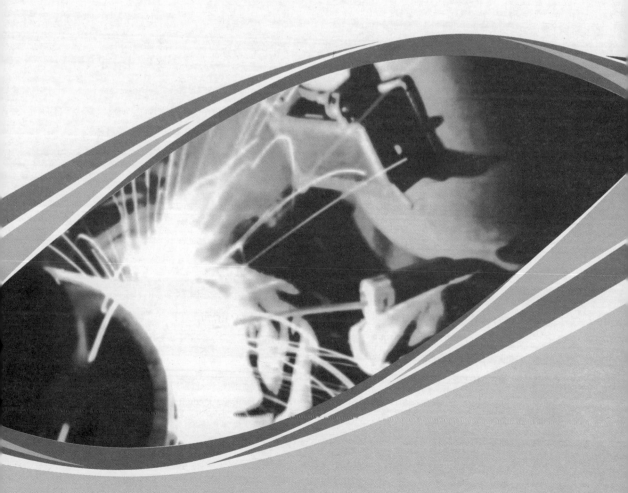

中山大学出版社
·广州·

图书在版编目（CIP）数据

简明工业技术学/曹英耀主编．—广州：中山大学出版社，2013.2
ISBN 978 - 7 - 306 - 04435 - 8

Ⅰ．①简…　Ⅱ．①曹…　Ⅲ．①工业技术—理论　Ⅳ．①T - 0

中国版本图书馆 CIP 数据核字（2013）第 021264 号

出版人：祁　军
策划编辑：周建华
责任编辑：曹丽云
封面设计：曾　斌
责任校对：曾育林
责任技编：何雅涛
出版发行：中山大学出版社
电　　话：编辑部 020 - 84111996，84113349，84111997，84110779
　　　　　发行部 020 - 84111998，84111981，84111160
地　　址：广州市新港西路 135 号
邮　　编：510275　传　真：020 - 84036565
网　　址：http：//www. zsup. com. cn　E-mail：zdcbs@ mail. sysu. edu. cn
印 刷 者：佛山市南海印刷厂有限公司
规　　格：787mm × 1092mm　1/16　19. 625 印张　465 千字
版次印次：2013 年 2 月第 1 版　2013 年 2 月第 1 次印刷
印　　数：1 ~ 2000 册　定　价：39. 80 元

内 容 简 介

　　工业技术是工业产品生产制造之术，是每一个工业生产操作人员、工商企业管理人员以及各经济部门管理人员都必须学习和掌握的技术，也是大学教育中工商管理专业及各经济管理专业学生应当学习和掌握的知识技能。本教材将现代工业若干基本部门的生产知识技术，包括冶金、机械、电子、化工、能源、建材、纺织、食品等工业生产技术综合在一起，高度概括，简明易懂，可用作大学本科、专科和高职高专的工商管理专业及各经济管理专业的教材，也可以用作工商企业和经济管理部门在职人员的培训教材和自学书籍。

前　言

　　技术，多指产品生产制造之术。生产技术是区分社会经济时代的重要标志。手工业技术体现了农业经济时代的工业萌芽，大机器工业技术是工业经济时代的根本标志，电子信息技术标志着知识经济时代的到来。上述手工业技术、大机器工业技术、电子信息技术可以统称为工业技术，即工业产品开发制造之术。工业技术是每一个工业生产操作人员、工商企业管理人员以及各经济部门管理人员都必须学习和掌握的技术，更是大学教育中工商管理专业及各经济管理专业学生应当学习和掌握的知识技能。

　　工业技术学是一门面向工商管理专业及各经济管理专业的学生和管理人员设置的、综合介绍各工业部门产品生产基本流程及相关工艺技术的课程。它不同于理工科专业的工业技术专业课程，一般要比理工科专业技术课的内容简略一些，侧重于从生产流程的角度介绍其基本工艺技术。早在20世纪50年代，我国一些大学的工业管理专业和其他经济管理专业就已经开设这门工业技术课，并延续至今。可见，工业技术学在我国大学经济管理专业教育中是一门有几十年历史的老课程。但是，限于几十年前我国社会经济和高等教育的条件，工业技术学基本上是一门无成书教材的讲座式课程。本书主要作者曹英耀20世纪60年代毕业于中国人民大学工业经济管理专业，当时所学习的专业课中就有工业技术学课程，分为采矿、冶金、机械、化工、发电等若干部分，无成书教材，而是由老师将一些简要材料（称为"讲义"）油印发给学生，并且学生多数是到厂矿企业中去，一边实习劳动一边听课学习，真正做到理论与实践相结合，学生收获丰厚。大学毕业后，老师当年讲课发下来的那些油印的零散"讲义"早已荡然无存，但学生们所学到的工业生产知识技能对一生的工作和发展影响深远。许多学生都是因为当年在大学里学到了工业各部门生产的技术知识和管理技能，在日后的工作中逐步成长为工业或相关经济部门的厂长、书记、局长、厅长、市长、省长、部长、教授、总经济师、总会计师、总工程师等，成为国家经济建设的骨干人才。

　　本书尝试着将现代工业若干基本部门的生产技术，包括冶金、机械、电子、化工、能源、建材、纺织、食品等工业技术综合在一起出版，为大学工商管理专业及各经济管理专业教学提供一本工业技术学教材。本书的特点是具有生产实践性、知识技能性、实操应用性和综合简明性，并且简明易懂，尽量让学习者有兴趣阅读，学有所得，增长知识，提高技能，在今后的工作、学习、教学乃至日常生活中发挥助力作用。本书可用作大学本科、专科和高职高专的工商管理专业及各经济管理专业的教材，也可以用作工商企业和经济管理部门在职人员的培训教材和自学书籍。

　　本书作者分别是于20世纪60年代、80年代、90年代毕业的工业管理、工程技术等专业的大学生、研究生，系高级经济师、高级工程师、大学副教授等，曾分别在工业企业、大专院校、科研机构和政府经济管理部门工作，有深厚的技术理论基础和丰富的实践经历。全书由曹英耀策划、构思和设计，并提出各章主要纲目，然后由各位作者分别编写。其中，曹英耀编写第一章"冶金工业技术"、第三章"电子工业技术"、第五章"能源工业技术"、第六章"建材工业技术"，李志坚编写第二章"机械工业技术"，曹毅编写第四章"化学工业技术"，曹曙编写第七章"纺织工业技术"，陈高梅编写第八章"食品工业技术"。最后由曹英耀统一汇总并修改定稿。

本书编写得到中国人民大学商学院原工业经济系讲授工业技术学课程的韩荣、邓志刚、杨域疆、汪星明等老教授们的指点，得到中国科学院研究员、广东培正学院原院长凌征海和现校长张蕾博士的指导，在此表示衷心感谢。

本书编写过程中参考了许多现代工业生产技术的资料，在此对参考书目的各位作者表示衷心感谢。技术学书籍专业性、技术性很强，鉴于作者学识有限，本书中可能存在谬误和不足之处，恳望各位读者阅读后批评指正，以作今后修改之据。

曹英耀

2012 年 12 月于广州花都

目　　录

第一章 冶金工业技术

冶金是一门研究如何经济合理地从矿石中提取金属并加工处理，使之适于人类应用的技术科学。冶金技术从内容上包括化学冶金和物理冶金两部分，前者常称为冶金学，研究如何从矿石和其他原料中提取金属；后者还包括金属学，研究金属及其合金的组织和性能，以便进一步加工处理成各种金属材料，以适应各行业不同用途的需要。

金属分为黑色金属和有色金属两大类。黑色金属包括铁、钢及铁合金，有色金属包括除黑色金属以外的所有金属。因此，冶金工业按照金属的两大类别，通常划分为黑色冶金工业和有色冶金工业，前者又称为钢铁冶金。金属是国民经济建设、人民生活需要和国防建设的极其重要的物质资料。其中，钢铁是应用最广的金属材料，国民经济各行业都要用各种现代化的机械来装备，而机械工业的主要原材料乃是钢铁；建筑业需要冶金工业提供各种钢材，如钢梁、钢筋、钢管等；建设强大的国防工业也需要大量钢铁。钢铁等金属材料的产量、质量和品种，是衡量一个国家国民经济发展水平的重要标志之一。冶金工业是基础工业，对发展国民经济和科学技术及巩固国防都有重要作用。

冶金是从矿石中提炼金属的生产方法，就其具体提炼方法而言，按其原料条件和生产特点不同可分为三类：①火法冶金。即利用高温从矿石中提取金属及其化合物的方法。②湿法冶金。即在常温或稍高于常温下利用溶剂从矿石中提取和分离金属的方法。③电冶金。即利用电能提取和精炼金属的方法。钢铁冶金属于火法冶金，包括高炉炼铁、转炉炼钢、电炉炼钢等，其中电炉炼钢又属于电冶金；有色金属冶金则兼有火法冶金、湿法冶金两种不同的方法技术。

在世界冶金史上，我国的冶金技术成就最早。早在公元前700多年的春秋时期我国就发明了冶铁技术，公元前200多年的战国时期已经发明了炼钢技术。但是，长期的封建主义的束缚和帝国主义的侵略，严重地阻碍了我国钢铁冶金工业的发展。直到1949年新中国成立后，大规模地进行社会主义现代化建设，我国的钢铁等冶金工业才得到迅速发展。20世纪90年代中期，我国年钢产量突破1亿吨大关，雄踞世界各国钢产量榜首。进入21世纪以来，我国年钢产量迅速递增，近几年每年钢产量都在5亿吨以上，2011年达到7.2亿吨，稳居世界第一位；其他金属冶炼也得到迅速发展。在金属产量快速增长的同时，金属产品的质量在不断提高，品种也在迅速增加，与我国不断提升的世界经济大国地位相适应，为国民经济各行业技术进步和产品更新换代提供了坚实的物质基础。

第一节 炼 铁

炼铁是指利用含铁矿石、燃料、熔剂等原辅材料，通过冶炼生产合格生铁的工艺过程。现代主要是应用高炉炼铁法（火法冶金）冶炼生铁，通过高温炉将铁从铁矿石中还原出来，并熔炼成生铁。生铁是铁元素和碳元素的组合物，其中还含有少量硅、锰、硫、磷等元素，其含碳量一般为 $2.2\% \sim 4.5\%$。生铁分为炼钢生铁和铸造生铁两种，其主要区别在于含硅量不同。我国约90%以上的生铁为炼钢生铁，其余的为铸造生铁。

一、高炉炼铁的原料

原料是炼铁生产的物质基础。高炉炼铁的原料主要有铁矿石、燃料和熔剂。冶炼 1 t 生铁，一般需 $1.5 \sim 2.0$ t 铁矿石，$0.4 \sim 0.6$ t 焦炭，$0.2 \sim 0.4$ t 熔剂，总计原料 $2 \sim 3$ t。

（一）铁矿石

自然界中以金属状态存在的铁是极少的，铁成分一般是以化合物的形式存在于各种岩石中。在现有的技术条件下能比较经济地从中冶炼出生铁的含铁岩石，称为铁矿石。铁矿石由含铁矿物和脉石矿物所组成，前者为能够利用的有用矿物，后者为目前尚不能利用的脉石矿物。

1. 铁矿石的种类

铁矿石按其矿物组成主要分为四大类，它们具有不同的化学成分、结晶构造、外部形态和物理特性。

（1）磁铁矿，主要含铁矿物为四氧化三铁（Fe_3O_4），呈黑色，结构致密，还原性差，磁性强，含硫、磷量较高。

（2）赤铁矿，主要含铁矿物为三氧化二铁（Fe_2O_3），呈红色，易破碎，还原性较好，磁性弱，含硫、磷量较低。

（3）褐铁矿，主要含铁矿物为含水氧化铁（$nFe_2O_3 \cdot mH_2O$），呈黄褐色，组织疏松多孔，还原性好，含磷量较高。

（4）菱铁矿，主要含铁矿物为碳酸盐铁（$FeCO_3$），呈灰色或带黄褐色，受热易分解，还原性很好，含硫量低而含磷量较高。

2. 铁矿石的质量要求

铁矿石的质量要求如下：

（1）含铁量（矿石品位）尽可能高。铁矿石含铁量愈高，脉石愈少，则燃料和熔剂的消耗就愈少，高炉的炼铁产量愈高。工业上适用的铁矿石含铁量范围一般在23%～70%之间，根据铁矿石的品位高低，将品位（含铁量）较高者称为富矿，富矿不需选矿处理即可直接入炉冶炼；将品位较低者称为贫矿，贫矿需要先经选矿处理才能入炉冶炼。一般将含铁量在50%以上者划为富矿，低于50%者划为贫矿。我国铁矿石品位低，贫矿占铁矿石总储量的80%以上，而且分布分散，储量不多。随着我国钢铁工业的迅速发展，国内铁矿石开采在产量和质量上都不能满足钢铁生产的需要，因此我国铁矿石进口量逐年增加，目前每年从澳大利亚和巴西等国家进口富铁矿数亿吨，我国生铁产量一半以上是用进口铁矿石生产的。

（2）脉石成分尽可能少。铁矿石中的脉石成分绝大多数为二氧化硅（SiO_2），此为酸性氧化物。脉石中酸性氧化物越多，熔剂和燃料的消耗量就越大，高炉铁产量则越低，所以，脉石中的酸性氧化物越少越好。铁矿石中的脉石也有碱性氧化物，如氧化钙、氧化镁，还有两性氧化物如三氧化二铝等，高炉炼铁时则可以减少熔剂投放量。

（3）有害元素的含量尽可能少。铁矿石中的有害元素是指那些对冶炼有妨碍或使矿石冶炼时不容易获得优质生铁产品的元素，主要有硫、磷、铅和锌等元素。硫是对钢铁极为有害的元素，它能使钢产生热脆性，在钢材轧制或锻造时易产生裂纹，在铸造生铁时会降低铸件强度及铸造性能。在高炉冶炼过程中，大部分硫可以除去，但脱硫需要增加熔剂和燃料，导致高炉产量下降，所以要求铁矿石中含硫量越少越好。磷也是钢铁中的有害成分，它能使钢铁产生冷脆性，降低钢的塑性和韧性，低温时更使钢材产生脆裂，因此，要求冶炼生铁前要控制原料的含磷量。铅和锌也是高炉炼铁的有害元素，铅密度大于铁水，相对密度大而往往沉积于高炉底铁水层之下，渗入炉砖缝中而破坏炉底砌砖，最终毁坏高炉；锌的沸点低，不熔于铁水，往往粘贴在高炉炉身上部炉墙上，形成炉瘤，部分渗入炉衬，从而引起炉衬膨胀而被破坏。因此，要求高炉炼铁的铁炉石中含铅量和含锌量都不得超过 0.1%。

（4）还原性尽可能好。还原性是指铁矿石中与铁结合的氧被气体还原剂（如一氧化碳）夺取的难易程度。铁矿石的还原性越好，铁在高炉中还原越容易完全，燃料消耗越少。还原性决定于铁矿石的种类、块度和入炉前的处理等。

（二）燃料

高炉炼铁的主要燃料是焦炭。焦炭是由采出的原煤经过洗煤、配煤、炼焦和产品处理等工序得到的高炉燃料。焦炭是一种多孔而坚固的燃料，发热值较高，一般为 25 000 ～ 30 000 kJ/kg（千焦/千克）。焦炭在高炉炼铁过程中起到三方面的作用：发热剂、还原剂和料柱骨架。高炉冶炼所消耗的热量中，70% ～ 80% 来自焦炭燃烧所放出的热量；高炉冶炼所需要的还原剂几乎全部由焦炭燃烧所得，焦炭燃烧生成的一氧化碳及焦炭中所含的固定碳，是高炉冶炼的主要还原剂；焦炭在料柱中占 1/3 ～ 1/2 的体积，它质量坚固，在燃烧之前既不软化又不熔化，在高炉内起骨架作用，支持料柱并维持料柱的透气性，利于炉料燃烧和熔化冶炼。

高炉冶炼对焦炭质量有较高的要求，一是焦炭的含碳量要高，灰分要低，含硫量要少，以减少高炉冶炼中燃料和熔剂的消耗，提高铁产量；二是焦炭强度要好，粒度应合适而均匀，以改善高炉料柱的透气性；三是焦炭的含水量要稳定，焦炭是按重量入炉的，含水量的不稳定会造成千焦量的波动，从而导致炉内温度波动而影响高炉生产。

焦炭是高炉炼铁的主要燃料。但是，由于世界上炼焦煤资源有限，焦炭供应不足，同时，随着高炉冶炼喷吹技术的发展，近年来世界各国广泛使用喷吹燃料技术，即从高炉风口向炉内喷吹重油、无烟煤粉、天然气等。目前，喷吹的燃料占全部燃料用量的 10% ～ 30%，因此，焦炭仍然是高炉冶炼中不可完全被替代的主要燃料。

（三）熔剂

熔剂，又叫助熔剂。铁矿石中的脉石和焦炭中的灰分大多是酸性氧化物，熔点很高，在高炉冶炼过程中不易熔化，因此不能与金属很好地分离；但当加入碱性熔剂后，脉石和灰分与熔剂发生化学作用生成熔点较低的化合物和共溶体即炉渣，易与铁水分离，且有良好的流动性，浮于铁水表面，并定期从炉缸排出，使高炉生产顺利进行。同时，加入碱性熔剂，还能除去铁矿石中的有害杂质硫，改善和提高生铁质量。

高炉冶炼使用的碱性熔剂主要有石灰石（$CaCO_3$）和白云石（$CaCO_3 \cdot MgCO_3$），其中以石灰石应用最广。根据铁矿石中脉石和焦炭中灰分成分不同，高炉冶炼有时还要使用酸性熔剂如石英（SiO_2）或中性熔剂如高铝原料。高炉冶炼对碱性熔剂的质量要求是碱性氧化物含量高，硫和磷含量低，机械强度高，粒度均匀适中。

二、铁矿石入炉前的处理

高炉冶炼以原料为基础。从矿山开采出来的原矿石，其化学成分差异大，粒度大小悬殊，特别是贫矿的含铁量低，不能满足冶炼对原料的要求，因此，入炉前必须经过一定的处理。对铁矿石进行冶炼前的准备和处理，目的是把从矿山开采出来的原矿变成适合高炉冶炼的"精料"，一般要经过破碎、筛分、混匀、焙烧、选矿、造块等准备处理加工过程。

（1）破碎和筛分。开采出来的矿石大多数粒度过大，还原较慢，焦炭消耗量会大大增加；而粒度过细或不均匀，料柱的透气性不好，一部分矿粉还会被煤气从炉顶带出。通过破碎和筛分，使铁矿石的粒度达到小、净、匀，以符合高炉冶炼的要求。破碎按粒度可分为粗碎、中碎、细碎和粉碎四个阶段。由于矿石破碎后粒度还很不均匀，须进行筛分除去粒度过小的矿石，并将粒度过大的矿石分出进行再破碎，最终达到 5 ～ 45 mm 粒度，以满足高炉冶炼的要求。目前，矿石破碎的主要方式为机械破碎，破碎方法有压碎、劈碎、折断和击碎等。常用的破碎机有颚式破碎机、圆锥破碎机、辊式破碎机等。常用的筛分设备有振动筛、固定条筛、回转筛等。

（2）混匀。混匀的目的是使入炉铁矿石成分稳定，炉况顺行，从而稳定高炉操作。矿石混匀一般采用"平铺直取"的方法，即将来料以每层 200 ～ 300 mm 的厚度沿水平方向铺于料场中达一定的高度，取矿时再沿料堆垂直方向截取矿石，这样可以同时截取多个层次的矿石，从而达到矿石混匀的目的。

（3）焙烧。焙烧是对矿石进行热加工处理的一种方法，是将铁矿石加热到比其熔化温度低 200 ～ 300 ℃的加热过程，目的是改变矿石的化学组成，除去有害杂质，回收有用元素，同时还可以使矿石变得疏松，提高矿石的还原性。

（4）选矿。天然矿石中富矿少而贫矿多，矿石中含铁量较低且不均匀，脉石较多，如直接入炉冶炼，会增加熔剂和燃料的消耗量，生成大量的渣，降低高炉出铁产量，因此要经过选矿才能入炉。选矿的目的是为了提高入炉矿石的品位。矿石经过选别作业可以得到精矿、中矿、尾矿三种矿石。精矿是指选矿后得到的含有用矿物较高的矿石，用于入炉冶炼；中矿为选矿过程的中间产品，需进一步选矿处理；尾矿是经过选矿后留下的废弃物。选矿是利用矿石中含铁矿物和脉石的性质不同而进行的。常用的选矿方法有洗矿法、重力选矿法、磁选法等。洗矿法是利用含铁矿物和脉石的硬度和相对密度不同，用水冲洗去一部分脉石而选分的方法，适用于脉石属黏土沙质的矿石。重力选矿法是利用含铁矿物和脉石的相对密度不同而使其分离的方法。磁选法是利用含铁矿物和脉石的磁性不同进行选分的方法。

（5）造块。矿石经过选矿后得到粉状精矿，其粒度很细，必须造成块状才能入炉冶炼；同时，冶炼过程中常常会产生高炉炉尘、氧化转炉炉尘、轧钢皮等，为了充分利用上述废料资源，变废为宝，变害为利，也要将其进行造块回炉再炼。粉矿造块的重要意义在于不仅能满足冶炼对粒度的要求，而且能改善原料的还原性，并除去一部分有害杂质硫；在造块过程中加入熔剂可使矿石冶炼达到自熔，冶炼时可以不再加入或少加入熔剂（石灰石），从而改善高炉冶炼的经济技术指标。

矿石现代造块的方法主要有烧结法和球团法。烧结法是国内外应用最广的造块方法，是在铁矿粉中配入一定比例的熔剂（石灰石粉或石灰粉）和燃料（焦炭末或无烟煤粉），加入适量的水，经过混合后，放在带式烧结机中，在点火温度为 1 150～1 300 ℃条件下抽风烧结，利用其中燃料燃烧产生的热量，在 1 200～1 500 ℃高温下使原料局部生成液相物，将粉矿黏结在一起，形成坚实而多孔的烧结矿，以适合高炉冶炼对原料的要求。烧结生产工艺主要包括烧结原料的准备和加工处理、配料、混合与制粒、烧结和产品处理等工序。烧结矿从烧结机卸下后再经过破碎、筛分和冷却的整粒过程，运至高炉料仓。一般情况下，烧结矿整粒后保持在5～50 mm范围内，其中经整粒后的粉末（小于5 mm者）含量不超过5%。

球团法是一种新型的造块方法，球团矿无论在高炉、转炉或平炉、电炉中都能使用。球团法是指把细磨铁精矿粉或其他含铁粉料和熔剂混合后，在加水润湿的条件下，通过圆盘造球机或圆筒造球机滚动成10～25 mm的小圆球，再经过在焙烧设备中干燥焙烧，固结成为具有一定强度和冶金性能的球形含铁球团矿的过程。球团矿生产的工艺流程一般包括原料的准备、配料、混合、造球、干燥和焙烧、冷却、成品和返矿处理等工序。球团矿的焙烧方法按焙烧设备分为带式焙烧机法、竖炉法和链箅机—回转窑法。球团法与烧结法相比较，其优点是球团矿粒度均匀，还原性好，常温强度高，而且特别适用于细磨精矿粉的造块，但工艺操作较复杂，所需设备较多。随着高炉炼铁技术的进步和细磨精矿技术的提高，近30年来，球团技术也有了相应的发展和应用，世界上球团矿产量增长很快。我国造块技术随着高碱度烧结矿配加酸性球团合理炉料结构的推广，球团矿生产有较大的发展。

三、高炉炉体及附属设备

高炉炼铁设备由一整套复合设备系统构成，包括主体设备高炉本体及上料设备、装料设备、送风设备、喷吹设备、煤气除尘设备、铁渣处理设备等附属设备。

（一）高炉炉体

高炉炉体是一个竖直的圆柱形炉子，外面用钢板制成炉壳，内砌耐火砖，多用黏土砖砌成炉壁。为了延长炉壁的寿命，其内装有冷却装置，多用水做冷却介质。炉体和炉料的重量由炉基承受。

图1-1为高炉的剖视图，其主要组成部分为炉缸、炉腹、炉腰、炉身、炉喉。炉喉呈圆柱形，炉料由装料设备加入到炉喉，炉喉上部装有4个煤气上升管，高炉煤气由此引出。炉身占高炉炉体的大部分，由于炉料在下降过程中受热膨胀，为减小炉料下降

的阻力，炉身自上而下逐渐扩大，直至炉腰为高炉最宽阔的区域。炉腰为圆柱形，是炉身与炉腹的过渡段。在炉腹内，由于生铁及炉渣的形成及熔化，炉料的体积减小，因此炉腹向下逐渐缩小，呈圆锥台形。炉缸呈圆柱形，上部有若干个风口，预热的空气经环形风管和风口送入高炉，炉缸下部集聚着铁水和炉渣，定期从铁口和渣口流出。炉缸部位设置的铁口、风口和渣口的数目依据炉容、炉缸直径和冶炼强度而定。我国宝钢 1 号高炉炉容 4 063 m³，共设置 4 个铁口、36 个风口。

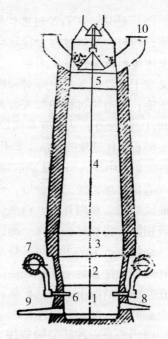

图 1-1　高炉剖视图
1. 炉缸；2. 炉腹；3. 炉腰；4. 炉身；
5. 炉喉；6. 风口；7. 环形风管；
8. 渣口；9. 铁口；10. 煤气上升管

（二）附属设备

附属设备主要包括如下六个部分：

（1）上料设备，包括贮料槽（不少于 10 个）、贮焦槽（2 个）、称量车、料车坑、料车、斜桥及卷扬机等。贮料槽的原料先卸入称量设备中进行称量，然后卸入料车中，料车由卷扬机带动沿斜桥到达高炉炉顶。上料系统要按规定的原料品种和数量，及时地将大量原料送到高炉炉顶并倾入炉顶装料设备之中。

（2）装料设备，即炉顶装料设备，分为双料钟式炉顶装料设备（即马基式炉顶）、无料钟炉顶装料设备等，以前者使用为多，具体包括接受漏斗、小料斗、大料斗、大料钟、探料装置、传动机构、电动机等。沿斜桥到达炉顶的料车将炉料倾入接受漏斗，炉料再相继进入小料斗（又称旋转布料器）、小料钟、大料斗、大料钟，最终落入炉喉处。装料系统要保证将炉料接收并送进炉喉，使炉料均匀地分布到炉内，并防止煤气外溢。

（3）送风设备，包括鼓风机、热风炉、送风管道及管路上的各种阀门等，其中，核心部分为热风炉。热风炉将鼓风机送来的冷空气预热到 1 000 ℃左右，再送入高炉内供燃料燃烧，使高炉能达到冶炼所需的高温，节约燃料并改善高炉的冶炼过程。每座高炉一般配备 3 座热风炉，1 座用于加热空气，2 座用于加热格子房，3 座热风炉交替地工作才能维持将热风不断地供给高炉。现代热风炉是一种蓄热式换热器，主要有内燃式热风炉、外燃式热风炉和顶燃式热风炉。

（4）喷吹设备。高炉喷吹燃料主要有固体燃料、液体燃料、气体燃料，可单独喷吹，也可混合喷吹。我国高炉以煤粉喷吹为主，其工艺过程包括煤粉的制备和煤粉的喷吹。与工艺过程相应，喷吹设备主要包括原煤仓、球磨机、煤粉分离器、煤粉仓、充气罐、贮煤罐、喷吹罐等。目前，我国煤粉喷吹罐分为常压喷吹罐和高压喷吹罐，高压喷吹设备有双罐重叠双系列式和三罐重叠单系列式两种形式。

（5）煤气除尘设备。从高炉中出来的煤气含有大量炉尘，不能直接使用，否则炉尘会把输送煤气的管道和煤气燃烧设备堵塞，因此高炉煤气必须经过除尘处理。煤气除尘工艺依次经过粗除尘、半精除尘和精细除尘三个工序，相应的除尘设备主要有：①粗除尘设备，有重力除尘器、旋风除尘器等；②半精除尘设备，有洗涤塔、文氏管等；③精细除尘设备，有静电除尘器、布袋除尘器等。煤气除尘工艺有湿法除尘和干法除尘两种，如应用湿法除尘工艺，还应在精细除尘后加装脱水器，以除去煤气中的水分，最终获得净煤气。

（6）铁渣处理设备。高炉铁渣处理系统主要包括炉前工作平台、出铁场、渣铁沟、沉渣池、开口机、泥炮、堵渣机、铸铁机、铁水罐、炉渣处理设备等。其中，开铁口机有钻孔式、冲击式和冲钻式三种，我国目前以钻孔式开口机为主；高炉堵铁口泥炮有电动泥炮和液压泥炮两种。高炉出铁时，用开铁口机打开铁口，铁水沿铁水沟流至铁水罐车内，然后送到铸铁机处铸成铁锭，或直接将铁水送到炼钢厂炼钢。铁水出完后，用泥炮封堵铁口。高炉炉渣广泛采用水淬处理，以获得粒状水渣。一般多用炉前水力冲渣法，即在炉前用高压水将从渣口流到渣沟里的熔渣冲成水渣，水渣随水流到沉渣池中，沉淀后再用抓斗吊车抓出外运。水渣是水泥厂生产水泥很好的原料。

四、高炉炼铁的基本原理

高炉炼铁工艺系统由高炉本体及供料、送风、喷吹、煤气净化除尘、渣铁处理等附属系统组成。整个工艺过程是从风口前焦炭的燃烧开始的，是燃烧产生的高温煤气与炉料相向运动并相互作用发生反应，包括炉料的加热、蒸发、挥发、分解、软熔、造渣、氧化物的还原、生铁的脱硫、渗碳等，涉及气、固、液多相流动，发生传热和传质等复杂物理化学变化的连续生产过程。

（一）焦炭的燃烧

高炉料层中的焦炭在下落过程中逐渐被加热，当到达炉缸风口附近时，遇到从风口处进入炉内的热风，炭充分燃烧生成二氧化碳。风口前炉缸温度高达 $1\,800 \sim 1\,900$ ℃，为炉温的最高值，沿着炉体往上则温度逐渐下降。生成的二氧化碳在炉内上升，在温度低于 $1\,100$ ℃的区域，由于氧气缺乏和大量赤热焦炭的存在，二氧化碳再与焦炭中的碳作用生成一氧化碳。同时，风口处热风带入的水分在高温下也与碳发生反应，生成一氧化碳和氢。此一系列的化学反应式如下：

$$C + O_2 \Longrightarrow CO_2 \uparrow + 394 \text{ kJ}$$
$$CO_2 + C \Longrightarrow 2CO \uparrow - 166 \text{ kJ}$$
$$H_2O + C \Longrightarrow H_2 \uparrow + CO \uparrow - 124 \text{ kJ}$$

因此，焦炭燃烧的产物是一氧化碳和少量的氢，它们都是铁氧化物的主要还原剂。焦炭燃烧放出大量热量，保证了炉料加热、还原、分解、熔化过程的顺利进行。

（二）铁氧化物的还原

高炉冶炼的主要目的是把铁矿石中的铁还原出来，因此，还原反应是高炉冶炼最基本的化学反应。高炉炼铁常用的还原剂是 CO，C 和 H_2。

高炉内的铁氧化物主要有 Fe_2O_3，Fe_3O_4，$FeCO_3$，Fe_2SiO_4，FeS_2 等。各种铁氧化物的还原与分解顺序为：

$$3Fe_2O_3 \rightarrow 2Fe_3O_4 \rightarrow 6FeO \rightarrow 6Fe$$

就具体进程来说，焦炭燃烧生成的一氧化碳在沿炉体上升过程中与铁矿石接触，使其中的铁氧化物还原。在高炉中用一氧化碳还原铁氧化物产生二氧化碳的反应称为间接还原反应，在温度低于 1 100 ℃ 的区域内进行，还原过程依次由铁的高价氧化物还原成铁的低价氧化物，最终还原成铁，其系列反应式如下：

$$3Fe_2O_3 + CO == 2Fe_3O_4 + CO_2 \uparrow + 37 \ kJ$$
$$Fe_3O_4 + CO == 3FeO + CO_2 \uparrow - 21 \ kJ$$
$$FeO + CO == Fe + CO_2 \uparrow + 14 \ kJ$$

在 1 100 ℃ 时，铁氧化物的还原还没有全部完成，尚有大量的氧化亚铁，在温度高于 1 100 ℃ 的区域，这些氧化亚铁靠固体碳来还原。在高炉中用固体碳还原铁氧化物产生一氧化碳的反应称为直接还原反应，其反应式如下：

$$FeO + C == Fe + CO \uparrow - 152 \ kJ$$

用 H_2 做还原剂，铁氧化物还原反应式如下：

$$3Fe_2O_3 + H_2 == 2Fe_3O_4 + H_2O + 22 \ kJ$$
$$Fe_3O_4 + H_2 == 3FeO + H_2O - 63 \ kJ$$
$$FeO + H_2 == Fe + H_2O - 28 \ kJ$$

（三）非铁元素的还原

高炉炉料中，除铁元素外，还有锰、硅、磷等非铁元素需要通过与一氧化碳及固体碳发生反应来还原。

（1）锰的还原。铁矿石中含有少量的锰，以二氧化锰的形式存在，它的还原与铁还原类似，也是从高价到低价逐级还原：

$$6MnO_2 \rightarrow 3Mn_2O_3 \rightarrow 2MnO_4 \rightarrow 6MnO \rightarrow 6Mn$$

先用气体还原剂（CO，H_2）可以比较容易地把二氧化锰还原为低价氧化锰，但氧化锰很稳定，只能用固体碳直接还原，反应在 1 000 ~ 1 900 ℃ 之间进行，其反应式如下：

$$MnO + C == Mn + CO \uparrow - 287 \ kJ$$

（2）硅的还原。高炉中硅元素主要来源于矿石中脉石和焦炭灰分中的二氧化硅。二氧化硅是比较稳定的化合物，只能在温度 1 300 ℃ 以上的高温区与固体碳发生直接还原反应，其反应式如下：

$$SiO_2 + 2C == Si + 2CO \uparrow - 628 \ kJ$$

（3）磷的还原。炉料中的磷主要以磷酸钙的形式存在，在高炉条件下几乎可以全部还原，但也是在 1 000 ℃ 左右高温下与固体碳直接还原，其反应式如下：

$$(CaO)_3 \cdot P_2O_5 + 5C == 2P + 3CaO + 5CO \uparrow - 1 \ 629 \ kJ$$

（四）造渣与去硫

高炉冶炼中加入的熔剂（多为石灰石）与铁矿石中不能被还原的脉石、焦炭灰分等在高温条件下一起形成具有一定成分和性质的炉渣。炉渣形成的主要反应式为：

$$CaCO_3 \stackrel{}{=\!=\!=} CaO + CO_2 \uparrow - 178 \text{ kJ}$$

$$CaO + SiO_2 \stackrel{}{=\!=\!=} CaO \cdot SiO_2$$

炉渣的形成要经历初成渣→中间渣→终渣过程，从高炉内矿石软化开始，在炉料不断下降而温度升高的过程中进行着一系列的物理化学变化，最终形成由氧化钙、二氧化硅、三氧化二铝等组成的易熔的炉渣。

高炉中的硫主要来源于炉料中的焦炭、矿石、熔剂和喷吹燃料等。硫会使钢铁产品具有热脆性，严重影响钢铁质量。硫以硫化铁等形式存在于炉料中。硫化铁易溶于生铁。去硫必须在炉料中加入较多的石灰石，使硫化铁与氧化钙发生化学作用，生成不溶于铁液而溶于炉渣的硫化钙，从而使硫进入渣中，达到去硫取铁的目的。其反应式如下：

$$FeS + CaO + C \stackrel{}{=\!=\!=} Fe + CaS + CO \uparrow - 149 \text{ kJ}$$

（五）生铁的形成

在高炉上部部分的铁矿石逐渐被还原为固体金属铁，随着铁矿石在炉体逐渐下落而受热温度不断升高，更多的铁矿石被还原为呈多孔海绵状的海绵铁。早期的固态铁和海绵铁的铁成分较纯，熔点高，几乎不含碳。而高炉内生铁形成的主要特点是经过渗碳过程。从炉料中还原出来的铁，在其随着炉料下降而温度升高的过程中，依次经历海绵铁渗碳→液态铁渗碳→炉缸内渗碳的反应过程，其反应式如下：

$$3Fe（固）+ 2CO \stackrel{}{=\!=\!=} Fe_3C（固）+ CO_2 \uparrow$$

$$3Fe（液）+ C \stackrel{}{=\!=\!=} Fe_3C$$

经过上述铁渗碳过程，生铁的最终含碳已达4%左右，经过脱除硫等有害杂质，最终形成了含有铁、碳、锰、硅等元素的生铁。

五、高炉炼铁的生产过程及操作要领

高炉炼铁是一个贯穿着冷炉料自上而下不断装填下降和热煤气流自下而上不断燃烧上升的相向运动而持续进行还原、渗碳、造渣、出铁的复杂工艺过程。高炉生产时，一方面，从炉顶将铁矿石、焦炭和熔剂按一定规格和比例分批装入炉中，由于高炉下部焦炭的燃烧，铁矿石和熔剂熔化并出铁和出渣，炉料在炉内逐渐下降，而上部又不断地装入炉料，因而炉内保持规定的炉料高度；另一方面，从高炉下部的风口处不断送入热空气，使焦炭燃烧生成煤气，炽热的煤气在上升过程中将热量传给炉料，炉料在下降过程中不断被加热，并持续进行铁氧化物还原、渗碳、造渣等反应，生成的铁水和炉渣积蓄在炉缸里，每隔3～4 h出铁一次，1～2 h出渣一次。高炉生产就是如此循环往复地持续进行，在一代炉龄内永不停息。

图1-2为高炉炉内典型炉况示意图，图1-3为软熔带示意图。

高炉生产的主要产品是生铁，也可以生产少量品种的铁合金。生铁有炼钢用生铁、铸造用生铁和球墨铸铁用生铁。其中，铸铁又分为灰铸铁、球墨铸铁、可锻铸铁（马口铁）和合金铸铁。高炉生产的铁合金主要是硅铁和锰铁，此外，还有铝铁、钛铁、

钨铁、钼铁、钒铁等。高炉生产的副产品有高炉煤气、高炉炉渣和高炉炉尘。冶炼 1 t
生铁产生 2 000～3 000 m³ 煤气、0.4～0.8 t 炉渣、0.02～0.10 t 炉尘。高炉煤气可供
热风炉、加热炉及生活需要使用，高炉炉渣可用做水泥原料、建筑材料、绝热防潮材
料、铺路材料，高炉炉尘的主要成分是矿粉和焦末，可用做烧结原料。

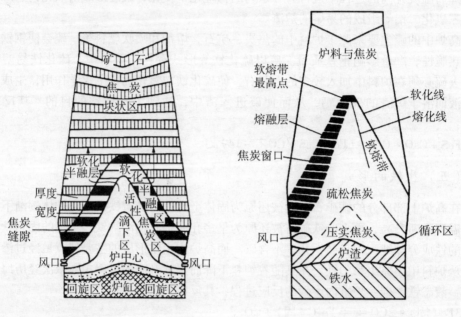

图 1－2　高炉炉内典型炉况示意图　　　　图 1－3　软熔带示意图

　　高炉冶炼是复杂的工艺生产过程和物理化学反应过程，日常操作主要包括：开炉、
停炉、休风操作，高炉炉况判断与处理操作，炉前操作及热风炉操作，等等。

（一）开炉

　　开炉是高炉一代炉龄的开始，开炉的准备工作和开炉过程的好坏直接影响着高炉的
寿命、人身安全和设备安全以及以后的生产操作。①检查。开炉前必须对高炉全部设备
进行仔细检查和试运转。②烘炉。必须根据一定的烘炉制度对高炉和热风炉逐渐加热，
彻底烘干炉衬，以免影响炉的寿命。③装料。应选用最好的炉料作为开始引料，按照计
算的配料表进行合理的开炉装料。开炉充填炉料应分段加入，先是以焦炭填充炉缸，净
焦集中在下部，其次是一定的空焦，然后是一定比例的空焦与正常料交替装入，最后是
正常料。④点火。可用 700～750 ℃的热风开炉点火，点火热风温度越高越好，若没有
热风，可用红热的铁棍伸进风口点火，事先应在点火的地方放一些易燃物。不论采用哪
种点火方式，点火前应关闭大小料钟，打开炉顶放散阀，并切断与煤气系统的联系。当
炉内煤气成分接近正常，煤气压力达到要求压力时，即可接通除尘系统。第一次铁水出
完后就算开炉完毕。

（二）休风

高炉生产过程中因临时检修或计划检修而需要停止送风叫做休风。休风时间超过 8 h 称为长期休风，8 h 以内的为短期休风。高炉休风和复风操作中最重要的工作是防止煤气爆炸。休风时要将高炉本体与煤气管道完全切断。为预防爆炸性混合气体的生成，在休风期间应把高炉炉顶与煤气管道完全切断，同时在休风期应向高炉炉顶及煤气管道内通入蒸汽，以保持炉顶及管道内正压，防止空气渗入，并可冲淡煤气中一氧化碳和氢气的浓度，减小爆炸的可能性。对于休风 8 h 以上的高炉，应在停风前关闭炉顶蒸汽，打开大钟，用红焦或烧着的木材与油布点燃炉顶煤气，并维持火焰不灭，然后停风堵严风口，在继续通蒸汽的情况下，使煤气管道与大气相通，靠自然抽力驱净煤气。对长期休风超过 10 天的高炉，还应采取严格密封的封炉措施，防止空气进入炉内，为再开炉保有充足的炉温、炉况顺行和迅速恢复正常生产水平创造条件。高炉恢复送风时也要注意煤气安全。复风前，上述各部分都要通入蒸汽，待炉顶蒸汽有足够压力时，再按操作程序接通煤气系统。

（三）停炉

高炉停炉分为大修停炉和中修停炉。大修停炉主要是因为炉缸炉底侵蚀严重，无法继续生产。若炉缸炉底良好，而其他部位损坏或炉腹以上砖衬侵蚀严重，则需要停炉中修。中修停炉不用放净炉缸残铁，而大修停炉必须放净炉缸残铁。停炉要做到安全、出净渣铁、便于拆除和检修。停炉方法主要有充填法和空料线喷水法两种。充填法是在决定高炉停炉时停止上矿料，当料线下降时，用其他物质如石灰石、碎焦等充填所空出的料线空间。此法比较安全，但停炉后要清除充填物，耗费人力、物力。空料线喷水法是在停炉开始停止装料，待料面下降、上部空间扩大时，从炉顶喷水。当料面到达风口平面或其上 1～2 m 时停止送风，继续喷水。待炉缸内红焦全部熄灭后，开始修理。此法可大大缩短修炉时间，但要注意安全，防止热炉着水爆裂。

（四）炉况判断及处理

高炉炉况判断通常采用直接观察法和间接观察法。直接观察法是指通过看风口、看出渣、看出铁、看下料的料速快慢和料尺变动等工作状态来判断炉况。间接观察法是指利用压力表、流量表、温度表、料速表等热工仪表来测量风量、风速、风压及炉内不同部位的煤气压力、温度、成分等，间接判断炉况。正常炉况的特征是：①热制度稳定，炉温波动在规定范围之内，各个风口均匀活跃，风口明亮，无生降，不挂渣；②造渣制度稳定，渣温充足，流动性好，放渣顺畅，流过渣沟不结壳，上下渣及各渣口碱度及渣温均匀；③炉缸工作均匀活跃，煤气流分布合理，炉喉、炉身、炉腰各部位温度正常、稳定；④送风制度稳定，风压、风量曲线稳定而且对应，热风温度稳定，波动小；⑤下料速度均匀，料尺无停滞和陷落现象，两料尺相差较小；⑥冷却水温差符合规定，炉体各部位冷却水温差在规定范围之内。炉况失常的表现主要有煤气流失、热制度失常、炉料分布失常（如低料线、偏料、崩料、悬料等）以及炉缸冻结、高炉结瘤等。对炉况

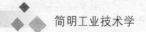

失常要及时查明原因，及时采取调节和处理措施，以保障高炉冶炼顺利进行。

（五）炉前操作及热风炉操作

炉前操作的工作内容和主要任务是通过渣口和铁口及时将生成的渣、铁出净，维护好铁口、渣口和风口以及炉前机械设备（开口机、泥炮、堵渣机、炉前吊车等），保证高炉生产正常进行。其中，出铁操作是炉前操作中的核心工作。出铁操作包括出铁前准备工作和出铁过程操作。出铁前要准备好铁水罐、渣罐，出铁口要烘干，主沟及扒渣器要清理好并烘干，并准备好开口机、堵铁口泥炮等，以确保出铁操作顺利进行。出铁过程操作包括按时打开铁口，注意铁流变化，及时控制流速，控制铁罐、渣罐装入量，出净渣铁，及时堵口等。要精心维护，精心操作，处理好出铁过程中的常见事故（如铁水跑大流事故、退炮跟出渣铁流事故、炉缸烧穿事故、潮铁口出铁事故、铁口泥套事故、铁流过小事故等），使高炉生产安全、顺利、有效地进行。

热风炉工作也是炉前工作的重要部分，分为燃烧期工作和送风期工作。热风炉操作的任务是稳定地向高炉提供热风，为高炉降低焦比、强化冶炼、提高效益创造条件。

（六）制订和遵守科学合理的高炉基本操作制度

高炉操作要制订、选择和遵守科学合理的制度，才能保障高炉生产安全、有效、顺利地进行。高炉基本操作制度主要包括炉缸热制度、送风制度、造渣制度和装料制度等。炉缸热制度是指炉缸所具有的平均温度水平，包括两个方面：一是铁水温度要维持在 1 350 ～ 1 500 ℃ 之间，炉渣温度比铁水温度高 50 ～ 100 ℃，此称为物理热；二是生铁含硅量，硅含量愈高则炉温愈高，此称为化学热。送风制度是指在一定的冶炼条件下，确定适宜的鼓风量、鼓风质量和进风状态，它是实现煤气合理分布的基础，是保证炉料顺行、炉温稳定的必要条件。合理的送风制度应达到煤气流分布合理，热量充足，煤气利用好，炉况顺行，炉缸工作均匀，铁水合格，以利于炉型和设备的维护。造渣制度是指按原燃料条件和生铁的成分要求，选择适宜的炉渣成分和碱度范围。选定造渣制度应力求使炉渣具有良好的冶炼性能，即流动性良好，脱硫能力强，有利于稳定炉温和形成稳定的渣皮以保护炉衬。装料制度是指炉料的装入方法，包括装料顺序、批重大小、料线高低和布料制度等。以上四种高炉基本操作制度既相互联系又相互制约，按调剂的部位分为上部调剂和下部调剂。上部调剂主要是通过调节装料制度来调节煤气流的合理分布，充分利用煤气能量；下部调剂主要是通过调节送风制度来改变煤气流的原始分布，达到活跃炉缸、保证炉料顺行的目的。下部调剂比上部调剂见效快，生产中应执行下部调剂为基础、上下部调剂相结合的操作方针。

（七）高炉操作的计算机控制

高炉冶炼工艺过程复杂，炉况经常变化，利用电子计算机可以及时收集炉况信息并对操作工艺作出及时调节，为高炉生产自动控制提供有效、快速、高效的保障。高炉计算机控制系统如图 1 - 4 所示。

高炉计算机控制系统可以实现对高炉冶炼的前置控制和反馈控制。前置控制主要包括对炼焦、烧结、球团原料的混匀及配料准确性的控制，对入炉原燃料称量的控制。对入炉焦炭采用中子或红外线测水分来减小入炉焦炭量的波动，矿石称量与微电脑相结合，对称量误差通过微电脑给予校正。反馈控制可以通过高炉炉况反馈信息，及时调整输入参数，自动调节操作工艺，消除炉况波动。日本川崎公司开发的人机对话（GO-STOP）炉况诊断系统，利用高炉各部位测温、测压装置以及煤气自动分析系统所提供的信息来判断炉内煤气分布，并与设定的煤气流进行比较，决定调节装料制度或调节径喉口、溜槽角度等，取得合理的煤气流分布图。利用该系统可消除操作者因经验不足和水平差异或操作不一致造成的炉况波动，保障高炉冶炼顺利进行。计算机应用于高炉操作，为高炉冶炼自动化提供了更多的及时有效的参考信息和快速调节炉况的技术手段，为高炉冶炼技术经济指标的进一步提高发挥着越来越大的作用。

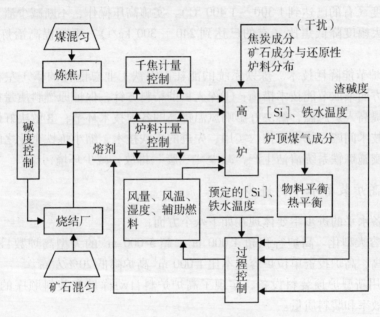

图 1-4 高炉自动控制系统

六、炼铁技术的进步与发展

当今世界科学技术发展迅速，日新月异，以信息化为引导的知识革命在冶金工业中也取得了巨大进步，冶金工业正朝着高效、节能、环保、紧凑等方面优化发展。

（一）炼铁技术的进步

炼铁技术的进步主要体现在如下四个方面：

（1）低硅生铁技术。铁矿石中脉石的主要成分是酸性二氧化硅。硅在冶炼中虽然可以使高炉维持较高温度，但其构成稳定坚固，难以分解还原，炼铁时必须加入更多的碱性石灰石和焦炭，从而降低高炉的生铁产量。高炉冶炼采用低硅生铁技术，可使焦比降低，炉缸热储备减少，实际煤气体积减小，压差降低，有利于高炉冶炼顺行，为增加生铁产量创造条件。目前，高炉生铁含硅量为 0.4%，而含硅量每降低 0.1%，即可降低焦比 4~5 kg/t。降低生铁含硅量的有效途径包括减少入炉硅含量，抑制硅的还原反应，稳定原燃料成分，提高烧结矿和球团的碱度及 MgO 含量，保持炉缸活跃，适当提高炉渣碱度，提高风温和富氧鼓风，提高炉顶压力和执行标准化操作，等等。

（2）少渣冶炼技术。炉渣是高炉冶炼必然产生的副产品，但可以要求达到炉渣最少化，炉渣越少越好。随着精料技术的发展，入炉矿料的含铁品位可以大大提高。如果入炉矿料品位达到 60% 以上，渣铁比则可以降到 300 kg/t 以下。高炉少渣冶炼技术的发展对高炉炉体内软熔带变化、喷煤机理、强化冶炼、出渣铁制度等炼铁学理论有许多促进作用，可大大提高高炉冶炼的效率和效益。

（3）高炉强化冶炼技术。包括提高熟料使用率（有的已达到 80%~100%），不断提高热风温度（有的已达到 1 300~1 400 ℃），实施高压操作，不断减少渣量，不断提高喷吹量，大幅度降低焦比（有的已达到 240~300 kg/t），不断提高冶炼操作水平，等等。

（4）高炉节能降耗技术。炼铁系统的能耗占钢铁工业总能耗的 2/3 左右。高炉冶炼可以从各方面采取节能技术措施：①深入贯彻精料方针，保证原燃料质量好，成分稳定；②努力提高入炉风温，解决好影响风温提高的各项技术环节；③解决好影响提高喷煤比的关键技术问题；④大力推广实用、先进的炼铁技术，缩小炼铁企业之间的技术水平差距；⑤实施炼铁系统清洁生产，减少"三废"排放，减少环境污染。

（二）高炉装备水平的进步

高炉装备水平的进步主要体现在如下八个方面：

（1）炉容大型化。高炉容积超 4 000 m³、超 5 000 m³ 的大型高炉数目不断增加，产量不断提高，高炉投资单位炉容成本比 1 000 m³ 高炉降低 20% 左右。

（2）应用新型炉顶装料设备，实现了高炉炉料自动称量和装料顺序的自动控制，提高了装料效率和装料质量。

（3）热风炉提高风温技术得到不断改进并实现自动控制，既节省燃料，又保证送风温度、风量、风压的稳定，还提高了热风炉寿命。

（4）应用高炉炉顶煤气自动分析系统，为及时、正确判断炉况并对其进行有效调节提供了科学的参考数据。

（5）高炉料面上径向煤气温度分布测定系统不断完善，达到连续测定和计算机终端显示，为调整炉顶布料和改善高炉能量利用提供了可靠的信息获取手段。

（6）高炉炉顶摄像仪的应用，实现了炉喉内部工作情况成像并电视显示，实现了高炉操作可视化。

（7）其他自动检测和自动控制设备的应用（包括料面形状测量、软熔带位置测量、料速测量、风口前检测、设备诊断、焦炭水分测量、煤粉喷吹量测量、铁水液面监测等），使高炉工作状态直观地显示，信息准确，为高炉生产自动化提供了更多的技术手段。

（8）新型耐火材料的不断应用和发展，炉型设计的不断趋于合理化，炉壁冷却技术的不断改进，高炉长寿技术取得的新进展，可实现高炉一代炉役大于 15 年，提高了高炉冶炼的效率和效益。

（三）非高炉冶炼技术的发展

传统的炼铁流程由焦化、烧结、高炉冶炼工序组成，投资大，流程长，能耗高，污染大，因此，开发不用高炉冶炼，而用烟煤或天然气做还原剂将铁矿石还原成海绵铁的直接还原法、生产成铁水的熔融还原法以及等离子冶炼将成为炼铁技术发展的新方向。

（1）直接还原法。直接还原法是用烟煤或天然气做还原剂，将铁矿石在低于熔化温度下还原成铁的生产过程，其产品称为直接还原铁或固态海绵铁，可做炼钢用的废钢替代品。目前，直接还原法按照所用还原剂种类不同分为两大类：气体还原剂法和固体还原剂法；按炉型不同分为四大类：竖炉法、固定床法、回转窑法和流化床法。

（2）熔融还原法。熔融还原法是铁矿石在高于渣铁熔化温度下的炼铁生产过程，它仅是把高炉过程改在另外一个不用焦炭的反应器中完成，直接用非炼焦煤、天然块矿和球团做原燃料，生产出高炉品级的铁水用于各种炼钢，省却了传统的高炉炼铁生产流程的炼焦和烧结。这是一种全新的炼铁工艺，节省了焦煤，减少了污染，又提高了效率，是我国和世界各国炼铁工艺的发展方向。目前，提出的炼铁熔融还原方法种类很多，已开发使用的有 30 多种。按预还原方式可分为竖炉法、液化床法、热旋分离法；按终还原方式可分为熔融气化炉法、铁浴反应炉法。

（3）等离子技术的应用。等离子冶炼是将工作气体通过等离子发生器的电弧，使之电离成为具有极高温度（3 700～4 700 ℃）的等离子体，作为热源应用于炼铁过程的技术，可应用于上述直接还原和熔融还原领域，将极大地加速其物理化学过程，有效地提高非高炉炼铁生产效率。目前，一些钢铁企业在新厂建设中已定位采用上述非高炉冶炼技术，采用熔融还原—炼钢—薄带连铸的全新生产流程，期望以最少投资、最低成本，生产出最优的产品，获得更高的经济效益和社会效益，钢铁工业正迈向新的里程。

第二节 炼 钢

钢是现代工业中极为重要的金属材料，在金属材料中其综合性能最好，应用最广，用量最大，被认为是一切工业的基础。

一、钢与铁的区别及分类

钢和铁都是由铁和碳元素组成的铁基合金，其中都含有少量的硅、锰、磷、硫等元素。钢是用生铁或废钢在各种炼钢炉中炼成的。

钢与铁最根本的区别是含碳量不同，钢中含碳量低于 2%，一般在 0.04%～1.70% 之间；生铁中含碳量高于 2%，一般在 2.2%～4.3% 之间。此外，生铁中的硅、锰、磷、硫的含量也比钢高。化学成分的不同致使钢和生铁的性能有很大的区别。钢具有优良的机械性能，其抗拉强度、弹性、塑性、韧性比生铁好得多，可锻性、焊接性和热处理性也好，而生铁的上述性能较差或很差；但生铁硬而脆，耐磨性好，其铸造性也优于钢。钢的综合性能大大强于铁的性能，因而其用途比生铁广泛得多。因此，生铁总量中用于生产铸件的铸造生铁只占10%左右，占生铁总量90%的炼钢生铁要进一步冶炼成钢，以满足现代工业和国民经济多方面的需要。

工业用钢的种类很多，按其不同特点，可作如下分类：

（1）按化学成分分类，可把钢分为碳素钢和合金钢两大类。碳素钢中除了含铁和碳元素外，还含有少量的硅、锰、磷、硫等元素，但硅的含量小于0.5%，锰的含量小于1%。当钢中硅的含量大于0.5%或锰含量大于1%时，便成为合金钢。合金钢中除了上述比例的硅、锰含量外，还含有某些有意加入的其他金属元素如铬、钼、钨、钛、铝、镍以及稀土金属等，以改善钢的机械性能、热处理性能、物理和化学性能等，满足工业生产对钢的性能的需要。根据含碳量的不同，碳素钢又分为低碳钢（含碳量小于0.25%）、中碳钢（含碳量为0.25%～0.60%）、高碳钢（含碳量大于0.60%）。根据钢中合金元素总含量不同，合金钢可分为低合金钢（合金元素总含量小于3%）、中合金钢（合金元素含量为3%～10%）、高合金钢（合金元素总含量大于10%）。

（2）按用途分类，可把钢分为结构钢、工具钢和特殊钢。结构钢用于制造各种工程构件和机械零件，如桥梁、船舶、厂房结构、齿轮和轴类零件等，其含碳量一般不超过0.6%。结构钢又有碳素结构钢和合金结构钢之分。工具钢用于制造各种切削刃具、量具、模具、夹具等，其含碳量一般较高。工具钢也有碳素工具钢和合金工具钢之分。特殊钢是指具有特殊的物理、化学或机械性能的钢，如不锈钢、耐热钢、耐磨钢等，这类钢大多属于高合金钢。

（3）按质量分类，按钢中所含有害杂质的多少，可把钢分为普通钢、优质钢和高级优质钢。普通钢所含的硫和磷等有害杂质较多，价格较低，主要用做建筑结构材料和要求不高的零件。优质钢所含的硫和磷等有害杂质较少，多用于制造机械零件和工具。高级优质钢中的硫和磷等有害杂质极少（硫含量小于0.03%，磷含量小于0.35%），质量高，价格较贵，用于制造重要的零件和工具。

（4）按加工程度分类，可把钢分为钢锭、铸钢和钢材。钢锭由钢液浇注而成，再经过轧制或锻造等工序制成钢材和钢坯。铸钢是由钢液直接浇注成铸件。铸钢件品种很多，按其化学成分不同可分为碳素铸钢和合金铸钢。钢材是钢锭或连铸坯经过轧制、冷拔、挤压等压力加工制成的各种截面形状的材料，其品种很多，一般可分为板材、管材、型材和钢丝四大类。板材包括薄钢板（厚度小于4 mm）、中厚钢板（厚度一般为4.5～60.0 mm）、钢带（成卷的薄板）和硅钢片（硅钢轧制的薄板）。钢板用途很广，船舶、坦克、桥梁、锅炉、汽车、冶金设备等需要大量的钢板来制造。管材即钢管，其断面一般为圆形，也有根据特殊需要制成扁形、方形、六角形及其他异形断面的。钢管按其制造工艺不同，又分为无缝钢管和焊接钢管两种。无缝钢管用圆钢轧制而成，用做石油输送管、地质勘探用管、航空用管、锅炉管、枪管、炮管等。焊接钢管是用带钢卷制后焊成的，强度不及无缝钢管，常用做水、煤气、油等低压输送管和一般结构用管。型材包括型钢和线材。型钢是指各种断面形状的条形钢材，其品种很多，有圆钢、方钢、扁钢、工字钢、槽钢、等边角钢、不等边角钢、六角钢、钢轨等。线材是指直径

5～9 mm 的轧制小圆钢，通常卷成盘状。钢丝是用线材做原料，经过冷拔制成的产品，其断面有圆形、方形、椭圆形、六角形等，直径一般在 5 mm 以下，也有较粗的，按用途分为普通质量钢丝、冷顶锻钢丝、电工用钢丝、弹簧钢丝、钢筋钢丝、钢绳钢丝等多个品种。

二、炼钢的原材料

炼钢的原材料分为金属料和非金属料两大部分，每部分又分为若干品种。

（一）金属料

金属料是炼钢的主要原材料，包括铁水、废钢、生铁、铁合金等，冶炼后它们构成钢的实体。

（1）铁水。即液体生铁，是用于炼钢的生铁水。铁水是转炉炼钢的主要金属料，一般占转炉金属料的70%以上。铁水的物理热和化学热是转炉炼钢的基本热源，要求入炉铁水温度在 1 250 ℃ 以上，且要稳定。各种炼钢方法对铁水成分也有一定的要求，其中硅含量以 0.3%～0.8% 为宜，锰含量以 0.2%～0.4% 为宜，有害元素硫、磷含量应尽量少，要求含硫量小于 0.04%，含磷量越低越好。

（2）废钢。废钢是电弧炉炼钢的主要金属料，其用量占金属料的70%～90%。氧气转炉炼钢由于热量富余，也可以加入多达30%的废钢做冷却剂。废钢的来源有两个：一是本厂的返回废钢，包括切头、切尾轧制废钢，废钢锭，注管等；二是外购废钢，包括报废的设备及工具、边角料、切屑等。废钢应按化学成分的不同分类存放和使用，尤其是废合金钢要按其所含元素的不同分类，以便有效地利用废钢中的合金元素和避免造成炼钢废品。入炉废钢应尽量清洁、干燥，不带有泥沙、油类和其他杂物。废钢的块度和重量应合适，过大过重的废钢要切断，轻废钢要打捆或压包。废钢入炉前应仔细检查，严禁混入封闭容器、爆炸物和毒品。

（3）生铁。生铁是指固体生铁、铁锭。电弧炉炼钢中使用生铁，一是由于废钢来源不足，用以代替废钢；二是为了提高炉料中的配碳量。当炼钢铁水不足时，可用生铁作为辅助金属料。

（4）铁合金。铁合金是炼钢过程中用做脱氧及合金化的材料。用于钢液脱氧的铁合金称为脱氧剂，常用的有锰铁、硅铁、硅锰合金、硅钙合金等；用于化合调整液成分的铁合金或纯金属称为合金剂，常用的有锰铁、硅铁、铬铁、钨铁、钒铁、钼铁、钛铁、镍铁、铝、钴、稀土合金等。各类铁合金成分必须符合标准规定，以免造成冶炼操作失误；必须按照成分严格分类保管，避免混杂；铁合金块度要合适，以减少其烧损并保证其全部熔化，使钢液成分均匀；铁合金使用之前应烘烤，以减少进入钢液中的气体量。

（二）非金属料

非金属料是炼钢的辅助材料，主要有氧化剂、增碳剂和造渣材料等。

（1）氧化剂。为了氧化金属中的杂质，在炼钢过程中要加入氧化剂。作为外来供氧的原材料有两类：一类是气体氧化剂，有工业纯氧和空气，工业纯氧的纯度应达到或超过99.5%，多用液化空气法制取，空气则用鼓风机鼓入炉中；另一类是固体氧化剂，有铁矿石（Fe_2O_3 或 Fe_3O_4）和氧化铁皮（FeO）等。铁矿石要求其含铁量高，杂质少，块度适宜，可用天然富矿或人造富矿；氧化铁皮也称铁鳞，是在轧钢或锻造过程中钢锭和钢材表面脱落的铁皮，要求不含油污和水分，使用前应烘烤干燥。气体氧化剂主要用于吹氧转炉炼钢，固体氧化剂主要用于电弧炉炼钢。

（2）增碳剂。冶炼中用于钢液增碳的材料叫增碳剂，多用于电弧炉炼钢。常用的增碳剂有焦炭粉、废电极块和生铁。炼钢要求增碳剂的固碳含量高，灰分、挥发分和硫含量低，并且要干净，干燥，粒度适中。

（3）造渣材料。为了使炼钢过程顺利进行，除去有害杂质硫和磷，得到质量合格的钢，要加入造渣材料，使炉渣具有较高的碱度和较好的流动性。常用的造渣材料有石灰（CaO）、石灰石（$CaCO_3$）、白云石（$CaCO_3 \cdot MgCO_3$）、萤石（CaF_2）、废黏土砖块（含 Al_2O_3 和 SiO_2）等。石灰、石灰石、白云石用于提高炉渣碱度，除去钢液中的杂质硫和磷，萤石、废黏土砖块用于稀释炉渣，提高其流动性。

三、炼钢的基本任务和主要过程

炼钢的基本任务就是除去生铁中过多的碳以及硅、锰、磷、硫等杂质，使其含量达到所炼钢种的规格范围，同时除去混入钢中的非金属杂质和气体，使钢的品位达到规定的质量要求，并按钢种标准加入一定量的合金剂，炼制出适合不同用途的合金钢。

炼钢的主要任务包括如下六个方面：

（1）脱碳。在高温熔融状态下进行氧化熔炼，把生铁中的碳氧化降低到所炼钢号的规格范围内。

（2）脱硫和脱磷。把生铁中的有害杂质硫和磷降低到所炼钢号的规格范围内。

（3）除去钢液中非金属杂物和气体。把熔炼过程中进入钢的气体和非金属杂物除去。

（4）脱氧及合金化。把氧化熔炼过程中生成的对钢质量有害的过量的氧从钢液中排除掉，同时加入合金元素，将钢液中各种合金元素的含量调整到所炼钢号的规格范围内。

（5）升温。铁水温度一般仅有 1 300 ℃左右，而炼钢一般要加热到 1 600～1 700 ℃。加热方法有两种：一种是利用外来热源加热，如燃料燃烧加热或靠电能转变成热能；另一种是利用铁水中杂质氧化反应放出热量。

（6）浇注。将炼好的合格钢液采用模铸或连铸方式浇注成一定尺寸和形状的钢锭或钢坯，以便下一步轧制成钢材。

炼钢的主要过程是氧化过程，即在高温下用各种来源的氧来氧化铁水中的碳、硅、锰等杂质元素，使其转变为氧化物进入炉气或炉渣中除去；同时，在炼钢过程中加入造渣材料，造成碱度和流动性合适的炉渣除去铁水中的有害元素硫和磷；在炼制合金钢时，还要按所炼钢号的规格要求加入一定量的各种合金元素，合金化炼出各种用途的合金钢。

四、炼钢的基本原理

炼钢的主要过程是氧化过程，其原理是利用熔池中各种来源的氧，在高温熔融条件下发生系列化学反应，分离和除去钢水中过多的碳、硅、锰、磷、硫等杂质，使其含量达到所炼钢种的规格要求。

（一）熔池内氧的来源

熔池内氧的来源主要有三个方面：

（1）向熔池吹入氧气。此为炼钢过程中最主要的供氧方式。氧气顶吹转炉炼钢是通过炉口上方插入的水冷氧枪吹入高压纯氧。电弧炉炼钢是通过炉门口吹氧管或氧枪、炉壁氧枪插入熔池供氧。

（2）向熔池中加入铁矿石（Fe_2O_3 或 Fe_3O_4）和氧化铁皮等固体氧化剂。

（3）炉气向熔池供氧。

（二）铁、碳、硅、锰的氧化

炼钢过程中向熔池送入氧化剂，由于铁水中铁元素浓度最大（占90%以上），氧首先使一部分铁氧化生成氧化亚铁，其化学反应式如下：

$$2Fe + O_2 \Longrightarrow 2FeO + 540 \text{ kJ}$$

氧化亚铁使铁水中的碳氧化，生成铁和一氧化碳，其化学反应式如下：

$$C + FeO \Longrightarrow Fe + CO \uparrow - 144 \text{ kJ}$$

碳的氧化是炼钢过程中贯穿始终的一个重要反应，它不仅能除去金属料中过多的碳，而且反应生成的一氧化碳气体排出时激烈地搅动熔池，能够加速化学反应的进行，并有利于清除钢液中的气体和非金属夹杂物。

氧化亚铁再使铁水中的硅氧化，生成铁和二氧化硅，其化学反应式如下：

$$Si + 2FeO \Longrightarrow SiO_2 + 2Fe + 330 \text{ kJ}$$

氧化亚铁又使铁水中的锰氧化，生成铁和氧化锰，其化学反应式如下：

$$Mn + FeO \Longrightarrow MnO + Fe + 135 \text{ kJ}$$

硅和锰都与氧有很强的亲和力，硅氧化和锰氧化也都是强放热反应，因此，硅和锰在熔炼初期即被氧化，生成的二氧化碳、氧化锰与加入的造渣材料石灰、石灰石等互相结合而形成熔渣（即炉渣），炉渣浮在钢液面上，定期从熔池排出。造渣的化学反应式如下：

$$CaO + SiO_2 \Longrightarrow CaO \cdot SiO_2$$

$$MnO + SiO_2 \Longrightarrow MnO \cdot SiO_2$$

（三）硫、磷的去除

硫和磷都是钢中的有害杂质，硫能使钢在进行热加工时产生裂纹甚至断裂，即"热脆"，而磷能使钢在低温冲击时塑性和韧性降低，即"冷脆"，二者含量高时，都会严重地影响钢的机械性能和工艺性能。因此，钢中的硫、磷含量都有严格的规定，在炼钢过程中必须尽量将它们除去，使之达到所炼钢种的规格范围。

硫在钢中以硫化铁的形式存在。硫化铁可以无限地溶于液态铁中，炼钢时为了将硫除去，必须加入石灰或石灰石，使其生成不溶于铁液而只溶于渣液的硫化钙，从而进入炉渣中除去。其化学反应式为：

$$FeS + CaO = CaS + FaO （吸热）$$

磷在炼钢过程中被氧化，生成五氧化二磷，在炼钢时加入石灰或石灰石可使其转变为稳定的化合物磷酸钙，进入炉渣中除去。其化学反应式为：

$$2P + 5FeO + 4CaO = 4CaO \cdot P_2O_5 + 5Fe （放热）$$

上述炼钢中，脱硫、脱磷的基本条件为：①炉渣碱度适当高（碱度 $B = 3.0 \sim 3.5$）。②渣中氧化铁含量以 15% ～ 20% 为宜。③炉渣流动性好。④大渣量。⑤脱硫反应为吸热过程，要求熔炉高温；而脱磷反应为放热过程，要求适当的低温（$1\,450 \sim 1\,500\ ℃$）。因此，炉温控制是炼钢生产中十分精巧的技能。

（四）脱氧及合金化

脱氧是指在炼钢或冶炼过程中，向钢液加入一种或几种与氧亲和力比铁强的元素，使钢中氧含量减少的操作。通常在脱氧的同时加入其他合金元素，使钢中的合金含量达到成品钢的规格要求，完成合金化的任务。

炼钢的主要过程是氧化过程，各种炼钢方法都是采用氧化法去除钢中的各种杂质元素和有害杂质，当杂质氧化到规格范围时，钢液中还溶解有过量的氧，并溶解有一部分氧化亚铁。这些多余的氧在钢液凝固时逐渐从钢液中析出，形成夹杂或气泡，严重影响钢的质量。钢中残留氧的存在会大大降低钢的各种物理结构和力学性能，并使钢中硫的危害作用增加，使钢在轧制或锻造时由于热脆性而开裂。因此，炼钢时必须将过多的氧从钢中除去。

钢液脱氧的目的在于除去钢中的氧，为此，在炼钢过程中要加入一种或几种与氧的亲和力大于铁与氧的亲和力的脱氧元素，以降低钢液中溶解的氧，并使氧化物从钢中除去，这就是脱氧的任务。常用的脱氧元素有锰、硅、铝等，其中锰的脱氧能力稍弱，硅的脱氧能力较强，铝则是一种很强的脱氧元素。脱氧剂常使用铁合金或纯金属，如锰铁、硅铁和铝等。脱氧的化学反应式如下：

$$Mn + FeO = Fe + MnO + 135\ kJ$$

$$Si + 2FeO = 2Fe + SiO_2 + 330\ kJ$$

$$2Al + 3FeO = 3Fe + Al_2O_3 + 840\ kJ$$

钢液脱氧的方法有三种：一是沉淀脱氧法，即把块状脱氧剂直接加入钢液中，脱氧元素与溶解在钢液中的氧作用，形成脱氧产物并上浮而排出。沉淀脱氧的优点是操作简便，脱氧反应在钢液内部进行，速度快，但来不及上浮的部分脱氧产物残留于钢液中，成为非金属夹杂物，影响钢的质量。二是扩散脱氧法，又叫炉渣脱氧法，即把粉状脱氧剂撒在渣面上，使钢中的氧化物向炉渣层扩散，形成还原渣，使钢液脱氧。扩散脱氧速度慢，但钢中没有残留的脱氧产物，因而非金属杂物很少。三是喷粉脱氧法，即将特制的脱氧粉剂利用喷射冶金装置，并以惰性气体为载体喷射到钢液中，进行直接脱氧。由于喷吹条件下脱氧粉剂比表面积大，加上氩气的搅拌作用，改善了脱氧的动力学条件，脱氧速度很快。上述三种方法中，目前转炉炼钢和平炉炼钢采用沉淀脱氧法，电弧炉炼钢通常采用扩散脱氧法或喷粉脱氧法。

（五）非金属夹杂物的去除

钢中的非金属夹杂物是指在冶炼或浇注过程中产生于或混入钢液中，而在其后热加工过程中分散在钢中的非金属物质。钢中非金属夹杂物的来源主要是：①与生铁、废钢等一起入炉的非金属物质；②从炉子到浇注的整个过程中卷入钢液的耐火材料；③脱氧过程中产生的脱氧产物；④乳化的渣滴。钢中非金属夹杂物的存在，破坏了钢的基体的连续性，使钢的塑性、韧性和抗疲劳强度降低，还使钢的冷、热加工性能降低。

去除或降低钢中非金属夹杂物的途径主要有：①最大限度地减少外来夹杂物，如提高原材料的纯洁度、提高耐火材料的质量、钢液在浇注前镇静等；②采用正确的脱氧脱硫操作，使反应产物易于上浮排除；③减少、防止钢液的二次氧化，如向裸露的钢液表面加保护渣、惰性气体保护浇注、真空浇注等；④促进钢中夹杂物的上浮排出，如氧化在熔炼中进行良好的沸腾、钢液吹氩、真空处理等，使钢中夹杂物更易于上浮排除而外来气物不致侵入。

五、炼钢的主要方法

炼钢的方法有很多，目前在生产中大量使用的主要有氧气转炉炼钢法、平炉炼钢法和电弧炉炼钢法，此外，还有炉外精炼的各种方法。

（一）氧气转炉炼钢法

现代炼钢法始于转炉炼钢。1856 年，英国发明并开始使用空气转炉炼钢，1952 年奥地利发明并开始使用氧气转炉炼钢，截至目前，先后出现了氧气顶吹、底吹、侧吹、斜吹等转炉炼钢法，其中以氧气顶吹或顶底复合吹转炉炼钢较有发展前途，是目前炼钢的主要方法。

1．氧气顶吹转炉炼钢的特点

氧气顶吹转炉炼钢是利用纯氧气从转炉顶部的炉口吹入液态铁水中，使铁中的大部分杂质元素氧化除去而得到钢。它的主要特点有：①金属料主要为铁水和部分废钢，其中铁水占80%，废钢占20%左右；②无需外加任何燃料，其热量来源主要是铁水的物理热和化学热，兑入转炉内的铁水温度一般为 1 200 ～ 1 300 ℃，经短时间吹炼后，钢液温度就可达到 1 600 ℃以上；③用纯氧气做氧化剂，氧气用喷枪喷入炉内，供氧压力为 5 ～ 12 atm[①]，炼 1 t 钢的耗氧量为 50 ～ 60 m^3。氧气流喷射入炉内冲击金属熔池，使金属液得到良好的搅拌，化学反应速度快，熔炉升温也很快。

2．氧气顶吹转炉炼钢的设备

氧气顶吹转炉炼钢的设备主要包括：①炉体（见图 1 -5）。转炉炉体似梨形，分为

---

① 1 atm（大气压）= 101 325 Pa。

炉底、炉身和炉帽等部分，上端有炉口，下端为炉底，侧面有出钢口。炉壳用钢板焊成，内衬用碱性耐火材料制成。②炉体倾动机构。转炉体在冶炼过程中要转动不同的角度，以便加入铁水和废钢，测温，取样，倒出钢液和渣液，倾动机构就是用来转动炉体的。③氧枪（见图1-6）。氧枪用来向炉内吹氧，冶炼时，氧枪从炉口插入，氧气从氧枪的喷嘴处射入炉。④供料设备。供料设备包括供应铁水、废钢、铁合金和散装材料等所使用的设备。铁水供应设备主要有铁水罐车、混铁炉和铁水罐。混铁炉是铁水的中间储存设备，用来调节高炉与转炉之间铁水供应的不一致性，同时可均匀铁水的成分和温度。废钢装入主要用桥式吊车挂废铁槽向转炉倒入。铁合金供应一般是在车间的一端设有铁合金料仓和自动称量漏斗，铁合金由叉车式运输机送至转炉旁，经溜槽加入钢仓。散装材料主要指炼钢过程中加入的造渣材料和冷却剂等，用胶带运输机将各种散料分别从低位料仓运送到高位料仓内，再经过各高位料仓下面的称量漏斗和振动给料器送到汇集漏斗，然后沿着溜槽加入到转炉内。⑤废气处理设备。从转炉出来的废气大部分为一氧化碳，可回收作燃料燃烧；烟尘中含大量铁氧化物，是可以回收利用的铁精矿物。因此，必须用废气净化回收设备加以处理，防止大气污染，并回收利用煤气和烟尘。废气处理系统由气体收集与输导、降温与除尘、抽引与排入三部分组成，除尘设备有洗涤除尘器、过滤除尘器、净化除尘器等。废气经除尘净化后，煤气收集在煤气气柜内备用，烟尘可作炼铁的烧结矿或球团矿的原料回炉利用。

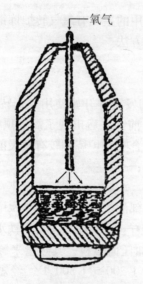

图1-5　氧气顶吹转炉示意图

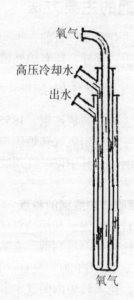

图1-6　氧枪

氧气顶吹转炉的大小是按其出钢量来表示的，目前国内的吹氧转炉有容量十几吨、几十吨、几百吨不等的小型、中型、大型转炉。吹氧转炉炼钢车间的布置方案主要有"二吹一"和"三吹二"两种，前者是车间内设置两座转炉，经常保持一炉吹炼一炉维修待用，后者是车间内设置三座转炉，经常保持二炉吹炼一炉维修待用。

3. 氧气顶吹转炉炼钢的过程

一炉钢的冶炼过程分为装料、吹炼、脱氧出钢三个阶段。①装料阶段。上一炉出钢后，首先把炉渣清除掉（留渣法则在炉内保留少部分终渣），再把转炉转至装料位置，按照配料计算的量先装入废钢，然后兑入铁水。②吹炼阶段。装料完毕，把炉体转正，将氧枪从炉口插入炉内，喷嘴距熔池表面 200～1 500 mm，送入氧气进行吹炼，氧气以极高的速度喷射到熔池表面，将铁水中的碳、硅、锰、磷等元素迅速氧化，同时放出大量热量，使加入的废钢熔化，并使炉内达到高温（1 600 ℃ 以上），这时炉口冒出火焰和浓烟。在吹氧的同时，分批加入造渣材料，创造除去硫、磷的条件。吹炼后期，根据火焰状况、吹氧数量和时间等制订吹炼终点，判定终点后，抽出氧枪，转动炉体进行取样和测温，并根据分析结果，决定出钢或补吹时间。吹炼时间一般为 20 min 左右。③脱氧出钢阶段。当钢液成分和温度都符合要求时，打开出钢口，将炉子转到出钢位置，使钢液流入盛钢桶内。脱氧剂一般在出钢时加入钢桶内。出钢完毕后，再将渣液放入炉渣罐中，一个炼钢周期到此完成，包括吹炼和辅助时间在内，一般为 40 min 左右。

4. 氧气顶吹转炉炼钢的优缺点

氧气顶吹转炉炼钢具有明显的优点：一是生产率高，由于氧气顶吹转炉用纯氧吹炼，炉内反应激烈，杂质氧化和升温速度都很快，因而冶炼时间很短，生产率比电炉和平炉高得多。氧气顶吹转炉炼钢一炉钢生产周期不超过 1 h，而电炉炼钢则要 3～5 h，平炉炼钢更高达 7 h 左右。二是钢的质量较好，品种较多。氧气顶吹转炉纯氧吹炼，钢中氮、氢等气体含量较低，出钢和浇注温度较高，钢锭中非金属夹杂物较少。目前，氧气顶吹转炉不仅能炼普通钢，还能炼多种优质钢。三是基建投资和生产费用较低。氧气顶吹转炉的炉子结构比较简单，占地面积小，其他设备和厂房结构也比平炉简单，因此基建投资少，建设速度快，其车间基建投资相当于同样年产量的平炉车间的 2/3 左右，生产费用只相当于平炉的一半左右。氧气顶吹转炉炼钢的缺点主要是金属料的吹损较大，废气的烟尘多且粒度细，回收处理设备较复杂。

（二）平炉炼钢法

炼钢平炉是相对于炼铁高炉而言的，炼铁炉一般是高大的炉体，而炼钢炉则显得矮平，故得名平炉。20 世纪 50 年代以前，平炉炼钢在全世界占绝对优势，而随着 50 年代氧气顶吹转炉炼钢法的出现并迅速发展，平炉炼钢有逐渐被吹氧转炉炼钢所取代的趋势，目前世界上平炉炼钢法已很少应用，但仍不失为一种重要的炼钢方法。

1. 炼钢平炉的构造

平炉由金属结构和耐火材料构成（见图 1 - 7），主要包括熔炼室、炉头、上升道、沉渣室、蓄热室、烟道、换向阀和烟囱等部分。熔炼室是熔炼金属的地方，它支撑在两个钢筋混凝土炉墩上，由炉底、炉墙和炉顶构成，前墙上有装料门 3～5 个，用于装料、补炉、取样等，后墙上有出钢口，用于出钢和出渣。熔炼室两端为炉头，用来将燃料和空气引入熔炼室以及将废气自熔炼室排出。炉头由上升道与沉渣室相连，沉渣室用于使废气中的炉尘沉积其中，以免堵塞蓄热室的格子砖孔。

蓄热室是用耐火砖砌成的格子房，用来预热煤气和空气。煤气和空气由入口处进入左边的煤气蓄热室及空气蓄热室，预热到 1 000～1 200 ℃，经沉渣室、上升道由左边的炉头进入熔炼室内燃烧，加热金属。燃烧生成的废气经过右边的炉头、上升道和沉渣室，进入右边的一对蓄热室，把格子房加热到 1 100～1 300 ℃，然后经烟道和烟囱排出。这样，左边的一对蓄热室温度不断降低，而右边的一对蓄热室温度不断升高，因此每隔一定时间用换向阀变换煤气和空气进入的方向，使每对蓄热室轮流工作或被加热，使熔炼室维持高温炼钢作业。

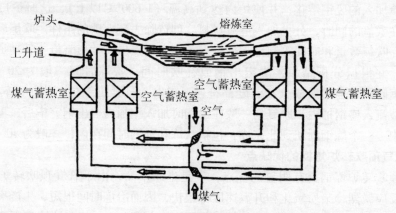

图 1 - 7　平炉构造示意图

平炉按照所用耐火材料的不同，分为碱性平炉和酸性平炉，应用较多的是碱性平炉。平炉容量以每炉炼钢的重量表示，有容量从几十吨到几百吨不等的炼钢平炉。

2. 平炉炼钢的特点

平炉实际上是一种反射炉，高温火焰从炉料上方通过，使炉料熔化、升温、精炼，达到所需成分及出钢温度。其冶炼具有以下特点：①金属料用生铁和废钢。生铁可以是固态铁或液态铁。按照生铁和废钢的配比不同，平炉炼钢操作法可分为四种：矿石法（100%生铁）、废钢矿石法（60%～80%生铁）、废钢法（30%～40%生铁）、废钢增碳法（100%废钢）。我国的平炉炼钢多用废钢矿石法。②必须利用外来热源。平炉炼钢的炉料中有许多固体炉料，熔化耗热大，同时，由于平炉炉体庞大，散热多，因此，仅靠铁水中元素氧化放热难以维持高温冶炼，必须另加燃料燃烧加热。燃料有气体燃料和液体燃料，气体燃料有高炉煤气、焦炉煤炭气、发生炉煤气等，液体燃料多用重油和焦油等高发热值燃料。③氧气的来源和供氧方式。平炉炼钢的氧气来源主要是空气，也可以使用氧气，炉气供氧是其重要的供氧方式。燃料燃烧中产生氧化性的炉气（含 CO_2，H_2O，O_2 等混合气体），炉气从熔炼室上方空间通过时，将氧传递到熔池中，氧通过炉渣传入金属液发生氧化反应，氧化物上浮随渣液排出，因此，炉气传氧的速度很慢，氧化反应过程很长。同时，除炉气供氧外，平炉还要另外加入铁矿石供氧，渣量也大大增加。近年来，为了强化平炉冶炼，缩短冶炼周期，提高生产率，平炉普遍地使用了氧气，改空气平炉炼钢为氧气平炉炼钢。

3. 平炉炼钢的优缺点

平炉炼钢的优点是：①原材料来源广泛，可以大量地利用废钢，固态和液态生铁均可用于冶炼，且对生铁化学成分的限制也比较宽；②冶炼时间长，钢液的成分和温度较易控制；③钢的质量较好，可以炼多数钢种，如各种普通碳素钢、优质碳素钢和低合金钢。其缺点主要是生产率低（炼1炉钢要5～7 h），燃料消耗量大，设备复杂，基建投资大，不能炼高合金钢。

目前，平炉仍然是我国炼钢生产的一种重要设备，因此，在发展氧气转炉炼钢和电炉炼钢的同时，必须采用各种技术对现有平炉加以改造利用，如用氧气的强化冶炼，采用高发热值燃料，改进炉体结构等，以便充分发挥平炉的生产潜力。

（三）电弧炉炼钢法

电炉炼钢法是利用电能作热源进行炼钢。用于炼钢的电炉主要有电弧炉、感应电炉、电渣炉等，其中应用最广的是电弧炉。目前，世界上95%以上的电炉钢是电弧炉尤其是碱性电弧炉冶炼的。电弧炉炼钢法利用电弧产生的热量来进行冶炼，它出现于20世纪初，70年代以来发展很快，是冶炼合金钢的主要方法。

1．电弧炉炼钢的特点

电弧炉炼钢的主要特点是：①利用电弧的热量进行冶炼。电弧产生在电极与金属之间，电弧区的温度高达3 000～6 000 ℃，可以较快地熔化炉料和提高钢液温度。②金属料主要用废钢及部分生铁。一般废钢占80%以上，当废钢来源不足或废钢的含量不能满足钢种配碳要求时，可用部分生铁补充。③主要用铁矿石等固体氧化剂，为了加速冶炼速度，也可以采用吹氧。④碱性电弧炉炼钢兼有氧化性气氛和还原性气氛，具有氧化去杂和还原脱氧双重过程，为冶炼高合金钢创造了条件。

2．电弧炉的构造

电弧炉由炉体、机械设备和电气设备三大部分组成，其构造见图1－8。电弧炉的炉体外壳用钢板焊成，内砌耐火材料。碱性电弧炉用碱性耐火材料，如镁砖、镁砂、白云石等；酸性电弧炉用酸性耐火材料，如硅砖等。以碱性电弧炉应用最广。炉体由炉底、炉顶、炉壁、炉门等部分组成，一侧有出钢口，另一侧有炉门，炉门用于补炉、加料、扒渣、取样等。炉顶上有3个呈等边三角形布置的电极孔，3根石墨电极从孔中插入炉内，电极紧固于电极夹持器中，电极夹持器由电极升降机构操纵，电极升降机构由自动控制系统调节控

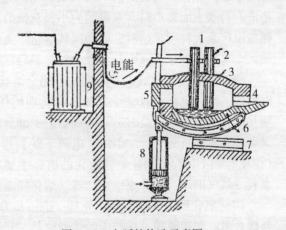

图1－8 电弧炉构造示意图

1. 电极升降机构；2. 电极；3. 炉顶；4. 出钢口；
5. 炉门；6. 炉底；7. 齿条；8. 油缸；9. 变压器

制，使每个电极能单独地上下移动，以调整电极与金属之间电弧的长度。外线路电源经降压变压器转换为适于冶炼的低压电流，经导线和电极夹持器传到电极上，在电极与金属之间产生电弧。炉底的钢壳上装有两个扇形齿轮与固定于炉基上的齿条相啮合，借倾

炉机构（液压机构或机械机构）使炉体向出钢口方向或炉门方向倾动，以便出钢或扒渣。现代电弧炉多采用炉顶装料，即事先将炉料装在一个专门的容器——装料罐中，装料时移去炉顶或移出炉体，用起重机将装料罐运至炉体上，打开罐底，将炉料加入炉内冶炼。

电弧炉的容量按每一炉炼钢的重量来表示，其容量从几吨到几十吨、几百吨不等。

3. 电弧炉炼钢的过程

电弧炉冶炼的过程在这里主要介绍碱性电弧炉氧化法冶炼过程，具体分为补炉、装料、熔化期、氧化期、还原期和出钢六个阶段，其中以"三期"（即熔化期、氧化期和还原期）最为主要和占时间最长。

（1）补炉。冶炼过程中，炉衬在高温下不断受到化学侵蚀和机械冲刷，每炼一炉钢后，炉衬都会遭到不同程度的损坏，所以每炉钢炼出后，都要及时补炉。补炉的原则是：高温（1 000 ℃以上）、快补、薄补，便于利用出钢后的高温和余热，将补炉材料烧结。补炉材料为镁砂或白云石，黏结剂为沥青和焦油。补炉方法有人工投补和机械补炉，小炉子多采用人工投补和贴补，大中型炉子采用补炉机喷补。

（2）装料。装料要做到：防止错装、快速装料、炉料密实、布料合理，并尽可能一次装完。要严格按照配料单所配钢种，核对炉料化学成分、料重和炉料种类等，确定无误后方可装料，以防错装。炉盖移开后，炉膛温度会从1 500 ℃左右迅速降低至800 ℃左右，因此必须快速装料，避免时间长炉膛大量散热。装入炉料要做到大、中、小料块合理搭配，保证有较大的堆密度，减少装料次数，缩短冶炼时间，降低电耗。料块搭配时大块料占40%，中块料45%，小块料15%，堆密度以3～4 t/m³为最佳。布料的合理顺序是：先在炉底均匀铺一层石灰，石灰量为料重的1%～2%，以保护炉底和提前造渣。石灰上面装小料，重量约为小料总量的一半，也起保持炉底的作用。小料上的电弧高温区装大料和难熔料，以加速其熔化。大料间空隙填充小料，靠近炉渣及大料上面装入全部中料，最上面则装其余小料。最后在电极下面放一些碎焦炭以便起弧。

（3）熔化期。从通电开始到炉料完全熔化为止称为熔化期。熔化期约占全部冶炼时间的一半，电耗占60%～70%。熔化期的任务是将固体炉料熔化为钢液，并且将钢液加热到所需温度，及时造好渣和除去一部分磷。按照熔化和电极升降的情况，熔化期又可分为起弧（通电）、穿井（电极下炉料熔化）、电极回升（熔池液面上升）、熔清（熔毕）四个过程。加速炉料熔化的措施主要有：提高变压器的输入功率，吹氧助熔，燃料—氧气助熔，炉外废钢预热等。熔化期电弧区温度高达3 000～6 000 ℃。

（4）氧化期。氧化期的任务是：进一步除去磷，使其低于成品规格；脱碳，以调整碳含量；利用脱碳过程产生的强烈沸腾，充分除去钢中的气体和夹杂物；提高和均匀钢液温度，使其比出钢温度高10～20 ℃，为还原期做好准备。按照氧的来源，氧化期操作分为铁矿石氧化、吹氧氧化和矿氧综合氧化三种氧化方法。

（5）还原期。还原期为碱性电弧炉所特有。如果采用炉外精炼，则还原期的任务转到精炼炉中。还原期的任务有四个：一是脱氧，通过造还原渣，对钢液进行炉渣脱氧，常用的还原渣有白渣和电石渣两种，因此炉渣脱氧方法分为白渣下脱氧和电石渣下脱氧。二是脱硫，还原期炉内温度高，炉渣碱度也高，是脱硫的最好时期。三是钢液合金化，即根据钢种的化学成分规格，向钢液中加入计量数量的铁合金料或纯金属，使钢液凝固后钢的化学成分达到钢号规格要求。合金化不是在还原期才开始进行的，而是根据各种合金元素的特性，分别在装料、熔化、氧化和还原期进行，有的在出钢时加在钢包中进行。四是温度控制，控制好还原期钢水的温度，使脱氧、脱硫能顺利地进行，脱氧产物及其他非金属夹杂物能从钢液中分离，出钢后能顺利浇注。一般出钢温度要比钢的熔点高 $100 \sim 140$ ℃。

（6）出钢。当钢液脱氧良好，成分和温度合格，熔渣流动性良好时，即可进行终脱氧操作和出钢。常用的终脱氧剂为铝，在出钢前 $2 \sim 3$ min 用铁棒插入钢液。电弧炉出钢方法有两种：先出钢后出渣或钢渣混出。当熔渣流动性好，碱度高，氧化铁低时，可采用钢渣混出。钢渣混出的好处在于大大增加了钢与渣的接触面积，可强化脱氧、脱硫，也缩短了炉内还原时间，因此使用较为广泛。

4. 电弧炉炼钢的优缺点

电弧炉炼钢的优点是：①热效率较高，温度容易控制。电弧炉炼钢用电弧加热，可使炉内达到很高的温度，并且可以通过对电流和电压的控制来准确地控制炉温。②钢的质量高。由于用电能加热，不用燃料，不会由燃料带入杂质，炼钢过程中又能很好地脱氧，碱性电弧炉还能除去大量的硫和磷，因此电炉钢所含的硫、磷、氧和非金属夹杂物很少，钢的质量很高。③最适宜冶炼合金钢。电弧炉炼钢时，电弧炉内无氧化性火焰而且气氛可以控制，所以炼制含某些易氧化元素（如钛、钒等）的合金钢时，合金元素的烧损少，加之炼钢质量高，因此电弧炉炼钢是冶炼各种合金钢的主要方法。

各种炼钢方法的比较如表 1-1 所示。

表 1-1 各种炼钢方法的比较

炼钢方法	金属料	热量来源	氧化剂	生产率	钢的质量	成本	用途
空气转炉	铁水	铁水的物理热、铁水的化学热	空气	高	差	低	普通碳素钢
氧气顶吹转炉	铁水和废钢	铁水的物理热、铁水的化学热	纯氧	高	较好	低	碳素钢与低合金钢
平炉	生铁和废钢	煤气或重油等的燃烧	炉气中的氧、铁矿石、纯氧	低	较好	较高	碳素钢与低合金钢
电弧炉	废钢	电能	铁矿石、纯氧	低	好	高	合金钢与优质碳素钢

（四）炉外精炼

炉外精炼是指从初炼炉（转炉或电弧炉）出来的钢水，移至另一冶金容器中进行精炼，也就是将炼钢的部分任务转移到钢包或其他专用容器中进行，以获得更好的技术经济指标的操作过程。这样就把炼钢过程分为初炼和精炼两个步骤，初炼的主要任务是熔化、脱磷、脱碳和主合金化；精炼的主要任务是脱碳、脱氧、脱硫、去气、去夹杂、合金化以及调整钢液温度和化学成分等。精炼的主要手段有真空处理、吹氧搅拌、电磁搅拌、吹氧、电弧加热、喷粉、渣洗等。炉外精炼可以大幅度地提高钢的质量，缩短初炼炉的冶炼时间，简化工艺流程，降低产品成本。近30年来，炉外精炼得到迅速发展，具体的精炼方法达30多种，根据精炼任务不同而采用不同的精炼方法。常见的有真空脱气脱氧法（DH法和RH法）、钢包炉精炼法（ASEA-SKF法和LF法）、真空脱碳法（VOD法和AOD法）、钢包吹氩法、钢包喷粉法和合成渣洗法等。

传统的炼钢法是炉料（铁水、废钢、生铁等）装入后，主要经过熔化、氧化、还原三个阶段后出钢。炉外精炼技术的出现，使得冶炼过程发生了较大的变化，创新了现代冶金工艺的流程：高炉→氧化转炉→炉外精炼→连续铸钢，或废钢→电弧炉→炉外精炼→连续铸钢，操作技术简化，总的冶炼时间大幅度减少，钢的质量大幅度提高，钢的合金化有更大的发展，也大大提高了冶金工业的经济效益、社会效益和环境效益。

六、钢的浇注和连铸

用各种冶炼方法炼好的钢液，除少部分直接铸成铸件外，大部分要用钢锭模铸成钢锭或用连续铸钢机铸成钢坯，再送到轧钢车间等制成各种钢材。

（一）铸锭

铸锭是将从炼钢炉注入盛钢桶的钢液再注入钢锭模中，钢液在钢锭模中冷凝后，脱去钢锭模，即得钢锭。

1. 铸锭设备

（1）盛钢桶。盛钢桶是盛钢液的容器，小的可装一两吨钢液，大的可装几百吨钢液，如图1-9所示。

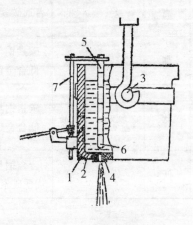

图1-9　盛钢桶构造图

1. 外壳；2. 耐火衬；3. 短轴；4. 注口；
5. 塞杆；6. 塞头；7. 杆

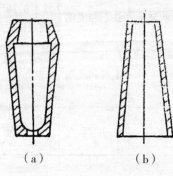

（a）　　　　（b）

图1-10　钢锭模示意图

（a）上大下小有底带帽的钢锭模；
（b）上小下大无底的钢锭模

盛钢桶由钢板焊接或铆接而成，内砌耐火材料，短轴用来吊起盛钢桶，桶底有一注口，由手柄通过直杆和塞杆的塞头开闭注口。盛钢桶在使用前应进行烘火及预热。

（2）钢锭模。钢锭模是使钢液凝固成形的铸型，用生铁铸成，横断切面有正方形、梯形、圆形、多角形等。为了便于取出钢锭，钢锭模都是有锥度的（见图 1 - 10）。上大下小有底带保温帽的钢锭模用于浇注镇静钢，上小下大无底的钢锭模用于浇注沸腾钢。浇注前，应将钢锭模内壁清刷干净，然后涂一层涂料，常用的涂料是焦油。钢锭模的寿命在 100 次左右。钢锭的重量一般从数十公斤至数吨，大的可达数百吨。

（3）保温帽。保温帽由生铁外壳和耐火材料内衬构成。浇注镇静钢时必须使用保温帽，以对头部钢液起保温作用，使帽内钢液在较长时间内保持液态，以便可以不断充填钢锭内因钢液冷凝产生的收缩空隙，从而获得致密的钢锭。

（4）底板。底板用生铁铸成。上注法用的底板是一块平板，用于放置钢锭模；下注法的底板有沟槽，槽内安放空心的流钢砖，一块底板上可布置几个至几十个钢锭模。

（5）中心注管。中心注管置于下注底板上，用以接受盛钢桶中流出的钢液，钢液由中心注管经流钢砖的通道进入钢锭模内。中心注管用生铁铸成，内衬注管砖，上部安放一漏斗砖，以接受盛钢桶流出的钢液。

2．铸锭方法

（1）按照钢液进入钢锭模的方向不同，铸锭方法分为上注法和下注法。上注法是将盛钢桶内的钢液直接从钢锭模上口注入，下注法是将钢液由盛钢桶注入一中心注管，钢液经底板上的流钢道从钢锭模底部注入。上注法每次只能浇注一个钢锭，下注法则可以同时浇注几个到几十个钢锭，浇注时间比上注法大大缩短；而且下注法使钢液在钢锭内较平稳地上升，不易产生结疤等表面缺陷。但下注法的铸锭准备工作较复杂，耐火材料消耗和钢液消耗较多，而且钢液流经中注管和流钢道，也可能增加钢锭中的非金属夹杂物。因此，上注法和下注法各有优缺点，但生产中以下注法应用最广。上注法适用于浇注大型钢锭，下注法适用于浇注中小型钢锭。

（2）按照钢厂类型和车间布置的不同，铸锭方法分为坑注法和车注法。坑注法是把底板放置在地面上或地坑内，整模、浇注、脱模都在同一厂房内进行，适用于小型钢厂。车注法是把铸锭的各个工序分别放在不同的厂房里进行，浇注前将已装配好底板和钢锭模的铸锭车从整模厂送到铸锭场，在铸锭车上进行浇注，然后将铸锭车送到脱模场脱模。采用车注法能提高生产率，改善劳动条件，但设备复杂，适用于大中型钢厂。

（二）连续铸钢

连续铸钢是用连续铸钢机（简称连铸机）将钢液连续不断地直接铸成具有一定断面形状和尺寸的钢坯，从而取代铸锭—开坯的一种钢铁生产先进工艺，是 20 世纪世界钢铁工业科技进步的重大成果，它大大简化了从钢液至钢坯的生产过程，并导致钢铁工业生产结构的变革。

1．连铸机的种类及其工作原理

连续铸钢机的类型有立式、立弯式、弧形、椭圆形、水平式等几种。最早出现的是立式连铸机，由于设备高度大，基建费用多，操作维修不便，其发展受到了限制。以后相继出现了立弯式、弧形、椭圆形和水平式，目前以弧形连铸机（见图 1-11）应用最多。

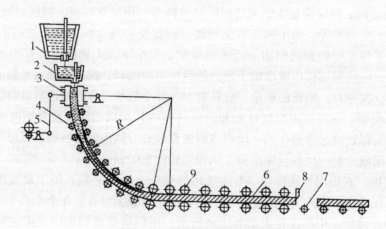

图 1-11　弧形连铸机示意图
1. 钢包；2. 中间罐；3. 结晶器；4. 二次冷却装置；5. 振动装置；
6. 铸坯；7. 运输辊道；8. 切割设备；9. 拉坯矫直机

弧形连铸机的工作原理是：盛钢桶内的钢液经中间罐注入结晶器中，表面凝固了的铸坯经过二次冷却装置进一步冷却，铸坯的移动和矫直由接辊矫直机实现，凝固完的铸坯由切割器切成一定长度，由辊道送到下道工序或铸坯场地。

2. 弧形连铸机的主要设备

（1）钢包及回转台。钢包又叫盛钢桶、钢水罐，是用来盛接钢液并进行浇注的设备，也是钢液炉外精炼的容器。钢包外壳一般由锅炉钢板焊接而成，外壳腰部焊有加强箍和加强筋，耳轴对称地安装在加强箍上。钢包内衬由保温层、永久层和工作层组成。注流控制机构包括滑动水口及长水口。钢包通过滑动水口开启、关闭来调节钢液注流；长水口用于盛钢桶与中间罐之间保护注流不被二次氧化，同时也避免注流的飞溅及敞开浇注的卷渣问题。钢包回转台能够在转臂上同时承放两个钢包，一个用于浇注，另一个处于待浇状态，以减少换包时间，有利于实现多炉浇注。

（2）中间罐及运载设备。中间罐又叫中间包，是位于钢包与结晶器之间用于浇注的装置，其作用是储存一部分经钢包流入的钢水，以减少钢水注入结晶器时的冲击力，稳定钢流并分流。中间罐外壳为钢板，内衬为耐火材料。浇注过程中，钢水在中间罐内最佳停留时间为 8～10 min，中间罐的容量一般是钢包容量的 20%～40%。中间罐小车是用来支承、运输、更换中间罐的设备，小车结构要有利于浇注、捞渣和烧氧等操作，同时还应具有横移和升降调节装置。

（3）结晶器及振动装置。结晶器是个无底的钢锭模，其作用是使钢液快速凝固成具有一定厚度的硬壳，形成所需的断面形状和大小的铸坯。结晶器为夹层，内壁用紫铜或黄铜制作，夹层空隙通冷却水。整个结晶器安装在一个能做上下往复振动的结晶器振动装置的柜架上，以减轻拉坯阻力，避免凝壳与结晶器粘连。

（4）二次冷却装置。铸坯从结晶器提出后，坯壳中心仍为高温钢液。为了使铸坯继续凝固，从结晶器下口到拉矫机之间装置喷水冷却区，称为二次冷却区。二次冷却区布置有冷却水喷头和沿弧安装的夹辊。喷头将冷却水雾化并均匀地喷射到铸坯上，使铸坯均匀冷却，达到所要求的冷却强度。

（5）拉坯矫直机。拉坯机实际上是具有驱动力的辊子，也叫拉坯辊。弧形连铸机的铸坯需矫直后水平拉出，拉坯辊与矫直辊装在一起，称为拉坯矫直机，其作用是拉出铸坯并将其矫直，拉坯速度就是由它来控制的。

（6）引锭装置。引锭装置是结晶器的"活底"，开浇前用它堵住结晶器下口；浇注开始后，结晶器内的钢液与引锭头凝结在一起，通过拉矫机的牵引，铸坯随引锭杆连续地从结晶器下口拉出，直到铸坯通过拉矫机，与引锭杆脱钩为止，引锭装置完成任务。

（7）切割装置及后步工序。连铸坯需按照轧钢机的要求切割成定尺或倍尺长度。铸坯是在连续运行中完成切割的，因此切割装置必须与铸坯同步运动。切割方式有火焰切割和机械剪切两种。连铸机的后步工序是指铸坯热切后的热送、冷却、精整、出坯等工序。后步工序中的设备主要与铸坯切断以后的工艺流程、车间布置、所浇钢种、铸坯断面及对其质量要求等有关。

3. 连铸工艺过程

钢水浇注前，先把引锭头送到连铸机结晶器下口，将结晶器壁与引锭头之间的缝隙填塞紧密，然后，调好中间罐水口的位置，并与结晶器对位，即可将钢包（盛钢桶）内的钢水注入中间罐。当中间罐内的钢液高度达到 400 mm 左右时，打开中间罐水口将钢液注入结晶器。钢水受到结晶器壁的强烈冷却，冷凝形成坯壳。待坯壳达到一定厚度之后启动拉矫机，夹持引锭杆将铸坯从结晶器中缓缓拉出。与此同时，开动结晶器振动装置。铸坯经过二次冷却区经喷水进一步冷却，使液心全部凝固。铸坯进入拉矫机后，脱去引锭装置，矫直铸坯，再由切割机将铸坯切成定尺长度，然后由运输辊道运出。浇注过程连续进行，直至浇完一桶或数桶钢水，完成钢水连铸过程。

4. 连续铸钢的优点

连续铸钢与传统的模铸钢锭生产过程相比较，具有许多突出的优点：①钢液在连铸机中直接铸成钢坯，省去了整模、脱模、均热、初轧等工序，简化了流程，缩短了生产周期，节约了劳动力，降低了劳动强度，大大提高了生产率。②连铸机操作方便，生产过程连续性强，机械化和自动化程度高，为钢铁工业向连续化、自动化方向发展开辟了新的途径。③连续铸钢没有钢锭的切头切尾损失、中注管和流钢道内钢的消耗及均热炉内金属的烧损，使钢的收得率提高，钢种扩大，钢坯质量好。④连续铸钢是一项节能工艺，能有效地降低能源和耐火材料的消耗，有利于清洁生产和节能降耗，提高钢铁企业的经济效益、社会效益和环境效益。

七、炼钢的新工艺新技术

（一）转炉炼钢的新工艺新技术

1. 铁水预处理

铁水预处理是指铁水进入炼钢炉之前所进行的某种处理，可分为普通铁水预处理和特殊铁水预处理。普通铁水预处理有单一脱硫、脱硅、脱磷和同时脱磷脱硫等；特殊铁水预处理有脱铬、提矾、提铌和提钨等。最常见的铁水预处理是铁水预脱硫，方法有机械搅拌法和喷吹搅动法，是使脱硫剂与铁水充分混合而脱硫，都可在混铁车或铁水包内处理。

2．转炉负能炼钢

转炉负能炼钢是指转炉既炼出了钢，又没有额外消耗能量，反而输出或提供富余能量的一项工艺技术。衡量这项技术的标准是转炉炼钢的工序能耗。炼钢工序能耗包括消耗能量和回收能量两个方面，当出现回收的能量超过消耗的能量时，就是负能炼钢。其关键技术是回收转炉吹炼过程中产生的大量烟气，这些烟气温度高达 1 260 ℃左右，CO含量 60%～80%，具有很高的显热和潜热，可以回收利用，实现零能耗或负能炼钢。

3．转炉溅渣护炉技术

转炉溅渣护炉是指在转炉出钢后留下部分终渣，将炉渣黏度和氧化镁含量调整到适当范围，用氧枪喷吹氮气，使炉渣溅贴到炉壁内衬上形成渣层，达到补炉的目的。溅渣护炉的炉渣应有合适的黏度，炉渣过稀或过稠都不利于炉内衬挂渣粘贴。该方法具有使炉龄延长、生产率高、节省耐火材料、操作简便等优点。

（二）电炉炼钢的新工艺新技术

1．电炉容量大型化

由于大炉子的热效率高，可使每吨钢的电耗减少，同时也使吨钢的平均设备投资大大降低，因而钢的成本下降，劳动生产率提高。在某些特殊条件下，要求大量优质钢水时，只有采用大容量电弧炉才能满足要求，所以世界上许多国家正在开始采用大容量电弧炉。

2．超高功率电弧炉

超高功率电弧炉是指吨钢变压器功率超过 700 kV·A。其主要优点是大大缩短了熔化时间，提高了劳动生产率，改善了热效率，进一步降低了电耗，适用于大电流短电弧，热量集中，电弧稳定，对电网的影响小等。配套设备和相关技术有水冷炉壁、水冷炉盖技术以及长弧泡沫渣冶炼技术。

3．电弧炉偏心炉底出钢

偏心炉底出钢的最大优点是将出钢口移到炉壳外边，便于维修和检修。偏心炉底出钢与超高功率匹配，近年来推广很快，其优越性主要在于：①炉内能保留 98% 以上的钢渣，有利于下一步炉料的熔化和脱磷，提高生产率；②出钢时电炉倾动角度小于 15°（传统电炉倾角为 40°～50°），允许炉体水冷炉壁面积增大，降低了耐火材料的消耗和阻抗；③出钢时钢液垂直下降，呈圆柱形流入钢包，缩短了与空气接触的路径，钢液温降减少，相应地节电，并减少了钢液的二次氧化；④有利于提高脱硫效率，并能防止钢液回磷，减少了钢液的夹杂物含量，提高了钢液的纯净度；⑤缩短了出钢时间。

4．电弧炉底搅拌技术

在电炉安装喷嘴或透气砖，将气体（惰性气体、氧气或天然气）吹入炼钢熔池，加强钢液的搅拌，可提高电弧炉冷区热量的传递速度，促进熔池温度和成分的均匀化，加快炉内反应速度。

5. 电弧炉氧燃烧嘴技术

在交流电弧炉三个冷区的炉壁上安装可伸缩氧燃烧嘴，熔化期向熔池喷入氧气和煤粉或重油、柴油、天然气等燃料，使冷区的温度尽快提高，促进炉料的同步熔化和熔池温度的均匀化，从而缩短熔化期，改善电弧炉的冶炼指标。

6. 强化供氧技术

现代电弧炉炼钢大量使用氧气，水冷超音速氧枪已广泛地用于助熔、脱碳和炉内供氧操作，近年出现一种新氧枪即聚流氧枪，其氧气射流长度长，吸入空气少，射流发散少，衰减慢，射流冲击力大，进一步强化了电炉炼钢供氧技术。

7. 直流电弧炉

与当今广泛应用的交流电弧炉不同，直流电弧炉只有一根炉顶石墨电极和炉底电极，全部直流电流都要通过炉顶中心的单电极，为此应使用电流密度大的超高功率石墨电极。直流电炉的主要优点是：石墨电极消耗大幅度降低；电压波动和闪变小，对前级电网冲击小；只需一套电极系统，可使用与三相交流电弧炉同直径的石墨电极；金属熔池始终存在强烈的循环搅拌，加强和加速了冶炼化学反应，缩短了冶炼生产周期；降低了熔炼电耗和耐火材料消耗，降低了炼钢生产成本。

（三）连续铸钢的新工艺新技术

1. 高效连铸

所谓高效连铸，是指整个连铸坯生产过程实现高拉速、高质量、高效率、高作业率、高温铸坯，此外还加上高自动控制，从而大幅度地降低了成本，达到较高的经济效益。高效连铸技术是一项系统的整体技术，需要工艺、设备、生产组织和管理、物流管理、生产操作以及与之配套的炼钢车间各个环节的协调和统一，才能实现高效连铸的效果。

2. 近终形连铸

近终形连铸是指连铸坯的断面形状接近于其轧制出的产品断面形状的连铸技术，是异型钢材生产的迫切要求，在其他形状钢材生产中也有不断发展。连续铸钢正在从大型钢梁初坯料的铸锭坯，逐渐沿连铸大方坯→常规异型坯→近终形异型方向发展，这是一个逐渐使铸造坯料接近成品形状的技术过程。

3. 薄板坯连铸连轧

薄板坯连铸连轧工艺是指钢液经连续地铸成板坯后，将铸坯余热及时送入轧钢机轧制成材的新工艺。主要有三种组合方式：一是连铸—离线热装轧制；二是连铸—直接轧制；三是连铸—在线同步轧制，即一台连铸机与一套轧钢机相匹配，炼钢车间与轧钢车间合二为一。

第三节 轧 钢

由炼钢炉炼好的钢液，经过浇注得到钢锭或经连铸得到连铸钢坯，它们一般不能直接应用，必须经过压力加工成为钢材才能使用。压力加工的主要方式有轧制、挤压、拉丝、自由锻造、模型铸造和冷冲压等。其中，在金属成材的生产中，最重要的、应用最广的方式是轧制。

一、轧制的基本原理

轧制是利用金属与轧辊接触表面间产生的摩擦力，使金属坯料通过一对旋转的轧辊之间的间隙时，因受到压缩而横断面减少、长度增加，从而获得各种断面形状的产品的方法。轧制的基本原理是塑性变形的力学条件和塑性变形的基本定律。

（一）应力与变形

物体在外力作用下，为了保持其自身的完整性而在其内部产生的抵抗外力的作用，称为附加内力，简称内力。内力的实质是物体原子间的相互作用。单位面积上内力的大小称为应力，用 P_a 表示，物体平均应力 $P_a = N_0 / S$，其中，N_0 为物体截面内力，S 为物体截面积。

物体的变形取决于应力。物体在外力作用下，其形状和尺寸发生改变，称为应变，一般称为变形。应力与应变共生共存。外力取消后，能够恢复其原来形状和尺寸的变形，称为弹性变形；当外力超过某一限度后，即使外力被取消，物体也不能恢复其原来形状和尺寸而保留下来的变形，称为塑性变形。物体在外力作用下产生永久塑性变形而不被破坏的能力，称为物体的塑性。

（二）塑性变形的力学条件

物体抵抗变形和断裂的能力称为强度（σ），常用应力（P_a）表示。物体抵抗塑性变形保持其固有形态的能力称为屈服强度（σ_s），抵抗断裂破坏的能力称为断裂强度或抗拉强度（σ_b）。各种材料的 σ_s 和 σ_b 可在有关手册中查到。如 Q235 - A 钢在常温时，σ_s 为 220～240 MPa，σ_b 为 380～470 MPa。物体产生稳定塑性变形的力学条件是，该物体受外力作用产生的应力 P_a 必须大于或等于其屈服强度 σ_s 而小于其抗拉强度 σ_b，即 $\sigma_s \leqslant P_a < \sigma_b$。

（三）塑性变形的基本定律

（1）体积不变定律。在压力加工的理论研究和实际计算过程中，通常认为塑性变形物体的体积保持不变或为常数，也就是说，物体塑性变形前的体积 V_0 等于其变形后的体积 V_n，即 $V_0 = V_n =$ 常数。体积不变定律是物体在塑性变形过程中遵循的基本定律，利用它可以计算成品的尺寸或选定坯料的大小。

（2）最小阻力定律。最小阻力定律是指物体塑性变形过程中，当质点有沿不同方向移动的可能时，其总是沿着阻力最小的方向移动。最小阻力定律是金属体塑性变形时金属质点流动所遵循的基本规律。此定律在金属体轧制塑性变形过程中的实际意义是，例如轧制一个矩形金属块时，因为接触面上质点向周边流动的阻力与质点离周边的距离成正比，因此离周边的距离愈近，阻力愈小，金属质点必然沿这个方向流动，从而使金属矩形分成 2 个三角形和 2 个梯形，形成 4 个不同流动区域，继续轧制，将使原矩形金属体断面再变成多边形，并逐渐变成椭圆形。而方坯在平锤间轧制时，随着镦粗的进行，方坯截面逐渐变为圆截面。因此，最小阻力定律在镦粗中也称为最小周边法则。

（3）弹塑性共存定律。所谓弹塑性共存定律是指要使物体产生塑性变形，必须先发生弹性变形，即只有在弹性变形的基础上，才能开始产生塑性变形。只有塑性变形而无弹性变形的现象，在塑性变形加工中是不可能见到的。此定律的重要意义在于，虽然在压力加工过程中，卸载后的弹性变形恢复较塑性变形小得多，在工程计算中可忽略不计，但在指导生产实践中如何减小变形时各种弹性变形恢复，特别是对于尺寸精度要求高的产品尤为重要。

二、轧钢的基本生产过程

由钢锭或钢坯制成具有一定规格和性能的钢材的一系列加工工序组合成轧钢生产工艺过程。轧钢的一般工艺过程因钢锭与钢坯的区别而有所不同，钢锭轧钢又因冷锭与热锭的区别而有所不同。

连铸钢坯的轧钢一般工艺过程是：连铸坯→清理→加热→轧制→剪切→冷却→精整→检查→清理→验收。

浇铸冷钢锭的轧钢一般工艺过程是：冷锭→清理→加热→初轧开坯→剪切→冷却清理→加热→轧制→冷却→精整→检查→清理→验收。

浇铸热钢锭的轧钢一般工艺过程是：热锭→均热→初轧→钢坯连轧→剪切→冷却清理→加热→轧制→冷却→精整→检查→清理→验收。

上述是一般碳素钢轧制的工艺过程，如果是合金钢的轧制，还要在轧制冷却之后加上退火→酸洗→冷加工→退火，再到精整→清理→验收过程。

综上所述，轧钢的基本生产过程一般可分为以下几个基本步骤。

第一步：钢锭钢坯的清理。

钢锭表面常有各种缺陷，如裂纹、结疤、夹渣、飞刺等，钢坯表面也可能有某些缺陷，如果不在轧制前清理，轧制时缺陷将会扩大。为了保证钢材的质量，对钢锭钢坯应进行轧制前仔细的表面清理。表面清理的方法很多，常用的有火焰清理、砂轮清理、风铲清理、酸洗清理等。

第二步：钢锭钢坯的加热。

热轧时要将钢锭钢坯加热到热轧温度。加热的目的是提高钢的塑性，降低变形抗力以及改善钢的组织和性能。加热温度因钢种而异，一般为 1 100 ~ 1 250 ℃。加热温度过低，塑性不足而变形抗力大；加热温度过高，则可能引起钢的氧化、脱碳、过热（晶料长大）、过烧（晶界发生变化易碎裂）等缺陷，从而影响钢材的质量，甚至导致废品。一般来说，钢锭脱模后应立即运到初轧车间的均热炉内加热进行初轧，钢坯应在连续式加热炉内加热进行轧制。

第三步：轧制。

轧制是轧钢生产过程中的中心环节，其主要任务是精确成型，要求轧成钢材的断面形状和尺寸精确，表面光洁。钢锭加热后送往初轧机轧制，钢坯加热后在各种钢材轧机上轧制。

第四步：剪切。

剪切是将轧件切头、切尾和切成规定的尺寸，有热切和冷切两种。一般是热轧热切，冷轧冷切。

第五步：冷却。

根据钢种特性和产品的技术要求，热轧后应采取不同的冷却方式，常用的方法有水冷、空气冷、堆冷和保温炉中冷却等。

第六步：精整。

经过轧制后的钢材不一定是很直或很平整的，再经过在辊道上运输、剪切以及在冷床上移动之后，有的钢材会有弯曲或扭转等现象，必须进行矫正和精整。

第七步：检查。

轧钢生产过程的检查包括轧中检查和轧后成品检查。轧制过程中检查的目的是促使工人认真地贯彻执行生产技术规程，及时发现废品并采取改进措施。成品检查是按照产品标准的要求检查轧件的形状和尺寸、表面缺陷、内部组织缺陷以及机械性能等，经检查合格的钢材再经清理后验收入库。

三、轧钢设备

（一）轧钢机的构造

轧钢机主要由三个部分组成：①原动机，用于使轧辊转动，一般使用直流或交流电动机。②传动机构，用于将原动机的动力传至轧辊，包括减速机、飞轮、齿轮机座和连接轴等。减速机利用齿数不同的齿轮传动达到减速的目的，使轧辊的转速小于电动机的转速。齿轮机座由两个以上的人字齿轮组成，用来把减速机轴的运动传送到用连接轴与其连接的轧辊。③工作机座，主要组成部分有机架、轧辊和轧辊轴承。轧辊是轧钢机上最重要的工作部分，它工作时能直接使金属发生变形。轧辊分为辊身、辊颈和辊头三个部分，中部是辊身，是轧制时的工作部分；辊颈是支承部分，用以支承轧辊在轧辊轴承中旋转；两端的辊头是连接部分，用以将轧辊与连接轴相连。轧辊分为平面轧辊和槽形轧辊。平面轧辊的辊身表面平滑，用于轧制钢板和钢带；槽形轧辊的辊身表面有轧槽，用于轧制各种型钢和线材。

（二）轧钢机的种类

轧钢机有以下三种不同的分类方式：

（1）按轧钢机的用途分类，可分为：①初轧机，用来将钢锭轧成钢坯；②钢板轧机，用来轧制钢板；③钢管轧机，用来轧制钢管；④型钢轧机，用来轧制各种型钢；⑤线材轧机，用来轧制线材；⑥特种轧机，用来轧制车轮、轴承环等成型零件。

（2）按机架上轧辊的数目及排列方式分类，可分为：①二辊式轧机，又分为可逆式轧机和不可逆式轧机，其中可逆式轧机的轧辊在每辗轧一次后，轧辊的旋转方向就发生改变，使轧辊能来回辗轧坯料。②三辊式轧机，在一个机架上有三个定向旋转的轧辊。轧制时，坯料先在下面与中间的轧辊之间轧过来，再在中间与上面的轧辊之间轧过去。以采用这种轧机最为普遍。③双二辊式轧机，由两对旋转方向相反的轧辊组成，轧制时坯料依次通过每对轧辊。④多辊式轧机，由一对工作轧辊和多个（偶数个）支持辊组成，其作用是使工作轧辊在轧制时不易弯曲，以保证轧材的精度。⑤斜放式轧机，两轧辊的轴线互相倾斜成一角度，用于轧制无缝钢管。

（3）按机架的排列方式分类，可分为：①单机架轧机，轧件在单机架中完成轧制；②横列式轧机，数个机架排成一横行，轧件依次在各机架中轧制一道或数道；③纵列式轧机，数个机架排成一纵行，轧件依次在各机架中轧制；④连续式轧机，数个机架排成一纵行，轧件同时在几个机架中轧制，生产率更高；⑤半连续式轧机，是连续式和横列式的组合或连续式与纵列式的组合。

（三）轧钢的辅助设备

轧钢的辅助设备包括：

（1）加热设备。一是均热炉，用于加热炼钢车间送来的大钢锭，使大钢锭外面的温度和里面的温度均匀，并达到轧制温度；二是连续式加热炉，用于小钢锭和钢坯的加热。

（2）运送设备。用于将加热好的钢锭或钢坯由加热炉或均热炉送到轧钢机，并使轧件在轧制过程中升降或翻转，以及将轧件送往剪切设备和冷床等。运送设备种类多，主要有辊道、升降台、移送机、翻钢机等。

（3）剪切设备。用于将轧件切头切尾以及切成规定的尺寸。剪切设备有两种：一是剪切机，用来剪切截面形状比较简单的钢坯或钢材。种类有平刃剪、斜刃剪、圆盘剪等。二是锯切机，用来锯断大中型钢材。

（4）卷曲机。用来将轧制好的线材、带钢、薄板钢等卷制成卷或盘。

（5）冷床。用于冷却轧件。

（6）矫正机。用于消除钢材的弯曲或扭转。种类有辊式矫正机、压力矫正机等。

四、钢板生产

钢板又称为板带钢，是一种宽度与厚度之比很大的扁平断面的钢产品。按规格，一般分为厚板（板厚 4 mm 以上）、薄板带材（厚度 0.2 ～ 4.0 mm）、极薄带材（厚度 0.2 mm 以下）。在厚板中又分为中板（厚度 4 ～ 20 mm）、厚板（厚度 20 ～ 60 mm）、特厚板（厚度 60 mm 以上）。生产上对钢板的技术要求主要是尺寸精确板型好，表面光洁性能高。钢板断面形状简单且有使用上的万能型，应用最为广泛。

中厚板的轧制一般都是热轧的，其生产流程一般是将板坯在加热炉中加热到轧制温度，通过辊道送到轧机，在轧机上经过几次反复轧制，达到所需厚度，再由辊道送到矫正机矫正，然后剪切成一定尺寸的板带钢成品。中厚板轧机主要有二辊可逆式轧机、三辊劳特式轧机、四辊可逆式轧机和万能式轧机四种，其中四辊可逆式轧机应用最多。

薄板的轧制分为热轧和冷轧两种方式。热轧薄板的生产过程与中厚板基本相同，所采用轧机有炉卷轧机、行星轧机、连续式轧机和半连续式轧机等，其中连续式、半连续式热轧为主要方式，具有高速、连续、优质、高产、低耗五大特点，采用最多、最广泛。冷轧薄板是指钢在再结晶温度以下进行的轧制，一般是不加热而在室温下直接轧制。薄板冷轧过程实际上是冷轧与热轧处理相结合的过程，一般在冷轧过程中具有60°～80°的变形量后，就必须对钢进行软化处理，用再结晶退火方法，使钢恢复其原来的硬度，然后再进行轧制。因此，冷轧过程实际上是冷却—退火—冷轧—退火等交替进行的过程。冷轧薄板轧机有二辊式、四辊式和多辊式，目前用得最多的是四辊式轧机。冷轧薄板具有尺寸精确、表面光洁、性能良好、品种多、用途广等优点，是热轧薄板所无法比拟的。

五、钢管生产

钢管广泛应用于日常生活以及交通、地质、石油、化工、机械制造、农业、原子能、国防等部门，占钢材总量的20%左右。钢管分为无缝钢管和有缝钢管（焊管）两大类。

（一）无缝钢管生产

无缝钢管可以用热轧、冷轧、挤压、冷拔等方法生产，其中用得最多、最普遍的方法是热轧无缝钢管。无缝钢管生产一般以实心钢坯为原料，从管坯到中空钢管的断面收缩率是非常大的，为此轧制变形需要分阶段才能完成，一般情况下要经过穿孔、轧管、定减径等阶段，具体生产方法有两种，即自动轧管机组生产和连轧无缝钢管。

1. 自动轧管机组生产

自动轧管机组生产是热轧无缝钢管常用的方法，具有产品范围广、生产率高的优点。自动轧管机组由加热炉、穿孔机、轧管机、均整机、定减径机、矫直机等组成。自动轧管机组生产无缝钢管的基本工艺过程是：管坯准备→管坯加热→穿孔→毛管轧制→均整→定减径→冷却→矫正→冷状态下精加工等。其中，管坯穿孔是关键的变形工序，其任务是将实心坯穿制成空心毛管。穿孔时，管坯获得螺旋运动，并在前进中受到压缩，顶头插入中心进行穿孔而得毛管。毛管经过自动化轧管机两道次轧制，然后经过均整机对管壁内外均整，再经过定径、减径、张力减径过程，最后在冷床上采用七辊斜辊矫直机进行矫直而成为无缝钢管成品。

2. 连轧无缝钢管

钢管热连轧是连轧工艺在无缝钢管生产中的新技术，其采用的全浮动芯棒管材热轧机组主要由斜穿孔机和全浮动芯棒的连轧管机组组成，主要工艺过程是：合格管坯→测长和称重→管坯切定尺→最佳化称重→环形加热炉加热→热定心→穿孔→高压水除鳞→空心坯减径→连轧→再加热→高压水除鳞→张减机减径→冷床冷却→冷锯锯切→成品钢管。上述工艺过程中，最基本的轧制工序是穿孔、空心坯减径、连轧机轧管、张力减径四个工序。其中，作为钢管轧制最后一道工序的张力减径，既能减径，也能减壁，是连续轧管机组产量高、质量好的重要保证。

（二）有缝钢管（焊管）生产

有缝钢管是用带钢或钢板经过卷曲成型，然后焊接制成的。成型和焊接是有缝钢管生产的两个基本工序。焊接方法有炉焊、气焊、电阻焊、电弧焊、电感焊等。其基本工艺过程是：带坯→侧边修整→卷曲成型→侧压→焊接→焊缝清理→冷却→定径→切管→成品钢管。如果用炉焊方法制作钢管，还要先后经过坯料加热（900～1 000 ℃）、管坯加热（1 300～1 350 ℃）两个工艺过程，最后经过轧管机轧制，依靠轧辊与管子心轴之间的压力将管子的接缝焊合而得成品钢管。

六、型钢生产

型钢是钢材中种类最多的产品，其断面形状复杂，以适应社会生产和生活各方面的需要。轧制型钢大多采用二辊式轧机和三辊式轧机。钢坯在型钢轧机上需要通过一系列不同形状和大小的孔形，采用多台轧机分担一组孔形，经过数道次甚至数十道次的轧制，并经过粗轧段、中轧段和精轧段，使其依次逐渐变形，最后形成所需断面形状的型钢。

七、线材生产

生产上一般把 Φ5.5～Φ9.0 mm 的圆钢称为线材，但目前国内外已扩大到把 Φ5～Φ38 mm 的圆钢都称为线材。线材的断面以圆形为多，此外还有少量的扁、六角、螺纹及异型等断面。线材一般成盘或成捆交货。线材用途广泛，约占钢材总量的10%。线材的一般工艺过程是：原料准备→称重→装料→加热→粗轧→中轧→剪头→精轧→水冷→卷曲→空冷→检验→包装→收集→称重→入库。线材车间的轧机有横列式、半连续式、连续式三种布置方式。一般采用专业化的高速无扭线材轧制机组进行生产，精整线上设有控冷设备，生产过程中采取连续测径和自动化控制，全作业线可实现计算机管理，产量高，质量好，精度高，可满足社会对线材日益增长的需要。

第四节 有色金属冶金

有色金属是指黑色金属（钢铁等）以外的所有金属，它们具有许多特殊的性能，如有的有高导电性和导热性，有的有高电阻性，有的有耐腐蚀性，有的有耐摩擦性，有的质量轻，等等，因此在近现代工业中，有色金属占有重要的地位。有色金属在自然界储量少，冶炼过程较复杂。有色金属冶金通常分为轻金属冶金、重金属冶金、贵金属冶金和稀有金属冶金四大类，其中铝、镁、钛属于轻金属冶金，铜、铅、锌属于重金属冶金。

一、铝冶金

铝是银白色的金属，相对密度小（2.7，约为钢铁的1/3），熔点低（660 ℃），强度和硬度低，具有良好的导电性、导热性和耐蚀性，塑性和延展性也很好，可加工成棒、管、板、线、箔等。铝的应用形式有纯铝、高纯铝和铝合金。纯铝主要用于电气工业，用来制作高压输电线、电缆壳、导电板及各种电工制品；高纯铝广泛应用于低温电工技术和其他重要领域；铝合金重量轻而强度高，耐蚀性好，主要用于交通运输业、建筑工业、轻工业，以及日常生活用品、家具等，在军用工业上广泛用来制作汽车、装甲车、坦克、飞机、舰艇的部件。

铝冶金最初获得的基本产品是粉状氧化铝，氧化铝再经过电解铝工业，最终获得成品铝锭。

（一）氧化铝的生产

氧化铝是一种白色粉末，分子式为 Al_2O_3，是可溶于酸性溶液和碱性溶液的典型的两性氧化物，其相对密度为 $3.5 \sim 3.6 \ g/cm^3$。无水氧化铝具有四种同素异晶体：$\alpha - Al_2O_3$、$\beta - Al_2O_3$、$\gamma - Al_2O_3$、$\delta - Al_2O_3$，其中 $\alpha - Al_2O_3$ 和 $\gamma - Al_2O_3$ 对于氧化铝生产和铝电解具有重要的意义。

铝在地壳中的含量约为 8.8%，地壳中的含铝矿物有 250 多种，但炼铝最主要的矿石资源是铝土矿。铝土矿中主要的含铝矿物为：三水铝石（$Al_2O_3 \cdot 3H_2O$）、一水软铝石（$\gamma - Al_2O_3 \cdot H_2O$）、一水硬铝石（$\alpha - Al_2O_3 \cdot H_2O$）。此外，用于氧化铝生产的其他原料还有明矾石、霞石、高岭土等。

氧化铝的生产方法大致可分为碱法、酸法和电热法，但在工业上得到应用的只有碱法。碱法是用碱（工业烧碱 NaOH 或纯碱 Na_2CO_3）处理铝土矿，使矿石中的氧化铝变为可溶的铝酸钠（$Na_2O \cdot Al_2O_3$），而矿石中的铁、钛等杂质和绝大部分的硅则成为不溶解的化合物。将不溶解的残渣（称作赤泥）与溶液分离，经洗涤后弃去或综合利用。将净化的铝酸溶液（称作精液）进行分解以析出氢氧化铝，再经分离洗涤和煅烧后，得到产品氧化铝。分解后的母液（碱液）则循环使用于处理铝土矿。

碱法生产氧化铝有拜耳法、烧结法和拜耳烧结联合法等多种工艺流程。拜耳法的工艺流程是：铝土矿原料准备→碱液溶出铝酸钠→赤泥分离洗涤→晶种分解析出氢氧化铝→氢氧化铝分离洗涤→煅烧→母液蒸发和石灰苛化回收碱→成品氧化铝。

（二）非冶金氧化铝（化学品氧化铝）的生产

氧化铝除主要作为电解炼铝的原料之外，它和它的水合物在陶瓷、磨料、医药、电子、石油化工、耐火材料等行业的许多工业部门也得到广泛的应用。这种非冶金用（非电解炼铝用）氧化铝水合物称为化学品氧化铝，也称特种氧化铝。化学品氧化铝是以工业铝酸钠溶液、工业氢氧化铝和氧化铝为原料，经过特殊加工处理制成，在晶型结构、化学纯度、外观形状、粒度组成、化学活性等物化性质上别具特色，因而具有某些特殊用途。目前，非冶金用氧化铝的使用量已占氧化铝总量的 10% 以上，其品种已达200 多种。

氧化铝厂尤其是烧结法氧化铝厂具有生产化学品氧化铝的原料和工艺条件。氧化铝生产的中间产品——工业铝酸钠溶液可作为深度加工的原料，它的有机物等杂质含量少，易得到高纯度、高白度的产品；同时，自制的高浓度二氧化碳气体，可以代替其他化工部门生产催化剂或载体，是必不可少的酸、碱或盐类等昂贵的化工原料，也不需要耐腐蚀的特殊设备，投资少，成本低，见效快；此外，产生的残渣废液量不多，而且还可以返回到氧化铝大生产流程中充分利用，对自然环境无污染。因此，在氧化铝厂大力发展化学品氧化铝的生产有很大的优势。现行的氧化铝厂兼顾生产化学品氧化铝的主要方法有：碳酸化分解法、晶种搅拌分解法、水力离析分级和筛分法、机械粉碎或磨细法、高温或低温熔烧法以及快脱、成型、水洗方法等。

（三）铝电解

现代铝工业生产，主要采用冰晶石—氧化铝熔盐电解法。直流电流通入氧化铝电解槽，在电解温度 950～970 ℃的条件下，在电解槽阴极和阳极上起化学反应形成电解产物：阴极上是铝液，阳极上是 CO_2 和 CO 气体。铝液用真空抬包抽出，经过净化和澄清之后，浇铸成商品铝锭，其含铝量达到 99.5%～99.8%。阳极气体含有少量有害的氟化物和沥青烟气，经过净化之后，废气排入大气，回收的氟化物返回电解槽。

铝电解槽是炼铝的主要设备，其构造主要包括阳极、阴极和母线三个部分。电解槽是一个钢制槽壳，内部衬以耐火砖和保温层。压型炭块嵌于槽底，充作电解槽的阴极。电流经由炭质槽底（阴极）与插入电解质（氧化铝）中的炭质阳极，通过电解质，完成电解过程。电解过程中，阳极不断升降，不断消耗（阴极原则上只破损而不消耗），同时通过调整极距（阳极底掌到铝液表面之间距离）来调整电解液的温度，极距减少为降温，极距增大为升温，一般极距保持在 4～6 cm。通过极距调整来保持槽内电流强度的稳定性，减少槽内铝液层的波动和铝的损失。

二、镁冶金

镁是一种轻金属，密度只相当于铝的 2/3，银白色，振动吸收性良好，电磁波绝缘性佳，刚性较高，加工性能优良，生产原料成本低，可回收利用，与氧有很大的亲和力，表面易被空气氧化，在其熔点以上容易在空气中燃烧发出炫目的白光，广泛用于闪光灯、信号弹、焰火等，在工业上是冶金中良好的脱氧剂和还原剂。地壳中镁资源丰富，其矿石主要有菱镁矿（$MgCO_3$）、白云石（$CaCO_3 \cdot MgCO_3$）、水镁石 [$Mg(OH)_2$] 和光卤石等。

金属镁的生产方法可分为氯化镁熔盐电解法和硅热还原法。以菱镁矿为原料的氯化镁熔盐电解法炼镁工艺流程是：菱镁矿→破碎→颗粒状菱镁矿→氯化（加入氯气和石油焦）→氯化镁熔体→电解→粗镁→精炼→铸锭→表面处理→金属镁。以白云石为原料的炼镁工艺流程是：白云石→煅烧→煅白→配料细磨（加入萤石粗碎和硅铁粗碎）→压球→真空热还原→精镁→精炼（加入氯）→铸锭→表面处理→金属镁。

三、钛冶金

钛也是一种活性大的轻金属，密度低但强度高，银白色，外观似钢。钛和钛合金是理想的高强度、低密度的结构材料，广泛应用于飞机、火箭工业制造，同时由于其耐腐蚀性，也广泛用于化工机械、医疗器械以及涂料、颜料的生产。钛在地壳中存在量为0.6%，通常以氧化钛和氯化钛的形式存在。钛的氧化物主要有金红石（TiO_2）、锐钛矿（Ti_2O_3）和板钛矿（TiO）。钛的氯化物主要有四氯化钛（$TiCl_4$）和碘化钛。目前生产钛金属的矿物原料主要是金红石（TiO_2）和钛铁矿（$FeTiO_3$）。

用金红石做原料生产钛的工艺流程是：金红石（TiO_2）→破碎→氯化（加入氯气）→四氯化钛（$TiCl_4$）→金属热还原（加入镁）→海绵钛→真空电弧炉熔炼→致密钛金属。用钛铁矿做原料生产钛的工艺流程是：钛铁矿（$FeTiO_3$）→破碎→金属热还原（加入焦炭或无烟煤）→富钛渣→氯化（加入氯）→四氯化钛（$TiCl_4$）→金属热还原（加入镁）→海绵钛→真空电弧炉熔炼→致密钛金属。

四、铜冶金

纯铜是呈玫瑰红色的重金属，具有较高的导电性、传热性、延展性、抗拉性和耐腐性，无磁性，不挥发，广泛应用于国防工业、电气工业、机械制造业等领域。铜在地壳中的含量只有 0.01%，具有生产价值的铜矿分为自然铜、硫化铜和氧化铜，其中以硫化铜特别是黄铜矿（$CuFeS_2$）分布最广，开采最多。

铜的冶炼方法分为火法和湿法两大类。火法炼铜是将铜精矿和熔剂一起在高温下熔化，或直接炼成粗铜，或先炼成冰铜，然后再炼成粗铜。湿法炼铜是在常温、常压或高压下用溶剂使铜从矿石中浸出，然后从浸出液中除去各种杂质，再将铜从浸出液中沉淀出来。

火法炼铜的目的，一是使炉料中的铜尽可能全部进入冰铜，同时使炉料中的氧化物和氧化产生的铁氧化物形成炉渣；二是使冰铜与炉渣分离而获得粗铜。为此，火法炼铜必须遵循以下两个原则：一是必须使炉料有相当数量的硫来形成冰铜；二是使炉渣含二氧化硅接近饱和，以便使冰铜与炉渣不致混溶而分离。火法炼铜的工艺流程是：黄铜矿（$CuFeS_2$）→破碎选矿→铜精矿→熔炼（加入硫）→冰铜（$Cu_2S \cdot FeS$）→吹炼造渣（加入石英）→白冰铜（Cu_2S）→再吹炼→粗铜→火法精炼（熔化、氧化、还原）→精铜→电解精铜→金属铜。上述工艺工序中，铜精矿熔炼在反射炉或鼓风炉、闪速炉、电炉中进行，冰铜吹炼造渣在卧式碱性转炉或虹吸式转炉中进行，粗铜火法精炼在反射炉中进行，电解精铜在电解槽中进行。

五、铅冶金

铅是蓝灰色的重金属，密度大，硬度小，展性好，延性差，导电和导热差，熔点和沸点低，液态铅流动性好，高温下易挥发，冶炼时易造成铅金属损失和环境污染，对射线有良好的吸收性，具有抵抗放射性物质透过的能力。铅是电气工业的主要原材料，广泛用于化工设备工业和冶金设备工业以及原子能工业、橡胶工业等。炼铅的主要原料是铅矿及废铅物料。铅矿分为硫化铅和氧化铅两大类。

现代炼铅工业的生产方法几乎全为火法。火法炼铅主要有三种方法：一是反应熔炼，利用硫化铅（PbS）在高温下氧化生成氧化铅（PbO）和硫酸铅（$PbSO_4$），再与硫化铅（PbS）反应得到金属铅；二是沉淀熔炼，用铁（Fe）在高温下把铅（Pb）从硫化铅（PbS）中置换出来；三是熔烧还原熔炼，此为目前主要的炼铅方法。其炼铅的工艺流程是：硫化铅矿（PbS）→破碎选矿→铅精矿→焙烧、烧结、破碎→硫酸铅（$PbSO_4$）→二次焙烧烧结→氧化铅（PbO）→熔炼还原（加入 PbS）→粗铅→火法精炼（或电解精炼）→铅金属。火法炼铅一般都是在鼓风炉内进行。

六、锌冶金

锌是白色略带蓝灰色的重金属，熔点和沸点较低，质软，有展性，熔化后流动性良好，液态锌易蒸发，易溶于酸、碱溶液中，熔融的锌能与铁形成化合物而保护钢铁，故常被用于镀锌工艺。金属锌主要用于镀锌板和精密铸造，广泛应用于制造干电池和印刷工业以及机械工业、国防工业、颜料工业、橡胶工业等。锌矿物分为硫化矿和氧化矿，主要化合物是硫化锌（ZnS）、氧化锌（ZnO）、硫酸锌（$ZnSO_4$）和氯化锌（$ZnCl_2$），其中以天然硫化锌（又称闪锌矿）为炼锌的主要矿物。

炼锌方法分为火法炼锌和湿法炼锌两大类。火法炼锌是将硫化锌焙烧后形成的氧化锌在高温下用碳还原成锌蒸气，然后冷凝成为液体锌；湿法炼锌是将硫化锌焙烧后形成的氧化锌破碎置于稀硫酸液（即废电解液）中而浸出锌，然后再用电积法把锌从浸出液中提取出来。火法炼锌的工艺过程是：硫化锌矿（ZnS）→焙烧→氧化锌（ZnO）→还原蒸馏（加入 CO 或 C）→蒸气锌→精馏→冷凝→金属锌。湿法炼锌的工艺过程是：硫化锌矿（ZnS）→焙烧→氧化锌（ZnO）→破碎浸入（加入稀硫酸液）→浸出锌液→净化（加入净化剂）→电积→金属锌。上述工艺过程中，由于锌元素加温易蒸发的特性，凡加热处理的过程均应在密封的罐、炉、塔内进行，以防止锌金属的损失和污染环境。因此，现代炼锌法中以湿法炼锌占有优先的工业地位。

第二章　机械工业技术

机械是现代人们从事社会经济活动不可少的工具，机械工业是为国民经济各部门提供技术装备的重要部门，机械工业技术是衡量一个国家经济技术发展水平的重要标志。

机械制造的工艺过程是一个先将金属材料加工成毛坯，然后通过切削加工及必要的热处理和表面处理等，使毛坯和材料成为零件，最后将零件装配成为机械的完整过程。本章主要介绍上述机械制造工艺流程和工艺方法的基础知识，主要内容包括毛坯加工方法、金属材料热处理和表面处理方法、金属切削加工方法和机械装配的知识。

第一节　毛坯加工

一、铸造

铸造是将熔化的金属浇入与零件形状相近的铸型空腔中，经冷却凝固后获得铸件的成形方法。铸造是生产零件毛坯的主要方法之一，在现代机械工业生产中占有重要地位。据统计，机床、内燃机、重型机器所用铸件重量占机械总重量的70%～90%，农业机械为40%～70%，汽车为20%～30%。

铸造是金属液高温浇注成形，与其他金属成形方法相比，具有明显的特点、优点和缺点。其特点和优点主要表现为：

（1）铸件成形复杂。可以铸造出形状复杂，特别是内腔复杂的毛坯，如各种箱体、汽缸、机架、床身等铸件。

（2）铸件重量适应广。铸件重量由几克到几百吨，尺寸规格由几毫米到几十米。

（3）材料广泛。可使用各种常用的金属材料，如生铁、合金钢、低合金钢、普通碳素钢、非铁金属，以及各种报废机件、废钢和切屑等。常用铸造金属有铸铁、铸钢、铸造铝合金、铸造铜合金等。

（4）成本较低。铸造设备投资少，原材料价格低廉。

（5）节省切削加工量。铸造形状、尺寸与零件很接近，减少了切削加工量甚至无切削量，节省工时和金属材料。

铸造的主要缺点是，铸件一般由高温金属液冷却凝固而成，晶体粗大，内部常有缩孔、缩松、气孔等缺陷，使铸件的力学性能较低，机械性能较差；同时，由于铸造生产工序较多，有些工序过程难以精确控制，往往造成铸件质量不够稳定，废品率较高，而且工人劳动条件较差，劳动强度较大。

（一）砂型铸造

砂型铸造是指利用型砂紧实成型制造铸件的方法。砂型铸造由于造型简单，适应性很强，铸件成本低，是目前铸造生产中最基本的方法。砂型铸造的一般工艺过程是：制造模型与芯盒→准备型砂→制造砂型和型芯→烘干与合箱→金属熔炼→浇注→落砂→铸件清理与检验。图 2-1 为齿轮的砂型铸造工艺过程。

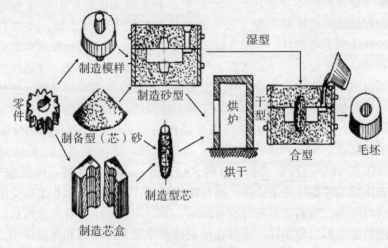

图 2-1　齿轮的砂型铸造工艺过程

1. 制造模型与芯盒

模型是指用来制造砂型以形成铸件型腔的工艺装备，其作用是形成铸件的外部形状；芯盒是指用来制造型芯以形成铸件的内部形状的工艺装备。制造模型和芯盒的材料，有用木材制成的，称为木模，适用于单件和小批量生产铸件，具有价廉、质轻和易于加工成形的优点，但其缺点是强度和硬度较低，容易变形和损坏，使用寿命短；有用金属材料制成的，称为金属模，适用于大批量生产铸件，具有强度高、刚性大、表面光滑、尺寸精确、使用寿命长等优点，但其制造难度大、周期长、成本较高。

模型和芯盒的设计和制造的工艺要求是：①选好分型面。分型面是指上、下铸型的分界面，一般也是模型的分模面，为了保证模型能从砂型中取出，分型面一般选择在铸件截面积最大处。②起模斜度与铸造圆角。为了便于模型（或芯型）从砂型（或芯盒）中取出，在垂直于分型面的模壁应在起模方向留有一定的斜度，一般为 0.3°～0.5°。铸件上表面的转折处都要做成过渡圆角，以改善造型，防止浇注时冲砂，避免铸件因夹角处应力集中而产生裂纹。③预留加工余量和收缩量。加工余量是指为保证铸件加工面尺寸和零件精度，在铸件工艺设计时预先增加在机械加工时切去的金属层厚度。加工余量的大小根据铸件尺寸公差等级和加工金属等级来确定，铸件上凡是需要切削加工的表面，在模型或芯盒上都应预留加工余量。铸件在铸型中冷却凝固而有所收缩，使铸件尺寸减少，因此模型尺寸应比铸件稍大一些，这个放大的尺寸称为收缩量。收缩量主要根据金属铸件的线收缩率和模型尺寸来决定。④设置型芯头。有型芯的铸型，为了在砂型里放置型芯，必须在模型和芯盒上设置型芯头，用以定位和支撑型芯。

2. 准备造型材料

造型材料是指用来制造砂型和型芯的材料，包括原砂（新砂）、旧砂、黏结剂（膨润土、普通黏土）、附加材料（煤粉、煤油、木屑）、水和涂料等。其中，型砂和芯型是用来制造砂型和型芯的主要材料，铸造对型（芯）砂的性能有下列要求：①适宜的强度。型砂制成铸型后，受到外力作用而不损坏的能力称为强度。为了使铸型在搬运、合箱及浇注金属液时不被破坏，型砂必须具有足够的强度。但强度不能过低或过高，以适度为宜。②可塑性好。型（芯）砂在外力作用下可以成形，外力消除后仍能保持其形状的性能称为可塑性。可塑性好，则易于成形，能获得型腔清晰的砂型，从而保证铸件具有精确的形状和尺寸，这对于形状复杂的铸件尤为重要。③透气性好。型砂在紧实后能透过气体的能力称为透气性。型砂在高温下会产生大量气体，液体金属冷却时也会析出气体。如果型砂透气性不好，气体不能及时排出，将会使铸件容易形成气孔等缺陷。④耐火性好。型（芯）砂在高温金属作用下不烧融、不软化的性能称为耐火性。耐火性差的型砂会黏结在铸件表面上，难以清理和切削加工，严重的会使铸件报废。型砂中 SiO_2 的含量高而杂质少，其耐火性就好。⑤退让性好。铸件冷却收缩时，型砂体积能被压缩的性能称为退让性。退让性能不良，铸件在冷却收缩时受阻，会使铸件产生较大的内应力，造成变形和裂纹等缺陷。⑥耐用性好。型砂在使用后仍能保持原来的基本性能的能力称为耐用性。型砂在使用过程中受到冲击力和高温作用，有些砂粒破碎，黏土丧失黏结能力，从而使型砂性能下降。如果型砂耐用性差，就需要经常补充较多的新砂，从而使铸件成本增加。此外，型芯在浇注后被液态金属包围，工作条件恶劣，因此芯砂比型砂要求有更高的强度，更好的耐火性、透气性和退让性。

3. 制造砂型和型芯

造型是根据模型和芯盒，用型砂制成与铸件形状和尺寸相适应的铸型的工艺过程。造型是砂型铸造工艺过程中的重要工序，造型的好坏将直接影响铸件的质量。造型的方法很多，通常分为手工造型和机器造型两类。

手工造型是指制造砂型时，紧砂和起模两个工艺过程是由手工完成的。手工造型操作灵活，适应性强，生产准备时间短，但铸件质量较差，生产率低，劳动强度大，主要适用于单件小批生产。手工造型常用的方法有：①砂箱造型，又分为整模造型和分模造型。整模造型是整个模型放在一个砂箱内的造型，其方法简单，适用于简单铸件的生产。分模造型是模型分为上、下两半，甚至上、中、下或更多块在多箱内完成造型，其操作复杂，合箱时特别要注意不能错箱，适用于复杂铸件的生产。②地面造型。在地面挖坑，先以焦炭垫底，并用管子引出气体，再填入型砂代替下箱，在上面制造上盖箱，用定位楔块使其定位，适用于大型铸件的生产。③刮板造型。利用刮板代替模型进行造型，适用于回转体零件的单件小批生产造型，如齿轮、飞轮、皮带轮等零件的毛坯。

机器造型是指造型过程中的紧砂和起模两个主要工艺过程由机器完成。造型机按照紧砂方法分为压实式、振实式、振压式、射压式等几种，造型机的起模方法一般有顶箱起模、漏箱起模和翻转起模等。机器造型生产率高，铸件尺寸精确，表面光洁，加工余量小，减轻了工人的劳动强度，但需要设置造型机及砂箱和模板等，投资费用较大，适用于成批和大量生产。

4．铸型的烘干及合箱

铸型烘干的目的主要是除去铸型中的水分，提高铸型的强度、透气性，减少在浇注时产生的气体。一般只对大型、复杂、厚壁以及质量要求高的砂型进行烘干，型芯通常也要烘干后才能利用。

合箱又叫合型，是指将铸型的各个组元如上型、下型、型芯、浇口盆等组合成一个完整铸型的操作过程，是造型的最后一道工序，直接影响到铸件的质量。合箱前应对砂型和型芯的质量进行检查，若有损坏，需要进行修理。合箱时要保证铸型型腔几何形状和尺寸的准确及型芯的稳固。为了防止浇注时上箱被熔融金属顶起，造成抬箱、射箱或跑灰等事故，必须在上箱上面放置压铁或螺栓将上箱紧固。

5．金属熔炼

金属熔炼的目的是提供化学成分和温度符合要求的金属液。如果金属液化学成分不合格，会降低铸件的机械性能和力学性能；如果温度过高或过低，则会使铸件产生夹渣、气孔、冷隔或浇不足等缺陷。

铸铁熔炼的设备有冲天炉、电弧炉、反射炉、感应炉等。由于冲天炉结构简单，制造成本低，热效率高，操作方便，维修也不太复杂，而且能连续化铁生产，因此，在铸造生产中冲天炉的应用最多最广。

冲天炉结构如图 2－2 所示，可分为六大部分：①炉身，即从第一排风口至加料口部分。炉身上部为预热区，其作用是使下移的炉料被逐渐预热到熔化温度。炉身下部为熔化区和过热区，下落到熔化区的金属料在该区被熔化，而铁液在流经过热区时被加热到所需要的温度（1 600 ℃左右）。②炉缸，即从炉底至第一排风口部分，熔融的铁液被过热区过热后流入炉缸，再从炉缸流入前炉。③前炉，即与炉缸相连的前面突出部分。前炉开有出铁口、出渣口和窥视口。炉缸由过桥与前炉相连通，铁液流入前炉储存并使其成分、温度均匀化（1 360～1 420 ℃），以备浇注用。④烟囱，即炉顶部分，烟囱顶部带有火花罩，烟囱的作用是增大炉内抽风能力，并把烟气和火花引出车间。⑤加料系统，包括加料吊车、加料机和加料箱，是将炉料按一定的配比和分量，按次序分批从加料口送进炉内。⑥送风系统，包括鼓风机、风管、风带和风口（炉身四周有多排多个风口），是把空气送到炉内使焦炭充分燃烧。

冲天炉的炉料包括金属料、燃料和熔剂三大类。金属料由新生铁（高炉生铁锭）、回炉铁、废钢和铁合金等组成，其中主要部分是新生铁。利用回炉铁可以降低铸件成本，废钢用以降低铁液的含碳量，铁合金则能调整铁液的化学成分或配制合金铸件。燃料主要是焦炭，其作用是燃烧获得熔炉温度，同时还是还原剂，还原去除有害金属元素，要求焦炭含挥发物、灰分及硫要少，发热量要高，块度适中。熔剂常用石灰石和氟石，加入量相当于焦炭质量的 25%～30%，其作用是造渣排除铁液中的有害物质。

冲天炉的基本操作过程包括：①炉料准备；②修炉并烘干；③点火和加底焦；④加炉料（顺序为：底焦→熔剂→金属料→层焦→熔剂→金属料→层焦→熔剂→金属料等，依次加满到加料口为止）；⑤送风熔化；⑥出渣；⑦出铁液；⑧停炉。

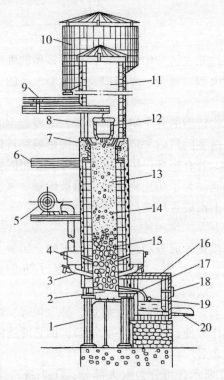

图 2 – 2　冲天炉的结构

1. 炉腿；2. 炉底；3. 风口；4. 风带；5. 鼓风机；6. 加料台；7. 铁砖；8. 加料口；
9. 加料机；10. 火花捕捉器；11. 烟囱；12. 加料桶；13. 层焦；14. 金属料；
15. 底焦；16. 前炉；17. 过桥；18. 窥视孔；19. 出渣口；20. 出铁口

6. 浇注

将炼好的金属液注入铸型中的过程为浇注。浇液的工具有端包（容量 20 kg 左右，用于浇注小铸件）、抬包（容量 50～100 kg，用于浇注中小型铸件）、吊包（容量 200 kg 以上，用于浇注大型铸件）。

浇注时应十分注意浇注温度和浇注速度。对形状较复杂的薄壁铸件，浇注温度应适当高些（1 350～1 400 ℃），而对形状简单的厚壁铸件，浇注温度可适当低些（1 250～1 350 ℃）。浇注温度过低时，金属液流动性差，容易产生浇不足、冷隔、气孔等缺陷；浇注温度过高时，会使铸件晶粒变粗，容易产生缩孔、缩粒、黏砂等缺陷。浇注速度也要适当，不能过快和过慢。速度太快容易冲坏铸型，并且由于铸型中的气体排不出而使铸件产生气孔；速度太慢会产生浇不足和冷隔、夹渣、砂眼等缺陷，并由于铸件各部分温差较大而出现裂纹和变形。一般来说，浇注开始时，浇注速度应慢些，以减少金属液对型腔的冲击，有利于型腔中的气体排出；然后浇注速度应加快，以防止冷隔和浇不足；浇注要结束时，浇注速度应减慢，以防止抬箱现象。在浇注过程中，应使金属液连续不断地注入铸型，并挡住熔渣；对于铸型内排出的一氧化碳气体必须点火使其燃烧。

7. 铸件落砂、清理和检验

将铸件从砂型、砂箱取出来的操作工序称为落砂。铸件在砂型中要冷却到一定温度才能落砂。落砂太早，铸件会因表面急冷而产生硬皮，以后难以切削加工，同时还会增大铸造热应力，引起铸件裂纹和变形；落砂太晚，铸件固态收缩受阻，会增大收缩应力，铸件晶粒也粗大并产生缩孔、缩松等缺陷。一般来说，铸件落砂时温度应稍低于500 ℃ 为宜，在时间上，形状简单、质量小于 10 kg 的铸件在浇注后 1 h 左右即可落砂。铸件落砂可用手工或机械，但在成批大量生产时应采用机械落砂，一般采用振动落砂。按振动方式不同，落砂机有偏心振动、惯性振动和电磁振动三种，其中以电磁振动落砂机为更好，该机结构简单，工作可靠，能量消耗少，生产率高，还可调节振动强度，落砂效果好。

　　落砂后的铸件还需进入清理工序，任务是去除浇口和冒口、型芯等，清除铸件表面的黏砂、飞边和毛刺，以提高铸件的表面质量。清理的工具可以是手工敲打锉刷，也可以用滚筒、喷丸等机械方式。铸件清理后，应对铸件质量进行检验，检出缺陷，清除废件，保障提交铸件质量合格。

（二）特种铸造

　　砂型铸造是目前生产中应用最广泛的铸造方法，但其铸件尺寸精度低，表面粗糙，力学性能较低，生产率低，工人劳动强度大，并且铸型不能重复使用。为了提高铸件质量和适应大批量生产的需要，随着工业技术的发展，出现了许多其他的铸造方法。通常把那些与砂型铸造有一定区别的铸造方法，统称为特种铸造。目前，常用的特种铸造方法有金属型铸造、熔模铸造、压力铸造和离心铸造。

1. 金属型铸造

　　金属型铸造是指将金属液注入金属制成的铸型以获得铸件的方法。金属型常用铸铁、铸钢或其他合金制成，一套金属型可以反复使用几百次至几万次，所以又有"永久型铸造"之称。金属型的结构按分型面不同分为整体式、垂直分型式、水平分型式和复合分型式，其中垂直分型式金属型便于开设浇口和取出铸件，易于实现机械化，故应用较多。

　　金属型铸造由于金属型可以重复使用，节省了造型材料和造型工时，提高了生产率，简化了劳动组织，改善了劳动条件；同时，由于金属型形状准确，表面光洁，因此铸件尺寸精度较高，表面光洁，加工余量少，可节约金属和切削加工工时；再者，由于金属型导热快，且无退让性和透气性，铸件金属组织致密，力学性能和机械性能较高，但也由于金属型冷却快，对于某些形状复杂、壁薄的铸件容易出现浇不着、冷隔等缺陷。金属型加工复杂，成本高，周期较长，不适于单件小批量生产，目前主要用于大批量生产形状简单的有色金属铸件和某些简单的铸铁铸钢件，如各种机械的铝活塞、汽缸体、缸盖、油泵壳体等。

2. 熔模铸造

　　熔模铸造是指利用易熔材料（如蜡料）制成模型和浇注系统，再用耐火材料在模型上制成硬壳，然后加热将模型熔化流出而得到无分型面的耐火铸型，浇入金属液体后获得铸件的方法。由于制模材料多为石蜡、硬脂酸等，故这种方法又叫石蜡铸造。又由于熔模铸造可以铸造形状复杂、精度高和光洁度高的铸件，是少切削和无切削加工工艺的重要方法，因此熔模铸造又被称为精密铸造，适用于铸造各种合金铸件，特别适用于生产高熔点金属及难切削加工的合金铸件，如各种发动机的叶片、叶轮，各种机械、电器、仪表上的小零件以及刀具、工艺品等。

3. 压力铸造

压力铸造，简称压铸，是指在高压作用下快速地将液态金属压入金属型中，并在压力下凝固以获得铸件的方法。压力铸造是在专用的压铸机（目前应用较多的是卧式冷压铸机）上完成的，其铸型和型芯都是用合金钢制成。高压高速是压力铸造的基本特征，其压制时间极短（0.01～0.10 s），铸件晶粒细，组织致密，强度高，质量好，尺寸精确，表面光洁，生产率高，适用于大批量生产形状复杂、壁薄均匀的有色金属铸件，广泛用于车辆、机床、造船、家电、无线电通信、钟表、计算机、纺织器械等行业。

4. 离心铸造

离心铸造是指将液态金属浇入高速旋转的铸型内，在离心力作用下充型、凝固后获得铸件的方法。铸型可用金属型、砂型、陶瓷型、熔模壳型等。基本特征要求是铸件的轴线与旋转铸型的轴线重合。离心铸造多在离心机上进行。离心铸造机主要分为立式和卧式两种，也有倾斜式的。立式离心铸造机的铸型绕垂直轴旋转，金属液在重力和旋转力的作用下，在铸件的内表面呈抛物线形，故铸件不宜过高，主要用于铸造高度小于直径的环类、套类铸件。卧式离心机铸造机的铸型绕水平轴旋转，铸件的壁厚较均匀，主要用于铸造长度大于直径的管筒类、套类铸件。由于离心机的作用，铸件内液体金属呈定向结晶，因而铸件组织致密，内表面很少有气孔、缩孔和非金属类夹杂物，力学性能较好。离心铸造可以省去型芯，不设浇注系统，减少了金属液消耗量。离心铸造主要用于生产空心旋转体的铸件，如各种管、套、环状零件等。

二、锻压

锻压是通过对坯料施加压力，使其产生塑性变形，改变其尺寸、形状及改善其性能，以制造成形毛坯或机械零件的加工方法。

（一）锻压的类别和应用

金属锻压成形加工包括锻造、冲压、挤压、轧制和拉拔等。锻造是指在加压设备及工模具的作用下，使坯料、铸锭产生塑性变形，以获得一定几何尺寸、形状和质量的锻件的加工方法，具体包括自由锻、模锻、胎模锻等。冲压是指利用冲剪压力使坯料经分离或变形而得到制件的工艺方法。挤压是指坯料在封闭模腔内受三向不均匀压应力作用下，从模具的孔口或缝隙中挤出，其横截面积减少成为所需制品的加工方法。轧制是指金属材料（或非金属材料）在旋转轧辊的压力作用下，产生连续塑性变形，获得所要求的截面形状并且性能发生改变的锻件的加工方法。拉拔是指坯料在牵引力作用下通过模孔拉出，使之产生塑性变形而得到截面积变小、长度增加的锻件的工艺方法。

金属锻压成形在机械制造、汽车、拖拉机、仪表、电子、造船、冶金工程及国防工业等领域广泛应用。机械中受力大而形状复杂的零件，一般都采用锻压件做毛坯，如主轴、曲轴、连杆、凸轮、叶轮、炮筒等。飞机的锻压件重量占全部重量的80%以上，汽车上也有70%的零件是经锻压加工成形的。

（二）锻压加工的基本原理

锻压加工是以金属的塑性变形为基础的，因此，进行锻压加工的金属必须具有一定的塑性，即在受外力作用时不破裂的情况下产生永久性变形的性能。钢和大多数有色金属及它们的合金都具有不同程度的塑性，因此都能进行锻压，而生铁和硬质合金等脆性金属则不能进行锻压。

金属的锻压加工是利用塑性变形来实现的。当金属材料在常温下产生塑性变形时，随着变形程度的增加，金属的强度和硬度升高而塑性和韧性下降，这种现象称为加工硬化。产生加工硬化的原因是由于在塑性变形区域内金属组织出现了碎晶块及晶格歪扭，从而增加了继续变形的阻力。硬化现象会使金属继续进行加工产生困难，因此必须在锻压加工过程中穿插再结晶退火工序，以消除硬化现象。

将产生加工硬化后的金属加热，随着温度升高，硬化现象逐渐消失，当温度继续升高到金属绝对熔化温度的 0.4 倍时，被破坏的金属组织重新结晶形成新的晶粒，从而硬化现象全部消除，这个过程称为再结晶。金属开始再结晶的温度称为再结晶温度，一般相当于该金属绝对熔化温度的 0.4 倍，而再结晶退火的温度要比再结晶的温度高 $100 \sim 200$ ℃。

在再结晶温度以下的塑性变形称为冷变形。对塑性较好的金属材料冷变形，可以提高零件的强度和硬度，冷压加工制成的零件精度高并且表面光洁。属于冷变形的加工方法有冷轧、冷镦、冷冲压等。在再结晶温度以上的塑性变形称为热变形。热变形后的金属具有再结晶的组织，可以改善材料的组织和性能。金属材料在高温下塑性提高，变形抗力降低，因此其塑性变形容易。属于热变形的加工方法有锻造、热轧等。

金属锻压加工最原始的坯料是铸锭。铸锭一般都存在晶粒粗大、有气孔、缩松等缺陷。铸锭经热变形后，由于金属得到再结晶组织，改变了粗大的铸造组织，同时铸锭中的气孔、缩松等缺陷被压合，使金属组织更加紧密，提高了机械性能，提高了毛坯和零件的质量。

（三）坯料的加热

金属坯料锻造前必须加热，以提高坯料的塑性，降低变形抗力，改善锻造性能。但要防止加热温度过高或过低，温度过高会产生过热和过烧现象，甚至使锻件成为废品；温度过低则会使锻件在锻造时产生裂纹。因此，金属坯料加热时，要严格控制金属的始锻温度和终锻温度。常用金属材料的锻造温度范围见表 2-1。

表 2-1　常用金属材料的锻造温度范围

金属材料	始锻温度/℃	终锻温度/℃	金属材料	始锻温度/℃	终锻温度/℃
碳素结构钢	$1\,200 \sim 1\,250$	$800 \sim 850$	高速工具钢	$1\,100 \sim 1\,150$	900
碳素工具钢	$1\,050 \sim 1\,150$	$750 \sim 800$	弹簧钢	$1\,100 \sim 1\,150$	$800 \sim 850$
合金结构钢	$1\,100 \sim 1\,200$	$800 \sim 850$	轴承钢	$1\,080$	800
合金工具钢	$1\,050 \sim 1\,150$	$800 \sim 850$	硬铝	470	380

金属坯料加热的设备主要有：①明火炉（手锻炉），是将坯料直接置于固体燃料上加热。常用于手工锻造以及小型空气锤自由锻的坯料加热，也可用于长杆形坯料的局部加热。②反射炉，是以烟煤为燃料在炉燃烧室中燃烧，高温炉气（火焰）通过炉顶反射到加热室中加热坯料。锻工车间一般以反射炉加热为多。③室式炉，即炉膛三面是墙，一面有门的炉子，以重油或煤气为燃料对坯料喷烧加热。④电阻炉，是利用电阻加热器通电时所产生的电阻热作为热源，以辐射方式加热坯料。主要用于精密锻造及高合金钢、有色金属的加热。

（四）自由锻造

自由锻造是利用锻造设备施加外力，使金属坯料在上下砧铁之间产生变形而获得所需的几何形状、尺寸及内部质量的锻件的加工方法。自由锻造工艺灵活，所用的设备和工具简单且通用性大，成本低，可锻造小至几克、大到数百吨的锻件；但自由锻造尺寸精度低，加工余量大，消耗金属多，表面粗糙，生产率低，劳动强度大，要求工人技术水平高，只能锻造形状简单的工件，主要适用于品种多的单件小批生产。机械制造企业和重型机器制造企业应用较多。

自由锻造的生产工艺流程是：确定锻件的形状和尺寸→计算坯料的重量和选择尺寸→备料→加热坯料→锻造成形→锻件的冷却及热处理→锻件的清理及检验。

自由锻造的基本工序有镦粗、延伸、冲孔、弯曲、扭转、切割等。镦粗工序使坯料横截面积增大而高度减小，主要用于加工齿轮、法兰盘、皮带轮等轮盘类零件。延伸工序使坯料横截面积减小而长度增加，主要用于锻造轴类和杆类零件。冲孔工序是在实心坯料冲出通孔或不通孔，主要用于锻造空心锻件，如齿轮、圆环、套筒等。弯曲工序使坯料成为有一定弯曲形状的锻件，如吊钩、舵杆、角尺、曲栏杆等。扭转工序使坯料的一部分相对于另一部分绕其轴线旋转一定角度，主要用于锻制曲柄位于不同平面内的曲轴。切割工序使坯料部分割裂或切成几部分。

自由锻造的设备主要有：①空气锤，是利用压缩空气作用于锤头工作，落锤重量为50～1 000 kg，操作方便，但锤击力不大，广泛用于锻造小型锻件。②蒸汽锤，又称蒸汽—空气锤，是利用蒸汽和压缩空气带动锤头工作，落锤重量1～5 t，广泛用于中型或较大型锻件的锻造。③水压机，是以水压静压力作用于锤头而对坯料进行锻造，压力可达500～15 000 t，锻件重量1～300 t，适用于锻造大型锻件。水压机锤头运动速度很低，工作平稳，振动小，能耗少，工作条件好，锻件细晶料组织均匀，质量好，但水压机结构笨重，辅助装置庞大，造价高，非特大型企业无法配置。

（五）模型锻造

模型锻造是指将金属坯料放在具有一定形状的专用锻模镗内，使其受压变形从而获得锻件的加工方法。具体布置一般是将锻模分为上、下两个部分，上模固定在模锻锤上，下模固定在砧座上，上下模严格对正，利用蒸汽—空气锤上模对下模的坯料直接打击，从而获得所需形状、尺寸的锻件。模型锻造生产率高，锻件尺寸精确，表面光洁，减少了切削加工，节省了金属材料和工时，技术操作容易，减轻了劳动强度，锻件机械性能较好，但锻模需用贵重的合金工具钢，并且加工困难，再加上锻模专用，设备专用，成本高，主要适用于中小型锻件的成批和大量生产。

胎模锻造属于一种简单的模型锻造，是在自由锻造设备上临时安装胎模生产模锻件的加工方法。它通常用自由锻造方法将制坯料预制成近似形状，然后放到胎模中最终锻造成形。胎模锻造生产率高，操作简便，锻造尺寸精确，表面光洁，胎模制造简单且不需用贵重模锻造设备，生产成本低，但胎模寿命短，主要适用于中小批量生产，在缺少模锻设备的中小型工厂应用广泛。

模型锻造的设备主要有蒸汽—空气模锻锤、摩擦压力机、曲柄模锻压力机等。模型锻造的生产工艺流程是：锻模制造→备料→加热坯料→模锻成形→切边和校正→冷却→热处理→清理→检验。

（六）板料冲压

板料冲压属于冷冲压，是指利用冲模对金属板料在室温下加压，使其分离或变形，从而获得板料零件的加工方法。用于冷冲压的金属板料厚度一般不超过4 mm，所以也称为薄板冲击。板料冲压可以压制形状复杂的薄板零件，制得的零件精度较高，表面光洁，互换性好，操作简单，生产率高，材料消耗少，成本低，但冲模制造困难，适用于大批量生产。板料冷冲压所用的原材料必须具有足够的塑性，常用金属板料有低碳钢、高塑性合金钢、铜合金、铝合金和镁合金等，广泛应用于航空、汽车、电器、仪表及日用品生产中。

板料冷冲压常用的设备有剪床、冲床、摩擦压力机、液压机等。板料冷冲压的基本工序分为分离工序和变形工序两类，其中分离工序具体分为剪切、落料、冲孔、修整等，变形工序分为弯曲、拉深、成形、翻边等。

（七）挤压、轧制和拉拔

挤压是使坯料在挤压模中受强大的压力作用而变形的加工方法。挤压时金属坯料在三向压应力作用下变形，以提高金属的塑性和力学性能。挤压材料不仅有铝、铜等塑性较好的有色金属，碳钢、高碳钢、工业纯铁、合金结构钢、不锈钢甚至高速钢也可以用挤压工艺成形。挤压可以压出各种复杂形状的零件，制得的零件尺寸精度高，表面粗糙度低，节约了原材料，也提高了生产率。挤压方式有四种：一是正挤压，即金属流动方向与凸模运动方向相同的挤压；二是反挤压，即金属流动方向与凸模运动方向相反的挤压；三是复合挤压，即挤压过程中，一部分金属流动方向与凸模运动方向相同，而另一部分金属流动方向与凸模运动方向相反的挤压；四是静液挤压，即通过对液体施加压力，再经液体传达给坯料，使金属通过凹模而成形的挤压。

轧制是利用金属坯料与轧辊接触表面的摩擦力，使金属在两个回转轧辊的孔隙中受压变形而致截面积减少、长度增加的加工方法。轧制可以获得各种钢板、型材和无缝钢管等。轧制的方法可以分为纵轧、横轧和斜轧等。纵轧是指轧辊线与坯料轴线互相垂直的轧制方法，具体包括各种型材轧制、辊锻轧制、辗环轧制等。横轧是指轧辊轴线与坯料轴线互相平行的轧制方法，如齿轮轧制等。斜轧是指轧辊轴线与坯料轴线相交成一定角度的轧制方法，又称螺旋斜轧，是采用两个带有螺旋形槽的轧辊，互相交叉成一定角度，并做同方向旋转，使坯料在轧辊间既绕自身轴线运动，又向前进，与此同时受压变形获得所需产品，如钢球轧制等。

拉拔是使金属坯料受强大拉力拉过拉拔模的模孔而变形的塑性加工方法。拉拔过程中，坯料在拉拔模内产生塑性变形，通过拉拔模后，坯料的截面形状和尺寸与拉拔模孔出口相同，因此，改变拉拔模孔的形状和尺寸，即可得到相应的拉拔成形的产品。目前拉拔形式主要有线材拉拔、棒料拉拔、型材拉拔和管材拉拔。线材拉拔主要用于各种金属导线的拉制成形，因此也叫拉丝，一般要经过几次逐步拉拔成形，必要时还要进行中间退火，以避免线材拉断。棒料拉拔生产可有多种截面形状的棒材，如圆形、方形、矩形、六角形等。型材拉拔主要用于特殊截面或复杂截面形状的异形型材的生产。管材拉拔以圆管为主，也可以拉制其他截面形状的管材。管材拉拔后管壁将增厚，当需要管壁厚度变薄时，必须加进芯棒来控制管壁的厚度。

三、焊接

焊接是在两个金属件之间，利用加热或加压等手段，借助于金属内部原子间结合力而连接成一个整体的加工方法。焊接是机械制造的重要工作内容，是现代工业用来制造或维修各种金属结构和机械零件的主要方法之一，在现代生产和生活中占有十分重要的地位。

（一）焊接的种类

焊接的种类很多，按焊接过程的特点可分为熔化焊、压力焊和钎焊三大类。

（1）熔化焊，即将焊件待结合处加热到熔化状态，并加入填充金属，待凝固后形成焊缝使焊件连接在一起的焊接方法，常用的有气焊、电弧焊、电渣焊、等离子焊、气体保护焊及激光焊等。

（2）压力焊，即对焊件施加压力（加热或不加热），使两个焊件结合面紧密接触并产生一定的塑性变形，从而将两个焊件结合在一起的焊接方法，主要有电阻焊、摩擦焊、气压焊、超声波焊等。

（3）钎焊，即对焊件和钎料进行适当加热，焊件不熔化，而低熔点的钎料熔化并填充到焊件之间的连接处，钎料凝固后将焊件紧密连接在一起的焊接方法，主要有熔铁钎焊、火焰钎焊、高频钎焊等。

焊接是对铆接的进步，其接头干滑，密封性能好，能够节省金属材料，减轻结构重量，因此在金属结构件的生产中，焊接相当多地代替了铆接。焊接还可以代替某些锻压和铸造方法而成为生产机械毛坯的重要方法之一，广泛应用于机械设备的生产和修补以及连接电气线路、固定电器仪表元件等。

（二）电弧焊

电弧焊是利用电弧放电时产生的热量来加热并熔化焊条和焊件接头，凝固后形成焊缝，从而获得牢固接头的焊接方法。电弧焊具体包括手工电弧焊、自动埋弧焊、半自动埋弧焊，在此主要介绍手工电弧焊。手工电弧焊又叫焊条电弧焊，是由工人手持电极（电焊条）进行焊接的，设备简单，操作灵活方便，应用十分广泛。

1. 焊接电弧及焊缝形成

焊接电弧是在电焊条（阴极）与焊件（阳极）之间的气体介质中产生的强烈持久的放电现象。焊接电弧可分为阴极区、弧柱区和阳极区三个部分。阴极区（焊条）是向外射出电子的部分；阳极区（焊件）是接受电子轰击并吸入电子的部分，可获得较大的能量；弧柱区是处于阴极区和阳极区之间（即焊条与焊件之间）的气体空间区域，电焊时温度可达 5 000～8 000 ℃，能放出强烈的光和大量的热。

焊接时，先将电焊条与焊件瞬间接触短路，由于短路而产生高热，接触处金属很快熔化，然后将焊条迅速提起到 2～4 mm 距离，焊条与焊件两极间的气体电离成导电体，从而在两极间产生强烈而持久的放电现象即电弧。电弧产生后，焊条与焊件接头处在电弧高热的作用下被熔化形成熔池，随着电弧移动（焊条与焊件接点移动），新熔池不断产生，一个个连接的熔池金属冷却凝固后即形成焊缝，从而将两个焊件牢固地连接成整体。

2. 电弧焊设备及工具

手工电弧焊的主要设备是弧焊机（俗称电焊机），配套工具有焊钳、面罩、焊接电线、焊条保温筒、手锤、钢丝刷等。

弧焊机按产生电流的种类不同，可分为交流弧焊机和直流弧焊机两类。交流弧焊机实际上是一种能够满足焊接要求的特殊降压变压器，结构简单，制造和维修方便，成本低，节省电能，使用可靠，操作方便，是最常用的手工电弧焊设备。但是，交流弧焊机的电弧稳定性较差，因此，在焊接合金结构钢和有色金属焊件时，需采用电弧稳定的直流弧焊机。直流弧焊机又分为焊接直流发电机和焊接整流器两种。焊接直流发电机焊接电弧燃烧稳定，焊接质量好，适宜于焊接薄钢板、不锈钢和有色金属，但其结构复杂，工作噪声大，成本高，维修困难。焊接整流器具有重量轻，结构简单，工作无噪音，制造和维修方便等优点，有逐渐取代焊接直流发电机的趋势，但由于该整流器中使用的大功率硅管质量还不够稳定，目前生产中还没有得到普遍应用。

3. 电焊条

手工电弧焊条由金属焊芯和焊药皮两部分组成。焊芯的主要作用是填充焊缝和导电，焊药皮的主要作用是保证焊接过程顺利进行并得到质量良好的焊缝。焊条前端的药皮有 45°左右的倒角以便于引弧，尾部有一段裸焊芯便于焊钳夹持和导电。

焊条品种很多，通常按焊条的用途、焊药皮成分、熔渣酸碱度进行分类。按用途可分为结构钢焊条、耐热性焊条、不锈钢焊条、堆焊焊条、低温焊条、铸铁焊条、镍及镍合金焊条、铜及铜合金焊条、铝及铝合金焊条、特殊用途焊条等；按焊条药皮可分为氧化钛型、氧化钛钙型、氧化铁型、纤维素型、低氢型、石墨型、盐基型药皮焊条；按熔渣的酸碱度可分为酸性焊条和碱性焊条，酸性焊条适用于焊接一般结构件，碱性焊条适用于焊接重要的结构件。

4. 手工电弧操作方法

电弧焊手工操作有三个技巧性的环节：①引弧。电弧的引燃方法有直击法和划擦法。直击法是将焊条的末端直击焊缝，接触短路，迅速抬起，产生电弧。划擦法是将焊条的末端在焊件上划过，接触短路，迅速抬起，产生电弧。引燃电弧后，稳定地控制电弧，保持焊条与焊件 2～4 mm 的距离。②运条。引燃电弧后，焊条同时完成三个基本动作：一是焊条向下送进，送进速度应等于焊条熔化速度，以保持弧长不变；二是焊条沿焊条缝纵向（焊接方向）移动，移动速度应等于焊接速度；三是焊条沿焊缝横向摆动，摆动形式可采取锯齿形、月牙形、三角形、"8"字形、圆环形等，以获得一定宽度的焊缝。③收尾。焊接收尾时，为防止尾坑的出现，焊条应停止向前移动，可采用划圈收尾法、后移收尾法等，自上而下慢慢地拉断电弧，以保证焊缝尾部成形良好。

（三）气焊与气割

气焊是利用氧气和可燃气体混合燃烧所产生的热量，使焊件和焊丝熔化而进行焊接的方法。与电弧焊相比，气焊更易于控制火焰、热量、熔池温度、形状和焊缝尺寸等，设备简单，操作灵活方便，不需要电源，特别适合于薄件和铸件焊补以及钎焊刀具，但也存在热源温度低、热量分散、加热缓慢、生产率低、焊件变形严重、接头质量不高等缺点。

1. 气源

气焊常用的可燃性气体是电石与水化合作用产生的气体乙炔（C_2H_2），氧气用于助燃。氧和乙炔混合燃烧产生的火焰称为氧—乙炔火焰。根据氧和乙炔气体的体积比例，可将氧—乙炔火焰分为中性焰、氧化焰和碳化焰，中性焰是应用最广泛的一种火焰，氧气与乙炔充分燃烧，内焰最高温度可达 $3\,000 \sim 3\,200\ ℃$，适合于焊接低碳钢、中碳钢、低合金钢、不锈钢、紫铜、铝及其合金等；氧化焰中有过量的氧，燃烧剧烈，适合于焊接黄铜、镀锌薄板等；碳化焰中有过量的乙炔，适合于焊接高碳钢、高速钢、铸铁及硬质合金等。

2. 气焊设备及工具

气焊与气割的设备及工具包括氧气瓶、减压器、乙炔发生器或乙炔瓶、回火防止器、胶管、焊炬及割炬等。氧气瓶是储存氧气的高压容器，容积一般为 40 L，最高压力为 150 atm。减压器用来显示氧气瓶和乙炔瓶内气体的压力，将瓶内高压气体调节成工作气压（$3 \sim 4$ atm），并保持焊接过程中压力稳定。乙炔发生器是将电石和水相互作用制取乙炔气体的装置，容积一般为 30 L，乙炔瓶体温度不能超过 40 ℃。回火防止器用来防止在气焊或气割过程中由于气体供应不足或管道焊嘴阻塞等原因导致火焰倒流进入乙炔发生器或乙炔瓶而引起燃烧和爆炸。焊炬用来将氧气和乙炔按一定比例混合，产生适合焊接要求并稳定燃烧的火焰进行焊接工作。割炬用来将氧气进行预热和切割。胶管用来输送氧气和乙炔，要求有适当的长度（不短于 5 m）和承受一定的压力，氧气管为红色，乙炔管为黑色。

3. 气焊与气割操作方法

气焊的操作方法是：①点火。点火前应先用氧气吹去气道中的灰尘、杂质，再微开氧气阀门，后打开乙炔阀门，最后点火，这时的火焰为碳化焰。②调节火焰。点火后，逐渐打开氧气阀门，将碳化焰调整为中性焰，并按需要把火焰大小调整为合适状态。③施焊。施焊时左手握焊丝，右手握焊炬，沿焊缝向左或向右进行焊接。④回火。焊接中若出现回火现象，首先应迅速关闭乙炔阀门，再关氧气阀门。回火熄灭后，用氧气吹去气道中的烟灰，再点火使用。⑤灭火。灭火时，应先关乙炔阀门，后关氧气阀门。

气割时，先用预热火焰把金属表面加热到燃点，然后打开切割氧气，使金属氧化燃烧放出巨热，同时将燃烧生成的氧化熔渣从切口吹掉，从而实现金属切割分离。气割具有设备简单、操作方便、切割厚度范围广等优点，广泛应用于碳钢和低合金钢的切割，除用于钢板下料外，还用于铸钢、锻钢件毛坯的切割。

（四）其他焊接方法

1. 埋弧自动焊

埋弧自动焊属于电弧焊的一种，是将焊条电弧焊的操作动作由机械自动化完成，使电子弧在焊剂层下燃烧的熔焊方法。焊接时以连续送进的焊丝代替手工焊的焊条芯，以焊剂代替焊药皮，引燃电弧、送进焊丝和电弧沿焊缝移动三项工作都由机械自动完成。电弧热使焊丝、熔剂、焊件接口熔化，形成熔池，随着焊接小车的匀速移动，最后得到焊缝，将两块金属牢固连接在一起。

埋弧自动焊生产率高，焊缝质量好，节省焊接材料和电能，无弧光，无烟雾，机械操作，劳动条件好，广泛应用于造船、车辆生产、容器生产等工业行业的非合金钢、低合金高强度钢的焊接以及不锈钢、紫铜的焊接，其主要缺点是适应性较差，只适合于大批量焊接较厚的大型结构件的直线焊缝和大直径环形焊缝，对于小型构件的焊缝和弯多的焊缝则无法施展，因此，机械化的埋弧自动焊还不能代替手工电弧焊。

2. 气体保护焊

气体保护焊也属于电弧焊的一种，是利用特殊的焊炬，通入保护性气体（二氧化碳或氩气），使电弧和熔池与周围气隔离，从而保证获得优质焊缝的焊接方法。根据通入的保护性气体不同，分为二氧化碳气体保护焊、等离子弧焊和氩弧焊等。二氧化碳气体保护焊主要用于焊接低碳钢和低碳低合金钢，等离子弧焊和氩弧焊主要用于焊接不锈钢、耐热合金钢和有色金属。气体保护焊具有电弧热量集中、焊接速度快、操作性能好、生产率高、变形小、焊接质量好等优点，但飞溅大，烟雾大，易产生气孔，主要适用于机车制造、造船、机械化工和国防军工等行业。

3. 电渣焊

电渣焊是利用电流通过焊剂熔渣所产生的电阻热（渣池温度 1 700～2 200 ℃）作为热源来熔化金属进行焊接的方法。电渣焊具有技术简单，操作方便，生产率高，省电，省熔剂，成本低，焊缝缺陷少，不易产生气孔、夹渣和裂纹缺陷等优点，适用于40 mm 以上厚度的金属结构焊接。电渣焊能够以小拼大，解决一些企业铸锻设备能力不足的困难，可用于生产大件毛坯，在水轮机、水压机以及冶金、化工、矿山等大型设备制造中得到广泛应用。

4. 电阻焊

电阻焊又叫接触焊，是利用电流通过焊件接头时所产生的电阻热，将焊件局部加热到塑性或半熔化状态，在压力作用下使其焊合的一种焊接方法。根据焊件接头形式不同，电阻焊又分为点焊、缝焊和对焊。点焊是将焊件搭接后，压紧放在两圆柱形电极之间，并通过很大电流，使焊件接头处产生电阻热而达到熔化状态，形成熔池，断电后，在压力作用下凝固形成焊点将焊件牢固地接在一起。点焊是相对独立的一个焊点，相邻两点之间要有足够的距离。缝焊与点焊相似，是重叠相连的点焊，用旋转盘状电极代替柱状电极，焊接时滚盘压紧工件并转动，继续通电，产生连续焊点而形成焊缝。对焊是将两焊件端面互相压紧，然后通过强大电流在焊件接头处产生强大的电阻热，加热到塑性状态，断电后加压，即可将两个焊件连接成一体。

电阻焊接头质量好，生产率高，易于机械自动化，不需添加金属和焊剂，焊接过程中无弧光，噪声小，烟尘和有害气体少，劳动条件好，易获得形状复杂的零件，但设备贵，耗电多。电阻焊多用于汽车、飞机、仪表等工业部门，其中，点焊主要用于厚度小于 4 mm 的各种金属板料、金属网及钢筋等，缝焊主要用于焊缝板厚小于 3 mm 的油箱、油槽等密封结构，对焊主要用于焊接各种棒料、管料和金属切削刀具及各种封闭形零件。

5. 钎焊

钎焊采用比焊件熔点低的金属材料作钎料，将焊件和钎料加热到高于钎料熔点而低于焊件熔点的温度，焊件金属不熔化，钎料熔化后渗透到两个焊件接头之间，钎料凝固后将两个焊件焊接在一起。钎焊按钎料熔点又分为硬钎焊和软钎焊，钎料熔点高于 450 ℃ 者为硬钎焊，低于 450 ℃ 者为软钎焊。硬钎焊的钎料有铜基、铝基、银基、镍基等钎料，常用铜基钎料，焊接时需要加入钎剂硼砂等，可用氧—乙炔火焰加热、电阻加热、炉内加热来焊件，适用于焊接受力较大的钢铁件、铜合金件等。软钎焊的钎料有锡铅、锡银、铅基、镉基等钎料，常用锡铅钎料，焊接时要加入钎剂松香等，可用烙铁、喷灯、炉子加热焊件，适用于焊接受力不大的电子线路及元器件。

（五）常用金属材料的焊接

1. 低碳钢的焊接

含碳量小于 0.25% 的低碳钢焊接性能优良，可采用各种电弧焊、电渣焊、电阻焊和气体保护焊进行焊接，焊前应适当预热，对重要构件，焊后常进行退火或正火。

2. 中碳钢的焊接

含碳量在 0.25%～0.60% 之间的中碳钢焊接性能较差，焊接接头易产生淬硬组织和冷裂纹。常采用手工电弧焊或埋弧焊进行焊接，焊前应预热焊件，焊后应缓冷。

3. 高碳钢的焊接

含碳量大于 0.60% 的高碳钢焊接性能很差，一般不用来制作焊接结构，仅用焊接进行修补工作。常用手工电弧焊或气焊修补，焊前应预热，焊后应缓冷。

4. 低合金钢的焊接

低合金钢由于化学成分不同，其焊接性能也不同。当低合金钢的屈服强度等级在 400 MPa 以下、碳含量小于 0.4% 时，焊接性能优良，可采用各种焊接方法，焊前应预热；当低合金钢的屈服强度等级在 400 MPa 以上、碳含量大于 0.4% 时，焊接性能较差，应采用手工电弧焊或埋弧焊，焊前应预热，焊后应及时进行热处理。

5. 不锈钢的焊接

奥氏体不锈钢焊接性能良好，应用最广，常采用手工电弧焊、埋弧自动焊和氩弧焊进行焊接，焊接时不需采取特殊工艺措施。而对于焊接性能较差的马氏体不锈钢和铁素不锈钢来说，焊前需预热，焊后应及时进行热处理。

6．铸铁的补焊

铸铁含碳量高，杂质多，塑性低，焊接性能极差，故只能用焊接来修补铸铁件缺陷和修理局部损坏的零件。常用气焊或手工电弧焊进行补焊铸铁，焊前需预热，焊后应缓冷。

7．铝及铝合金的焊接

铝及铝合金焊接的主要问题是易氧化和产生气孔，焊接中加热温度难以掌握，易烧穿焊件。常用的焊接方法有氩弧焊、电阻焊、钎焊和气焊，对焊接质量要求高的构件多用氩弧焊，对焊接质量要求不高的构件可采用气焊。

8．铜及铜合金的焊接

铜及铜合金的焊接性能较差，焊接时主要问题是难熔合，易变形，产生热裂纹和气孔。常用的焊接方法有氩弧焊、气焊、手工电弧焊、埋弧自动焊和钎焊等，焊接薄板（厚度1～4 mm）主要用钨极氩弧焊和气焊，焊接厚板（厚度5 mm以上）的较长焊缝时，宜用埋弧自动焊和熔化极氩弧焊。

9．不锈钢与碳素钢的焊接

不锈钢与碳素钢的焊接特点与不锈钢复合板相似，一般也是采用电弧焊和氩弧焊进行焊接，对焊接接头要求不高的可用一般不锈钢焊条焊接，对焊接接头要求高的可采用高铬镍焊条进行焊接。

10．铸铁与低碳钢的焊接

采用气焊焊接时，应先对低碳钢进行焊前预热，选用铸铁焊丝和焊粉用中性焰进行焊接，焊后保温缓慢冷却。采用电弧焊焊接时，可用碳钢焊条或铸铁焊条进行焊接。采用钎焊焊接时，用氧—乙炔火焰加热，用黄铜丝作钎料进行焊接，如果焊接长焊缝，还应分段施焊（每段80 mm左右），前一段温度下降到300 ℃以下时再焊下一段。

第二节　金属的热处理及表面处理

自然界的固态物质根据其原子在内部的排列特征，可分为晶体物质和非晶体物质两大类。物质内部原子呈有规则排列的固体物质为晶体物质，绝大多数金属和合金在固态下都属于晶体物质；物质内部原子呈无序堆积状况的固体物质为非晶体物质，如松香、玻璃、沥青等都属于非晶体物质。就典型晶体物质的金属及其合金来说，由于它们各自的晶体组织结构不同，客观上形成了不同的物质组织结构和性能，往往要对其进行相应的热处理及表面处理，以改善金属的晶体组织结构，提高金属的力学性能以及物理、化学性能，生产出具有更高使用价值、更适合社会需要的物质产品。

一、金属的热处理性质

金属的热处理是指将金属材料或工件在固态下进行加热—保温—冷却过程，以获得预期的组织结构与性能的一种工艺方法。热处理不改变工件的外形与尺寸，却改变金属的内部组织和性能。热处理不仅可以强化金属材料，充分发挥其内部潜力，改善或提高工件的工艺性能和使用性能，而且还是提高加工质量、延长工件和刀具的使用寿命、节

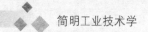

约材料、降低成本的重要手段，同时，经过合理的表面热处理，还可以提高零件的耐蚀性及耐磨性，也可以起到装饰和美化零件和产品外观的作用。因此，在机械制造业，大多数的机器零件都要经过热处理。

金属材料的热处理主要有普通热处理和表面热处理两大类。普通热处理主要有退火、正火、淬火和回火，表面热处理有表面淬火和化学热处理等。

二、热处理设备

热处理设备主要包括加热设备、冷却设备、专用工艺设备和质量检验设备等。

（一）加热设备

金属材料加热设备较多，目前主要有三种类型：

（1）箱式电阻炉。是利用电流通过布置在炉膛内的电热元件发热，使工件加热。这种炉子的热电偶从炉顶或后壁插入炉膛，通过检温仪表显示和控制温度，加热温度可达到 950 ℃以上。箱式电阻炉适用于钢铁材料和非铁金属材料的退火、正火、淬火、回火热处理工艺的加热。

（2）井式电阻炉。炉体较高，一般都置于地坑中，仅露出地面 60 ～ 70 cm，炉顶装有电风扇，加热温度均匀，可达 950 ℃以上，细长工件可以垂直吊挂，可利用各种起重设备进料或出料。井式电阻炉主要用于轴类零件或质量要求较高的细长形工件的退火、正火、淬火工艺的加热。

（3）盐浴炉。是用熔盐作为热介质的炉型，分为高温、中温、低温盐浴炉。高温、中温盐浴炉是采用电极的内加热式，把低压大电流的交流电通入置于盐槽内的两个电极上，利用两极间熔盐电阻的发热效应，使熔盐达到预定温度，将零件吊挂在熔盐中，通过对流、传导的作用使工件加热。低温盐浴炉则是采用电阻丝的外加热式。盐浴炉的特点是加热速度快、均匀，氧化和脱碳少，适用于中小型工具和模具的退火、正火、淬火、回火热处理工艺的加热。

（二）冷却设备

淬火冷却槽是热处理生产中主要的冷却设备，常用的有水槽、油槽、浴炉等。为了保证淬火能够正常连续地进行，使淬火介质保持比较稳定的冷却能力，常在淬火槽中加设冷却装置，以便及时将被工件加热了的淬火介质冷却到规定的温度范围以内，使工件淬火顺利进行。

（三）专用工艺设备

专用工艺设备是指专用于某种热处理工艺的设备，如气体渗碳炉、井式回火炉、高频感应加热淬火电装置等。

（四）质量检验设备

根据热处理零件质量检验要求，热处理车间或工序一般都配置有检验硬度的硬度计、检验裂纹的探伤机、检验内部组织的金相显微镜及制样设备、校正变形的压力机等检测设备。

三、钢的普通热处理

热处理工艺不但能够显著地改善钢件的工艺性能和机械性能，提高工件的加工质量和劳动生产率，而且能够节约钢材，减轻机器重量，延长机器使用寿命，效益十分显著。因此，热处理工艺在机械制造中起着十分重要的作用。钢的普通热处理工艺有退火、正火、淬火、回火等。

（一）退火

退火是将钢件加热到退火温度，即钢件内部晶体组织变化点的适当温度，保温一段时间后，在炉中随炉温下降或埋入导热性较差的介质中缓慢冷却，以获得接近平衡状态的组织的一种热处理工艺方法。钢件退火的目的，一是细化晶料，改善组织，以提高其机械性能；二是降低钢件硬度，以利于切削加工；三是消除钢件的内应力，以防止变形和开裂；四是消除钢件的加工硬化现象，提高塑性和韧性，以便于冲压成型。

根据钢材化学成分和退火目的不同，退火通常细分为完全退火、球化退火、等温退火、去应力退火、扩散退火、再结晶退火等。

（二）正火

正火是将钢件加热到正火温度，在炉内保温一段时间后出炉，在空气中冷却，以获得细而均匀的组织的热处理工艺方法。正火与退火的作用相似，它们的区别主要在于冷却的环境和速度不同。退火一般是钢件在炉内随炉温逐渐下降而缓慢冷却，冷却速度慢；正火则是钢件在炉内加热保温后出炉，在空气中冷却，冷却速度比退火快，所获得的钢件内部晶体组织较细，强度和硬度较高。生产中正火主要应用于如下场合：一是通过正火提高低碳钢和低合金钢的硬度，改善切削加工性能；二是消除钢件网状碳化物，为球化退火做准备；三是用于普通结构零件或某些大型非合金钢工作的最终热处理，以代替调质处理；四是用于淬火返修件，以消除应力，细化组织，防止再淬火时产生变形与开裂。

（三）淬火

淬火是将钢件加热到淬火温度，在炉内保温一段时间后出炉，在水或油中快速冷却，以获得高硬度组织的热处理工艺方法。淬火时所用的冷却剂根据钢的种类不同而有所不同。其中，水最便宜而且冷却能力较强，适于碳素钢淬火时冷却用；油的冷却速度缓慢，适于合金钢淬火时冷却用。因此，根据使用冷却剂的不同，可将常用淬火方法分为单液淬火法（用水或油的一种）、双液淬火法（先在水中淬火后在油中淬火）、热浴淬火法（先在盐槽中淬火后在空气中冷却）、局部淬火法（钢件局部在盐液中冷却）。淬火的主要目的是提高钢的硬度和耐磨性能，各种工具、模具、量具等通过淬火来提高硬度和耐磨性。

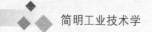
（四）回火

回火是将淬火后钢件重新加热到一段温度，经保温一段时间后冷却到室温的热处理工艺方法。钢件淬火后，一般都要进行回火，而且回火是紧接着淬火之后进行的一道不可缺少的工序，如不及时回火，时间久了，钢件有可能发生变形或开裂。回火的目的是降低淬火件的脆性，消除或降低内应力，使淬火钢件组织和尺寸趋于稳定，并使钢件保持一定的硬度、强度、韧性和满意的综合机械性能。

根据钢件的不同性能要求，按回火温度范围可将回火分为低温回火、中温回火和高温回火。低温回火的加热温度为150～250 ℃，能使钢件消除一定的内应力和脆性，保持高硬度和高耐磨性能，常用于各类切削工具、量具、模具和滚动轴承等的热处理。中温回火的加热温度为350～500 ℃，可以较大地减少钢的内应力，使钢件具有高的弹性和屈服强度，有较好的韧性，常用于各种弹簧、锻模以及强度要求较高的零件（如枪械击针、销钉、扳手、螺钉旋具等）的热处理。高温回火的加热温度为500～650 ℃，可以使钢件获得较高强度、塑性、韧性等综合力学性能。生产中常把"淬火＋高温回火"称为调质处理，用于受力情况复杂的重要零件如齿轮、连杆、连接螺栓、各种传动轴等的热处理。另外，某些精密的工件为了保持淬火后的高硬度及尺寸的稳定性，常进行加热温度为100～150 ℃的更低温长时间（10～50 h）的回火处理，称为时效处理。

四、钢的表面热处理

有些机械零件的工作表面要求具有高的硬度和耐磨性能，而心部又要求有足够的韧性和塑性，如汽车、拖拉机的传动齿轮、凸轮轴和曲轴等，就需要进行表面热处理。钢的表面热处理方法主要分为表面淬火和化学热处理两大类。

（一）钢的表面淬火

表面淬火是对钢件一定深度的表面层进行淬火，而心部仍保持淬火前的组织的热处理工艺方法。具体地说，钢的表面淬火是将钢件表面快速加热至奥氏体化温度（800～1 000 ℃）就立即予以快速冷却，使其表面层获得硬而耐磨的马氏体组织，而心部仍保持原来较好的塑性和韧性的退火、正火或调质状态组织的一种局部淬火工艺。按其加热方式不同，可分为感应加热表面淬火、火焰加热表面淬火和激光加热表面淬火等。

1. 感应加热表面淬火

感应加热表面淬火的工作原理是：当钢件放入感应器，感应器内通入中频或高频电流产生交变磁场，于是钢件中就产生同频率的感应电流，电流在钢件截面上分布不均匀，表面电流密度极大，而心部电流几乎为零。由于钢本身具有电阻，因而集中于钢件表面的极大密度电流可使表层迅速被加热，在几秒钟内即可使温度上升至800～1 000 ℃，而心部温度仍接近室温。一旦表层温度上升至淬火热温度，便立即喷水冷却（合金钢浸油冷却），使钢件表层淬硬而心部仍保持淬火前的组织状态不变。

感应加热表面淬火按电源频率不同，可分为高频淬火、中频淬火和工频淬火。其中，高频淬火应用最广，其生产率高，加热温度和淬硬层厚度容易控制，淬火组织细小，淬火后硬度较高，淬硬层脆性低，疲劳强度可提高 20%～30%，钢件表面不易氧化脱碳，且变形小，但设备维修、调整较难，形状复杂件感应圈不易制造，且不适宜于单件生产。高频淬火的淬硬层深度为 0.5～2.0 mm，适用于要求淬硬层较薄的中小型轴类及齿轮类等零件的表面淬火；中频淬火的淬硬层深度为 2～10 mm，适用于直径较大的轴和大中模数齿轮等的表面淬火；工频淬火的淬硬层深度为 10～20 mm，适用于大型钢件如轧辊、车轮等的表面淬火。感应加热表面淬火合理的工艺流程是：正火（或调质）→表面淬火→低温回火，以保证钢件表面具有较高的硬度，较小的淬火应力和脆性，而心部具有高的强度和韧性。

2．火焰加热表面淬火

火焰加热表面淬火是指利用氧—乙炔火焰或氧—煤气火焰对钢件表面进行快速加热，并随即喷水冷却的表面淬火方法。其淬硬层深度一般为 2～6 mm，适用于单件小批量及大型轴类、大模数齿轮等的表面淬火。其使用设备简单，成本低，灵活性大，但温度不易控制，钢件表面易过热，淬火质量不够稳定。

3．激光加热表面淬火

激光加热表面淬火是指利用激光束扫描钢件表面，使钢件表面迅速加热到钢的临界点以上，当激光束离开钢件表面时，由于钢件基体金属大量吸热，使钢体表面急速冷却而硬化的表面淬火方法。这种淬火方法无需冷却介质，淬硬层深度为 0.3～0.5 mm，淬火后可获得极细的马氏体组织，硬度高而且耐磨性能好。其操作灵活方便，能对复杂形状的钢件拐角、沟槽、盲孔底部或深孔侧壁等进行硬化热处理。

（二）钢的化学热处理

化学热处理是将钢件放入某种介质中加热到一定温度，经过一定时间的保温，使介质中的活性原子扩散渗入钢件表层，改变钢件表面的化学成分和组织，从而改善钢件表面性能的热处理工艺方法。常用的化学热处理方法有渗碳、渗氮和碳氮共渗等。

1．渗碳

渗碳是将活性碳原子渗入钢件表层而提高其表面层硬度的化学热处理。渗碳零件的材料是低碳钢或低合金钢，通过渗碳使钢件表面的含碳量提高，然后进行淬火及低温回火，钢件表面层就能达到较高的硬度而心部仍能保持高韧性。

渗碳法按使用的渗剂不同，可分为气体渗碳、固体渗碳、液体渗碳等，常用的是前两种，用得最多、最方便的是气体渗碳。气体渗碳是钢件置于密闭的炉膛加热到 900～950 ℃时，向炉内通入气体渗碳剂（煤气、煤油等），渗碳剂在高温下发生裂解反应生成活性碳原子，活性碳原子向钢件表层扩散渗透，形成一定深度的渗碳层，厚度可达 0.5～2.0 mm，温度下降后立即放入水或油中冷却，之后再低温（150～200 ℃）回火。固体渗碳是使用固体渗碳剂木炭与催渗剂碳酸盐的混合物埋住钢件并封闭好，加热至 900～950 ℃，经保温分解出的活性碳原子被吸收、溶入钢件表面层，待温度下降即将钢件放入水中或油中冷却，之后再低温回火，获得表面坚硬而心部仍具有较高的强度及足够的韧性和塑性的钢体。一般渗碳钢件的工艺流程为：锻造→正火→切削加工→渗碳→淬火＋低温回火→精加工。

2. 渗氮

渗氮是将氮原子渗入钢件表层的化学热处理，俗称氮化。氮化零件多为合金钢。氮化处理时，把钢件放入密封炉中，加热到 500～700 ℃，再通入渗氮剂氨（NH_3），保温 20～50 h，氨在高温下分解出的活性氮原子被钢件表面吸收并深入铁素体中向内层扩散，形成极硬的氮化物硬化层，深度为 0.3～0.5 mm。氮化后的钢件表面不仅具有高硬度和耐磨性，而且抗疲劳强度和抗腐蚀能力也得到提高，而钢件心部仍保持着足够的韧性。渗氮处理工艺主要用于对耐磨性和精度要求很高的镗床主轴、精密传动齿轮、压铸模、冷挤压模、热挤压模等的热处理。一般渗氮钢件的加工工艺流程为：锻造→退火→粗加工→调质处理→精加工→高温回火→粗磨→渗氮→精磨或研磨。

3. 碳氮共渗

碳氮共渗是将碳原子、氮原子同时渗入钢件表面的化学热处理工艺，俗称氰化，兼有渗碳和渗氮的双重作用。碳氮共渗零件的材料是碳素钢、合金钢、铸铁、粉末冶金等。常用的共渗法有气体碳氮共渗法和液体碳氮共渗法。气体碳氮共渗法又分为中温气体碳氮共渗法和低温气体碳氮共渗法。中温气体共渗法以渗碳为主，使用的介质是煤油和氨气，共渗温度为 820～860 ℃，保温 1～2 h，渗层深度一般为 0.3～0.8 mm，共渗后需要进行淬火和低温回火。低温气体共渗法以渗氮为主，使用的介质是尿素或甲酰胺，共渗温度 500～700 ℃，保温 1～3 h，渗层深度一般为 0.1～0.4 mm，共渗后一般无需再经热处理。液体碳氮共渗法使用的介质是氰化钠或氰化钾，由氰化物分解出来的碳原子和氮原子渗入钢件表面层，形成坚硬的碳化物和氮化物，使钢件表面具有高硬度，耐磨性和抗疲劳性也比较好。碳氮共渗比单一碳渗或氮渗使钢件具有更高的硬度、耐磨性和抗蚀性，更高的抗疲劳强度和抗压强度，使用寿命更长，常用于处理模具、量具以及汽车、机床上的各类齿轮及轴类零件，效果良好。

五、金属的表面处理

这里所讲的金属表面处理是指金属表面保护处理，即在金属表面附加保护层以防止周围环境介质（空气、蒸汽、云雾、水、油、酸、碱、盐等）对金属表层乃至内质的腐蚀破坏。金属表面保护处理不同于前面所述的金属表面热处理，不涉及金属力学性能和物理、化学性能的变化。金属表面保护处理可以防止或削弱金属材料产生腐蚀的现象，还可以增加金属产品的美观程度。金属表面保护处理的方法很多，一般是使金属表面上形成一层薄膜作为保护层，以防止金属与周围介质直接接触而产生化学腐蚀作用。根据保护层材料的不同，可分为金属保护层、化学保护层和漆胶保护层。

（一）金属保护层

1. 电镀法

将清理干净的工件放入一定成分的电解溶液中，工件接阴极，作为阳极的镀层金属以离子状态溶解到电解液中，在直流电场作用下，金属离子向阴极运动，并获得电子还原成镀层金属，紧密地附着在工件的表面上，形成均匀、致密的保护层。常用的镀层金属有锌、铬、镍、镉、锡等。这些镀层金属都具有良好的耐蚀性能，其中镀锌层多用于保护碳素结构钢和低合金结构钢，镀铬层多用于要求耐磨的零件表面，镀镉层多用于防腐性能和强度要求较高的零件。电镀法可以获得较准确的镀层厚度，镀层金属纯度高，质量好，而且与被镀金属结合牢固，不影响被镀金属的功能，但生产率低，排出的污水对环境危害较大。

2．喷镀法

喷镀法是指将熔融的金属喷到被保护的工件金属表面而获得金属保护层的方法。喷镀时，将喷镀的金属粉送入喷枪中，利用火焰或电弧加热使金属熔化，再用高压气流将熔化金属雾化，喷镀到被保护的金属零件表面上。喷镀一般采用熔点较低的金属（如锡、锌、铝等）。喷镀法常用于大型工件的表面保护，不仅用来防锈蚀，而且在修复磨损零件、填补有裂纹的铸件等方面也有较好的效果。

3．浸镀法

将清理干净并涂有氯化锌的工件浸入耐蚀的金属液中，使镀层金属与工件表面作用形成合金，并在镀层外面保留一层纯的镀层金属，这种方法称为浸镀法，又称为热浸法。热浸的镀层金属多是低熔点金属（如锌、锡、铝等）。浸镀法常用于钢管、钢板、钢丝的表面保护。浸锡后的铁皮称为"白铁皮"，可抵抗稀酸的腐蚀，常用于食品的包装。

（二）化学保护层

用化学处理的方法，使金属表面生成一层致密的氧化膜，即化学保护层，可以达到防锈蚀的目的，因此化学保护层又称为氧化保护层。常用的化学处理方法有氧化处理、磷化处理和阳极氧化处理。

1．氧化处理

将金属工件放入加热的硝酸槽中，使工件表面形成以 Fe_3O_4 为主的蓝色或蓝黑色氧化膜。氧化处理后，氧化膜能牢固地与金属工件表面结合，膜层很薄，不影响零件尺寸，在干燥的大气中耐蚀性好，但在湿气和水中的耐蚀性差，因而还需配合皂化、浸油处理，以提高其耐蚀能力。此法广泛应用于机械结构零件、精密仪器和军工机械制造中。

2．磷化处理

将清理干净的钢件浸在磷酸盐溶液中，加热到 $90 \sim 100$ ℃，使钢件表面形成以铁的磷酸盐为主的黑色保护膜。磷化膜具有一定的耐磨性能和电绝缘性能，与钢基体结合牢固；但单一的磷化膜粗糙多孔，防锈蚀效果不够理想，因此常在磷化处理后再进行涂油或纯化处理，以增加钢件的抗蚀性能。此法常用于有油脂防护条件的机械零件，也可作为油漆的底层。

3．阳极氧化法

将清理干净的铝制品浸入电解溶液中并接到阳极，利用电解时分解出来的新生态氧与铝作用，使铝制品表面形成一层坚实致密的氧化膜。此法广泛用于飞机制造及日用铝制品上。

（三）漆胶保护层

金属表面保护处理还可以在清理干净的金属表面喷涂油漆、油脂和塑料胶等，以达到一定的防蚀保护作用。

第三节　金属切削加工设备

金属切削加工是指用切削工具从毛坯（铸件、锻件、焊件或型材等）上切除多余的金属，以获得符合图样要求的几何形状、尺寸和表面粗糙度的零件的加工过程。在现代机器制造中，绝大多数的机械零件都要经过对毛坯切削加工而得到。金属切削加工分为钳工和机械加工两大类。钳工通常由工人手持工具对工件进行切削加工，工作简单灵活，但劳动强度大，生产率低，要求工人技术水平高。因此，钳工只在装配、修理以及零件的单件小批生产中占一定的比例，而绝大多数零件是通过机械加工来完成的。机械加工是通过金属切削机床对工件进行切削加工，它是决定零件最终精度和表面质量的主要方法。零件表面形状和加工质量要求不同，需要采取的切削加工方法就不同。机械切削加工最基本的方法有车削、刨削、钻削、铣削、磨削以及螺纹、齿轮加工等。机械加工生产率高，零件尺寸精度和表面质量好，劳动强度小，但要有比较复杂的设备和工具。金属切削加工是机器制造过程中最基本的作业活动，如何正确组织和进行切削加工，对于保证产品质量，提高劳动生产率和降低生产成本都有非常重要的作用。

一、切削运动和切削用量

各类机床切削加工的方法各不相同，但其基本工作原理是相同的，即所有机床都必须通过刀具与工件之间的相对运动，切除坯件上多余的金属，形成一定几何形状、尺寸和质量的表面，从而获得所需要的机械零件。

（一）切削加工运动

在机床上进行切削加工时，为了获得所需要的几何形状、尺寸精度和表面质量的工件，机床必须进行表面成形运动，它是刀具与工件的相对运动，也即使工件的形状和尺寸发生变化的运动，称为零件表面成形切削运动。此外，机床还要进行切入运动、分度运动、操纵和控制运动、调位运动、各种空行程运动、校正运动等辅助运动。

1. 零件表面成形切削运动

机械零件是由金属工件的一些基本几何表面形状和尺寸组成的。要使零件表面的形状和尺寸达到要求，刀具与工件就必须有一定的相对运动，即零件表面成形切削运动，简称为成形运动。按其作用不同，成形运动又分为主运动和进给运动。主运动是切除工件上的被切削层使之转变为切屑的主要运动，是切下切屑的最基本运动，也是成形切削运动中速度最高、消耗机床动力最多的运动。切削加工中只有一个主运动，其形式有旋转运动和直线运动两种，这些主运动可以由刀具完成（如钻削和铣削时刀具的直线运动），也可以由工件来完成（如车削时工件的旋转运动）。进给运动是使被切除的金属层连续或间歇地投入切削的运动，是使刀具连续或间歇切下金属所需要的运动，是提供继续切削可能性的运动。进给运动速度较低，消耗机床动力较少，其形式也有旋转运动和直线运动两种；这种运动可以是连续的，也可以是间歇的；由于加工方法不同，切削加工中可以有一个或几个进给运动。例如，在车削圆柱外圆时，工件如不进行旋转运动，切屑就无法被切削下来，所以工件的旋转运动是车削时的主运动；若车刀不沿着圆柱纵长方向作直线运动，就不能车削出完整的圆柱面来，所以刀具的直线运动为进给运动。

2．切削辅助运动

机床切削加工运动除表面成形运动外，还有其他辅助运动：①切入运动。刀具相对工件切入一定深度，以保证工件获得一定的加工尺寸。②分度运动。加工若干个完全相同的、均匀分布的表面时，为使表面成形运动得以周期性地继续进行，依次使用不同刀具进行顺序加工或对多位工作台和刀架进行周期性移位。③操纵和控制运动，包括启动、停止、变速、换向、夹紧、松开、转位以及自动换刀、自动检测等。④调位运动。切削加工开始前对机床有关部件进行调位，以调整刀具与工件之间正确的相对位置。⑤各种空行程运动。是指在切削加工的进给运动前后将刀具与工件接近或退开的非切削运动。

（二）切削用量

机床对金属工件进行切削加工有三个基本参数：切削速度、切削深度（背吃刀量）和进给量，称为切削用量三要素。

1．切削速度（v）

在单位时间内，刀具切削刃上选定点与工件沿主运动方向相对移动的距离称为切削速度，单位为 m/s。当主运动为旋转运动时，切削速度的计算公式为：$v_{旋} = \pi Dn/(1\,000 \times 60)$，其中，$D$ 为待加工表面直径，n 为主运动每分钟转数。当主运动为直线运动时，切削速度的计算公式为：$v_{直} = 2Ln/(1\,000 \times 60)$，其中，$L$ 为主运动行程长度，n 为主运动每分钟往复行程次数。

2．切削深度（t）

工件的待加工表面与已加工表面之间的垂直距离称为切削深度，又叫背吃刀量，单位为 mm。例如，车削外圆时，其切削深度 $t = (D-d)/2$，其中，D 为待加工表面直径，d 为已加工表面直径。

3．进给量（f）

刀具在进给运动方向相对于工件的移动距离，称为进给量。车削加工的刀具进给量常用工件每转一次刀具的位移量来表述，单位为 mm/r（毫米/转）。

（三）切削加工基本工艺时间

基本工艺时间是指加工一个零件所需的总切削时间（T），单位为 min。车外圆时，一次走刀所需的基本工艺时间 $T_{次} = L/nf$，其中，L 为车刀行程长度，n 为工件每分钟转数，f 为进给量；多次走刀即全部走刀所需要的基本工艺时间 $T_{全} = \pi DLh/(1\,000vft)$，其中，$D$ 为待加工表面直径，L 为车刀行程长度，h 为加工余量，v 为切削速度，f 为进给量，t 为每次切削深度。从基本工艺时间的计算公式可见，要提高切削加工生产率，缩短基本工艺时间，除减少毛坯加工余量外，还必须提高切削用量的 v（速度）、t（深度）、f（进给量）。但实际切削过程中，三者不能同时都取最大值，因为它们受到机床的动力和刚度、刀具耐用度和工件表面质量等因素的限制。如果 v，t，f 同时选其大值，则机床负荷过大，造成闷车、打刀、走刀机构失灵和表面质量降低。因此，机床切削加工时要正确选择加工用量的 v，t，f。一般来说，在粗加工时，因加工余量多，为了减少走刀次数，提高生产率，t 和 f 取大值，v 取小值；在精加工时，因加工余量小，为保证加工精度和表面质量，t 和 f 取小值，v 取大值。实际切削加工生产中，通常采用试切和查切削用量手册等方法来确定切削用量的大小。

二、切削机床

金属切削机床是用刀具对金属工件进行切削加工的机器，是机械制造中的主要技术装备，其作用是为切削时提供切削运动和工位，使刀具能从工件上切除多余的金属，生产出装配机械所必需的零件。

(一) 机床的分类

按加工性质和使用的刀具不同，目前我国金属切削机床分为十二大类，即车床类、钻床类、镗床类、磨床类、齿轮加工机床类、螺纹加工机床类、刨插床类、拉床类、铣床类、特种加工机床类、锯床类、其他机床类。每一大类机床根据需要又可分为若干分类，如磨床类细分为磨、二磨、三磨三个分类。

(二) 机床的型号

我国机床型号采用汉语拼音字母和阿拉伯数字以一定的规律组合而成，它表示机床的类别、特性、组别、系别、主参数、设计改进等。现以图 2 - 3 为例说明机床型号的编制方法。

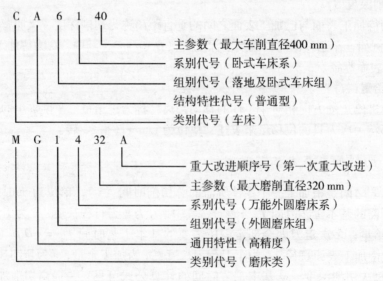

图 2 - 3 通用机床的型号编制举例

1. 类别代号

机床型号中的第一个字母表示机床的类别，按机床名称读音，采用大写汉语拼音字母书写。机床分类及代号如表 2 - 2 所示。

表 2 - 2　机床分类及代号

机床型号	车床	钻床	镗床	磨床			齿轮加工机床	螺纹加工机床	刨插床	拉床	铣床	特种加工机床	锯床	其他机床
代号	C	Z	T	M	2M	3M	Y	S	B	L	X	D	G	Q
参考读音	车	钻	镗	磨	二磨	三磨	牙	丝	刨	拉	铣	电	割	其

2. 机床特性代号

有特性的机床用汉语拼音字母表示，位于类别代号之后，如表 2 - 3 所示。我国机床现有特性代号 10 种，普通型 A 不在特性代号表中列出。

表 2 - 3　机床特性代号

通用特性	高精度	精密	自动	半自动	数控	加工中心（自动换刀）	仿形	轻型	加重型	简式
代号	G	M	Z	B	K	H	F	Q	C	J
读音	高	密	自	半	控	换	仿	轻	加	简

3. 机床组别代号和系别代号

每类机床按用途、性能、结构相近或派生关系分为若干组；每组机床又分为若干系，同一系机床的主参数、基本结构和布局形式相同，工件和刀具的运动特点基本相同。在机床型号构成中，在类别代号和特性代号之后的第一位阿拉伯数字表示组别，第二位阿拉伯数字表示系别。

4. 机床主参数代号

在机床型号构成中，组别和系别号的后面两位阿拉伯数字（如 40），表示机床的主参数代号。主参数代号以其主参数的折算值表示，例如，转塔车床的最大车削直径 400 mm，按其主参数折算值 1/10 换算，转塔车床的主参数代号为 "40"。在某些机床型号中还标出第二主参数，也用其折算值表示，并以乘号 "×" 将两个主参数分开，例如 "40 × 30"，表示本机床的第一主参数为 400 mm，第二个主参数为 300 mm。

5. 设计改进代号

规格相同但结构及性能有重大改进的机床，其改进次数用 A，B，C，…表示，并标在机床型号的末尾。例如，MG1432A 表示最大磨削直径为 320 mm 的高精度万能外圆磨床经第一次改进后的机床型号。

（三）金属切削机床的构成及传动系统

1．机床的基本构成

金属切削机床的基本构成分为三大部分：①执行件，即执行机体运动功能的部件，如主轴、刀架、工作台等，其作用是带动工件和刀具，使之完成对加工对象的一定成形运动并保持正确的轨迹。②动力源，即为执行件提供运动和动力的装置。它是机床的动力部分，如交流异步电动机、直流电动机、步进电动机等。机床运动可以是每个运动单独使用一个动力源，也可以是几个运动共用一个动力源。③传动装置，即传递运动和动力的装置。传动装置把动力源的运动和动力传递给执行件或把一个执行件的运动传递给另一个执行件，使执行件获得运动和动力，并使有关执行件之间保持某种确定的运动关系。机床的传动装置有机械、液压、电气、气压等多种形式。每种传动装置又由具体的定比传动机构和换置机构组成。

2．机床的传动系统

机床的传动系统由实现加工成形运动和辅助运动的各传动链组成，常采用传动系统图体现。传动系统图是表示机床全部运动传动关系的示意图，图中用简单的规定符号表示各传动元件，并标明齿轮和蜗轮的齿轮、蜗杆头数、丝杠导程、带轮直径、电动机功率和转速等。各传动元件按照运行传递的先后顺序，以展开图的形式，反映主要部件的相互位置，在动力源（电动机等）的启动下，按照传动链的机制和顺序传递运动和动力，最终通过刀具与工件的相对运动，完成机床的切削加工任务。

三、切削刀具

金属切削刀具是安装在机床上直接从工件上切除金属的工具，它对于提高劳动生产率、保证加工精度与表面质量、改进生产技术、降低成本，都有直接的影响。刀具的种类有很多，按设计、制造、使用情况的不同，可以分为标准刀具类、标准专用刀具类和专用刀具类。前两类一般由刀具专业厂按国家标准设计制造，用户主要是正确选择和合理使用，而专用刀具则应根据加工工件的形状、尺寸和技术要求，由刀具专业厂或生产企业进行专门的设计制造。

（一）刀具类型

1．车刀

车刀可用在各类机床上加工内（外）圆柱面、内（外）圆锥面、端面、螺纹、切槽、切断等。车刀按其结构分为整体式车刀、焊接式车刀、焊接装配式车刀、机夹重磨式车刀和机夹可转位式车刀。

2．刨刀

刨刀切削部分的结构与外圆车刀类似，但由于刨刀的工作条件较差，在做直线往复主运动时会产生惯性和冲击，所以刨刀的刀杆粗大弯曲，具有较小的前角和负的刃倾角。

3. 孔加工刀具

在实体材料上加工孔的刀具有中心钻、麻花钻，对已有的孔进行扩大并提高其质量的刀具有扩孔钻、锪孔钻、铰刀、镗刀。

4. 铣刀

铣刀是一种多齿回转刀具。铣削加工时，铣刀同时参加工作的切削刀齿较多，且无空行程，使用的切削速度也较高，故表面粗糙度较小，生产率较高。铣刀有加工平面用的圆柱铣刀、端铣刀，加工沟槽用的盘形铣刀、锯片铣刀、立铣刀、键槽铣刀、T形槽铣刀、角度铣刀。

5. 齿轮加工刀具

齿轮加工刀具分为成形齿轮刀具和展成齿轮刀具两类，其中成形齿轮刀具有盘形齿轮铣刀、指状齿轮铣刀，展成齿轮刀具有插齿刀、滚齿刀、剃齿刀。

（二）刀具的几何形状

刀具由刀体和刀头（切削部分）组成，刀体的作用是把刀具夹持在机床上并传递运动和动力，刀头的作用是直接参与切削。构成各种刀头的主要表面和主要角度是类似的，下面以外圆车刀为例说明刀头的基本构造。

1. 车刀切削部分的组成

外圆车刀切削部分由三面两刃一尖组成：①前刀面，指刀具上被切的切屑流经过的表面。②后刀面，指切削时刀具上与工件切削加工表面相对的表面。③副后刀面，指切削时刀具上与工件已加工表面相对的表面。④主切削刃，是前刀面与后刀面的交线，担负着主要的切削工作。⑤副切削刃，是前刀面与副后刀面的交线，担负着少量的切削工作。⑥刀尖，是由主切削刃与副切削刃的相交点而形成的一部分切削刃，它不是一个几何点，而是具有一定圆弧半径的刀尖。

2. 车刀切削部分的主要角度

外圆车刀切削部分有以下几个主要角度：①前角，是前刀面与基面间的夹角，表示前刀面的倾斜程度，一般取 $-5°\sim 25°$。②后角，是后刀面与切削平面间的夹角，表示后刀面与主切削平面的倾斜程度，一般取 $6°\sim 12°$。③主偏角，是主切削刃在基面上的投影与进给方向之间的夹角，一般取 $30°\sim 90°$。④副偏角，是副切削刃在基面上的投影与进给方向之间的夹角，一般取 $5°\sim 10°$。⑤刃倾角，是主切削刃与基面间的夹角，一般取 $-10°\sim 4°$。刀具几何参数主要包括刀具角度、刀刃与刃口形状、前面与后面形状等。刀具合理的几何参数是保证加工质量和提高生产效率、降低生产成本的重要因素。刀具几何参数的确定，要根据工件材料、刀具材料和切削加工要求等因素合理选择。

（三）刀具材料

在金属切削加工过程中，刀具受到很高的温度、压力和剧烈摩擦的作用，因此刀具材料必须满足下列基本要求：硬度比被切削材料高，较大的强度和韧性，好的耐磨性、导热性和热硬性，良好的工艺性能，等等。

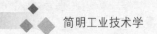
常用的刀具材料有以下几种：

（1）碳素工具钢。允许的切削速度较低，主要用于制作手工用切削工具及低速切削刀具，如手工用锉刀、板牙、丝锥等。

（2）合金工具钢。允许的切削速度比碳素工具钢稍高，常用于制造形状复杂的切削刀具，如铰刀、拉刀等。

（3）高速工具钢。热硬性温度可达 550～650 ℃，广泛用于制作切削速度较高的精加工切削刀具和各种复杂形状的切削刀具，如铰刀、车刀、刨刀、铣刀、钻头、齿轮滚刀等。

（4）硬质合金。热硬性温度可达 800～1 000 ℃，允许的切削速度为高速工具钢的4～10 倍，切削性能优良，已成为主要的刀具材料，可用于制作车刀、端铣刀、麻花钻、齿轮滚刀、铰刀、拉刀等。

四、切削夹具

切削夹具是指在金属切削加工中，用以确定工件的位置，并可靠地夹紧工件的装置，又称为机床夹具。夹具对于保证加工精度，提高生产效率，减轻工人劳动强度，以及扩大机床使用范围都起很大的作用。机床夹具分为三大类，即通用夹具、专用夹具和组合夹具。

（一）通用夹具

在切削加工中，可以用来装夹各种不同的工件，通用性很强的夹具称为通用夹具，如卡盘、分度头、机用虎钳等，常作为通用机床的附件。

（二）专用夹具

专用夹具是指专门为某一工件的某一特定工序加工而设计制造的夹具。专用夹具的主要特点是定位精度高，安装迅速方便，产品质量稳定，生产率高。专用夹具制造周期长，费用高，产品变换时无法继续使用，故常用于大量大批的生产。

（三）组合夹具

组合夹具是指按照某一工件的某一工序要求，用各种预先制好的不同形状、不同规格的标准元件组装而成的夹具。组合夹具的主要特点：一是灵活可变、组装迅速方便、通用性强；二是节约专业夹具所需的设计制造时间和材料消耗费用；三是可缩短生产准备周期，提高生产效率和经济效益；四是使用完毕后，可拆成零件分类保管，日后根据需要再组装成新的夹具。组装夹具适用于新产品的试制和小批量生产。

五、切削加工质量与量具

机械零件的切削加工质量主要指加工精度和表面质量。对加工质量的衡量必须通过量具来检验，加工过程中通常实行"三检"制度（工人自检、互检和质检人员专检）来检验零件加工是否达到质量要求。

（一）零件的加工精度

加工精度是指零件在加工之后，其形状、尺寸及各表面之间的相对位置的实际参数与设计给定的参数符合的程度。上述两个参数符合程度是个相对量，因为切削加工时，机床、刀具、夹具、量具等因素总会引起零件参数的某些误差，因此把零件做得绝对准确是不可能的。实际加工过程中，总是把零件的实际参数限制在一定的误差范围内，在参数误差范围的零件为合格品，否则为返修品甚至是废品。零件实际参数的最大允许变动量称为公差，公差越小，表示加工精度越高。国家标准规定，机械零件的尺寸精度用标准公差的等级来确定。标准公差分为 20 级，最精为 IT01，次精为 IT0，再往后为 IT1，IT2，…，IT18。从 IT01 到 IT18 精度依次降低，公差数值依次增大。机械零件除有尺寸精度要求外，还有形状精度和相互位置精度的要求。形状精度是指零件表面的实际形状与设计理想形状符合的程度；相互位置精度是指零件上两个或两个以上的点、面之间的实际位置与设计理想位置符合的程度。一般来说，零件加工精度愈高，其质量愈好，但工艺过程愈复杂，成本也愈高。因此，机械零件加工过程中，应当寻找质量较好而成本较低的加工精度。

（二）零件的表面质量

表面质量是指零件加工后的表面粗糙度、表面加工硬化程度和残余应力的大小及性质，但通常是指表面粗糙度。所谓表面粗糙度是指零件加工后微观不平度的大小，通常用轮廓算术平均偏差 R_a（单位为 μm）的大小来衡量。表面粗糙度在实际加工操作中常用表面光洁度来表示。旧国标规定表面光洁度有 ▽1～▽14 的 14 个等级，其光洁程度由 ▽1 表示最粗糙依次到 ▽14 表示最光洁、最光滑。表面粗糙度对零件使用性能有很大的影响。表面粗糙度小可提高配合质量，减少磨损，延长产品使用寿命，但加工工艺较复杂，加工成本也相应提高。因此，应根据零件的使用要求，合理地选用表面粗糙度。

（三）质量检验量具

机械零件切削加工质量检验的量具是用来测量零件尺寸、形状误差及相对位置误差的工具。常用的量具有游标卡尺、外径千分尺、百分表、极限量规等。游标卡尺是一种用于测量外径、内径和深度的综合性量具，用得最多、最广泛。游标卡尺由主尺和副尺组成，读数时，由主尺读出整数，借助副尺读出小数，即：读数 = 副尺零线指示的主尺数值（整数）+ 副尺与主尺重合线数×刻度值（小数）。外径千分尺是一种较精密的量具，测量精度为 0.01 mm。外径千分尺由弓架和套筒组成，固定套筒沿轴向刻有间距的刻线为主尺，活动套筒沿圆周刻有的刻度为副尺。读数 = 副尺所指的主尺数值（整数）+ 主尺基线所指副尺的格数 × 0.01（小数）。极限量规是一种没有刻度的专用检验量具，主要用于测量轴类和孔筒类零件。用这种量具不能测出被检验工件的具体尺寸数值，但能根据规定的极限尺寸确定工件是否合格。极限量规分为测量内尺寸的塞规和测量外尺寸的卡规两种。卡规和塞规分别都有过端和不过端。卡规的过端按轴径的最大极限尺寸

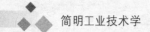

制造，不过端则按轴径的最小极限尺寸制造。塞规的过端按孔径的最小极限尺寸制造，不过端则按孔径的最大极限尺寸制造。卡规或塞规在测量零件时，如过端能通过而不过端不能通过，则说明零件尺寸控制在公差范围之内，零件是合格的，否则就是不合格的。极限量规制造简单，使用方便，但专用性极强，不同零件要使用不同的专用量具。

第四节　金属切削加工工艺

机械金属零件的切削加工，是决定零件加工精度和表面质量的主要方法。零件表面形状和加工质量要求不同，就需要采用不同的切削加工方法，常用的切削加工方法有车削加工、铣削加工、刨削加工、磨削加工、钻削加工、镗削加工以及齿轮加工等。

一、车削加工

在车床上用刀具对工件进行切削加工的工艺过程叫车削加工。它是在车床上利用工件的旋转运动和刀具的直线运动来改变毛坯的形状、尺寸，从而获得符合图样要求的零件，其中工件旋转是主运动，刀具移动是进给运动。

（一）车削加工范围

车削加工是一种最基本和应用最广的加工方法，其加工范围主要有：①车外圆，这是车削加工的主要工作；②车端面；③车圆锥面；④切断和切槽；⑤孔加工，包括钻孔、铰孔、镗孔、钻中心孔、锪锥孔等；⑥车螺纹，包括外螺纹、内螺纹、攻螺纹等；⑦车成形面。

（二）车削加工特点

车削加工的特点是：①车削加工过程平稳，少产生冲击和振动；②容易保证工件各加工面的位置精度；③刀具结构简单，其制造、刃磨和安装较方便；④适用于有色金属和低碳不锈钢零件的精加工；⑤适用于钢铁工件的粗加工、半精加工和精加工。

（三）车削加工设备

车削加工的主要设备是车床。车床是机械制造业中使用最广泛的一类机床，主要用来加工各种回转表面，如内外圆柱、圆锥表面、回转体成形面和回转体的端面等，有些车床还能加工螺纹。车床应用极为广泛，在金属切削机床中所占的比例最大，占机床台数的30%左右。车床上使用的刀具主要是各种车刀，有些车床还可以使用钻头、扩孔钻、铰刀、丝锥、板牙等孔加工刀具和螺纹刀具进行加工。

车床的种类很多，按其结构和用途不同，主要分为普通车床（卧式车床）、落地车床、回轮转塔车床、立式车床、仿形及多刀车床、单轴自动车床、多轴自动半自动车床。此外，还有各种专门化车床，如曲轴与凸轮轴车床、轮轴锭及铲齿车床，以及大批量生产中使用的各种专用车床，等等。在所有的车床类机床中，以卧式普通车床应用最多、最广泛。

以下以 CA6140 型卧式车床为例说明车床的主要组成部件及其功用。CA6140 型卧式车床的主参数——床身上最大工件回转直径为 400 mm，第二主参数——最大加工长度有 750 mm、1 000 mm、1 500 mm、2 000 mm 四种。其主要组成部件及功用如下：

（1）主轴箱，又称床头箱。主轴箱固定在床身的左边，内部装有主轴和变速传动机构。工件通过卡盘等夹具装夹在主轴前端。主轴箱的功能是支承主轴，并把动力经变速机构传给主轴，使主轴带动工件按规定的转速旋转。主轴通过前端的卡盘或者花盘带动工件完成旋转做主运动，也可以安装前顶尖通过拨盘带动工件旋转做主运动。

（2）刀架。刀架可沿床身上的刀架导轨做纵向移动。刀架由几层组成，它的功用是装夹车刀，实现纵向、横向和斜向进给运动。

（3）尾座。尾座安装在床身上右端的尾座导轨上，可沿导轨纵向调整位置。尾座的功用是用后顶尖支承长工件，也可以安装钻头、铰刀等孔加工刀具进行孔加工。

（4）进给箱。进给箱固定在床身的左端前侧。进给箱内装有进给运动的传送及操纵装置，功用是改变进给量的大小以及所加工螺纹的种类和导程。

（5）溜板箱。溜板箱与刀架的最下层纵向溜板相连，与刀架一起做纵向运动，功用是把进给箱传来的运动传给刀架，使刀架实现纵向和横向进给，或快速运动，或车削螺纹。溜板箱上装有各种操作手柄和按钮。

（6）床身。床身固定在左右两头的床腿上，其功用是安装连接和支承车床上各部分的基础部件，并保证它们之间具有要求的相互准确的位置。例如，主轴箱和进给箱固定在床身左端头部，溜板箱和尾座可沿着床身导轨移动。此外，车床身上还有车床照明灯、冷却系统、中心架、跟刀架等附件。

二、铣削加工

用旋转的多齿刀具在铣床上进行切削加工的工艺过程叫铣削加工。铣刀是多齿刀具，铣削时铣刀回转运动是主运动，工件做直线或曲线运动是进给运动。

（一）铣削加工范围

铣削加工是机械加工的主要方法之一，工作范围主要包括：①铣平面，包括水平面、垂直面等；②铣沟槽，包括 T 形槽、键槽、燕尾槽、直角槽等；③铣成形面；④铣螺旋表面，包括螺纹、螺旋槽等；⑤铣多齿零件，包括齿轮、链轮、棘轮、花键轴等；⑥铣特殊型面，如曲面等。此外，铣削加工还可用于加工回转体表面及内孔，以及进行切断工作等。

（二）铣削加工特点

铣削加工是应用较为广泛的加工工艺，其主要特点是：①生产率较高，因为铣削的主运动是铣刀的旋转运动，铣刀做高速旋转，而且多齿铣刀是多齿同时参加切削，切削宽度较大，故获得较高的生产率；②刀齿散热条件较好，但切入和切离时受热和力的冲

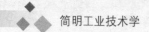

击将加速刀具磨损甚至使刀片碎裂；③容易产生振动，铣削过程不平稳，限制了铣削加工质量和生产率的进一步提高。

（三）铣削加工设备

铣削加工设备主要是铣床。在现代机器制造中，铣床占金属切削机床总数的 25% 左右。铣床类型很多，常用的有卧式万能铣床和立式升降台铣床，其他还有龙门铣床、工具铣床和各种专门化铣床等。铣床上使用的刀具是多齿铣刀，种类很多，有硬质合金镶齿面铣刀、立铣刀、沟槽铣刀、圆柱铣刀、三面刃铣刀、锯片铣刀、模数铣刀、角度铣刀、圆弧铣刀、成形表面铣刀等。

以下以 X6132 型卧式万能铣床为例说明铣床的主要组成部件。①床身，固定在底座上，用于安装和支撑其他部件。床身内装有主轴部件、主变速传动装置及变速操纵机构。②悬梁，安装在床身的顶部，可沿燕尾导轨调整前后位置。③刀杆支架，安装在悬梁上，用于支承刀杆的悬伸端，以提高其刚度。④主轴，安装在床身上方，与刀杆连接。⑤升降台，安装在床身前侧面垂直导轨上，可做上下移动，以适应工件不同的厚度。升降台内装有进给运动传动装置及其操纵机构。⑥床鞍，装在升降台的水平导轨上，可沿主轴线方向做横向移动。⑦回转盘，安装在床鞍上。⑧工作台，安装在回转盘上面的燕尾导轨上，可沿导轨做垂直于主轴轴线方向的纵向移动，还可通过回转盘线垂直轴线在 ±45° 范围内调整角度，以便铣削螺旋表面。

铣床还有几个重要附件：①万能铣头，用于卧式铣床，它不仅能完成立铣工作，还可以根据铣削要求把铣头的主轴板转为任意角度，以扩大卧式铣床的加工范围。②回转工作台，又称转台、圆工作台，用以铣削圆形表面和曲线槽。有时还可以用来做等分工作，在圆工作台上配上三爪自定心卡盘，就可以铣削四方、六方等工件。③万能分度头。分度头是铣床的重要附件，用以铣削四方、六方、齿轮、花键、刻线、加工螺旋面及加工球面等。分度头种类很多，有简单分度头、万能分度头、光学分度头、自动分度头等，其中用得较多的是万能分度头。

三、刨削加工

在刨床上用刨刀对工件进行切削加工的工艺过程叫刨削加工。刨削加工是平面加工的方法之一。其主运动是刀具或工件所做的直线往复运动，只在一个方向上进行切削，称为工作行程，而返程时不进行切削，称为空行程。空行程时刨刀抬起，以避免刀损伤已加工表面和减少刀具磨损。进给运动是刀具或工件沿垂直于主运动方向所做的间歇运动。

（一）刨削加工范围

刨削加工范围主要包括：①刨平面，包括水平面、垂直面、斜面等；②刨沟槽，包括直槽、T 形槽、燕尾槽等；③刨成形面。

（二）刨削加工特点

刨削加工的特点是：①刨削使用刀具简单，刨刀制造、刃磨容易，刀具几何形状、角度也易于选择；②精度低；③通用性能好，能加工各种平面、沟槽和成形面；④生产率低，一般用于单件小批生产及修配工作。

（三）刨削加工设备

刨削加工设备主要是刨床，主要有牛头刨床和龙门刨床两种类型。牛头刨床由床身、刀架、滑轮、工作台等组成。①床身，用以支承和连接刨床上各个部件。顶部的水平导轨用以支承滑轮枕做往复直线运动，前侧面的垂直导轨用于工作台的升降。床身内部装有传动机构、变速机构和摆杆机构。②刀架，用来夹持刨刀。转动刀架的手柄，滑板即可沿转盘上的导轨带动刀架上下移动，松开转盘上的螺母，将转盘转过一定的角度，可使刀架斜向进给以刨削斜面。③滑枕，安装在床身顶部水平导轨中，其前端装有刀架，带动刨台做往复直线运动。④工作台，台上开有多条 T 形槽以便安装工件和夹具，工作台可以随横梁一起做上下调整，工作台带动工作件沿横梁做间歇的横向进给运动。牛头刨床常用于加工中小型狭而长的工件。

龙门刨床由顶梁、立柱、床身组成一个"龙门"式框架，还有工作台、进给箱、驱动机构、刀架和侧刀架等部件组成。①工作台，安装在床身水平导轨上，用以带动工件沿床身水平导轨做直线往复主运动。②刀架，横梁上安装有两个垂直刀架，可分别做横向、垂直进给运动和快速调整移动，以刨削工件的水平面。刀架的溜板可使刨刀上下移动，做切入运动或刨削垂直平面。垂直刀架的溜板还能绕水平轴调整到一定角度，用以刨削倾斜的平面。③侧刀架，安装在左右两边立柱导轨上，可沿立柱导轨在垂直方向间歇地移动，以刨削工件的垂直平面。横梁可沿左右立柱的导轨做垂直升降，以调整垂直刀架的位置，适应不同的工件加工。④进给箱，三个进给箱一个安在横梁端，以驱动两个垂直刀架做进给运动；其余两个分别安装在左右两个侧刀架上，以驱动两个侧刀架的进给运动。龙门刨床主要用于加工大型或重型零件上的各种平面、沟槽和各种导轨面，也可以在工作台上一次装夹数个中小型零件进行刨削加工。应用龙门刨床进行精细刨削，可得到较高的加工精度和较好的表面质量。

（四）插削加工和拉削加工

与刨削加工相类似的，还有插削加工和拉削加工。刨削加工用刨床，插削加工用插床，拉削加工用拉床，此三类机床都是以直线运动为主运动的机床，所以常称它们为直线运动机床。

插床实质上是立式的刨床。其主运动是滑枕带着刀具所做的直线往复运动，滑枕向下移动为工作行程，向上移动为空行程。滑枕导轨座可以绕销轴在小范围内调整角度，以便于加工倾斜的内外表面。床鞍和溜板可分别带动工件完成横向进给运动和纵向进给运动。回转工作台可绕垂直轴线旋转，实现圆周进给运动或分度运动。插床主要用于加工工件的内表面，如插削内孔中的键槽、平面或成形表面等。

拉床是用拉力进行加工的机床。采用不同结构形状的拉刀，可以完成各种形状的通孔、通槽、平面及成形表面的加工。拉床按加工表面种类不同分为内拉床和外拉床，内拉床用于拉削工件的内表面，外拉床用于拉削工件的外表面。拉床按机床布局不同又分为卧式拉床和立式拉床。卧式内拉床最为常用，用以拉花键孔、键槽和精加工孔。立式内拉床常用于齿轮淬火后校正花键孔的变形。立式外拉床常用于汽车、拖拉机行业加工汽缸体等零件的平面。拉床的运动比较简单，只有主运动而没有进给运动。拉削时，一般由拉刀做低速直线运动，被加工表面在一次走刀中形成。考虑到拉刀承受的切削力很大，同时为了获得平稳的切削运动，拉床的主运动通常采用液压驱动。正是由于拉削采用液压传动，切削平稳，又是一次拉削完成全部加工，因而加工质量好，生产率高；但拉刀结构复杂，制造费用高，而且每把拉刀只能专用，故拉削主要用于大量大批生产之中。

四、磨削加工

磨削是以高速旋转的砂轮或其他磨具对工件进行切削的加工方法。现代机器对其组成零件的加工精度要求越来越高，表面粗糙度要求越来越小，由车、铣、刨、钻等方法加工的零件表面有很多不能满足要求，还要进行精加工。磨削就是对机器零件进行精密加工的主要方法。

（一）磨削加工范围

磨削加工范围非常广泛，主要有外圆磨削、内圆磨削、平面磨削、无心磨削、螺纹磨削、齿轮磨削、螺旋面磨削以及各种成形面磨削，还可以刃磨刀具和进行切断等。此外，还有研磨、珩磨、越级光磨和抛光等光整加工，以使工件获得很高的加工精度和很光滑的表面。

（二）磨削加工特点

磨削与车、铣、刨、钻等加工方法相比较具有如下特点：①磨削加工精度高，表面光滑程度好，一般作为零件的精加工工序；②可对高硬度及淬火工件进行加工，加工范围大；③磨削温度高，砂轮耐热性好，可进行高速切削；④磨削余量不能多，切削时要大量使用切削液。

（三）磨削加工设备

磨削加工设备主要是磨床。磨床广泛应用于零件的精加工，尤其是淬硬钢件、高硬度的特殊金属材料及非金属材料的精加工。目前，磨床的使用范围日益扩大，在金属切削机床中所占的比例不断上升，一些发达国家已达到35%左右。

磨床的种类很多，主要有外圆磨床、内圆磨床、平面磨床、工具磨床、刀具刃磨床、各种专门化磨床等，其中外圆磨床主要有万能外圆磨床等。

以下以 M1432A 万能外圆磨床为例说明磨床的部件构成。M1432A 万能外圆磨床主要用于磨削圆柱形或圆锥形的外圆和内孔，也能磨削阶梯轴的轴肩和端平面，工件最大磨削直径为 320 mm，属普通精度级，通用性较大，但磨削效率较低，适用于工具车间、机修车间和单件小批生产的车间。M1432A 万能外圆磨床由床身、工作台、头架、尾架、砂轮架、内圆磨头、外圆磨头、滑鞍、横向进给机构等部分组成。在床身上面的纵向导轨上装有工作台，台面两头分别安装有头架和尾座。被加工工件支承在头架和尾座顶尖上，或夹持在头架主轴上的卡盘中，由头架上的传动装置带动旋转。工作台沿床身导轨做纵向往复运动，带动头架和尾座，从而带动工件做纵向进给运动。砂轮架内装有砂轮主轴及其传动装置，安装在床身后部顶面的横向导轨上，利用横向进给机构可实现周期的或连续的横向进给运动，而装在砂轮主轴上的砂轮旋转进行磨削加工的主运动。在砂轮架上的内磨装置中装有磨内孔的砂轮主轴，内圆磨具的主轴有专门的电动机驱动。不磨削内孔时，内圆磨具翻向上方；工作时将其放下。横向进给机构用于实现砂轮架的周期或连续横向工作进给，调整位移和快速进退，以确定砂轮与工件的相对位置，控制被磨削工件的直径尺寸，从而保证砂轮架有高的定位精度和进给精度。

（四）磨具

磨床是以磨料磨具为工具对工件进行切削加工的，磨料磨具有砂轮、砂带、油石、研磨料等，其中砂轮是磨削的主要工具。砂轮是利用黏结剂把磨料黏结在一起，经焙烧而成的具有一定几何形状的多孔体。磨料主要起切削作用，由刚玉、碳化硅、陶瓷、金刚石等组成。黏结剂分为有机黏结剂和无机黏结剂两大类，它们的作用是把粉状磨料黏结成形，并形成空隙。空隙是供作容纳切屑和储存切削液之用。砂轮的切削性能取决于磨料、黏结剂、磨料颗粒大小、砂轮硬度、砂轮组织的松紧程度、砂轮形状等因素。

为了适应在不同类型的磨床上磨削各种形状和尺寸的工件的需要，砂轮可以做成各种不同的形状和尺寸，有平形、筒形、杯形、碗形、碟形等。其中平形砂轮主要用于磨内外圆柱面、平面等；碗形砂轮主要用于刃磨刀具和机床导轨；杯形砂轮主要用其端面刃磨刀具，也可用其圆周磨平面或内孔；筒形砂轮主要用立轴端磨平面；碟形砂轮主要用于刃磨沟槽刀具和齿轮等。

在生产中，应从实际情况出发，分析、选用比较适合的砂轮。磨削硬材料工件，应选择软的、粒度号大的砂轮；磨削软材料工件，应选择硬的、粒度号小的、组织号大的砂轮；磨削软而韧的工件，应选择大气孔的砂轮。粗磨时，为了提高生产率，应选择粒度号小的、软的砂轮；精磨时，为了提高工件表面质量，应选择粒度号大的、硬的砂轮。大面积磨削或薄壁件粗磨时，应选择粒度号小、组织号小、软的砂轮；成形磨削时，应选择粒度号大、组织号小、硬的砂轮。

五、钻削加工和镗削加工

钻削加工和镗削加工都是用钻床或镗床对工件进行孔加工的工艺方法，不同的是，钻床上钻孔是在工件的实体上钻出孔来，而镗床上镗孔则是在已有孔的基础再进行扩孔或提高孔的精度。在钻床上加工时，工件固定不动，刀具旋转做主运动，同时沿轴向移动做进给运动。镗床加工时的运动与钻床类似，但进给运动则根据镗床类型和加工条件的不同，或者由刀具完成或者由工件完成。钻床可完成钻孔、铰孔、攻螺纹、锪埋头孔和锪端面等工作。镗床常用于加工尺寸较长且精度要求较高的孔，特别是分布在不同表面上、孔距和位置精度（平行度、垂直度和同轴度等）要求较严格的孔系。镗床的工艺范围较广，除镗孔外，还可以进行钻孔、铰孔、铣削等工作。

钻削加工的设备是钻床，钻床的主要类型有立式钻床、摇臂钻床、台式钻床和专门钻床（如深孔钻床和中心孔钻床）等，其中以前两种应用最广。立式钻床由工作台、主轴、主轴箱、立柱、进给操纵机构组成。当工件安装在工作台上，启动马达就可使主轴带动钻头做旋转主运动，同时通过进给箱使钻头做轴向进给运动。进给箱和工作台可沿立柱导轨上下移动，以适应加工不同高度的工件。立式钻床主轴线是垂直固定的，为了使钻头与工件上被钻孔的中心重合，必须移动工件，因此，立式钻床只适宜于加工中小型工件。摇臂钻床其摇臂可绕立柱转动，主轴箱可沿摇臂上的导轨移动，这两种运动配合可将主轴调整到机床加工范围内的任何位置。因此，在加工大型多孔工件时，可不必移动工件，只需调整钻头对准加工孔的中心即可。同时，摇臂还可以沿立柱升降，以适应工件的高低。摇臂钻床适用于加工笨重的大型多孔工件。钻床上所使用的孔加工刀具包括麻花钻、扩孔钻、铰刀等，其中以麻花钻用得最多。

镗削加工的设备是镗床，主要类型有卧式镗床、坐标镗床和精镗床（金刚镗床），此外，还有立式镗床、深孔镗床、落地镗床等。卧式镗床又叫卧式铣镗床，其工艺范围十分广泛，除镗孔外，还可以车端面，铣平面，车外圆，车内、外螺纹以及钻孔、扩孔、铰孔等。工件可在一次安装中完成大量的加工工序，而且加工精度要比钻床、车床、铣床高，适用性较大，因此又称为万能镗床，特别适合于加工大型、复杂的箱体类零件上精度要求较高的孔系及端面。卧式镗床主要由床身、工作台、镗轴、平旋盘、径向刀具溜板、前立柱、后立柱、主轴箱、前尾筒、后支架等部件组成。工件安装在工作台上，可随工作台做纵向、横向移动和转动一定角度，以接受镗、车、铣削加工。主轴箱可沿立柱导轨上下移动，开动电机可使主轴和平旋盘做旋转的主运动。进给运动有镗轴的轴向进给运动、平旋盘刀具溜板的径向进给运动、主轴箱的垂直进给运动、工作台的纵向和横向进给运动。坐标镗床是一种高精度机床，其特征是具有测量坐标位置的精密测量装置，主要用来镗削精密孔和位置精度要求很高的孔系。精镗床是一种高速镗床，过去多采用金刚石镗刀，故原来称其为金刚镗床；现已广泛使用硬质合金刀具，其特点是镗削速度很高，而切深和进给量极小，可以获得很高的加工精度和表面质量，因而现称其为精镗床。精镗床广泛应用于成批、大量生产中，如用于加工发动机的汽缸、连杆、活塞和液压泵壳体等零件上的精密孔。

六、齿轮加工

齿轮是机器中极为重要的传动零件，也是人们日常见得较多的物件。齿轮种类很多，其中以直齿圆柱齿轮、斜齿圆柱齿轮和圆锥齿轮应用最广。

（一）齿轮加工设备

除了某些简单齿轮可以使用铣床、刨床、插床等机床进行加工外，大多数齿轮要由各种专门齿轮加工机床进行加工。齿轮加工机床种类繁多，按照被加工齿轮种类不同，可分为圆柱齿轮加工机床和圆锥齿轮加工机床两大类。

（1）圆柱齿轮加工机床。主要有滚齿机、插齿机、剃齿机、珩齿机和磨齿机等。其中，滚齿机主要用于加工直齿、斜齿圆柱齿轮机和蜗杆；插齿机主要用于加工单联及多联的内、外直齿圆柱齿轮；剃齿机主要用于淬火前的直齿和斜齿圆柱齿轮的齿廓精加工；珩齿机主要用于对热处理后直齿和斜齿圆柱齿轮的齿廓精加工，降低齿面的表面粗糙度；磨齿机主要用于淬火后的圆柱齿轮的齿廓精加工。

（2）圆锥齿轮加工机床。分为直齿锥齿轮加工机床和弧齿锥齿轮加工机床两类，前者有直齿锥齿轮刨齿机、铣齿机、拉齿机和磨齿机，后者有弧齿锥齿轮铣齿机、拉齿机和磨齿机。

此外，齿轮加工机床还包括加工齿轮所需的倒角机、淬火机和滚动检查机等。

（二）齿轮加工方法

齿轮的加工方法很多，如铸造、锻造、热轧、冲压和切削加工等，但前四种方法的加工精度不高，精密齿轮主要靠切削加工。按形成轮齿的原理，切削加工齿轮的方法分为两大类，即成形法和展成法。

1. 成形法

成形法是指用与被加工齿轮的齿槽形状相同的成形刀具切削齿轮的方法，即用切削刀形状与被切削齿轮的齿槽形状完全相符的成形刀具（铣刀、刨刀、插刀等），直接切出齿形的方法。采用成形刀具加工齿轮时，每次只能加工一个齿槽，然后用分度装置进行分度，依次加工下一个齿槽，直至全盘轮齿加工完毕。这种加工方法的优点是机床较简单，可以利用铣床、刨床、插床等通用机床加工；缺点是加工齿轮的槽度低，特别是单齿成形因齿形不同而需采用不同的一个个成形刀具。在实际生产中，为了减少成形刀具的数量，每种模数齿轮一般只配8把刀号，每一刀号分别适应一定的齿数范围，每把成形刀具加工一定齿数范围的齿轮，因而虽然减少了成形刀具，却也出现加工精度不高的可能。因此，成形法仅用于单件小批及修配对加工精度要求不高的齿轮加工。此外，重型机器制造中大型齿轮的加工，也常常采用成形法。

2. 展成法

展成法加工齿轮是指利用齿轮啮合的原理，把其中一个齿轮的各个齿制成具有切削能力的刀齿，通过啮合进行分度，对齿轮工件进行切削加工的方法。这种加工方法可以用一把齿轮刀具加工模数相同而齿数不同的任何齿轮，精度好，生产率高，应用最广泛。展成法又分为插齿和滚齿两种。展成插齿法采用插齿机使插齿刀与工件之间保持一对齿轮啮合关系，并使插齿刀沿其轴线做往复直线主运动和绕自身轴线旋转做圆周进给运动，从而插出齿形来。展成滚齿法采用滚齿机按蜗杆蜗轮的啮合原理进行齿轮加工，滚刀相当于在垂直螺旋线方向开了槽的蜗杆，被加工的齿轮相当于蜗轮。加工时，蜗杆蜗轮保持啮合的旋转运动关系，蜗杆滚刀旋转切削为主运动，同时滚刀还沿着被切齿轮轴向移动做进给运动，从而切出全部齿宽。展成法分别应用插齿机和滚齿机加工齿轮的两种具体方法，适用于不同加工范围。插齿法主要用于加工双联齿轮、三联齿轮及内齿轮，加上附件也可以加工齿条，生产率较高，精度较好，应用较广。滚齿法主要用于加工直齿圆柱齿轮、斜齿圆柱齿轮和蜗轮，但不能加工内齿轮。滚齿法生产率高，精度好，应用最广泛。

（三）齿轮精加工

齿轮精加工是利用精加工齿轮机（剃齿机、珩齿机、磨齿机等）在成形齿轮的基础上对齿轮进一步加工，以提高齿轮的加工精度和表面质量。齿轮精加工主要包括剃齿、珩齿和磨齿等。

剃齿是用剃齿刀在剃齿机上进行。剃齿刀是一个在齿面上开有很多小槽和刃口的精密斜齿轮，当剃齿刀与成形齿轮做相对滚动时，这些小的刃口就从成形齿轮齿面上切下多余的金属。剃齿主要适用于加工未淬火齿轮。

珩齿与剃齿原理相似，只是将剃齿刀换成一个用磨料做成的珩磨轮。珩齿主要用来对淬火后的齿面进行精加工。

磨齿是砂轮在磨齿机上进行，磨齿碟形砂轮机上两个碟形砂轮的工作面相当于与被切齿轮啮合的齿条侧面，加工时砂轮高速转动，工件沿齿条来回滚动并沿齿宽方向往复移动，完成全齿宽磨削任务。磨齿主要用于淬火后的圆柱齿轮的齿廓精加工，可以获得精度很高的齿轮，是齿轮精加工的常用方法。

第五节　机　械　装　配

在机器制造业中，任何机器都是由许多零件装配而成的，装配是机器制造过程的最后阶段。装配就是将许多零件按照规定的技术要求连接起来使之组成机器产品的过程。装配的目的和任务就是使零件与零件之间具有一定的连接和位置关系，从而形成一定的功用，保证机器具有预定的良好的工作性能。装配是机器形成的最后的重要工作，也是对机器设计和零件加工质量的综合检验。产品设计、零件加工和装配三者之间是密切相关的，设计不好，加工质量不高，就会直接影响装配的质量和劳动量，更会严重影响机器产品的质量。在精心设计、精确加工的基础上，采取合理的装配工艺措施，就能保证和提高机器产品的质量。

一、装配工艺系统图

在机器构造中，可以划分为若干零件、组件和部件。零件是机器的最基本单元，组件是由若干零件组合而成的机器的较小一部分，部件则是由若干组件和零件组合而成的具有一定功能的单元，最后再按产品图纸要求将若干部件、组件和零件装配成机器。机器、部件或组件的装配是按一定的工艺顺序进行的，在装配工艺过程中，表示零件、组件、部件、机器的先后装配顺序，并用文字和线条标写出装配工艺说明的图样，称为装配工艺系统图，分为组件装配工艺系统图、部件装配工艺系统图、机器装配工艺系统图等。图2-4为普通车床的重要部件主轴箱（床头箱）中Ⅱ轴组件的装配工艺系统图。

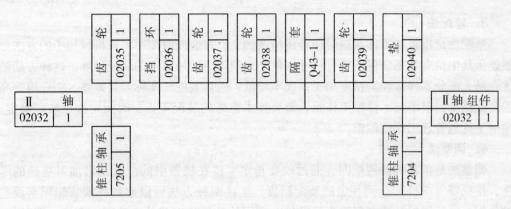

图2-4 普通车床床头箱Ⅱ轴组件装配工艺系统图

Ⅱ轴组件的装配工艺系统图中，长的水平横线自左至右表示装配顺序；水平横线左端的方格表示基准件，右端的方格表示装配的组件成品；横线上方的方格依次排列表示直接进入装配的零件；横线下方的方格表示直接进入装配的其他组件零件。在各个方格中都注明零件的名称、编号和数量。

装配工艺系统图能够直观地表达装配的先后顺序和所需的零件名称、编号、数量以及装配工艺说明，因此在生产过程中可以根据装配工艺系统图组织装配工作，编制零件生产计划和供应计划，布置装配工作位置，准备必要的工艺装备，组织科学的装配生产线或流水线，配备相应的操作工人完成机器装配任务。

二、装配工艺方法

机器产品的质量不但取决于产品设计和零件加工，而且相当程度上取决于机器及其组件、部件的装配精度，包括尺寸精度、相应位置精度和运动精度等。根据产品构造、生产类型和实际生产条件不同，可选择下述装配工艺方法，以满足产品装配精度要求。

1. 完全交换法

完全交换法是指机器（组件、部件）装配时各个零件不需要任何选择、修配和调整，装配在一起就能达到规定的技术要求的一种简便的装配方法。这种装配方法的优点是：①装配简单，装配工人不需要很高的技术水平；②装配过程所需时间稳定，便于组织专业化协作和易于组织流水线生产；③零件损坏后容易更换，缩短了停机时间，提高了机器利用率。但这种装配方法的前提条件要求高，一是零件加工精度高，个个零件是精品；二是相关尺寸少，装配容易。

2. 选择装配法

选择装配法是将零件的制造公差适当放大，便于选择尺寸合适的零件进行装配，以保证设计的装配精度。选择装配法又分为直接选配法和分组装配法。直接选配法是依靠工人从许多同样零件中选择合适的零件进行装配，以保证装配精度要求。这种方法虽然简单，但要试装多次，选择时间长，而且装配质量取决于工人技术水平。分组装配法是将配套零件进行选件装配。这种方法提高了装配精度和装配效率，但零件测量、分组、保管工作复杂，且要求零件储备量大。

3．修配法

修配法是指机械零件制造时按经济精度加工，在装配时用钳工或机械加工的方法修整连接其中留有加工余量的零件尺寸，使之达到规定的最适宜的装配精度。这种方法的优点是大部分零件按经济精度加工，成本较低，而且装配按实际需要修整，能获得很高的装配精度，但增加了修配工作量，需要技术熟练的装配工人，时间定额也难以确定，增加了计划管理工作的困难。

4．调整法

调整法是指在机器装配时，通过改变指定零件在机器中的位置或增加可更换的零件，使机器（部件）达到规定的装配精度。上述两种方法可以起到补偿装配积累误差的作用。所使用的补偿材料称为补偿件，常用的补偿件有垫片、垫圈、套筒、镶条等。调整法又分为两种形式，一是固定调整法，即将补偿件制成厚度不同的若干组，在装配时根据实际间隙的大小选取合适厚度的补偿件；二是活动调整法，即通过改变补偿件的位置来保证机器（部件）的规定装配精度，调整合乎规定要求的装配精度后，用螺钉将补偿件固定。调整法的优点是机器各零件大多数可按经济精度加工，成本低而又能达到很高的装配精度，在机器使用磨损或弹性变形时修配简单方便，恢复机器精度容易，工人技术水平要求不高，但增加了机器成本及部件的零件数量，零件构造也复杂化。调整法是机器装配中应用最广泛的工艺方法。

三、装配组织形式

机器装配工作的组织形式取决于生产类型、工艺结构、产品构造和装配劳动量大小等因素。装配工作的组织形式有固定式装配和移动式装配两种。

1．固定式装配

固定式装配是指将待装配的零件、组件集中到固定的装配位置，由一组工人在固定的装配位置上，完成产品的全部装配工作。固定式装配又分为集中固定式装配和分散固定式装配。集中固定式装配的全部装配工作由一组工人在固定工作地集中完成。这种方法要求工人技术水平较高，能够完成各种不同的装配工作，装配时间也比较长，占用生产面积较大，仅适用于大型机器的单件小批生产的装配工作。分散固定式装配是把全部装配过程分为部件装配和总装配，并分别在若干不同工作地由不同组别工人负责平行地进行。这种形式操作专业化程度高，提高了生产面积利用率，缩短了装配周期，是机器装配应用最广的组织形式。

2．移动式装配

移动式装配是指装配工人及其工作地点固定不变，而产品顺次通过各个工作地点而进行不同零部件装配的方法。移动式装配又分为自由移动式装配和强制移动式装配两种形式。自由移动式装配是在装配过程中，产品零件由人工或机械装置传送到各个工作地完成有关的装配工序。在一个工作地完成某一装配工序后，再送到下一个工作地进行另一装配工序，直至一个个工作地依次完成机器的全部装配工作。自由移动式装配进度是自由调节的，因各工序时间不同，中间衔接必须用储备零部件来调节，是适用于多品种成批生产的装配组织形式。强制移动式装配是在装配过程中，产品零部件按机器装配顺序分别摆放在一个个紧密连接的工作地上，传送带或传送链连续地或间歇地将产品从一个工作地移向下一个工作地进行装配。产品装配各工序平行进行，装配过程与运输过程重合，强制移动按节拍进行，各装配工序像流水般均衡地进行，是装配流水线的基本形式，适用于大量大批生产的装配工作，是品种单一、产量巨大的机器产品装配组织形式。

第三章 电子工业技术

电子工业是采用电工电子技术为国民经济和社会生活提供电工设备和电子产品的产业部门，是为现代知识经济社会提供信息技术服务的关键部门，是实现我国工业现代化、农业现代化、科技现代化和国防现代化的重要条件和保证，在发展现代经济和提高人民物质文化生活水平中起着极其重要的作用。

第一节 电路基础知识

一、电及电荷

电是什么？电是物质的一种属性。经典原子学认为，任何物质都是由分子所组成，而分子是由一定数量的原子所组成，原子又是由原子核和围绕原子核高速旋转的电子所组成。原子核带正电荷，电子带负电荷。原子核所带的正电荷和它周围电子所带的负电荷数值上是相等的，所以对外并不显示电的性质，电成为人们肉眼看不到的东西，因此不容易理解，但它却在我们身边处处存在。在我们的日常生活中，谁都体验过摩擦生电的现象。例如，在脱腈纶衣服时发出的"啪、啪"声就是由摩擦生电而产生的。在一般情况下，正电荷与负电荷数量是平衡的，我们感觉不到电的存在；摩擦使之失去了平衡，因此电的真面目也随之暴露出来了。

（一）电的含义及其特性

从上述脱衣摩擦生电现象可以看出，当两种不同的物质相互摩擦时，一种物体中的自由电子跑到另一种物体上，失去自由电子的物体带正电，获得自由电子的物体便带负电，因此，这两种物质对外显示出了电的性质，即物体带电，物体荷载了电，这就是电的含义，又称电荷或荷电。电荷是正、负电荷的总称。一个电子所带的电量定义为一个单位的负电荷。电荷的量值叫做电荷量，用字母 Q 或 q 表示，在国际单位制中，电荷量的单位为库仑，用符号 C 表示，$1 \text{ C} = 6.24 \times 10^{18}$ 个基本电量。

电的特性是电荷之间存在相互作用力，同性电荷互相排斥，异性电荷互相吸引。

（二）电场

电荷之间会相互作用，即同种电荷互相排斥，异种电荷互相吸引。两个电荷发生相互作用时，没有直接接触，它们之间是通过电场起作用的。电场看不见摸不着，它是伴随着电荷而存在的。有电荷存在，它的周围就一定有电场存在。所谓电场，是指在带电体周围的空间存在着一种对放在其中的任何电荷均表现为力的作用的特殊物质。电场对电荷的作用力称为电场力。任何两个带电体之间相互吸引或排斥均是通过电场来实现的。两个电荷之间作用力的大小与两个电荷所带的电量成正比，与两个电荷的距离成反比，同时，与电荷所处空间的介电系数成反比。

（三）电位

同一物体带的正电荷越多，电位就越高；带的负电荷越多，电位就越低。为了比较物体电位的高低，常以大地为参考点，规定它的电位为零电位。因此，带正电荷的物体其电位比大地高，带负电荷的物体其电位比大地低。在电场力的作用下，正电荷会从电位高的物体流向电位低的物体；而负电荷的移动方向恰恰相反，它是从电位低的物体流向电位高的物体。

（四）电流

脱衣摩擦生电是静电，而日常生产和生活中使用的是从发电站通过电线输送来的电。电线使用了铜、铝等金属。在组成金属的原子中含有所谓的"自由电子"，这种自由电子具有很容易从一个原子向其他相邻原子移动的性质。当电从电线中通过时，自由电子有秩序地朝一个方向移动移向相邻的原子，就形成了电流，即电线中的电流就是自由电子的流动。

在金属中，原子的最外层电子离原子核最远，受原子核的吸引力最弱，因而将脱离原子而形成自由电子。在没有电场力的作用下，金属导体中的电子运动是不规则的，不能形成电流。如果把金属导体接在电源上，金属导体中的自由电子就会在电场力的作用下朝一个方向移动而形成电流，并且是从电源的负极流向正极。但沿用前人长期习惯的概念，规定电流方向为正电荷流动的方向，则恰好与电子流动的方向相反，电子是从负极向正极流动的，日常生活中所讲的电流方向是指从正极向负极的流向。

电子的流动实际上是电荷的流动。电荷在电场力或其他外力（电磁力、化学力等）作用下，在电路中有规则地定向运动，就形成了电流。电流的大小是用单位时间内通过导体某截面的电荷量来度量的，称为电流强度。电流分为直流电流和交流电流。把大小和方向都不随时间变化的电流称为稳恒电流，通常称为直流电流；把大小和方向随时间周期性变化且在一个周期内平均值为零的电流称为变动电流，通常称为交流电流。日常生活和生产中使用的电流作正弦函数变化，称为正弦交流电流。电流作周期性变化，但在一个周期内的平均值不等于零的电流称为脉动电流。电子技术中常用的脉冲控制信号就是脉动电流。

电流是由电荷定向运动形成的，但人们开始时往往难以判定电流的实际方向，因此常常事先选定一个参考方向假定为电流的正方向，而后再经过计算电流值的正、负来确定电流的实际方向，电流值为正值者为电流的正方向。

电流强度是衡量电流大小的物理量，用字母 I 表示，以安培为单位，简称安，用字母 A 表示。对于直流电流，当每秒钟有 1 库仑的电量通过导体的某一横截面时，电流强度定义为 1 安（A），$1\ A = 10^3\ mA = 10^6\ \mu A$。

（五）电的性质

电按其不同性质分为两种，一种是电流方向不变而且电位差不变的，称为直流电；另外一种是电流方向作周期性变化的，称为交流电。干电池和蓄电池的放电为直流电，家庭使用的电流为交流电。目前，无论是生产用电还是生活用电，绝大部分都应用交流电。交流电被广泛应用的主要原因在于：一是交流电压易于升高和降低，便于高压输电和低压用电；二是交流电动机比直流电动机构造简单，造价低，使用方便。

（六）电的功能

电是一种最洁净、最方便、应用最广泛的能源，具有多方面的功能和作用。

（1）电流的动力作用。电是现代生产和生活中广泛应用的"万能动力"，而且能方便地转换为其他动能，以有效地利用，推动着工业、农业、交通运输等各行各业的迅速发展，也给人民的物质文化生活带来了前所未有的改变和提高。

（2）电流的发热作用。由电流所产生的热量，随电器电阻增大或电流量增大而增大。使用这种发热作用的电器有电热器、白炽灯、电熨斗、电炉、电饭锅、电烤箱等。

（3）电流的磁性作用。电流通过电磁铁产生电磁感应而使各种电动设备得以发挥作用，如电动机、发电机、搅拌机、电风扇、空调器、洗衣机、电冰箱、吸尘器、电子钟、电铃、电话机、电报机、扩音器等。

（4）电波的发射。将交流电的频率逐渐提高之后，电流就会发射出一定强度的电波。利用这一原理制作的电器和设备有广播发射机、收音机、电视机、雷达设备、通讯设备以及家电微波炉等。

（5）电子的放射。物质在温度升高时会发生热电子放射现象，向物质照射强光时会出现光电子放射现象。热电子的放射被应用于真空管、显像管、显微镜等上面；光电子的放射被应用于光电管、电视摄像机等上面。光热电子放射现象还广泛应用于霓虹灯、水银灯、荧光灯等上面。

（6）电的化学作用。电的化学作用广泛应用于化学工业和冶金工业上，电解盐、电解铜、电解铝等就是电的化学作用。电镀也是利用电化学作用进行生产。利用电的化学作用制造的蓄电池和干电池等用电装置广泛应用于工业、农业、交通、国防和人民生活各个方面。

（7）电的其他作用。随着科学技术的发展，电的应用范围越来越广，功能越来越多。例如，利用静电感应作用，开发出各种电容和可变电容，制造出各种电器新产品，促进了经济建设和科学技术的更大发展。

二、电路

（一）电路的含义及其组成

日常生活中，我们会遇到各种各样的电路。例如，普通的照明电路，收音机中的放大电路、调频电路、检波电路和滤波电路等。所谓电路，简单地说，就是电流通过的路径；具体地说，是指由各种电气设备和元器件按一定方式连接起来，为电流流通提供路径的总体。电路由四个基本部分组成：①电源，是提供电能或信号的装置，如发电机、信号源等；②负载，即用电设备，如电炉将电能转变为热能；③连接导体，用来传输电能和传递电信号；④开关、仪表和保护装置等设备。电路的作用，一是用于电能的传输和变换；二是用于电信号的传递和处理。

（二）电路模型

实际电路是由各种复杂元器件构成的，理论上为了便于对电路进行分析和计算，我们常将实际元器件理想化，即在一定条件下忽略实际元器件的次要物理性质，用反映其主要特征的"模型"来替代，这种"模型"称为理想电路元件。理想电路元件只反映单一的电磁性质。理想的电路元件有：①理想电阻元件，它反映电能转换为其他能量（热能、光能、机械能、化学能等）而消耗掉的性质，是个耗能元件，符号为 R。②理想电感元件，它只反映将电能转换为磁场能量并储存起来的性质，是个储能元件，符号为 L。③理想电容元件，它只反映将电能转换为电场能量并储存起来的性质，也是储能元件，符号为 C。由上述理想元件构成的电路，称为实际电路的"电路模式"，电路模型以图形符号表示时，称为电路图。

（三）电导体

电流在电路中流通，其承担电荷流动的物体即为载体。根据物体导电能力的不同，分为导体、绝缘体和半导体。其中，导电能力很强的物质（如银、铜、铝等）称为导体；几乎不能导电的物质（如橡胶、塑料、云母、变压器油、空气等）称为绝缘体或电介质；导电能力介于导体与绝缘体之间的物质（如硅、锗、硒等）称为半导体。此外，还有称为"超导体"的，是指铅、铌、铟等金属在一定的低温下，它们的电阻会突然消失。金属电阻完全消失的特殊现象称为"超导电性"，而具有超导电性的金属、合金和化合物称为超导体。超导磁铁应用于磁流体发电技术中，能大大提高火电厂的热效率。

（四）电路识别

电路按其布局分为支路、节点和回路。其中，电路通过同一电流的分支称为支路，三条或三条以上支路的连接点称为节点，电路中的一个闭合路径称为回路。

电路按其通畅情况分为通路、断路和短路。其中，电路中的电源、负载、连接导线、开关等连接正常，电路中有电流通过，负载正常运行（如灯泡发亮），称为通路；电路中某处断开，电路中没有电流通过（如灯泡不亮），称为断路；在电路中电流几乎不通过负载（如灯泡）而直接由电源的一端通过导线到另一端，这时流经导线的电流比正常时大许多倍，称为短路。出现短路时，由于电流很大，可能导致电路中其他器件损坏，甚至出现导线起火烧毁、发生火灾等严重事故。因此，在接电和用电过程中，特别要防止出现短路，以免发生安全事故。

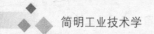

（五）电压、电动势和电功率

电压是指促使电流流动的压力。具体来说，是指在电场中，将单位正电荷由高电位点移向低电位点时电场力所做的功。与此相反，将单位正电荷由低电位点移向高电位点时所做的功称为电动势。电压实际上等于高电位点与低电位点两点之间的电位之差。电压的正方向规定为高电位指向低电位，即电位降低的方向，电动势的正方向规定为电位升高的方向。

电功，是指电流的电能在转换为其他形式能量（光能、热能、声能、机械能等）的过程中所做的功，即电流做功。在 1 s 内电流所做的电功叫电功率。电功率反映电流在单位时间内做功的本领。

电功率（P）与电压（U）、电流（I）三者之间的关系是：

$$P = U \times I$$

上式中，电压为负载两端的电压，单位为 V（伏特）；电流为流经该负载的电流，单位为 A（安培）；电流对负载所做的功为电功率，单位为 W（瓦特），一般称为瓦。

（六）电阻和电阻率

电流在导体内流动所受到的阻力，称为电阻。自由电子在电场力的作用下做有规则的定向流动时，不仅要受到原子核的吸引，而且要与其他原子发生碰撞。在与其他原子碰撞时，自由电子有时被其他原子拉进去，而别的原子中的电子又可能被撞出来，这样撞来撞去，就使电子运动时受到阻力。电阻用字母 R 表示，单位是 Ω（欧姆）。

电阻率也称为电阻系数，它是指某种导体材料做成长 1 m，横截面积为 1 mm^2 的导线，在温度为 20 ℃时的电阻率。电阻率用字母 ρ 表示，它反映了各种材料导电性能的好坏。电阻率大，说明导电性能差；电阻率小，说明导电性能好。导体的电阻与构成导体的材料、导体的长度（L）和截面积（S）有关，它们的关系式是：

$$R = \rho \times \frac{L}{S}$$

三、电路的基本定律

电路分析的基本依据是电路的基本定律，即欧姆定律和基尔霍夫定律。

（一）欧姆定律

欧姆定律用来表示电流、电阻、电压、电动势之间的变化关系。

（1）部分电路欧姆定律：在一段没有电动势而只有电阻的电路中，电流 I 的大小与电阻两端的电压 U 的高低成正比，与电阻值 R 的大小成反比。即 $I = U/R$，或 $U = IR$，或 $R = U/I$。

（2）全电路欧姆定律：闭合回路中的电流 I 与电流的电动势 E 成正比，与电路中的外电阻 R 和内电阻 R_0 之和成反比。即 $I = E/(R + R_0)$，或 $E = IR + IR_0 = U + IR_0$，或 $U = E - IR_0$。

（二）基尔霍夫定律

1. 基尔霍夫电流定律（KCL）

基尔霍夫电流定律也称为基尔霍夫第一定律，是用来确定电路中连接同一节点的各支路电流间关系的定律，它的内容是：对于电路中任一节点，在任一时刻流入该节点的电流之和等于流出该节点的电流之和，即流经任意一个节点的电流（流入和流出）的代数和恒等于零。也即 $I_1 + I_2 = I_3$，或 $I_1 + I_2 - I_3 = 0$，或 $\sum I_入 = \sum I_出$，或 $\sum I = 0$。

2. 基尔霍夫电压定律（KVL）

基尔霍夫电压定律也称为基尔霍夫第二定律，是用来确定回路中各部分电压之间关系的定律，它的内容是：对于电路中的任一回路，从回路中任意一点出发沿该回路绕行一周，则在此方向上的电位上升（电动势）之和等于电位下降（电压）之和，即在任意时刻，电路中任意闭合回路内各段电压的代数和恒等于零。即 $-U_1 + U_2 + U_3 - U_4 = 0$，或 $U_1 + U_4 = U_2 + U_3$，或 $\sum U = 0$。

（三）叠加定理

叠加定理的内容是：在多个电源共同作用的线性电路中，各支路的电流（或电压）是各电源单独作用时在该支路上产生的电流（或电压）的代数和（叠加）。

应用叠加原理时应注意以下几点：①叠加定理只适用于线性电路，不适用于非线性电路；②将各分量叠加时，若分量与总量的参考方向一致则取正值，否则取负值；③叠加定理只适用于电压和电流的计算，不适用于功率的计算，因为功率和电流之间不是线性关系。

（四）戴维南定理

戴维南定理的内容是：对外电路来说，任一线性有源二端网络都可以用一个理想电压源 E 和电阻 R_0 的串联电路来等效代替。等效电压源中，$E = U_0$，$R_0 = R_{ab}$。

戴维南定理又叫等效电源定理，它描述了任一线性有源二端网络和电源的等效关系，指出任一线性有源的二端网络都可以等效为一个理想电压源和内电阻的串联电路。其中，理想电压源的大小和方向都与有源二端网络的开路电压相同，而内电阻为有源二端网络内的电源置零后，从开路端看进去的等效电阻。戴维南定理有助于对复杂的电路进行简化分析处理。

四、单相正弦交流电路

电路中电流、电压及电动势的大小和方向随时间按正弦函数规律产生周期性变化的电流称为交变电流，即正弦交流电。通常所说的交流电指的是正弦交流电，而含有正弦交流电源的线性电路称为正弦交流电路。在生产和日常生活中，交流电比直流电应用更广泛，因为交流电比较容易产生和获得；同时，交流电可以利用变压器实现电压的升高或降低，从而便于输送电能；再者，交流发电机在结构和工艺上比直流发电机简单，便

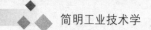

于制造大容量的发电机，成本低，也容易维护。因此，日常生产和生活使用的电流一般是指正弦交流电，其电路也是指正弦交流电路。

（一）交流电的周期、频率和角频率

交流电变化一个循环所需的时间，或者说交流信号变化一次所需的时间，称为交流电的周期，用 T 表示，其单位是 s（秒），我国电网交流电的周期为 0.02 s。

交流电每秒钟周期性变化的次数，或者说每秒钟内交流信号重复变化的次数，称为交流电的频率，用 f 表示，单位为周/秒或 Hz（赫兹），我国电网的频率为 $f = 50$ Hz。周期与频率之间的关系为 $T = 1/f$，或 $f = 1/T$。

交流电每秒钟内所变化的电角度称为角频率，用 ω 符号表示，单位是 rad/s（弧度每秒），也表示正弦交流电变化的快慢。因为一周期经过的角度 $\alpha = 2\pi$ rad，故角频率与频率、周期三者之间的关系为 $\omega = 2\pi f = 2\pi/T$。我国电网的频率 $f = 50$ Hz，则我国交流电的角频率 $\omega = 2\pi f = 314$ rad/s。可见，周期、频率、角频率都用来表示正弦交流电变化的快慢，知道其中一个量，就可以确定另外两个量。

（二）交流电的最大值、有效值和平均值

正弦交流电在变化过程中所出现的最大瞬时值，称为交流电的最大值，常以 I_m，U_m，E_m 分别表示正弦交流电流、电压、电动势的最大值。

交流电通过电阻性负载时，若所产生的热量与直流电在相同时间内通过同一负载所产生的热量相等，则这一直流电的大小数值就是交流电的有效值，常以 I，U，E 等符号分别表示电流、电压、电动势的有效值，平时所说的电流、电压、电动势的数值以及电气仪表所测的数值都是有效值。有效值与最大值的关系为：$I = I_m/\sqrt{2}$，$U = U_m/\sqrt{2}$，$E = E_m/\sqrt{2}$。

交流电在半个周期内，在同一方向通过导体横截面的电量与半个周期时间的比值，称为交流电的平均值，常用 I_{av}，U_{av}，E_{av} 等符号表示正弦交流电流、电压、电动势的平均值。

（三）交流电的相位、初相位和相位差

正弦交流电的波形是按正弦曲线变化的，其电流信号一般表达式为 $i(t) = I_m \sin(\omega t + \varphi_i)$。式中，$(\omega t + \varphi_i)$ 是一个变化的电角度，它反映了正弦量随时间变化的过程，称为交流电的相位，也称相位角，对于某一给定的时间 t 就有对应的相位角。

相位的变化决定了电动势瞬时值的大小，当 $\omega t + \varphi_i = 0$ 时，电动势为 0；当 $\omega t + \varphi_i = 90°$ 时，电动势变化到最大值，计时开始（$t = 0$）时的相位 φ_i 称为初相位，它等于周波起点到计时起点（$t = 0$）所变化的电角。把两个同频率的正弦量相位之差称作相位差，即 $\varphi_i = (\omega t + \varphi_A) - (\omega t + \varphi_B) = \varphi_A - \varphi_B$。由此可知，两个同频率的正弦量的相位差就是它们初相位之差，与时间无关，是个固定值。如果时间起点选择不同，则电压的初相和

电流的初相将随之改变，但相位差不变。

（四）交流电路的瞬时功率、有功功率和无功功率

在交流电路中，任一时刻的电压瞬时值（u）和电流（i）瞬时值的乘积称为瞬时功率，用小写字母 p 表示，$p = ui$。瞬时功率在一个周期内的平均值叫平均功率，一般也称为有功功率，用大写字母 P 表示，$P = \dfrac{1}{T}\displaystyle\int_0^T p\mathrm{d}t$。

交流电路中除了瞬时功率、有功功率之外，有的还存在无功功率。为了衡量电子元件与电源之间存在的能量交换关系，定义电子元件瞬时功率的幅值为无功功率，用 Q_L 表示，$Q_L = U_L I$。无功功率的单位定为无功伏安，简称 Var（乏），数量大的无功功率用 kVar（千乏）表示。必须指出的是，无功功率中"无功"的含义是交换，而不是消耗，更不能把"无功"误解为无用。在生产实践中，无功功率占有很重要的地位。例如，具有电感的变压器、电动机等，都是靠电磁转换进行工作的，如果没有无功功率的存在，这些设备是不能工作的。

（五）交流电路上的电阻、电感、电容元件

1. 纯电阻元件

在交流电路中，只含有电阻的电路，叫纯电阻电路。像白炽灯、电阻炉、电烙铁等电路，电阻是起主要作用的参数元件，其他参数元件的作用可以忽略，于是就可以将这类电路看成是纯电阻电路。

纯电阻元件的电压和电流的最大值（或有效值）之间关系服从欧姆定律，在相位上电压与电流同相，是同频率的正弦量。在功率上，电阻元件存在瞬时功率和有功功率。电阻元件在某一瞬间吸收或放出的功率称为瞬时功率，$p = ui = UI(1 - \cos 2\omega t)$。电阻吸收的瞬时功率由两部分组成，第一部分是常数 UI，第二部分是以 UI 为幅值并以 2ω 为角频率随时间变化的正弦量。由于在任一时刻，u，i 同相，故电阻元件的瞬时功率恒为正值，即 $p \geqslant 0$，这说明在任一瞬间，电阻元件都是从电源取用电能并转换为内能，电阻元件是耗能元件。有功功率是指工程上通常取瞬时功率在一个周期内的平均值来表示电路消耗的功率，简称为功率 P，$P = UI$，由于 $U = IR$，所以电阻上的有功功率还可以表示为 $P = I^2 R = U^2/R$。平常说某灯泡功率为 40 W，电烙铁功率为 100 W，都是指它们的有功功率。

2. 纯电感元件

在交流电路中，电感元件在电路中起主要作用，其他参数元件的作用可以忽略，于是就可以将这类电路看做纯电感电路。根据电磁感应原理，若电感线圈中有交变电流 i 存在，则线圈两端的电压 $u = -e_L = L \cdot \mathrm{d}i/\mathrm{d}t$，$L$ 为电感，单位是 H（亨利），式中表示电感元件的两端电压与电流变化率成正比，负号则表示电压方向与电感电动势的方向相反。在纯电感电路中，电压和电流为同频率的正弦量。电感元件的电压与电流的最大值（或有效值）之比称为感抗，感抗 $X_L = \omega L$；在相位上，电压超前电流 90°。感抗具有阻碍电流通过的性质，单位为 Ω（欧姆），在直流电路，感抗 $X_L = 0$，因此，感抗仅反映

电感元件对正弦电流的限制（阻碍）作用，它只在正弦交流电路中才有意义。

在功率上，电感元件存在着瞬时功率、有功功率和无功功率。电感上的电压与流过电感的电流瞬时值的乘积叫做瞬时功率，即 $p = ui = UI\sin 2\omega t$。瞬时功率 p 是一个以 UI 为幅值，以 2ω 为角频率的随时间变化的正弦量，电感线圈从电源取用的能量等于它释放给电源的能量。在电感元件中，有功功率 $P = 0$，说明在纯电感电路中没有能量的消耗，只是与电源不断地进行能量交换，电感是一个储能元件。为了衡量电感元件与电源之间存在的能量交换的最大速度，定义电感的瞬时功率的幅值为无功功率，用 Q_L 表示，$Q_L = U_L I = I^2 X_L = U_L^2 / X_L$。在电路分析时，习惯将电感的无功功率定为正值。

3. 纯电容元件

在交流电路中，电容元件在电路中起主要作用，其他参数元件的作用可以忽略，于是就将这类电路看成是纯电容电路。根据电容的定义，若在一电容器（电容为 C）上储存的电荷量为 q，在该电容器两极板上建立起的电压为 u，则 $q = Cu$。在只有电容元件的电器中，电容两端的电压与流过电容的电流都为同频率的正弦量。电容元件的电压和电流的最大值（或有效值）之比称为容抗，容抗 $X_C = 1/\omega C$；在相位上，电流超前电压 $90°$。容抗具有阻碍正弦电流的作用，单位为 Ω。

在功率上，电容元件存在着瞬时功率、有功功率和无功功率。电容器上的电压与流过电容的电流瞬时值的乘积叫做瞬时功率，即 $p = ui = UI\sin 2\omega t$。纯电容电器的瞬时功率也是一个以 UI 为幅值，以 2ω 为角频率的随时间变化的正弦量。当电压升高，电容器充电，电容器从电源取得能量，p 为正值；当电压降低，电容器放电，电容器放出在充电阶段得到的能量，p 为负值。电容器从电源取用的能量一定等于它释放给电源的能量。电容元件的有功功率为 0，它与电感元件一样不消耗能量，只是与电源之间进行了能量交换，电容也是一个储能元件。与电感元件相同，电容元件的瞬时功率的幅值也定义为无功功率，用 Q_C 表示，单位为 Var，$Q_C = -U_C I = -I^2 X_C$。通常将电容的无功功率定义为负值。

（六）R，L，C 串联交流电路

在实际电路中，电阻（R）、电感（L）或电容（C）单个元件的电路是不多见的，常见的交流电路往往是它们的组合。如电动机、变压器绕组可等效为一个内阻 R 与一个纯电感 L 相串联的电路；带补偿电容器的日光灯电路可等效为 R 与 L 的串联再与 C 并联的电路等。由前述可知，电阻两端的电压与电流同相，电感两端的电压超前于电流 $90°$，电容两端的电压滞后于电流 $90°$，同频率正弦量相加其结果仍为同频率正弦量。根据基尔霍夫电压定律，在任一瞬间，在 R，L，C 串联电路中，总电压的相量等于电路中各段电压的相量之和。由于 R，L，C 串联电路中各个元件流过同一电流，并且电阻上的电压与电流同相，而电感、电容上的电压相位分别超前或滞后于电流 $90°$，即 U_L 与 U_C 反相，形成电抗电压（即感抗与容抗之差），因此，在 R，L，C 串联电路中，端电压有效值和电阻电压、电抗电压有效值之间构成直角三角形，称为电压三角形，并由此形成阻抗三角形、功率三角形，它们的底角 φ 都为电压与电流的相位差。电抗用 X 表示，$X = X_L - X_C$ 是感抗与容抗之差；阻抗用 Z 表示，其实部是电阻，虚部是电抗，

也称为电路的复阻抗。R，L，C 串联电路与电流的相位关系如下：

（1）当 $X_L = X_C$ 时，$X = 0$，$\varphi = 0$，$Z = R$，电压与电流同相，电路呈电阻性，电路发生串联谐振。

（2）当 $X_L > X_C$ 时，$X > 0$，$\varphi > 0$，电压超前于电流，电路呈电感性，称为电感电路。

（3）当 $X_L < X_C$ 时，$X < 0$，$\varphi < 0$，电压滞后于电流，电路呈电容性，称为电容电路。

R，L，C 串联电路存在瞬时功率、有功功率、无功功率和视在功率。瞬时功率为电压（u）与电流（i）的乘积，即 $p = ui = UI\cos\varphi - UI\cos(2\omega t + \varphi)$。有功功率 $P = UI\cos\varphi$。其中，$\cos\varphi$ 称为电路的功率因数，表示电源提供的功率有多少能转换为有功功率，它的大小由电路参数决定，而与电路的电压、电流数值大小无关。因此，有功功率 $P = UI\cos\varphi = UI \cdot R/Z = I^2R$。显然，$R$，$L$，$C$ 串联电路上的有功功率就是电阻上消耗的功率。在 R，L，C 串联电路中，电感元件与电容元件不消耗功率，它们只与电源进行能量交换，因此，串联电路中的无功功率 $Q = Q_L + Q_C = I(U_L - U_C) = I^2X = UI\sin\varphi$。

在交流电路中，对于电源来说，输出电压 U 与输出电流 I 的乘积虽具有功率的量纲，但它一般并不表示电路实际消耗的有功功率，也不表示电路进行能量交换的无功功率，而通常把它称为视在功率，用 S 表示，$S = UI$，单位是 V·A（伏安），较大的单位是 kV·A（千伏安）。一般交流电气设备是按照规定的额定电压 U_N 和额定电流 I_N 来设计和使用的。变压器和交流发电机的容量也是以额定电压 U_N 和额定电流 I_N 的乘积来表示，即视在功率 $S_N = U_N I_N$。

R，L，C 串联电路中，上述视在功率 S、有功功率 P、无功功率 Q 可以组成功率三角形，它们之间有下列关系：$S = \sqrt{P^2 + Q^2}$，$P = S\cos\varphi$，$Q = S\sin\varphi$。将电压三角形各边同除以电流可得到阻抗三角形，将电压三角形各边同乘以电流可得到功率三角形，这3个三角形是相似三角形。

（七）谐振电路

谐振现象是正弦交流电路的一种特定的工作状态，在具有电感和电容的电路中，电路的端电压与流过电路电流的相位一般是不同的。若调整电路中电感 L、电容 C 的大小或改变电源的频率，使电路端电压和流过的电流同相位，电路呈电阻性，这种状态称为谐振现象。处于谐振状态的电路称为谐振电路。谐振电路在电子技术中应用广泛，而在电力系统又可能破坏系统的正常工作，应引起充分重视。谐振电路分为串联谐振和并联谐振。

1. 串联谐振

在 R，L，C 串联电路中，电压与电流同相，电路呈电阻性，称其为串联谐振。产生串联谐振的条件是 $\omega L = 1/\omega C$，改变电源频率或电路的参数 L，C，均可满足串联谐振的条件，使电路发生谐振。

电路处在串联谐振时，具有下列特征：①电源电压与电路中的电流同相，相位差 $\varphi = 0$，电路呈电阻性，电源供给电路的能量全部被电阻消耗，电感中磁场能与电容中电场能发生能量交换。②串联阻抗最小，电流最大。这时由于电路中的复阻抗 $Z = R$，故电流 $I = U/R$ 最大。③因为 $X_L = X_C$，所以 $U_L = U_C$，U_L 与 U_C 相位相反，互相抵消，对整个电路不起作用，电阻上的电压就等于电源电压 $U_R = U$。④U_L 与 U_C 的单独作用不能忽略。当 $X_L = X_C > R$ 时，$U_L = U_C > U_R$，又因谐振时 $U_R = U$，所以 $U_L = U_C > U$。可见，当电路发生谐振时，会出现电感和电容上的电压 U_L，U_C 超过电源电压 U 许多倍的现象，因此串联谐振又称为电压谐振。

在电工电子技术中，串联谐振电路中电感和电容上的电压 U_L，U_C 高出电源电压 U 的倍数用品质因数 Q 表示，即 $Q = U_L/U = U_C/U = X_L/R = X_C/R = \omega_0 L/R = 1/\omega_0 CR$。因此，当 $X_L = X_C > R$ 时，品质因数 Q 很高，电感电压或电容电压将大大超过外加电源电压。这种高电压有可能击穿电感线圈或电容器的绝缘而损坏设备。因此，在电力工程中一般应避免电压谐振或接近谐振情况的发生。但在通信工作中恰恰相反，由于工作信号比较微弱，往往利用电压振谐获得对应于某一频率信号的高电压，从而达到选频的目的。例如，收音机接收回路就是通过调谐电路，使电路发生谐振，才得以从众多不同频率段的电台信号中选择出要收听的电台广播。

2．并联谐振

在 R，L，C 并联电路中，当电源电压与电路中电流同相，电路呈电阻性，这时电路也发生谐振现象，称其为并联谐振。产生并联谐振的条件是 $\omega C = 1/\omega L$。

电路处在并联谐振时，具有下列特征：①电路两端电压与电流同相位，电路呈电阻性。②电路的并联阻抗最大，电流最小。这时由于 $Z = R$，因此，当电压 U 一定时，电路中的电流 $I = U/R$ 达到最小。③电感电流与电容电流大小相等，相位相反，互为补偿，电路总电流等于电阻支路电流。④各并联支路的电流为 i_L 和 i_C，它们可以比总电流大许多倍，因此，并联谐振也称为电流谐振。

在并联电路中，电感和电容支路的电流 i_L，i_C 与总电流 I 之比称为并联谐振的品质因数 Q，即 $Q = i_L/I = i_C/I = R/\omega L = \omega CR$，与串联谐振正好相反。由于端电压与总电流同相位，使电路总的功率因数达到最大值，即 $\cos\varphi = 1$，并联谐振不会产生危害设备安全的过电压。并联谐振广泛应用于自动控制、机械加工、电子钟、电视机等。

五、三相正弦交流电路

由三个频率相同、振幅相等、相位依次相差 $120°$ 的交流电动势组成的电源称为三相交流电源，由三相电源提供的电路称为三相交流电路。在电力系统中，发电和输配电一般都采用三相制供电，工厂生产用的三相交流电，日常生活中用的单相交流电也是由三相交流电其中的一相提供的。这是因为容量相同的三相变压器和三相交流发电机比同功率的单相变压器和单相交流发动机体积小、成本低；在距离相同、电压相同、输送功率相同的情况下，三相输电比单相输电节省材料；三相交流电动机比单相交流电动机结构简单，性能好，运行平衡。因此，在企业生产中，用电负载主要是三相交流电动机。

（一）三相交流电的产生

三相交流电是由三相交流发电机产生的。三相交流发电机固定的部分为定子，在发电机的定子铁芯中嵌有 3 个尺寸和匝数完全相同的定子绕组，称为三相绕组，这三相绕组的头尾分别用 A_x，B_y，C_z 表示，分别称为 A 相、B 相、C 相绕组，A，B，C 为三相绕组的首端，x，y，z 为三相绕组的末端，它们在空间上互差 $120°$ 放置。发电机中间转动的部分为转子，在转子励磁绕组中通以直流电流，产生恒定的磁场。合理布置励磁绕组，选择合适的极面形状，可以使气隙中的磁感应强度沿着圆周按正弦规律分布，即磁极中心处的磁感应强度最大，往两边按正弦规律减少。当转子磁极在磁场中匀速旋转时，根据电磁感应定律，在绕组中会产生振幅相等、频率相同、相位互差 $120°$ 的三相电动势。如果每相电动势的有效值为 E，角频率为 ω，并以 e 为参考正弦量，则 3 个相位电动势的表达式为：

$$e_A = \sqrt{2}E\sin\omega t$$

$$e_B = \sqrt{2}E\sin(\omega t - 120°)$$

$$e_C = \sqrt{2}E\sin(\omega t + 120°)$$

若以相量形式表示则为：

$$\dot{E}_A = E \angle 0°$$

$$\dot{E}_B = E \angle -120°$$

$$\dot{E}_C = E \angle 120°$$

由于 e_A，e_B，e_C 为三相对称交流电动势，由数学知识可知，三相对称电动势的瞬时值之和及相量之和均为零，即：

$$e_A + e_B + e_C = 0$$

$$\dot{E}_A + \dot{E}_B + \dot{E}_C = 0$$

在三相电源中，各定子绕组感应电动势在时间上到达正的最大值的先后顺序称为相序。上述三相电源电动势出现最大值的顺序依次是 A，B，C 相，相序是 A—B—C。通常在配电装置的三相母线上涂以黄、绿、红三种颜色，分别表示 A，B，C 三相。

三相电源包括了 3 个电源，它们之间是以一定的方式连接后向用户供电的。三相电源的连接方式有两种，即星形连接和三角形连接。与此相对应，三相负载的连接方式也有两种，即星形连接和三角形连接。

（二）三相电源和负载的星形连接

将三相绕组的末端 x，y，z 连在一起，形成一个节点，这一点称为电源的中性点或零点，用字母 o 表示；由三相绕组的始端 A，B，C 分别引出 3 根导线，称为相线或端线，俗称火线。从电源的中性点 o 引出 1 根导线，称为中线或零线，这样就构成了三相四线制供电方式，即三相电源的星形连接。若不引出中性线，则可构成三相三线制供电方式（在高压输电时采用较多）。在工矿企业的低压供电系统中，三相电源均采用星形连接。

在三相四线制供电方式中,三相电源对外可提供两种电压,一种是三相电源中的任意一根相线与中线之间的电压,称为相电压。相电压的参考方向一般选定为从相线指向中线,在忽略电源内阻抗压降时,三相电源的相电压与三相电源电动势是相等的,由于三相电源电动势相互对称,所以3个相电压也是对称的。三相电源对外提供的另一种电压为任意两根相线间的电压,称为线电压。线电压的参考方向则由一根相线指向另一根相线。三相电源采用星形连接时,相电压与线电压是不相等的。三相电路中,流过每相电源或每相负载的电流称为相电流;流过各相端线的电流称为线电流。

在三相电源的星形连接中,对外提供的3个线电压与3个相电压的关系是:线电压大小是相电压的$\sqrt{3}$倍,线电压的相位超前于相应的相电压30°。低压配电系统中通常采用三相四线制供电方式,它通常提供两种电压,即相电压和线电压,相电压通常为220 V,线电压通常为380 V,以满足不同用户的要求。在高压电网中,一般采用三相三线制供电方式,即三相电源采用星形连接而不引出中线,则对外只能提供一种电压即线电压。

三相负载的星形连接和三相电源星形连接相同。使用交流电的电气设备种类繁多,其中有些设备需要接到三相电源上才能正常工作,如三相交流电动机、大功率三相电炉等,这些设备统称为三相负载。这种三相负载的各相复阻抗总是相等的,称为三相对称负载。而另一些设备,如各种照明灯具、家用电器、电焊变压器等,只需接到三相电源的任意一相上就可以工作,这类负载称为单相负载。为了使三相电源供电均衡,大批量的单相负载总是尽量均匀地分成3组接到三相电源上,对于三相电源来说,这些大批量的单相负载在总体上也可以看成三相负载,但这类负载各相的阻抗一般不可能相等,故称为三相不对称负载。

三相负载星形连接的三相四线制电路有以下关系:①每相负载承受的电压等于电源的相电压;②负载的相电流等于相应的线电流;③各相电流可以分成3个单相电路分别计算;④中线电流等于三相电流之和;⑤若负载为三相对称负载,则其中线电流为零。可见,在对称负载星形连接的三相四线制电器中,中线电流为零,此时中线就不再起作用了,可以省去,成为三相三线制供电系统。常用的三相电动机、三相电炉等负载,在正常情况下都是对称的,使用时可以不接中线。但是,当负载不对称时,中线绝对不能省去,因为当有中线存在时,它能使做星形连接的各相负载即使在不对称的情况下,也能承受电源的相电压,从而保证各相形成互不影响的独立回路,即使其中一相发生故障,也不会影响其他两相的正常工作。否则,负载上的相电压将会出现不对称现象,有的相负载电压可能高于额定电压,有的相负载电压可能低于额定电压,造成各相负载电压的重新分配,负载不能正常工作,甚至造成严重的事故。所以,在三相四线制电路中,为了保证负载相电压对称,规定中线上不准安装开关和熔断器,而且要用具有足够机械强度的导线作中线。

(三) 三相电源和负载的三角形连接

将电源的三相绕组的首端A,B,C与末端x,y,z依次连接起来,即x与B相连、y与C相连、z与A相连,构成一个三角形回路,再从3个连接点(三角形的3个顶点)引出3根相线给用户供电,这种连接方法称为三角形连接。采用三角形连接方式的三相电源只能采用三相三线制的供电方式，并且对外只能提供一种电压，而且线电压等于相电压。三相电源的三角形连接，必须是首尾依次相连。这样，在这个闭合回路中，各电动势之和等于零，在外部没有接上负载时，这一闭合回路中没有电流。如果有一相接反，三相电动势之和不等于零，因每相绕组的内阻抗不大，在内部就会出现很大的环流，从而烧坏绕组。因此，在判断不清是否连接正确时，应保留最后两端不接（如 z 和 A），形成一个开口三角形，用电压表测量开口处的电压，如读数为零，表示接法正确，再接成封闭三角形。在生产实际中，三相发电机的三相绕组通常采用星形连接方式，很少采用三角形连接方式。

三相负载的三角形连接与三相电源的连接方法相同。如果单相负载的额定电压等于三相电源的线电压，则必须把负载接于两根相线之间，即把负载分成 3 组，分别接于电源的 A 与 B，B 与 C，C 与 A 之间，这就构成了负载的三角形连接。这类由若干单相负载构成的三相负载一般是不对称的。另一类对称的三相负载，通常将它们首尾相连，再将 3 个连接点与三相电源相线 A，B，C 相连，即构成对称负载的三角形连接。负载的三角形连接无需电源的中线，只需采用三相三线制供电即可。

在负载的三角形连接方式中，因为各相负载都直接连接在电源的两根相线之间，所以负载的相电压就是电源的线电压，即相电压等于线电压。无论负载对称与否，其相电压总是对称的。如果三相负载为对称负载，则 3 个相电流是对称的，它们大小相等，相位互差 120°。同时，3 个线电流也是相互对称的，线电流的有效值是相电流有效值的 $\sqrt{3}$ 倍，且相位滞后于相应的相电流 30°。对三相对称负载的三角形连接电路进行运算时，只需计算其中的一相，其他两相根据对称关系即可推出。

（四）三相电路的功率

三相电路的功率与单相电路一样，也分为有功功率（平均功率）、无功功率和视在功率。

（1）有功功率。一个三相电源发出的总有功功率等于每相电源发出的有功功率之和；一个三相负载消耗的总有功功率等于每相负载消耗的有功功率之和；不论是星形连接还是三角形连接，只要三相电路对称，则三相功率等于单相功率的 3 倍。

在负载对称的三相电路中，由于各相电流和各相电压的有效值相等，而且各相电流和电压的相位差也相等，因而每相有功功率 P_p 也相等，即：$P_p = U_p I_p \cos\varphi$，三相总有功功率 $P = 3P_p = 3U_p I_p \cos\varphi$。

（2）无功功率。三相电路的无功功率亦等于各相无功功率之和。在对称的三相电路中，每相的无功功率相等，都是 $Q_p = U_p I_p \sin\varphi$，则三相电路的总无功功率 $Q = 3U_p I_p \sin\varphi = \sqrt{3} U_L I_L \sin\varphi$。

（3）视在功率。三相电路的视在功率 $S = \sqrt{P^2 + Q^2}$。在对称的三相电路中，视在功率 $S = 3U_p I_p = \sqrt{3} U_L I_L$。

三相电路功率的测量方法通常有一表法、二表法和三表法。

一表法常用来测量三相四线制对称负载的功率。测得任一相的功率乘以 3，即为三相总功率。一表法测量三相功率时，功率表的电流线圈通过的是负载的相电流，电压线圈加的是相电压。

三表法用来测量三相四线制不对称负载的功率，即分别测得三相中各相负载的功率，将三者相加得到三相总功率。三表法测量时，每次功率表的电流线圈通过的是其中一个相电流，电压线圈加的是该相电压。

二表法用来测量三相三线制电路的功率，不论负载对称是否，也不论电路的连接形式是星形还是三角形，都可采用两表法测量功率。即每次测量时，功率表的电流线圈通过的是线电流，电压线圈加的是线电压。两次读数相加，即为三相总功率。需要指出的是，用两表法测量功率时，单独一个功率表的读数是没有意义的。

第二节　模拟电子技术

现代电子科学把电子技术分为两大类，一类是模拟电子技术，另一类是数字电子技术。模拟电子技术是指模拟电子物理信号处理的技术，其研究对象是模拟电子信号的处理及其电子器件和电子电路的应用。当前，电子器件已经从电真空器件（电子管）、分立半导体器件（二极管、三极管等）、小规模集成电路、中规模集成电路发展到大规模、超大规模集成电路。虽然现在的电子器件绝大部分使用集成电路，但二极管、三极管是构成集成电路的基础；同时，一些具有特殊功能的半导体器件，在科学研究和生产实践中起着非常重要的作用。因此，在学习模拟电子技术时，必须首先掌握电子器件的基本结构、工作原理、特性和参数，并学会合理选用器件型号，这是深入学习电子技术的基础。

一、常用半导体器件

半导体器件是组成电子电路的核心部件，它们的基本结构、工作原理、特性及参数是学习电子技术和分析电子电路的基础。

（一）半导体基本知识

自然界中的物质按导电能力分为导体、绝缘体和半导体。导体是指容易导电的物质，金属一般都是导体，如铁、铜、铝等。绝缘体是指几乎不导电的物质，如橡胶、陶瓷、塑料、石英等。半导体是指导电特性处于导体和绝缘体之间的物质，如锗、硅、砷、镓和一些硫化物、氧化物等。

半导体具有热敏性、光敏性和掺杂性三个特征。在纯净的半导体中掺入微量杂质、升高温度或光照都会使其导电能力大大增强，利用这些特性可以制成各种不同功能的半导体器件。例如，利用半导体材料纯锗对温度反应很灵敏、其电阻率随着温度的上升而明显下降的特性，可以很容易地制成热敏电阻或其他的温度敏感的传感器；利用硫化镉对光的反应很灵敏，其电阻率因光照的不同而改变，光照越强，电阻率越低的特性，可以做成各种光敏元器件。半导体的电阻率受杂质影响很大，在纯净的半导体中即使掺入极微量的杂质，也能使其电阻率大大降低；而且选择不同类型的杂质，还可以改变半导体的导电类型。利用半导体的这一特点，通过各种工艺手段控制半导体中杂质的数量和性质，可以制成各种不同性能的半导体器件。

纯净的且具有晶体结构的半导体称为本征半导体。制造晶体管常用的半导体材料有锗（Ge）、硅（Si）等。制造晶体管需要把半导体材料提炼成单晶体，单晶体内，原子整齐地按一定规律排列着，原子之间的距离都是相等的，通常把这种非常纯净的原子排列整齐的半导体称为本征半导体。由于本征半导体有稳定的共价键结构，在热力学温度且无外部激发时，本征半导体是不导电的。而在一定温度或光照的外部激发下，半导体中的有些价电子挣脱原子束缚而变为自由电子，同时原来共价键中就留下了一个空位，称为空穴，自由电子和空穴成对出现，这种激发称为本征激发。空穴的运动与自由电子的运动相反，自由电子带负电，空穴带正电，空穴的运动是正电荷的运动。因而半导体中形成两种载流子，即带负电的自由电子和带正电的空穴，不同半导体中含有两种载流子的数量各不相同，导电性质也大不相同。

在本征半导体中掺入不同种类的微量杂质，就可以得到杂质半导体，杂质半导体的导电能力大大提高。杂质半导体分为 P 型半导体和 N 型半导体。纯净本征半导体硅和锗每个原子最外层都有 4 个价电子。在硅、锗等单晶体中掺入微量 5 价元素如磷、砷、锑等，半导体中就会产生许多带负电的以自由电子为多数载流子的电子型半导体，这种以电子导电为主的半导体称为 N 型半导体。在硅、锗等单晶体中掺入微量 3 价元素如硼、铝、铟、镓等，半导体中就会形成许多带正电的以空穴为多数载流子的空穴型半导体，这种以空穴导电为主的半导体称为 P 型半导体。将一块半导体一半做成 P 型，另一半做成 N 型，这时 N 型与 P 型结合的地方，由于扩散作用就形成了一个特殊的导电薄层，称为 PN 结。试验证明，半导体 PN 结具有单向导电性。PN 结的这种单向导电性包括：①PN 结外加正向电压，正向电阻较小，称为 PN 结正向导通；②PN 结外加反向电压，反向电阻很大，称为 PN 结反向截止；③PN 结的击穿特性，即当反向电压达到一定数值时，由于外电场过强，会使反向电流急剧增加，称为电击穿。此时，对应的反向电压值称为击穿电压，发生击穿后，只要反向电压略有增加，就会使反向电流急剧增大。

（二）半导体二极管

二极管实际上就是由一块 P 型半导体和一块 N 型半导体所组成的 PN 结。PN 结是半导体二极管的核心部分，在 PN 结的两端加上电极和引线，P 区引出的电极为阳极，N 区引出的电极为阴极，用管壳封装起来就成为半导体二极管。其电路用符号—▷|—表示，有箭头的一端表示二极管的负极，另一端表示二极管的正极。

按制造二极管的材料分类，有硅二极管和锗二极管；按 PN 结的结构分类，主要有点接触型二极管和面接触型二极管。点接触型二极管一般为锗管，其 PN 结面积小，不能通过大的电流，一般用于高频和小功率的工作电路。面接触型二极管一般为硅管，其PN 结面积大，可以通过较大的电流，一般用于低频和大电流整流电路。

二极管两端的电压与流过二极管的电流之间的关系曲线称为二极管的伏安特性，有如下特性：①正向特性。二极管接正向电压时的曲线称为二极管的正向特性。当正向电压较小时，正向电流很小，二极管呈现较大电阻，实际上不导通；而当正向电压超过一定数值（即起始电压，硅二极管起始电压为 0.5 V，锗管为 0.1 V）以后，二极管电阻变得很小，正向电流增加很快。②反向特性。二极管接反向电压时的曲线称为二极管的反向特性。当二极管两端加反向电压时，在一定范围内反向电流不随着反向电压的增加而增大，而是基本不变，且数值很小，该反向电流称为反向饱和电流。③反向击穿特性。若反向电压增加到某一临界电压，反向电流开始急剧增大，如果不限制电流，会造成二极管损坏，这种现象称为反向击穿，产生击穿的临界电压称为反向击穿电压。当温度增加时，二极管的反向饱和电流显著增加，而反向击穿电压下降。

二极管的伏安特性除用特性曲线表示外，还可以用一些数据来说明，这些数据就是二极管的参数。二极管参数是正确选择和使用二极管的依据。二极管的主要参数如下：

（1）最大整流电流，是指二极管长时间工作时允许通过的最大正向平均电流。如果正向平均电流超过最大整流电流，管子会因过热而损坏。

（2）最高反向工作电压，是指二极管所允许施加的最大反向峰值电压，一般是反向击穿电压的 1/2 或 1/3。

（3）最大反向电流，是指二极管在施加最大反向工作电压时的反向电流。最大反向电流越小越好，反向电流过大，管子单向导电性能不好。

（4）最高工作频率，是指二极管能够正常使用的工作频率。二极管工作频率的高低取决于二极管结电容的大小。

（三）特殊二极管

1. 稳压二极管

稳压二极管简称稳压管，它与普通二极管正向特性相同，不同的是反向击穿电压较低，击穿特性陡峭，这样，电流在较大范围内变化时，击穿电压基本不变。稳压管正是利用反向击穿特性来实现稳压的。稳压管的击穿电压称为稳定电压，用 U_z 表示；稳压管工作在稳定状态时流过的电流称为稳定电流，用 I_z 表示。

2. 变容二极管

变容二极管是利用反偏电压大小使结电容发生变化的一种特殊二极管。反偏电压越高，结电容越小；反偏电压越低，结电容就越大。利用变容二极管的这种特性，在电视机中可用于调谐电路或自动频率微调电路，在仪器仪表中可用于获得扫频信号。

3. 光电二极管

光电二极管是一种光电转换器件，一般工作在反向偏置状态，其反向电流的大小随光的照射强度发生变化。光照增强，反向电流增大；光照减弱，反向电流减小。光电二极管主要应用于自动控制电路中，如光电耦合、过程控制、路灯自动控制等。

4. 发光二极管

发光二极管是一种把电能转换成光能的半导体器件，工作在正向偏置状态，当管子通适当正向电流时就会发光。发光强度与电流近似成正比，一般正向电压不超过 2 V，正向电流大约 10 mA。发光的颜色视发光二极管的材料而定，通常有红、绿、黄等颜色。发光二极管常用于数字仪表、音响设备中作为显示器件使用。

（四）半导体三极管

半导体三极管又称为晶体三极管，简称为晶体管或三极管，它是由 3 块半导体材料按一定形式组合而成的。它的主体也是 PN 结，但它有 2 个 PN 结、3 个电极。2 个 PN 结把半导体三极管分为 3 个区：发射区、基区和集电区。发射区和基区构成的 PN 结称为发射结，集电区和基区构成的 PN 结称为集电结。3 个区引出 3 个电极，分别叫发射极（E）、基极（B）、集电极（C）。基极 B 接在中间的半导体上，发射极 E 和集电极 C 分别接在基极两边的半导体上。半导体三极管的类型很多，目前我国生产的三极管最常见的有硅平面管和锗合金管两种。从结构形式来看，根据组合方式不同，如果两边是 P 区，中间是 N 区，就称为 PNP 型三极型管；锗管大多是 PNP 型管。如果两边是 N 区，中间是 P 区，就称为 NPN 型三极管；硅管大多是 NPN 型管。NPN 型与 PNP 型两种电路符号是有区别的，发射极的箭头方向表示正常工作时的电流方向，NPN 型管电流由发射极流出管外，PNP 型管电流由发射极流入管内。因此，根据发射极箭头方向可以判断三极管的类型，即箭头向外的为 NPN 型，箭头向内的为 PNP 型。三极管结构的特点是，发射区的掺杂浓度很高，作用是发射多数载流子；基区很薄，掺杂很少，作用是控制由发射区运动到集电区的载流子；集电区的面积很大，便于收集由发射区来的载流子以及散热。

三极管的工作原理是，当三极管的两个 PN 结的偏置方式不同时，三极管的工作状态也不同。当发射结和集电结加不同的偏置电压时，三极管有放大、饱和、截止三种工作状态。①放大状态。当外接电路保证三极管的发射结正向偏置而集电结反向偏置时，三极管具有电流放大作用，工作处于放大状态，即外加的基极电压变化引起基极电流微小变化时，集电极电流必将发生较大的变化。②饱和状态。当三极管的发射结和集电结都处于正向偏置时，三极管工作处于饱和状态，即当减少基极电阻 R_B，使发射结电压 U_{BE} 增大，则基极电流 I_B 增大，集电极电流 I_C 随之增大，但当 I_C 增大到最大值时，再增大基极电流 I_B，集电极电流 I_C 也不会再增大，三极管处于饱和状态。此时三极管相当于短路的开关。③截止状态。当三极管的发射结处于反向偏置时，理想状态下基极电流为 0，集电极电流也为 0，此时三极管处于截止状态，三极管相当于断开的开关。三极管工作在截止、饱和状态时起开关作用，称为三极管的开关状态。

三极管的性能可以通过它的各极间的电压与电流的关系曲线来描述，该曲线称为三极管的特性曲线，包括输入特性曲线和输出特性曲线。三极管的输入特性是指当 U_{CE} 为常数时，输入电流 I_B 和 U_{BE} 之间的关系为 $I_B = f(U_{BE})$。由于发射结是正向偏置的 PN 结，故三极管的正向特性与二极管的正向特性相似。当三极管的发射结电压大于 PN 结的死区电压后，随着 U_{BE} 的增加，基极电流 I_B 上升；导通后，结压降的数值 U_{BE} 同二极管的管压降近似为常数。三极管的输出特性是指当 I_B 为常数时，三极管的管压降 U_{CE} 和集电极电流 I_C 之间的关系为 $I_C = f(U_{CE})$。三极管的输出特性曲线是一组曲线，一个确定的 I_B 就对应一条输出特性曲线。对应于三极管的 3 个工作状态，在输出特性曲线中可分为 3 个区域：①放大区，发射结正偏，集电结反偏，三极管工作在放大状态。②饱和区，发射结和集电结都处于正向偏置，三极管工作在饱和状态，I_B 的变化对 I_C 影响较小。③截止区，$I_B \leqslant 0$，发射结反向偏置，三极管处于截止状态。

半导体三极管的主要参数包括：

（1）电流放大系数 β。由于制造工艺和导体材料的离散性，即使同一型号的三极管，β 值的差别也很大。一般小功率管 β 值在 20～50 之间；当 I_C 很大或很小时，β 值会明显减小；同时，三极管的工作温度对 β 值也有一定影响。因此，选择三极管的 β 值一般在 80～100 范围内，以保证放大电路性能的稳定。

（2）集电极反向饱和电流 I_{CBO} 和穿透电流 I_{CEO}。I_{CBO} 是当发射极开路时，集电结在反向电压作用下形成的反向饱和电流，其大小反映了三极管的热稳定性，数值越小越好。I_{CEO} 是当基极开路时，集电极和发射极间加上一定值的反偏电压时流过集电极和发射极的电流，称为穿透电流。一般情况下，这两个电流值都很小，在计算中可近似视为 0。

（3）集电极最大允许电流 I_{CM}。当 β 值下降到正常数值的 2/3 时，集电极最大电流称为集电极最大允许电流。实际工作时必须使 $I_C < I_{CM}$，否则三极管的 β 值会明显下降。

（4）反向击穿电压 $U_{(BR)CEO}$。基极开路时，集电极与发射极之间的反向击穿电压值为 $U_{(BR)CEO}$，当温度升高时，反向击穿电压值会下降。实际工作中必须使 $U_{CE} < U_{(BR)CEO}$。

（五）MOS 场效应晶体管（单极晶体管）

MOS 场效应晶体管是由金属、氧化物、半导体 3 种材料构成的器件，是依靠半导体表面外加电场变化来控制器件的导电能力。由于这种晶体管只有一种极性的载流子（多数载流子）参与导电，因此也称为单极型晶体管。MOS 场效应管的应用主要是起放大和开关作用。

MOS 管可分为 P 沟道 MOS 管和 N 沟道 MOS 管两大类。以 N 型材料做衬底，感生出 P 沟道，以空穴为多数载流子的 MOS 管是 P 沟道 MOS 管；以 P 型材料做衬底，感生出 N 沟道，以电子为多数载流子的 MOS 管是 N 沟道 MOS 管。P 沟道 MOS 管常用负电压源供电，N 沟道 MOS 管常用正电压源供电。

P 沟道 MOS 管和 N 沟道 MOS 管又都可分成增强型和耗尽型两种。前面介绍的是 N 沟道增强 MOS 管，在零栅压时，它没有导电沟道，只有栅源电压达到开启电压，才由电场效应感生出导电沟道。增强型 MOS 管制造工艺简单。耗尽型 MOS 管在零栅压时已经存在导电沟道，其工作速度快，但制造工艺复杂。因此，MOS 管分成四类：P 沟道增强型 MOS 管、P 沟道耗尽型 MOS 管、N 沟道增强型 MOS 管、N 沟道耗尽型 MOS 管。

MOS 管与三极管相比较有如下特性：①MOS 管是电压控制器件，几乎没有输入电流；三极管是电流控制器件，必须有足够电流才能工作。②MOS 管是单极型半导体器件，只有一种载流子参与导电；三极管是多极型器件，电子和空穴同时参与导电。③MOS 管的温度特性好，而三极管易受温度影响。④MOS 管噪声系数比三极管小得多，功耗低，制作简单，易于集成，但输入阻抗高，易造成由静电感应所导致的击穿而损坏管子。

（六）晶闸管（可控硅管）

晶闸管是晶体闸流管的简称，又称为可控硅管，是一种大功率的半导体器件，具有体积小、重量轻、高耐压、大电流、控制灵敏等特点。常用于使半导体器件从弱电领域进入强电领域的控制，广泛应用于可控整流、变频、交流调压、无触点开关等电路中。晶闸管有螺旋式和平板式两种，是四层（$P_1N_1P_2N_2$）三端的半导体结构，三端电极是阳极 A、门极 G 和阴极 K。

晶闸管的工作特性与二极管相似，都具有单向导电性，电流只能从阳极流向阴极。当晶闸管的阳极加反向电压时，只有很小的反向电流，晶闸管处于反向阻断状态。晶闸管又不同于二极管，具有正向导通的可控性。当晶闸管阳极加正向电压时，元件还不能导通，处于正向阻断状态，这是二极管所没有的。要使晶闸管导通，除了在阳极加正向电压外，还必须在门极加适当的正向电压，二者缺一不可，门极对晶闸管的导通起控制作用，所以晶闸管具有可控单向导电性。晶闸管一旦导通，门极就失去了控制作用，一般只要在门极加正向脉冲电压即可，也称触发电压。门极只能触发晶闸管导通，不能使其关断。只有在晶闸管阳极加反向电压，或暂时去掉阳极电压，或增大可变电阻减小主回路电流使其降到一定值之下，才能关断晶闸管。

双向晶闸管是一种特殊的晶闸管，为五层三端半导体结构，外形与普通晶闸管相似，也有三个电极，分别为门极 G 和第一阳极 A_1、第二阳极 A_2。双向晶闸管的特点是可以双向导通，即在第一阳极与第二阳极之间所加的电压无论是正向还是负向，在控制极（门极）所加的触发电压无论是正还是负，都可使它正向或负向导通，因此它能代替两只极性相反、并联的普通晶闸管。利用双向导通可控制的特点，双向晶闸管广泛应用于交流调压、交流调速、台灯调光、舞台调光、交流开关等交流电路中。

二、基本放大电路

前面所介绍的三极管、场效应管的主要用途之一就是利用其放大作用组成放大电路，将微弱的电信号放大到所需要的量级。在生产实践和科学实验中，放大电路的应用十分广泛，是构成模拟电路和系统的基本单元。所谓放大，是指用一个较小的变化量去控制一个较大的变化量，实现能量的控制。由于输入信号微弱，能量较小，不能直接推动负载做功，因此需要另外提供一个直流电源作为能源，由能量较小的输入信号控制这个能源，使之输出与输入信号变化规律相同的大能量，推动负载做功。放大电路就是利用有放大功能的半导体器件来实现这种控制的。常见的扩音机就是一个典型的放大电路的应用实例。扩音机的核心部分是放大电路，输入信号来自话筒，经过放大电路，把输出信号放大若干倍后送到扬声器对外播出。

（一）基本放大电路的组成

在电子线路中，把变化的电压、电流和功率称为电信号，简称为信号。放大电路的功能是把微弱的电信号加以放大，从而推动负载工作。基本放大电路的元器件及其组成如下：

（1）晶体三极管 VT。它是放大电路的核心，起电流放大作用，实现用微小的输入电压变化而引起的基极电流变化转换成较大的集电极电流变化，反映三极管的电流控制作用。

（2）集电极电源 EC。它使三极管的发射结正偏、集电结反偏，确保三极管工作在放大状态。它又是整个放大电路的能量提供者。

（3）输入回路，又称为基极回路，由三极管的基极、发射极、电阻 R_B 和电源 E_B（也可改接电源 E_C，省去 E_B）构成，它们的作用是使晶体管发射极正偏，并提供适当的基极电流（偏置电流）I_B，以保证三极管工作在放大区，并有合适的工作点。

（4）输出回路，又称为集电极回路，由晶体管的集电极、发射极、电阻 R_C 和电源 E_C 构成，作用是将三极管的集电极电流变换成集电极电压，从集电极输出信号。

（5）电容 C_1 和 C_2。电容 C_1 和电容 C_2 分别接在放大电路的输入端和输出端，其作用为：一是隔断直流，使电路的静态工作点不受输入端信号源和输出端负载的影响；二是传送交流信号，当 C_1 和 C_2 的电容量足够大时，它们对交流信号呈现的容抗很小，可近似视为短路，故 C_1 和 C_2 称为耦合电容。C_1 和 C_2 通常是大容量的电解电容器，在电路中连接时要注意它的极性，正极接高电位端，负极接低电位端。

上述放大电路元器件及其组成是以共发射极放大电路为典型来分析说明的，其他类型放大电路元器件构成大同小异。

放大电路在输入交流信号之前只存在直流电流和直流电压，只有在输入交流信号之后，才发生直流分量与交流分量的叠加和电流放大现象。放大电路放大的实质就是将直流电源提供的能量转换放大为若干倍交流电能量的输出。因此，实现放大电路的放大功能，必须具备如下三个原则条件：

（1）三极管工作在放大状态，即三极管必须工作在放大区，电源极性要正确，静态时发射结正偏，集电结反偏（对于 NPN 管，能满足 $V_C > V_B > V_E$；对于 PNP 管，能满足 $V_C < V_B < V_E$），静态工作点设置合适。

（2）信号能输入，即输入信号必须加在发射结，信号的变化能引起三极管输入电流的变化。

（3）信号能输出，即保证有交流信号输出，三极管输出电流的变化能作用在负载上。

在整个放大电路中，三极管是核心，电信号通过三极管的输入和输出显示出电流的放大作用。由信号源提供的信号经电容 C_1 加到三极管的基极与发射极之间，引起三极管输入电流的变化；放大后的信号经电容 C_2 从三极管的集电极与发射极之间输出，方便地转换成输出电压，为信号的输入、输出提供通路，实现电路的放大。

（二）基本放大电路的工作原理

放大电路的工作原理在于电路所处的工作状态，分为静态和动态。输入信号 $u_i = 0$ 时，即放大电路不加输入信号时，电路处在静态的工作状态，此时三极管中各极的电压、电流都是直流量，用 I_B、U_{BE}、I_C、U_{CE} 表示。这一组数据在输入、输出特性曲线上代表着一个点，称为静态工作点，用以判断和调整静态电流与信号电流相加后的工作电流能否满足三极管放大条件。静态工作点是否合适，决定了三极管能否起放大作用，对放大电路的工作状况和质量影响很大。输入信号 $u_i \neq 0$ 时，即放大电路外加输入信号时，电路处在动态的工作状态，此时三极管的极间电压和电流都是直流分量和交流分量的叠加，输入一个小信号，输出一个不失真（音频信号一致）的大信号。

（三）基本放大电路分析

1. 通路分析

在放大电路中，直流电源和交流信号总是共存的，即静态电流、电压和动态电流、电压是共存的。但是，由于电容、电感等电抗元件的存在，直流量所流经的通路与交流信号所流经的通路不完全相同，前者称为直流通路，后者称为交流通路。直流通路是在直流电源作用下直流电流流经的通路，也就是静态电流流经的通路，用于研究静态工作点。对于直流通路，电容视为开路，电感线圈视为短路（可忽略线圈电阻），信号源视为短路，但应保留其内阻。交流通路是输入信号作用下交流信号流经的通路，用于研究动态性能指标。研究的放大电路性能指标包括电压、放大倍数、输入电阻、输出电阻、通频带（频率范围）等。对于交流通路，容量大的电容（耦合电容）视为短路，无内阻的直流电源视为短路。

2. 状态分析

放大电路的工作状态分为静态和动态，相应地进行静态分析和动态分析。放大电路不加输入信号时的状态为静态。静态时放大电路中只有直流电源作用，由此产生的所有电流、电压都为直流量，所以静态又称为直流状态。静态分析就是确定放大电路的静态工作点，以确定三极管能否起放大作用。估算静态工作点有计算法和图解法。

静态直流电源作用的同时，在放大电路的输入端加上交流信号，这时电路中除了直流电压和直流电流外，还将产生交流电压和交流电流，放大电路的这种工作状态称为动态。动态时电路中的电流和电压由两部分组成，一部分是直流分量，另一部分是交流分量。动态时放大电路中的总电流、总电压是直流分量和交流分量的叠加。在这里，直流分量是正常放大的基础，交流分量是放大的对象，交流量搭载在直流上进行传输和放大。如果三极管工作总是处于放大状态，它们的动态变化规律是一样的。放大电路的动态分析所关注的就是交流信号的传输和放大情况，分析指标包括电压放大倍数、输入电阻、输出电阻等。

（四）常用的基本放大电路

1. 共射放大电路

信号输入、输出是以发射极为公共端的放大电路称为共射放大电路。以 *NPN* 型管为核心的共射放大电路是以发射极为公共端，即输入信号从基极对发射极输入，输出信号从集电极对发射极输出，其中两个耦合电容起着"隔直通交"的重要作用，一方面，C_1 隔断放大电路与信号源及负载之间的直流联系；另一方面，C_2 又起到交流耦合作用，保证交流信号畅通无阻地经过放大电路。V_{CC} 除了为输出信号提供能量外，还和 R_B，R_C 一起为晶体管提供偏置，保证晶体管的发射结正偏、集电结反偏，使晶体管工作在放大区，起到电流放大和控制作用。共射放大电路的特点是放大倍数高，输入电阻

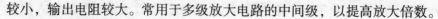

较小，输出电阻较大。常用于多级放大电路的中间级，以提高放大倍数。

2．共集放大电路

信号输入、输出以集电极为公共端的放大电路称为共集放大电路，即输入信号从基极对集电极输入，输出信号从发射极对集电极输出。因其输出电压取自发射极，所以共集放大电路通常称为射极输出器。共集放大电路的特点是电压放大倍数小于1，近似为1，输入电阻大，输出电阻小。虽然共集放大电路几乎没有电压放大能力，但对电流仍有较强的放大能力，决定了它在电路中仍有着广泛的应用，一是用于高输入电阻的输入级，减少向信号源索取的电流；二是用于低输出电阻的输出级，提高带负载能力，保持输出电压的稳定；三是用于多级放大电路的中间隔离级，起隔离作用和阻抗匹配作用，减少前、后级电路的不良影响。

3．差动放大电路

差动放大电路由两个完全对称的单管放大电路组合而成，有两个输入端和两个输出端（也有一个输出端的），在理想情况下，电路两边完全对称，两端的参数和特性完全相同，输入信号分成两部分加在两管的基极上，输出信号取自两管的集电极之差。在两管的输入、输出信号中，一对大小相等、极性相反的信号称为差模信号；一对大小相等、极性相同的信号称为共模信号。在差模放大电路中，只有两输入端有电位差时，输出端才有电压的变动，因而叫差动，"差动，差动，输入有差别，输出就变动；输入无差别，输出就不动"。差动放大电路的特点是放大差模信号，抑制共模信号。常应用于直流放大电路的输入级，以减少输出电压偏离初始静态值而出现缓慢、无规则的零点漂移。

4．互补对称功率放大电路

功率放大电路通常是多级放大电路的末级或末前级，其输入信号是已经通过电压放大以后的大信号，同时又要求放大器具有足够的带负载能力。因此，功率放大电路的结构形式设计要满足以下要求：一是要具有足够大的输出功率，二是非线性失真要小（三极管放大电路为非线性电路时存在失真可能），三是效率要高。

功率放大电路的结构形式较多，互补对称式功率放大电路是其中的一种。它是将一个 NPN 管组成的射极输出器和一个 PNP 管组成的射极输出器合并在一起，两管的基极连接在一起作为电路的输入端，两管的发射极连接在一起作为电路的输出端，共用负载电阻和输入端，两管交替导通，互补工作。晶体管工作在极限状态，输出功率大，效率高。常用于多级放大电路的输出级，以提高放大电路的输出功率和效率。

5．多级放大电路

在电子线路中，为了使微弱的信号放大到足够大，以推动负载工作，经常需要将多个单级放大电路连接起来组成多级放大电路，以提高电压放大倍数。多级放大电路的输入级和中间级主要起电压放大作用，习惯上称为前置放大级；末前级和输出级的作用是使电路获得足够的功率推动负载，习惯上称为功率放大级。多级放大电路中，级与级之间的连接方式称为耦合，常用的级间耦合方式有阻容耦合、直接耦合和变压器耦合三种方式。多级放大电路对被放大的信号而言，属串联关系，前一级的输出信号就是后一级的输入信号，因此，多级放大电路的总电压放大倍数为各级电压放大倍数之乘积，其输入电阻是第一级的输入电阻，输出电阻是最后一级的输出电阻。

三、集成运算放大器

模拟集成电路自 20 世纪 60 年代初期问世以来，在电子技术中得到了广泛的应用，其中最主要的代表器件就是运算放大器。运算放大器在早期主要用于模拟计算机的运算放大，目前它的应用领域已远远超出了模拟数学运算的范围，广泛应用于信号的处理和测量、信号的产生和转换以及自动控制等诸多方面。同时，许多具有特定功能的模拟集成电路也在电子技术领域得到了广泛的应用。

（一）集成运算放大器的组成及工作原理

集成运算放大器简称为集成运放，是一种放大信号倍数很高的直接耦合的多级放大器，其内部电路由输入级、中间放大级、输出级和偏置电路等四个基本部分组成。

（1）输入级，又称前置级，与信号源相连，是一个高性能的差动放大电路，主要用于抑制温漂，其差模输入电阻大，能有效地抑制共模信号，有很强的抗干扰能力。

（2）中间放大级，主要任务是完成电压放大，常由一级或多级共射放大电路构成，并以恒流源取代集电极电阻来提高电压放大倍数，其电压放大倍数可达千倍以上。

（3）输出级，直接与负载相连，一般采用射极输出器和互补对称放大电路，主要作用是获得较大的输出电压和电流，使集成运放有较强的带负载能力。

（4）偏置电路，主要用来向各级电器提供合适的静态工作电流，稳定各级静态工作点，一般由各种恒流源电路构成。

综上所述，集成运放是一种电压放大倍数高、输入电阻大、输出电阻小、共模抑制比高、抗干扰能力强、可靠性高、体积小、耗电少的通用型电子器件。集成运放通常有圆形封装和双列直插式两种形式。集成运算放大器具有同相和反相两个输入端和一个同相输出端，其中左侧"−"端为反相输入端，当信号由此端对地输入时，输出信号与输入信号反相位，所以此端称为反相输入端，反相输入端的电位用 $u-$ 表示，这种输入方式称为反相输入。左侧还有"＋"端为同相输入端，当信号由此端对地输入时，输出信号与输入信号同相位，所以此端称为同相输入端，同相输入端的电位用 $u+$ 表示，这种输入方式称为同相输入。当两输入端都有信号输入时，称为差动输入方式。运算放大器在正常应用时，存在上述三种输入方式，但不论采用何种输入方式，运算放大器放大的是两个输入信号的差。运算放大器的右侧"＋"端为输出端，信号由此端对地之间输出，其输出电位用 u_0 表示。运算放大器有反相输入输出、同相输入输出和差动输入输出三种运转方式。

（二）集成运算放大器的传输特性及主要参数

集成运放的输出电压与输入电压（即同相输入端与反相输入端之间的差值电压）之间的关系曲线称为电压传输特性。从集成运放电压传输特性曲线图可以看到，集成运放有线性放大区（线性区）和饱和区（非线性区），而且放大区（线性区）很窄，饱和区（非线性区）很宽。这是因为集成运放的开环电压放大倍数很大，而输出电压为有限值，所以线性区很窄。要使运放稳定地工作在线性区，必须引入深度负反馈。

运算放大器的性能通常通过它的参数来表示，其主要参数有：开环电压放大倍数、差模输入电阻与输出电阻、共模抑制比、共模输入电压范围、最大差模输入电压、最大输出电压等。

（三）理想集成运算放大器及其分析依据

所谓理想集成运算放大器，就是将集成运算放大器的各项技术指标理想化。理想集成运放的主要条件是：①开环差模电压、放大信号无穷大；②差模输入电阻无穷大；③开环输出电阻趋于0；④共模抑制比无穷大；⑤输入失调电压、失调电流、输入偏置电流均为零。

由于实际运算放大器的上述指标接近理想条件，因此在分析时，用理想运算放大器代替实际运算放大器所产生的误差不大，在工程上是允许的，这样可以使分析过程大大简化。若无特别说明，后面对运算放大器的分析，均认为运算放大器是理想的。

如果直接将输入信号作用于集成运放的两个输入端，由于差模开环电压放大倍数为无穷大，则必然使集成运放工作在非线性区。因此，为了使理想的集成运放工作在线性区，必须引入负反馈，降低放大倍数。理想运放引入负反馈后具有如下特点：①由于输入电压是有限值，而理想运放的差模开环电压放大倍数为无穷大，则运放中两个输入端的电位相等，同相输入端与反相输入端之间的电压差（净输入电压）为零，可以将其视为短路，称为"虚短"，将两个输入端视为与地等电位，称为"虚地"，虚地是虚短的一种特殊情况。②由于虚短，输入电压为零，而差模输入电阻无穷大，所以两个输入端的输入电流为零，此时运放的两个输入端相当于开路，称为"虚断"。虚短和虚断是集成运算放大电路线性应用时进行电路分析和设计的两个重要依据或重要法则。

（四）集成运算放大电路中的负反馈

1. 反馈的概念

放大电路中的反馈是指将电路的输出信号（电压或电流）的一部分或全部通过一定的电路（反馈电路）送回到输入端，与输入信号一同控制电路的输出。引回的反馈信号与输入信号相比使净输入信号减少，从而使输出减小，称为负反馈；引回的反馈信号与输入信号相比使净输入信号增大，从而使输出增大，称为正反馈。

2. 反馈的类型及其判断

放大电路中的反馈类型有：电压串联负反馈、电压并联负反馈、电流串联负反馈、电流并联负反馈。

反馈类型的判断步骤如下：

第一步，找出反馈网络，将输入、输出相连接，判别影响放大电路的净输入的电路。

第二步，判断正、负反馈，用瞬时极性法进行判断。假定输入电压增大而使净输入信号增大，分析输出电压的变化（若输入信号自反相端输入，则输出与输入瞬时极性相反；若输入信号自同相端输入，则输出与输入瞬时极性相同），比较反馈信号和输入信号的关系，找出反馈信号对净输入信号的影响。若反馈信号使净输入信号减少则为负反馈，若反馈信号使净输入信号增大则为正反馈。

第三步，判断串、并联反馈，看反馈电路与输入端的连接形式。若反馈信号与净输入信号串联（反馈信号以电压的形式出现），则为串联反馈；若反馈信号与净输入信号并联（反馈信号以电流的形式出现），则为并联反馈。

第四步，判断电压、电流反馈，看反馈电路与输出端的连接形式。若反馈信号正比于输出电压（反馈电路与电压输出端连接），则为电压反馈；若反馈信号正比于输出电流（反馈电路与电压输出端相连接），则为电流反馈。

3．负反馈对放大电路性能的影响

负反馈能降低放大倍数，提高放大倍数的稳定性，提高放大电路的准确性和可靠性，改善非线性失真，展宽通频带。串联负反馈使输入电阻增大，电压负反馈使输出电阻减小。

（五）集成运算放大电路的线性应用

集成运放线性应用的条件是放大电路中引入负反馈，使运放稳定地工作在线性区。线性应用的分析依据是电路的两个输入端之间的电压差等于零即"虚短"和两个输入端的输入电流等于零即"虚断"。

集成运算放大电路的线性应用主要在三个方面：一是信号运算，包括比例运算电路、加法运算电路、差动运算电路、积分运算电路、微分运算电路等；二是信号处理，包括有源滤波器、采样保持电路、信号变换电路（电压—电压变换器、电压—电流变换器、电流—电压变换器、电流—电流变换器）等；三是 RC 正弦波振荡电路，包括自激振荡、RC 选频电路、RC 正弦波振荡电路等。

（六）集成运算放大电路的非线性应用

集成运放非线性应用的条件是：集成运放开环或电路中引入正反馈，使运算放大器开环应用在非线性区。非线性应用的分析依据是：两个输入端之间的电压差大于零，输出电压为 $+U_{om}$ 或 $-U_{om}$。

集成运算放大器的非线性应用主要在两个方面：一是电压比较器，即对两个输入端的信号进行比较，以输出端的正、负指示比较的结果。可广泛应用于各种报警电路，以及自动控制、电子测量、鉴幅、模数转换、各种非正弦波形的产生和变换电路等。电压比较器具体分为基本电压比较器（简单电压比较器）、滞回比较器、限幅电路电压比较器等。二是非正弦信号发生电路，包括矩形波发生器（常用于数字电路的信号源或模拟电子开关控制信号）、三角波发生器、锯齿波发生器等。

四、直流稳压电源

在工农业生产和科学研究中，主要应用交流电。但在某些场合，如电解、电镀、蓄电池的充电、直流电动机等，都需要直流电源供电，特别是电子线路和自动控制装置，都需要稳定的直流电源。目前，广泛采用由交流电经整流、滤波、稳压而得到的直流稳压电源。将交流电变换成直流电流或直流电压的电路称为直流稳压电源，一般由变压器、整流电路、滤波电路和稳压电路四部分组成，其中又以半导体二极管为核心部件，故又称为半导体直流稳压电源。

直流稳压电源的四个组成部分中，变压器将电网交流电源电压变换为符合整流电路所需要的交流电压；整流电路利用二极管的单向导电性将交流电压变换为单向脉动直流电压；滤波电路将整流电路输出的单向脉动电压中的交流成分滤掉，保留直流分量，尽可能供给负载平滑的直流电压；稳定电路在交流电压波动或负载变化时，通过该电器的自动调解作用，使输出的直流电压稳定。各组成部分分述如下。

（一）整流电路

整流电路利用二极管的单向导通原理可以把交流电整形为脉动的直流电。在电子仪器中，直流电大都通过这种整流方式而获得。整流电路一般分为单相半波整流电路和单相桥式整流电路。

单相半波整流电路由整流变压器、整流二极管和负载电阻构成。整流变压器将原边的电网电压变换为整流电路所要求的交流电压。当输入交流电压正半周时，极性上正下负，二极管承受正向电压导通，此时负载上的电压相等于输入电压；而当输入电压负半周时，极性上负下正，二极管承受反向电压截止，输出电压等于零。由于二极管的单向导电作用，变压器二次侧的交流电变换成负载两端的单向脉动直流电压，达到了整流的目的。因为这种电路只在交流电压的半个周期内才有电流通过负载，故称为单相半波整流电路。半波整流电路的优点是结构简单，所用元器件较少，但也有明显的缺点，即输出波形脉动大，直流成分比较低，变压器有半个周期不导电，利用率较低。所以，半波整流电路只能用于输出电流较小、要求不高的场合。

针对单相半波整流电路的这些明显不足，在实践中又产生了单相桥式整流电路。该电路由整流变压器、4个整流二极管及负载电阻构成，其中，4个整流二极管按电桥形式连接，故称为桥式整流电路，它能够实现全波整流。当输入交流电压正半周时，二极管 VD_1 和 VD_3 导通，二极管 VD_2 和 VD_4 截止，电流自上而下地流过负载电阻，负载上得到了与输入电压正半周相同的电压；而当输入交流电压负半周时，二极管 VD_2 和 VD_4 导通，二极管 VD_1 和 VD_3 截止，电流仍旧自上而下地流过负载电阻，负载上得到了与输入交流电压负半周反相的电压。由此可见，桥式整流电路负载上的电压在输入电压的正、负半周都存在，且为方向不变、大小变化稳定的单向脉动的直流电压，而且桥式整流电路输出电压的平均值比半波整流增大了一倍，输出电流也增大了一倍。桥式整流电路具有变压器利用率高、平均直流电压高、整流元件承受的反向电压较低等优点，应用十分广泛。

（二）滤波电路

交流电经过整流后可得到单向脉动直流电压，仅适合对直流电压要求不高的场合使用，如电镀、电解设备等。而有些设备，如电子仪表、自动控制装置等，要求直流电压非常稳。为获得平稳的直流电压，可采用滤波电路，滤除脉动直流电压中的交流成分。常用的滤波电路有电容滤波电路和电感滤波电路。电容滤波电路结构就是在整流电路的输出端与负载电阻并联一个足够大的电容器，利用电容上电压不能突变的原理进行滤波。电感滤波电路结构就是在整流电路与负载电阻之间串联一个电感线圈，利用电感元件的电流不能突变这一特性进行滤波。

（三）稳压电路

经整流滤波后的电压往往会随着电源电压的波动和负载的变化而变化。为了得到稳定的直流电压，必须在整流滤波之后接入稳压电路。在小功率设备中，常用的稳压电路有稳压管稳压电路、串联型稳压电路和集成稳压电路。

稳压二极管稳压电路由限流电阻和稳压管组成。稳压二极管与负载电阻并联，负载电阻为变化值，在并联后与整流电路连接时，要串联一个限流电阻，以确保电路不会因电流过大而损坏元器件。稳压二极管工作在反向击穿区，当反向击穿电压有微小变化时，会引起电流较大的变化，稳压二极管稳压电路正是依靠该特性来实现稳压的。稳压管稳压电路又称为并联型稳压电路。

串联型稳压电路由取样电路、比较放大电路、基准电压电路和调整管四部分组成。设由于电源电压或负载电阻的变化使输出电压升高，则取样电压随之升高，运放的输出减小，调整管电流下降，管压降上升，输出电压随之下降并保持稳定。如果将上述串联稳压电路的调整管、比较放大环节、基准电源、取样环节和各种保护环节以及连接导线均制作在一块硅片上，就构成了集成稳压电路。由于集成稳压电路具有体积小、可靠性高、使用方便、价格低廉等优点，目前得到了广泛的应用。这种集成稳压电路有 3 个管脚：一是电压输入端（接整流滤波电路输出端），二是稳定电压输出端，三是公共端，故称之为三端集成稳定器。其中，有塑料封装的 W7800 系列（输出正电压）和 W7900 系列（输出负电压），输出电压系列有 5 V，8 V，12 V，15 V，18 V，24 V 等，最大输出电流 1.5 A。使用时除要考虑输出电压和最大输出电流外，还必须注意输入电压的大小。要保证稳压，必须使输入电压的绝对值至少高于输出电压 2～3 V，但也不能超过最大输入电压（一般为 35 V 左右）。

第三节　数字电子技术

电子电路中的信号可分为两大类，一类是随时间连续变化的模拟信号，处理模拟信号的电路称为模拟电路；另一类是在时间上和数量上都是离散的数字信号，处理数字信号的电路称为数字电路。模拟信号一般是指模拟物理量的信号形式，其在时间上和数值上都是连续的。处理这类信号时，考虑的是放大倍数、频率特性、非线性失真等，着重分析波形的形状、幅度和频率如何变化。数字信号是指时间上和数值上都是离散的信号，信号表现的形式是一系列由高、低电平组成的脉冲波。对于数字信号，重要的是要能根据信号的高、低电平，正确反映电路的输出/输入之间的关系，至于高、低电平值精确为多少则无关紧要。数字电路包括信号的传达、控制、记忆、计数、产生、整形等内容。数字电路的结构、分析方法、功能、特点等方面均不同于模拟电路。数字电路的基本单元是逻辑门电路，分析工具是逻辑代数，在功能上则着重强调电路输入和输出间的因果关系。数字电路比较简单，抗干扰性强，精度高，便于集成，已广泛应用于数字通信、自动控制、数字测量仪表和家用电器等各个技术领域和高科技研究领域，以及社会生产、管理、教育和服务行业，标志着电子技术发展进入了一个新的阶段。

一、数制与编码

（一）数制

表示数码的构成方法及由低位到高位进位原则的规则就是数制。常用的有十进制、二进制、八进制、十六进制等。

1．十进制

十进制是最常用的计数制，基数是 10，由 0，1，2，3，4，5，6，7，8，9 为基本数码构成，由低位到高位的进位原则是"逢十进一"。每个数码处于不同的位置时，它代表的数值是不同的，即不同的数位有不同的位权。例如，十进制的 $(1949)_{10}$ 代表的数值可表示为：

$$(1949)_{10} = 1 \times 10^3 + 9 \times 10^2 + 4 \times 10^1 + 9 \times 10^0$$
$$= 1 \times 1000 + 9 \times 100 + 4 \times 10 + 9 \times 1 = 1949$$

2．二进制

二进制的基数是 2，用 0，1 这两个数码表示，由低位到高位的进位原则是"逢二进一"。各位数的权是 2 的幂。例如，$(110101)_2$ 这个二进制数可用数学公式表示为十进制数：

$$(110101)_2 = 1 \times 2^5 + 1 \times 2^4 + 0 \times 2^3 + 1 \times 2^2 + 0 \times 2^1 + 1 \times 2^0$$
$$= 32 + 16 + 0 + 4 + 0 + 1 = (53)_{10}$$

3．八进制

八进制的基数是 8，用 0，1，2，3，4，5，6，7 这八个数码表示，由低位到高位的进位原则是"逢八进一"，相邻两位高位的权值是低位权值的 8 倍。例如，$(307)_8$ 这个三位八进制数，可用数学公式表示为十进制数：

$$(307)_8 = 3 \times 8^2 + 0 \times 8^1 + 7 \times 8^0$$
$$= 3 \times 64 + 0 \times 8 + 7 \times 1$$
$$= 192 + 0 + 7 = (199)_{10}$$

4．十六进制

十六进制的基数为 16，采用的数码是 0，1，2，3，4，5，6，7，8，9，A，B，C，D，E，F，其中 A，B，C，D，E，F 分别代表十进制数字 10，11，12，13，14，15。由低位到高位的进位原则是"逢十六进一"，相邻两位高位的权值是低位权值的 16 倍。例如，$(5F)_{16}$ 这个十六进制数，可以用数学公式表示为十进制数：

$$(5F)_{16} = 5 \times 16^1 + 15 \times 16^0$$
$$= 5 \times 16 + 15 \times 1 = (95)_{10}$$

表 3－1 为几种常用数制的对照和转换表。

表 3 - 1　几种常见数制的对照和转换表

十进制数（$R=10$）	二进制数（$R=2$）	八进制数（$R=8$）	十六进制数（$R=16$）
0	0000	0	0
1	0001	1	1
2	0010	2	2
3	0011	3	3
4	0100	4	4
5	0101	5	5
6	0110	6	6
7	0111	7	7
8	1000	10	8
9	1001	11	9
10	1010	12	A
11	1011	13	B
12	1100	14	C
13	1101	15	D
14	1110	16	E
15	1111	17	F

（二）数制转换

1．二进制数、八进制数、十六进制数转换为十进制数

如前所述，只需要将二进制数、八进制数、十六进制数按各位权值展开，然后把各项数值按十进制相加，就得到对应的十进制数。

2．十进制数转换为二进制数

一般采用除二取余法。分为整数部分和小数部分。整数部分，用 2 不断去除十进制数，直到最后商为 0 为止，再将所得的余数以最后一个为最高位，依次排列得到相应的二进制数（口诀是：除 2 取余，由下而上）。小数部分，用 2 不断去乘十进制数，直到最后小数为 0 或达到精度要求为止，再将首次所得积的整数为二进制数纯小数部分的最高位，最末次所得积为最低位（口诀是：乘 2 取整，由上而下）。例如，$(11.125)_{10}=(1011.001)_2$。

整数部分：

```
2 | 11        余数
2 |  5    1
2 |  2    1        自下而上读数 ↑
2 |  1    0
      0    1
```

小数部分：

```
     0. 125      整数
  ×      2
     0. 250    0
  ×      2              自上而下读数 ↓
     0. 500    0
  ×      2
     1. 000    1
```

3．二进制数与八进制数之间相互转换

因为 3 位二进制数正好表示 0～7 这 8 个数字，所以一个二进制正整数要转换成八进制数时，可以从最低位开始，每 3 位分成一组，一组一组地转换成对应的八进制数字。若最后不足 3 位时，应在前面加 0，补足 3 位再转换。例如，二进制数 $(10110100011)_2$ 转换为八进制数：

$$(10110100011)_2 = (010，110，100，011)_2 = (2643)_8$$

相反，如果由八进制正整数转换成二进制数时，只要将每位八进制数字写成对应的 3 位二进制数即可。例如，八进制数 $(563)_8$ 转换为二进制数：

$$(563)_8 = (101，110，011)_2 = (101110011)_2$$

4．二进制数与十六进制数之间的相互转换

因为 4 位二进制数正好可以表示 0～F 这 16 个数字，所以转换时可以从最低位开始，每 4 位二进制数字分为一组，一组一组地转换成对应的十六进制数字。例如，二进制数 $(11110100101)_2$ 转换成十六进制数：

$$(11110100101)_2 = (0111，1010，0101)_2 = (7A5)_{16}$$

相反，如果由十六进制正整数转换成二进制数时，只要将每位十六进制数字写成对应的 4 位二进制数即可。例如，将十六进制数 $(6ED)_{16}$ 转换为二进制数：

$$(6ED)_{16} = (0110，1110，1101)_2 = (11011101101)_2$$

（三）编码

数字系统中的信息可以分为两类，一类是数值信息，另一类是文字符号信息。数值信息如前所述。为了表示文字符号信息，往往也采用一定位数的二进制数码来表示，这个特定的二进制码称为代码。建立这种代码与文字符号或特定对象之间一一对应的关系称为编码。用 4 位二进制数来分别表示十进制数中的 0～9 这 10 个数码，此方法称为二—十制代码，一般称为 BCD 码。

BCD 码是 4 位二进制码，4 位二进制码共有 $2^4 = 16$ 种不同组合，要用它表示 0～9 这 10 个数字，方案肯定很多。其中 8421BCD 是最常用的一种自然加权码，其各位的位权分别是 8，4，2，1，故称为 8421BCD 码。每个代码的各位之和就是它所表示的十进制数。8421BCD 码选用 4 位二进制数的前 10 个数 0000～1001，而 1010～1111 禁用。

8421BCD 码与十进制数之间的相互转换是直接按码位对应转换，非常方便。例如，将十进制数 $(259)_{10}$ 转换为 8421BCD 码：

$$(259)_{10} = (0010，0101，1001)_{8421BCD} = (001001011001)_{8421BCD}$$

反之，将 8421BCD 码换成十进制数，也是采用分组的方法，从最低位开始，每 4 位二进制数字分为一组，然后写出每 4 位 8421BCD 码对应的十进制数。例如，将 8421BCD 码 $(001101100101)_{8421BCD}$ 转换为十进制数：

$$(001101100101)_{8421BCD} = (0011，0110，0101)_{8421BCD} = (365)_{10}$$

二、逻辑代数

逻辑代数是描述分析和设计数学逻辑线路的数学工具，又称为开关代数或布尔代

数。逻辑代数的变量只有 "0" 和 "1"，用 1 和 0 分别表示事情的是和非、有和无，或者电平的高和低、电灯的亮和暗等。这种仅有两种对立逻辑状态的逻辑关系称为二值逻辑。这里的 "1" 和 "0" 没有任何数量概念，仅为被定义的两种不同的逻辑状态。

（一）基本逻辑运算

1. 与逻辑和与门

只有当导致决定事件发生的所有条件都具备时，此事件才会发生而且一定发生，这种因果关系称为与逻辑关系。图 3-1 所示为 3 种指示灯的控制电路，可用来作为说明与、或、非定义的电路。把开关闭合作为条件（导致事件结果的原因），把灯亮作为结果。

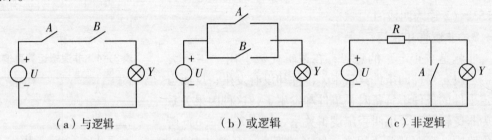

（a）与逻辑 （b）或逻辑 （c）非逻辑

图 3-1 与、或、非定义的电路

如图 3-1（a）所示电路中，只有开关 A，B 都闭合时，灯 Y 才全亮，也就是说，只有导致灯亮的条件 A，B 都闭合（即条件都具备）时灯才会亮（事件才发生），显然 Y 与 A，B 之间是与逻辑关系，也叫相乘逻辑关系。这种关系可以表示为 $Y=A \cdot B$，读作 "Y 等于 A 与 B"，也写作 $Y=AB$。表 3-2 为与逻辑运算的逻辑状态关系列表，称为与逻辑运算真值表，也称为逻辑状态表。

从表 3-2 与逻辑运算真值表可得到与逻辑运算的输入与输出的关系为："有 0 出 0，全 1 出 1"。实现与逻辑关系的门电路就是与门，逻辑符号如图 3-2（a）所示。

从图 3-2（a）的与门电路逻辑符号可以看到，A，B 为输入端，Y 为输出端，$Y=A \cdot B$。常用的集成芯片为 74LS08（2 输入四与门）。

表 3-2 与逻辑运算真值表

A	B	Y
0	0	0
0	1	0
1	0	0
1	1	1

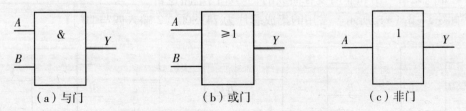

（a）与门 （b）或门 （c）非门

图 3-2 与门、或门、非门电路的逻辑符号

2. 或逻辑和或门

导致决定事件发生的所有条件只要有一个具备，此事件就会发生，这种因果关系称为或逻辑。如图 3-1（b）所示电路中，只要开关 A，B 中有一个闭合，灯 Y 就会亮，Y 与 A，B 之间是或逻辑关系，也叫相加逻辑关系。这种关系可以表示为 $Y = A + B$，读作 "Y 等于 A 或 B"。从表 3-3 或逻辑运算真值表可得到或逻辑运算的输入与输出的关系为："有 1 出 1，全 0 出 0"。

实现或逻辑关系的门电路就是或门，它的逻辑符号如图 3-2（b）所示。从或门电路逻辑符号可以看到，A，B 为输入端，Y 为输出端，$Y = A + B$。常用的集成芯片为 74LS32（2 输入四或门）。

表 3-3 或逻辑运算真值表

A	B	Y
0	0	0
0	1	1
1	0	1
1	1	1

3. 非逻辑和非门

非就是 "否定" 的意思，在逻辑代数上用 "－" 表示。当决定事件的条件具备了，事件却没有发生；反而当决定事件的条件不具备时，事件却发生了，这种因果关系称为非逻辑关系，也叫否定逻辑关系。如图 3-1（c）所示电路中，只要开关 A 闭合，灯 Y 就不亮；开关 A 断开，灯 Y 反而亮了，Y 与 A 之间是非逻辑关系。这种关系可以表示为 $Y = \overline{A}$，A 的上方加符号 "－" 表示 "非" 的意思，读作 "Y 等于 A 的非"。表 3-4 为非逻辑运算真值表。其输入与输出的关系为："入 0 出 1，入 1 出 0"。

表 3-4 非逻辑运算真值表

A	Y
0	1
1	0

实现非逻辑关系的门电路就是非门，它的逻辑符号如图 3-2（c）所示。从非门电路逻辑符号看到，A 为输入端，Y 为输出端，$Y = \overline{A}$。常用的集成芯片为 74LS04（集成六非门）。

（二）复合逻辑运算

1. 与非逻辑和与非门

与非逻辑是与逻辑和非逻辑的复合运算，是与运算的反函数。其逻辑功能是：只有输入全部为 1 时，输出才为 0，否则输出为 1。输入与输出的关系为："有 0 出 1，全 1 出 0"。其逻辑表达式为：$Y = \overline{AB}$。运算顺序为先与后非。其真值表见表 3-5。

与非门是由与门和非门复合而成的，与非门电路逻辑符号如图 3-3（a）所示。常用的集成芯片为 74LS00（2 输入四与非门）。

表 3-5 与非逻辑真值表

A	B	Y
0	0	1
0	1	1
1	0	1
1	1	0

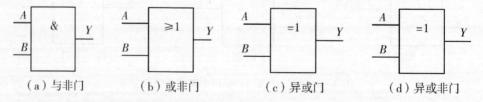

（a）与非门　（b）或非门　（c）异或门　（d）异或非门

图 3-3　与非门、或非门、异或门、异或非门电路的逻辑符号

2．或非逻辑和或非门

或非逻辑是或逻辑和非逻辑的复合运算，是或运算的反函数。其逻辑功能是：只有输入全部为 0 时，输出才为 1，否则输出为 0。输入与输出的关系为："有 1 出 0，全 0 出 1"。其逻辑表达式为：$Y = \overline{A + B}$。运算顺序是先或后非。其真值表见表 3-6。

或非门由或门和非门复合而成，或非门电路逻辑符号如图 3-3（b）所示。常用的集成芯片为 74LS02（2 输入四或非门）。

表 3-6　或非逻辑真值表

A	B	Y
0	0	1
0	1	0
1	0	0
1	1	0

3．异或逻辑和异或门

异或逻辑的逻辑功能是：当输入的两个逻辑值相异时，输出才为 1，否则输出为 0。输入与输出的关系为："相异出 1，相同出 0"。其逻辑表达式为：$Y = A\overline{B} + \overline{A}B$，可简写成：$Y = A \oplus B$。其真值表见表 3-7。

异或门电路的逻辑符号如图 3-3（c）所示。常用的集成芯片为 74LS86（2 输入四异或门）。

表 3-7　异或逻辑真值表

A	B	Y
0	0	0
0	1	1
1	0	1
1	1	0

4．异或非逻辑和异或非门

异或非逻辑也称同或逻辑，它与异或逻辑互为反函数。异或非逻辑的逻辑功能是：当输入的两个逻辑值相同时，输出才为 1，否则输出为 0。输入与输出的关系为："相异出 0，相同出 1"。其逻辑表达式为：$Y = \overline{A\overline{B} + \overline{A}B}$，$Y = AB + \overline{A}\,\overline{B}$，可简写为 $Y = A \odot B$。其真值表见表 3-8。

异或非门电路的逻辑符号如图 3-3（d）所示。常用的集成芯片也是 74LS04（集成六非门）。

表 3-8　异或非逻辑真值表

A	B	Y
0	0	1
0	1	0
1	0	0
1	1	1

（三）逻辑代数的基本定律

逻辑代数可以进行运算，也可以运用基本定律来运算。表 3-9 列出了逻辑代数基本定律，这些定律都可以直接利用真值表验证。

表 3-9　逻辑代数基本定律

定　　律	定律的公式	
（1）0-1 律	$A \cdot 0 = 0$	$A + 1 = 1$
（2）自等律	$A \cdot 1 = A$	$A + 0 = A$
（3）互补律	$A \cdot \overline{A} = 0$	$A + \overline{A} = 1$
（4）重叠律	$A \cdot A = A$	$A + A = A$
（5）交换律	$A \cdot B = B \cdot A$	$A + B = B + A$
（6）结合律	$A(B \cdot C) = (A \cdot B)C$	$A + (B + C) = (A + B) + C$
（7）分配律	$A(B + C) = AB + AC$	$A + BC = (A + B) \cdot (A + C)$
（8）反演律	$\overline{AB} = \overline{A} + \overline{B}$	$\overline{A + B} = \overline{A} \cdot \overline{B}$
（9）还原律	$\overline{\overline{A}} = A$	

（四）逻辑代数的常用化简公式

（1）$AB + A\bar{B} = A$（并项式）。

证明：$AB + A\bar{B} = A(B + \bar{B}) = A$

公式说明，若两个乘积项中分别包含了某一因子的原变量和反变量，则可将这两项合并，并消去互为反变量的因子。

（2）$A + AB = A$（吸收法）。

证明：$A + AB = A(1 + B) = A$

公式说明，在一个与或表达式中，如果一个与项是另外一个与项的乘积的因子，则这另外一个与项是多余的，可以消去这多余的因子。

（3）$A + \bar{A}B = A + B$（消去因子法）。

证明：根据分配律得，$A + \bar{A}B = (A + \bar{A})(A + B) = A + B$

公式说明，在一个与或表达式中，如果一个与项的非是另一个与项的乘积因子，则这个因子是多余的，应予消去。

（4）$AB + \bar{A}C + BC = AB + \bar{A}C$（消项法）。

公式说明，在一个与或表达式中，如果两个与项中，一项包含了某一原变量，另一与项中包含它的反变量，而这两个与项的其余因子都是第三个与项的乘积因子，则第三个与项是多余的，称为冗余项，应予消去。

三、基本逻辑门电路

（一）二极管门电路

1. 二极管与门电路

二极管与门电路在输入的 A，B 中，只要有一个（或一个以上）为低电平，则与输入端相连的二极管必然因获得正偏电压而导通，使输出 F 为低电平。只有在所有输入同时为高电平，输出 F 才是高电平时。输入对输出之间呈现与逻辑关系，即 $F = A \cdot B$。电路图及逻辑符号如图 3 - 4 所示。

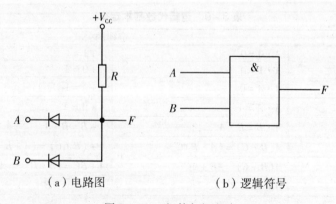

（a）电路图　　　　　　（b）逻辑符号

图 3 - 4　二极管与门电路

2．二极管或门电路

二极管或门电路只要在输入的 A，B 中有一个为高电平，相应的二极管就会导通，输出 F 就是高电平；只有输入 A，B 同时为低电平时，F 才是低电平。输入与输出之间呈现或逻辑关系，即 $F = A + B$。电路图及逻辑符号如图 3 - 5 所示。

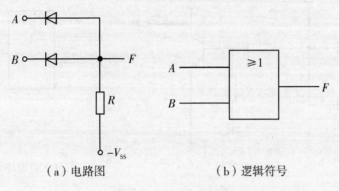

（a）电路图　　　　　　　（b）逻辑符号

图 3 - 5　二极管或门电路

（二）晶体管门电路

1．晶体管非门电路

晶体管非门电路即输入为高电平时，输出为低电平；当输入为低电平时，输出为高电平。输入与输出之间呈现非逻辑关系，即 $F = \overline{A}$，是一个非门，也称为反相器。电路图及逻辑符号如图 3 - 6 所示。在实际电路中，只要各电阻和电源电压参数配合适当，则当输入为低电平信号时，晶体管将可靠截止，使输出为高电平。

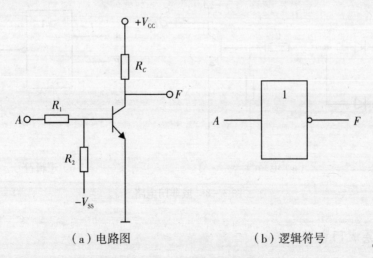

（a）电路图　　　　　　　（b）逻辑符号

图 3 - 6　晶体管非门电路

2．晶体管与非门电路

将二极管与门和晶体管非门电路（反相器）连接起来，就构成与非门电路。其输入与输出之间呈现与非逻辑关系，即 $F = \overline{AB}$。与非门电路图及逻辑符号如图3-7所示。

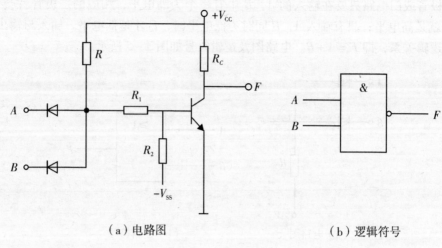

（a）电路图　　　　　　　　（b）逻辑符号

图3-7　与非门电路

3. 晶体管或非门电路

将二极管或门和晶体管非门电路（反相器）连接起来，就构成或非门电路。其输入与输出之间呈现或非逻辑关系，即 $F = \overline{A+B}$。或非门电路图及逻辑符号如图3-8所示。

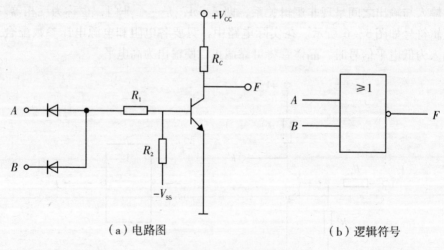

（a）电路图　　　　　　　　（b）逻辑符号

图3-8　或非门电路

（三）集成门电路

集成门电路有双极型集成门电路和单极型集成门电路，其中 TTL 集成门电路和CMOS 集成门电路分别是双极型集成电路和单极型集成电路的代表。TTL 电路在双极型数字集成电路中应用最广泛。目前，国产的 TTL 电路有 CT1000 系列，该系列为通用型或标准型器件；CT2000 系列，此系列为高速系列；CT3000 系统和 CT4000 系列，此二系列为低功耗肖特基元器件。

TTL 型集成电路是一种单片集成电路，其输入端和输出端的结构形式都采用了半导体三极管，所以称为"晶体管—晶体管—逻辑"电路，简称为 TTL 电路。常见的 TTL 集成门电路有与非门、或非门、异或门，它们的逻辑符号及表达式与分立元件组成的相应门电路一致。此外，还有与或非门、集电极开路与非门（OC 门）、传输门、三态门等。其中最常用的是与非门集成电路，一块集成电路往往封装多个与非门电路。与非门集成电路的电压传输特性在于，当输入电压从 0 开始逐渐增大时，在一定的电压范围内，输出保持高电平基本不变；而当输入电压上升到一定数值后，输出很快下降为低电平；此后即使电压继续增大，输出也仍保持低电平基本不变。TTL 集成电路具有结构简单、稳定可靠、工作速度快等优点，但它的功耗比 CMOS 集成电路大。

CMOS 集成电路是 MOS 集成门电路的一类。MOS 型集成电路分为 NMOS，PMOS 和 CMOS 等几类。由于 MOS 集成电路具有电阻高、功耗小、带负载能力强、抗干扰能力强、电源电压范围宽、集成度高等优点，目前大规模数字集成系统中，广泛使用的集成门电路是 MOS 型集成电路。CMOS 分为非门（反相器）集成电路和或非门集成电路，其应用广泛，主要缺点是工作速度低于 TTL 集成门电路，但经过改进的高速 CMOS 电路 HCMOS，其工作速度与 TTL 集门电路差不多，而其优点却是非常突出的，因此获得广泛的应用。

四、组合逻辑电路

根据逻辑电路有无记忆功能，可将数字电路分为两大类，一类是没有记忆功能的组合逻辑电路，另一类是有记忆功能的时序逻辑电路。组合逻辑电路是指电路在任一时刻的输出状态只与同一时刻的输出状态有关，而与前一时刻的输出状态无关。根据需要将基本逻辑门电路组合起来，可构成具有特定功能的组合逻辑电路。

（一）组合逻辑电路的分析

组合逻辑电路分析的任务是根据给定的逻辑电路图确定其逻辑功能。分析步骤分为以下四步：

（1）根据给定的逻辑电路图写出逻辑函数表达式。

（2）利用逻辑代数运算法则简化逻辑函数表达式。

（3）根据逻辑表达式列写出逻辑电路的真值表。

（4）由真值表分析总结电路的逻辑功能。

（二）组合逻辑电路的设计

组合逻辑电路的设计是组合逻辑电路的逆运算，步骤与电路分析正好相反，同样分为以下四个步骤：

（1）根据设计要求设定事物不同状态的逻辑值（即确定 0 和 1 代表的含义）。

（2）根据逻辑功能要求列出真值表。

（3）根据真值表写出并简化逻辑表达式。

（4）根据逻辑表达式画出逻辑电路图。

（三）常用的组合逻辑模块

在实用的数字系统中，经常会大量应用一些具有特定功能的组合逻辑电路模块，如加法器、编码器、译码器、数据分配器、数据选择器、数值比较器等。这些功能模块被制成各种规模集成电路，方便日常使用。

1. 编码器

将具有特定意义的信息如文字、数字、符号等编成相应二进制代码的过程，称为编码。实现编码功能的电路称为编码器。其输入为被编符号，输出为二进制代码。编码器主要有二进制编码器、二—十进制编码器等。用 n 位二进制代码对 2^n 个信号进行编码的电路，称为二进制编码器。如 8 线—3 线编码器，有 8 个输入端，且高电平有效，输出是 3 位二进制代码，由于该编码器有 8 个输入端 3 个输出端，故称为 8 线—3 线编码器。将 0～9 这 10 个十进制数转换为二进制数的电路，称为二—十进制编码器。输入 10 个需要编码的信号，输出 4 位二进制代码。输出数码各位的权从高位到低位分别为 8，4，2，1，因此所示电路为 8421BCD 码编码器。

2. 译码器

译码是编码的反过程，是将表示特定信息的二进制翻译出来。实现译码功能的电路称为译码器。译码器的输入为二进制代码，输出为与输入代码相对应的特定信息。译码器主要有二进制译码器、二—十进制译码器、BCD7 段显示译码器等。

将输入二进制代码译成相应输出信号的电路，称为二进制译码器。常见的有 2 线—4 线译码器、3 线—8 线译码器、4 线—16 线译码器等。如集成 3 线—8 线译码器 74LS138 的逻辑电路图，有 3 个输入端为高电平有效，8 个输出端为低电平有效，故称为 3 线—8 线译码器。

将 4 位 BCD 码的 10 组代码翻译成 0～9 这 10 个对应输出信号的电路，称为二—十进制译码器。由于它有 4 个输入端，10 个输出端，所以又称为 4 线—10 线译码器。4 线—10 线译码器 CT74LS42 逻辑电路图，4 个输入端输入为 8421 码，10 个输出端低电平有效，有效实现了译码功能。

显示译码器主要由译码器和驱动电路组成，通常将二者集成在一块芯片中。显示译码器的输入一般为二—十进制代码，输出的信号用于驱动显示器，显示出十进制数字。显示器件主要有 7 段数码显示器和 7 段显示译码器。7 段数码显示器有半导体发光二极管和液晶显示器，利用不同字段的组合来分别显示 0～9 这 10 个数字，每个字段均由发光二极管组成。7 段显示译码器有半导体数码显示器和液晶显示器，都可以用 TTL，CMOS 等集成电路直接驱动。为此，需要显示译码器将 BCD 码译成数码显示器所需要的驱动信号，以便使数码显示器用十进制数字显示出 BCD 码所表示的数值。

3. 数据选择器

根据地址码的要求，从多路输入信号中选择其中一路输出的电路，称为数据选择器。根据输入端的个数分为 4 选 1 选择器（74LS153）、8 选 1 选择器（74LS151）等。4 选 1 数据选择器的逻辑电路图有 2 个地址端 4 个数据端，低电平有效，对于不同的二进制地址输入，可按地址选择 4 个数据中的 1 个数据输出。8 选 1 数据选择器的逻辑电路图有 3 个地址端 8 个数据端，低电平有效，对于不同的二进制地址输入，可按地址选择 8 个数据中的 1 个数据输出。

4. 数据分配器

数据分配器是数据选择器的逆过程，即将一路输入变为多路输出的电路。根据输出的个数不同，数据分配器可分为 4 路分配器、8 路分配器等。数据分配器实际上是译码器的特殊应用，其功能与译码器的功能很相似，所以数据分配器一般是由译码器改接而成，不单独另外生产。其改接方法是，将输入控制端作为数据输入端，二进制代码作为地址输入端，则译码器就可以改为数据分配器使用。如 4 路数据分配器有 1 个数据输入端，4 个数据输出端，2 个分配控制端（即原译码器的地址输入端）决定将数据分配到哪个输出端。

五、时序逻辑电路

时序逻辑电路是有记忆功能的逻辑电路，其任意时刻的输入状态不仅取决于当时的输入状态，而且还与电路的原来状态（过去状态）有关。时序逻辑电路由组合逻辑电路和存储电路组成，而存储电路实际上是由具有记忆功能的触发器构成的。触发器是时序逻辑电路的基本单元，此外还有计数器、寄存器等。

（一）触发器

所谓触发器是指具有"0"和"1"两个稳定状态，能够接收、保持、输出送来的信号的逻辑电路。在任一时刻触发器只处于一种稳定状态，只有当合适的触发信号到来时，触发器才能由原来的状态翻转到另一个状态并稳定下来，因此触发器具有记忆功能，是数字电路系统的基本逻辑单元。从触发器的框图可以看到，它有一个或多个输入，两个互反的输出 Q 和 $\bar{Q}$。当 $Q=1$，$\bar{Q}=0$ 时，触发器处于"1"状态；当 $Q=0$，$\bar{Q}=1$ 时，触发器处于"0"状态。触发器有两个基本特点：一是一定的输入信号可以使触发器置于"0"态或"1"态；二是去掉输入信号以后，触发器的状态能长期保存，直至有新的输入信号使其改变状态为止。此即通常所说的触发器有两个"稳定状态"。

触发器是能够存储二进制数的理想器件，根据逻辑功能的不同可以分为 RS 触发器、D 触发器、JK 触器、T 触发器等。

1. 基本 RS 触发器

基本 RS 触发器是一种最简单的触发器，是构成各种触发器的基础。它由两个与非门的输入和输出交叉连接而成。从它的逻辑电路图可以看到，有两个输入端 $\bar{S}$ 和 $\bar{R}$（低电平有效），两个输出 Q 和 $\bar{Q}$ 的状态总是互补的，规定 Q 为触发器的状态。当 $\bar{S}=0$，$\bar{R}=1$ 时（即 $Q=1$，$\bar{Q}=0$），触发器置为"1"态；当 $\bar{S}=1$，$\bar{R}=0$ 时（即 $Q=0$，$\bar{Q}=1$），触发器置为"0"态；当 $\bar{S}=1$，$\bar{R}=1$ 时（即 $Q=\bar{Q}=0$），触发器置于保持原态；当 $\bar{S}=0$，$\bar{R}=0$ 时（即 $Q=\bar{Q}=1$），触发器置于不定态。因此，基本 RS 触发器具有置"0"、置"1"、保持原态的功能，这些功能可采用状态表、特性方程、波形图（时序图）来描述。

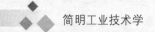

2. JK 触发器

在 RS 基本触发器的基础上增加两个由时钟脉冲 CP 控制的与非门电路，使触发器状态的改变与时钟脉冲同步，得到可控 RS 触发器，又称同步 RS 触发器；再在可控 RS 触发器的基础上，将可控 RS 触发器输出交叉引回输入，就构成了同步 JK 触发器。JK 触发器有两个输入控制端 J 和 K，还有两个互补输出端，利用互补输出端能克服和避免可控 RS 触发器的不定状态，提高触发器工作的可靠性和稳定性。JK 触发器是一种功能最齐全的触发器，它具有置"0"、置"1"、保持和翻转等状态的功能，其功能和 J、K 信号的关系是：JK 00 态不变，11 态翻转，其余随 J 变。

3. D 触发器

RS 触发器和 JK 触发器都有两个输入端。有时需要只有一个输入端的触发器，于是将 RS 或 JK 触发器改装为只有单输入端，就得到单输入的钟控 D 触发器。D 触发器不存在"空翻"和"一次翻转"等不稳定问题。D 触发器状态的翻转只取决于时钟脉冲的上升沿或下降沿前一瞬间输入信号的状态，而与其他时刻的输入信号状态无关，因而也称为边沿触发器，它能有效地提高触发器的抗干扰能力，增强电路工作的可靠性和稳定性。

（二）寄存器

在数字电路中，常常使用寄存器来暂时存放运算数据、运算结果或指令等。寄存器由具有记忆功能的双稳态触发器组成。一个触发器只能存放 1 位二进制数，欲存放 N 位二进制数，需要用 N 个触发器组成的寄存器。寄存器具有清零、存数和取数的功能，并由相应的电路实现。寄存器存入和取出数据的方式有并行和串行两种。并行方式是多位数码的存入和取出同时完成，串行方式则是多位数码的存入和取出通过移位方式完成。寄存器分为数码寄存器和移位寄存器两种，它们的区别在于有无移位的功能。

具有最简单的清除原有数据、接收并存放数码功能的寄存器称为数码寄存器。用 D 触发器组成的寄存 4 位二进制数的数码寄存器，4 位数码依次接到触发器 4 个数据输入端。存入数码之前，异步清零端加负脉冲使各位触发器复位。当寄存指令到来时，4 位数码同步进入各位触发器；寄存指令消失后，寄存器保持存入的数码不变；当取数指令到来时，4 位数码被同步取出送到 4 个输出端。数码寄存器中，数码是同步存入、同步取出的，这种工作方式称为并行输入、并行输出。

不但可以存放数据，而且能够使数码逐位右移或左移的寄存器，称为移位寄存器。移位，是指在移位脉冲的控制下，寄存器中所存的数码依次右移或左移。移位寄存器广泛应用于数字系统和电子计算机中。移位寄存器一般由 D 触发器或 JK 触发器组成，在移位脉冲控制下使数码按移位脉冲的工作节拍从高位到低位逐位输入到寄存器中，属串行输入方式。从寄存器中取数有两种方式：一是从各个触发器的输出端同时取数的并行输出方式；二是数码从最高位触发器的输出端逐位取出，即串行输出方式。

（三）计数器

用来记录时钟脉冲个数的电路叫计数器。在电子计算机和数字系统中，使用最多的时序逻辑电路是计数器。计数器不但具有计数功能，还可以用于分频、定时等操作。计数器的工作程序一般顺序经过清零—预置数（送数）—计数—保持的完整过程。

按照计数器中各个触发器状态更新情况的不同可分为同步计数器和异步计数器。各个触发器受同一个时钟脉冲控制，状态转换同步进行的计数器，叫同步计数器；而触发器的时钟脉冲不是同一个，状态转换有先后的计数器，叫异步计数器。

按照计数器的计数容量不同可分为二进制、十进制、N 进制计数器。$N = 2^n$ 的计数器是二进制计数器，$N = 10^n$ 的计数器是十进制计数器，除此之外的计数器为 N 进制计数器。

按照在输入计数脉冲操作下，计数器中数值增减情况的不同可分为加法计数器、减法计数器、可逆计数器。随着计数脉冲的输入作递增计数的叫加法计数器，进行递减计数的叫减法计数器，而可增可减的则为可逆计数器。

计数器一般由 D 触发器或 JK 触发器组成。1 个触发器可以构成 1 位二进制计数器，能记录 2 个脉冲数；n 个触发器可以构成 n 位二进制计数器，能记录 2^n 个脉冲数，因此也可称为 1 位 2^n 进制计数器。异步计数器是指构成计数器的各个触发器的时钟脉冲信号是不同的。计数器脉冲 CP 只加到最低位触发器的时钟脉冲输入端上，其他各位触发器的时钟脉冲则由相邻低位触发器输出的进位脉冲来触发，因此构成异步计数器的各个触发器状态变换有先有后，是异步的。而同步计数器的所有触发器的控制端都与输入的时钟脉冲相连，工作时，各触发器同时触发，状态同时变换，与时钟脉冲同步。显然，同步计数器的工作速度比异步计数器来得更快。

六、模拟量和数字量的转换

在现代控制、通信和检测技术领域，广泛采用数字电路，由电子计算机对信号进行运算、处理。实际控制的对象大多数是物理量的模拟量，例如，工业生产过程中的温度、压力、流量、液位，通信系统中的语言、文字、图像等。这些物理量的模拟量可以用传感器等变换成相应的数字量，然后送入数字系统进行处理；同时，往往还要求把处理后得到的数字信号再转换成相应的模拟信号，作为最后输出去控制具体的对象。将模拟量转换为数字量的过程称为 A/D 转换（模/数转换），把实现 A/D 转换的装置称为 ADC。将数字量转换为模拟量的过程称为 D/A 转换（数/模转换），把实现 D/A 转换的装置称为 DAC。上述转换过程如图 3-9 所示。

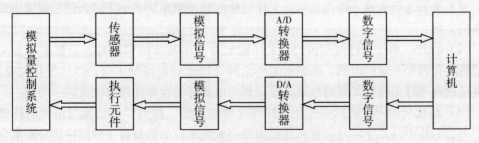

图 3-9 实际控制系统符号的转换过程

（一）D/A 转换器

1. D/A 转换器的组成和基本原理

D/A 转换是将输入的数字信号转换成与该数字量成正比的电压或电流。它由参考电源、数码寄存器、电子模拟开关、译码网络以及求和放大电路组成。

在 D/A 转换过程中，数码寄存器用来暂时存放输入的数字量，这些数字控制模拟电子开关，将参考电压源按位切换到译码网络中变成加权电流，然后经求和运算放大，输出相应的模拟电压，完成 D/A 转换过程。

DAC 译码网络有权电阻网络、T 形电阻网络、倒 T 形电阻网络等几种。无论何种形式的 DAC，都是先把输入的二进制码转换成与其成正比的电压或电流，然后相加得到与输入的数字信息成正比的模拟量。

2. D/A 转换器的主要技术指标

（1）分辨率，是指最小输出电压与最大输出电压之比。它取决于 D/A 转换器的位数，位数越大，分辨率就越高，转换时对输入量的微小变化的反应就越灵敏。

（2）转换精度，是指 D/A 转换器输出模拟电压的实际值与理论值之差，即最大静态误差。它是一个综合指标，包括零点误差、增值误差等，主要由参考电压偏离标准值、运算放大器零点漂移、模拟开关的压降、电阻值误差等引起。

（3）转换速度，是指 DAC 从输入数字信号开始到输出模拟电压或电流达到稳定值时所用的时间。它是反映 D/A 转换器工作速度的指标，数字量变化越大，转换时间越长。

（二）A/D 转换器

1. A/D 转换器的基本原理和转换步骤

A/D 转换器的功能就是将模拟信号转换成数字信号，由于模拟信号在时间上是连续的，数字信号却是离散的，所以在进行模拟转换前要对模拟信号进行离散处理，即在一系列选定时间上对输入的连续模拟信号进行采样，然后进入采样保持时间，在采样保持时间内完成对这些采样的模拟量样值的量化和编码，最后输出数字信号。

A/D 转换一般分为三步来完成：

（1）采样，是指对连续变化的模拟信号定时进行测量，抽取样值。为了使采样输出信号不失真地代表输入模拟信号，采样过样的脉冲频率应不小于输入信号频谱中最高频率的 2 倍。

（2）保持。由于采样时间极短，采样输出为一串断续的窄脉冲，而要把一个采样信号数字化需要一定的时间，在两次采样之间必须使样值保持不变，以便量化和编码，因此一般在采样电路后加保持电路，可以利用电容器的存储作用来完成这一功能。

（3）量化与编码。模拟信号经采样和保持电路后，得到了连续模拟信号的样值脉冲，但它们还不是数字信号。量化就是用最小量化单位的倍数将采样保持信号离散化的过程，离散后的电平为量化电平。用二进制数表示各个量化电平的过程为编码。量化的方法通常有两种，一种是舍尾不入法，另一种是四舍五入法，具体办法根据量化要求和模拟对象而定。

2．A/D 转换器的主要技术指标

（1）分辨率，是指 A/D 转换器输出数字量的最低位变化一个数码时，对应输入模拟量的变化量，常以输出二进制码的位数来表示，用于反映 ADC 对输入模拟量微小变化的分辨能力。一般来说，A/D 转换器的位数越多，分辨最小模拟电压的值就越小，分辨能力也就越高。

（2）转换误差，是指实际的各个转换点偏离理想特性的误差，在理想情况下所有的转换点应在同一直线上。它表示 ADC 实际输出数字量与理想输出数字量的差别。

（3）转换时间，是指完成一次转换所需要的时间。具体是指从接到转换指令开始，到输出端得到稳定的数字输出信号所经过的时间。采用不同的转换电路，其转换时间有所不同。

（三）可编程逻辑控制器

1．可编程逻辑控制器的定义

可编程逻辑控制器（PLC）是在传统的顺序控制器的基础上引入微电子技术、计算机技术、自动控制技术和通信技术而形成的一代新型工业控制装置。国际电工委员会1985 年的定义是："可编程逻辑控制器是一种数字运算操作的电子系统，专为在工业环境下应用而设计。它采用可编程序的存储器，用来在其内部存储执行逻辑运算、顺序控制、定时、计数和算术运算等操作指令，并通过数字的、模拟的输入/输出，控制各种类型的机械或生产过程。可编程逻辑控制器及其有关设备，都应按易于与工业控制系统形成一个整体，易于扩充其功能的原则设计。"可见，PLC 实际上是一种自动控制系统专用的计算机。

2．可编程逻辑控制器的组成

PLC 是以微处理器为核心的电子系统，与计算机的电路相似，其内部结构包括：

（1）CPU 模块。CPU 模块是 PLC 的"大脑"，包括中央微处理器 CPU、系统程序存储器和用户程序存储器。

（2）输入/输出模块。输入模块用来接收现场设备的控制信号，并将信号转换成中央微处理器能够接收和处理的数字信号。输出模块则相反，接收经过中央处理器处理过的数字信号，并把它转换成被控设备或显示设备所能接收的电压或电流信号，以驱动电磁阀、接触器等电气设备。

（3）编程器。编程器用来对 PLC 进行编程和设置各种参数，也可用来随时监控 PLC 的工作情况。

（4）电源模块。电源模块用来将交流电源转换成 PLC 内部电路所需要的直流电源。

（5）外围接口。通过各种外围接口，PLC 可以与编程器、计算机、变频器、存储器、打印机等连接；总线扩展接口用来扩展输入/输出模块和智能模块等。

3．可编程逻辑控制器的工作原理

可编程控制有 RUN（运行）和 STOP（停止）两种工作模式。在 RUN 模式下，PLC 执行用户程序来实现控制要求和控制功能；在 STOP 模式下，CPU 不执行用户程

序，可使用编程软件创建和编辑用户程序，设置可编程控制器的硬件功能，并将用户程序和硬件设置信息下载到 PLC 中。

PLC 通电后，首先对硬件和软件做一些初始化的工作，之后反复不停地分阶段处理各种不同的任务。这种周而复始的工作方式称为扫描工作方式，工作内容包括读取输入、执行用户程序、通信处理、CPU 自诊断测试、刷新输出等。

4. 可编程逻辑控制器的主要性能指标

PLC 最基本的应用是取代传统的继电接触器进行逻辑控制，此外，还可以用于定时/计数控制、步进控制、数据处理、过程控制、运动控制、通信联网和监控等场合。PLC 具有可靠性高、抗干扰能力强、功能完善、编程简单、组合灵活、扩展方便、体积小、重量轻、功耗低等特点。PLC 的主要性能通常由以下指标描述：

（1）输入/输出点数，是指 PLC 的外部数字量的输入和输出端子数。可以用 CPU 本机自带点数来表示，或者以 CPU 的最大扩展点数来表示。通常，小型机最多有几十个点，中型机有几百个点，大型机超过千个点。

（2）存储器容量，指 PLC 所能存储用户程序的多少。一般以"步"为单位，1 步为 1 条基本指令占用的存储空间，即两个字节。小型机一般只有几千步到几万步，大型机则能达到几十万步到几百万步。

（3）扫描速度。PLC 的处理速度一般用基本指令的执行时间来衡量，即一条基本指令的扫描速度，它主要取决于所用芯片的性能。

（4）指令种类和条数。PLC 有基本指令和高级指令（或功能指令）两大类，指令的种类和数量越多，其软件功能越强，编程就越灵活方便。

（5）内存分配及编程元件的种类和数量。PLC 内部的存储器有一部分用于存储各种状态和数据，其种类和数量的多少关系到编程是否方便灵活，也是衡量 PLC 硬件功能强弱的重要指标。

（6）其他指标，如编程语言及编程方式、输入/输出方式、特殊功能模块种类、自诊断、监控、主要硬件型号、工作环境及电源等级等。

（四）传感器

传感器是一种以一定的精确度把被测的量转换为与之有确定对应关系、便于应用的某种物理量的测量装置。各种高技术的智能武器、机器及家用电器设计水平的高低，主要取决于所用传感器的数量和质量。在当今的信息化时代，传感器已无处不在。有用来测定各种流体温度和压力的传感器，有用来确定各部分速度和位置的传感器，有用于测量发动机负荷、爆震、断火及废气中含氧量的传感器，等等。

1. 传感器的组成

传感器是能感受规定的被测的量，并按一定的规律转换成可用输出信号的器件或装置，通常由敏感器件和转换器件组成。

（1）敏感器件，是传感器中能直接感知或响应被测量的器件。

（2）转换器件，是传感器中能把敏感器件感知或响应的被测量的信号转换成适于传输、处理或测量的电信号的部分。

（3）转换电路，将上述电路参数接入转换电路，便可转换为电量输出。

2．传感器的分类

（1）按被测物理量的不同，可分为位移传感器、力度传感器、温度传感器等。这种分类方法能明确地表示传感器的用途。

（2）按传感器工作原理的不同，可分为电感传感器、电容传感器、热电传感器、光电传感器等。这种分类方法有利于传感器专业工作者从原理和设计上作归纳性的分析和研究。

3．传感器的应用

（1）霍尔式传感器。霍尔式传感器是一种应用比较广泛的半导体磁电传感器，其工作原理基于霍尔效应。霍尔效应是指将半导体薄片置于磁场中，当片内有电流流过时，在垂直于电流和磁场的方向便产生电压，这种物理现象称为霍尔效应。根据霍尔效应原理做成的器件叫做霍尔器件，它广泛应用于液体、气体和各种流体的监测和自动控制。

（2）电阻应变式传感器。电阻应变式传感器的工作原理是利用黏结剂将电阻应变片粘贴在试件表面上，并随同试件一起受力变形，从而使应变片的电阻值产生相应的变化。通过适当的测量电路，将电阻的变化量转换成相应的电流或电压信号，即可实现对被测试件产生变形的电阻测量。

电阻应变片分为金属电阻应变片和半导体应变片。电阻应变式传感器的应用，一是将应变片粘贴于被测构件上，直接用来测定构件的应变和应力；二是将应变片贴于弹性元件上，与弹性元件一起构成应变式传感器，用来测量管道压力。

（3）温度传感器。也称热—电传感器，广泛用于测量环境气温、工业炉温、仓储气温、人体温度等。常用的有半导体 PN 结温度传感器、双金属片温度传感器。

第四节　电气电工技术

生产中常用的一些电工设备，如变压器、电动机、控制电器等，它们的工作基础都是电磁感应，是利用电与磁的相互作用来实现能量的传输和转换。这类电工设备的工作原理依赖于电路和磁路的基本理论。这些基本理论、工作原理和操作技能，就是电气电工技术。

一、磁路基本知识

（一）磁路的概念及其物理量

所谓磁路，就是集中磁通的闭合路径。也可以说，磁路是封闭在一定范围里的磁路，所以，描述磁场的物理量就是磁路的物理量。

磁场的基本物理量包括：磁感应强度；磁通，即磁通密度；磁导率；磁场强度。

（二）铁磁性材料的磁性能

磁性材料主要指铁、镍、钴及其合金以及铁氧体等。这些材料磁导率很高，是制造变压器、电动机等各种电工设备的主要材料。铁磁性材料的磁场性能包括：

（1）强磁化性。当把铁磁性材料放在磁场强度为 H 的磁场内时，铁磁性材料就会被磁化。

（2）磁饱和性。由磁性材料所产生的磁化磁场不会随着外磁场的增强而无限增强。当外磁场增大到一定值时，全部小磁畴都转向了与外磁场一致的方向，这时磁化磁场的磁感应强度达到了饱和值。

（3）磁滞性。当交流励磁时，磁感应强度 B 的变化总是滞后于磁场强度 H 的变化，这种现象叫做磁性材料的磁滞性。而由磁滞性形成的特性曲线称为磁滞回线；当磁场强度变化减少到 0 而磁感应强度变化仍未到 0 时的差额称为剩磁感应强度，简称剩磁；若要去掉剩磁，应使铁磁材料反向磁化，这种反向磁化的磁场强度称为矫顽磁力。由于磁滞现象的存在，使铁磁材料在交变磁化过程中产生了磁滞损耗，它会使铁芯发热。磁滞损耗的大小与磁滞回线的面积成正比。

（三）铁磁性材料的分类

根据铁磁材料的磁滞性不同以及磁滞回线形状及其在工程上的用途，一般将铁磁材料分为软磁材料、硬磁材料和矩磁材料三类。

（1）软磁材料。软磁材料的磁滞回线较窄，剩磁和矫顽磁力都较小，磁滞损耗也较小，但易于磁化，磁导率较高。例如，纯铁、铸钢、硅钢、坡莫合金、铁氧体等，都属于软磁材料，常用来制造变压器、交流电动机和交流电工设备的铁芯，收音机接收线圈的磁棒等。

（2）硬磁材料。硬磁材料的磁滞回线较宽，剩磁和矫顽磁力都较大，磁化难但被磁化后其剩磁不易消失。例如，碳钢、钨钢、钴钢、镍钴合金等，都属于硬磁材料，永久磁铁、永磁式扬声器、受话器以及小型直流电动机中的磁极等，都是用硬磁材料制作的。

（3）矩磁材料。矩磁材料的磁滞回线接近矩形，在较弱的磁场作用下也能磁化并达到饱和，当外磁场去掉后磁性仍保持饱和状态，剩磁很大而矫顽磁力较小。矩磁材料稳定性良好且易于迅速翻转，主要用来做记忆元件，如电子计算机存储器的磁芯等。

（四）铁芯线圈电路

将线圈绕制在铁芯上便构成了铁芯线圈。根据线圈励磁电源的不同，可分为直流铁芯线圈和交流铁芯线圈两类，它们的磁路分别为直流磁路和交流磁路。

1. 直流铁芯线圈电路

将铁芯线圈接到直流电源上，即形成直流铁芯线圈电路。因为线圈中通过的是直流电流，磁路中的磁通恒定，在铁芯中不会产生涡流，因此其铁芯可以是整块铁。

直流铁芯线圈电路的特点是：①励磁电流由外加电压及励磁线圈的电阻决定，与磁路的特性无关；②直流铁芯线圈中磁通的大小不仅与线圈的电流及磁动势有关，还取决于磁路中的磁阻，即与磁路的导磁材料有关；③直流铁芯线圈的功率损耗由线圈中电流和线圈电阻决定。

2．交流铁芯线圈电路

将铁芯线圈接到交流电源后，即形成交流铁芯线圈电路。由于线圈中通过的是交流电流，在线圈和铁芯中将产生感应电动势。如果铁芯是整块铁，不但会产生感应电动势，而且还会产生感应电流即涡流。涡流在铁芯中流动会使铁芯发热，由涡流引起的损耗叫涡流损耗。在交流励磁时，为了减少涡流损耗，通常将交流铁芯线圈的铁芯做成叠片状（片间绝缘），以减少涡流。变压器、电动机等的铁芯都是做成叠片状的。

交流铁芯线圈与直流铁芯线圈的重要区别是，当电源频率和线圈匝数一定时，交流铁芯线圈磁路中的主磁通只取决于线圈的外加电压，而与磁路的导磁材料和尺寸大小无关；另外，当交流铁芯线圈的外加电压一定时，在产生同样磁通的情况下，磁路的材料不同，线圈中的电流也不同，这也是交流铁芯线圈与直流铁芯线圈的区别之一。

交流铁芯线圈中的功率损耗有两部分：一部分是铜损，是线圈电阻通过电流发热产生的损耗；另一部分是铁芯的磁滞损耗和涡流损耗，两者合称为铁损。为了减少磁滞损耗，应选择软磁性材料做铁芯；为了减少涡流损耗，铁芯要做成叠片状。

二、变压器

变压器是根据电磁感应原理制成的电气设备。在电力系统中，为了降低损耗和提高输电效率，发电机发出的电能要利用变压器升压后再输送出去。电能到达用电区后，再利用变压器将电压降到用户所需要的电压。在电子线路中，变压器可用来变换电压、电流和阻抗，传递交流信号。变压器在电工、电子技术、自动控制系统等诸多领域获得广泛的应用。除电力系统和电子线路外，还有用于调节电压的自耦变压器、电加工用的电焊变压器和电炉变压器、测量电路用的仪表变压器等。

（一）变压器的基本结构

变压器是一种能够将某一等级电压（或电流）转换成另一等级电压（或电流）的装置。

变压器的基本结构是由铁芯及套在铁芯柱上的线圈（也叫绕组）组成。通常将接于电源侧的绕组称为一次绕组（也称为原边绕组或初级绕组），将负载侧的绕组称为二次绕组（也称为副边绕组或次级绕组）。

铁芯是变压器的磁路部分，它由两面涂有绝缘漆的硅钢片叠装而成，并做成闭合形状，线圈缠绕在铁芯柱上。按照线圈套装铁芯的不同，可分为芯式和壳式两种。芯式铁芯的变压器是其绕组套在铁芯柱上，容量大的变压器多为这种芯式铁芯结构；壳式铁芯的变压器是铁芯把绕组包围在中间，常用于小容量的变压器中。

绕组是变压器的电路部分。与电源连接的绕组称为一次绕组，与负载连接的绕组称为二次绕组。为了降低电阻值，线圈多采用导电性能良好而外层绝缘的铜线缠绕而成。线圈与铁芯之间、线圈与线圈之间、线圈各层之间是绝缘的。为了减小各绕组与铁芯之

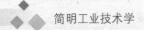

间的绝缘等级，一般将低压绕组绕在里层，将高压绕组绕在外层。

除了铁芯和绕组之外，变压器一般都有一个外壳，用来保护线圈免受机械损伤，并起散热和屏蔽作用，大容量的变压器还配备散热装置，如三相变压器配备散热油箱、油管等。

（二）变压器的工作原理

变压器的工作内容包括变换电压、变换电流、变换阻抗，其工作原理是通过缠绕铁芯的线圈匝数对比实现变换。具体地说，根据电磁感应定律，当变压器一次绕组接入电源时，交流电源电压就在一次绕组中产生激励电流，激励电流在铁芯中感应出变化的磁通，称为主磁通。主磁通以铁芯为闭合回路既穿过一次绕组又经过二次绕组，于是就在二次绕组感应出交变电动势。如果二次输出端接入负载，就会在负载中流过交流电流。二次输出电压（或电流）和一次输入的电压（或电流）之间的比例与一、二次绕组之间的匝数比有着对应的关系，从而实现变压器变换电压、电流、阻抗的职能。

（三）三相变压器

工农业生产和工程建设中通常采用三相交流电，三相变压器就是用来升高和降低三相交流电压的设备，因而应用极为广泛。

三相变压器可以用 3 个单相变压器组成，称为三相变压器组。这种三相变压器的每一相分高、低压绕组，特点是 3 个磁路单独分开，互不关联。因此，三相之间只有电的联系而无磁的耦合，称为不相关磁路系统。

另一种三相变压器是用铁轭把 3 个铁芯柱连在一起的，称为三相芯式变压器。其特点是三相中任何一个铁芯柱中的磁通都经过其他两个铁芯柱形成闭合磁回路，三相之间不仅有电的联系，而且有磁的关联，因此称为相关磁路系统。三相变压器线路连接各有不同，但不论作何种连接，其原、副绕组相电压的比值都等于一次、二次绕组的匝数比。

三、异步电动机

电动机可以将电能转换为机械能，是工农业生产中应用最广泛的动力机械。按电动机所耗用电能种类的不同，可分为直流电动机和交流电动机两大类，而交流电动机又可以进一步分为同步电动机和异步电动机。异步电动机具有结构简单、运行可靠、维护方便及价格便宜等优点，在电力拖动系统中，被广泛应用于各种机床、起重机、鼓风机、水泵、皮带运输机等设备中。

（一）三相异步电动机的基本结构

三相异步电动机主要由定子（固定部分）和转子（旋转部分）两部分组成，在定子与转子之间有气隙，定子两端有端盖支撑转子的转轴。按照转子的结构形式不同，又分为绕线式异步电动机和鼠笼式异步电动机。

1．定子

定子由定子铁芯、三相定子绕组、机座三部分组成。定子铁芯是电动机磁路的一部分，紧贴机座内壁，由互相绝缘的硅钢片叠压而成。定子铁芯的内圆周有均匀分布的许多线槽，用来嵌放定子绕组。定子绕组由许多绝缘线圈连接而成，用高强度漆包线绕制成对称三相绕组，每组之间互成120°电角，对称均匀地嵌放在定子铁芯槽内。3个绕组的首端、末端组成三相共6个出线端固定在接线盒内。机座大多数是用铸铁浇铸而成，质量较大，用于固定和支撑定子铁芯。

2．转子

转子由转子铁芯、转子绕组、转轴和风扇等部分组成。转子的铁芯也是电动机磁路的一部分，由外圆周上冲有均匀线槽的硅钢片叠压而成，并固定在转轴上。转子铁芯的线槽放置转子绕组。转子的绕组是在转子的线槽中放置一根根铜条，铜条两端用回路环焊接起来。转子绕组和定子绕组相似，是由绝缘导线绕制而成，按一定规律嵌放在转子槽中，组成三相对称绕组。异步电动机的附件还有端盖，装在机座两侧，中心装有轴承，用以支撑转子盖旋转。

（二）三相异步电动机的旋转磁场

1．旋转磁场的产生

三相异步电动机之所以能旋转起来，是因为其磁路中存在旋转磁场。三相异步电动机的定子铁芯中相隔120°对称地放置着匝数相同的3个绕组，有3个首端和3个末端，并把三相绕组接成星形。当把三相异步电动机的三相定子绕组接到对称三相电源时，定子绕组中便有对称三相电流流过。它们共同产生的合成磁场随电流的交变而在空间不断地旋转着，这就是旋转磁场。

2．旋转磁场的转向

只要将同三相电源连接的3根导线中任意2根的一端对调位置，旋转磁场就会反转。可见，旋转磁场的旋转方向与三相电流的相序一致，或者说旋转磁场的转向是由三相电流的相序决定的。改变三相电流相序，旋转磁场的旋转方向随之改变。

3．旋转磁场的转速

旋转磁场的转速取决于磁场的磁极对数。具体地说，旋转磁场的转速 n_0（亦称同步转速）取决于电源频率和电动机的磁极对数 P。我国的电源频率为50 Hz，并规定1～6对磁极的电动机磁场旋转速度为 n_0 的3 000～5 000倍。

（三）三相异步电动机的转动原理（工作原理）

当电动机定子绕组通过三相交流时便产生旋转磁场，它以同步转速 n_1 在空间顺时针旋转。静止的转子导体切割旋转磁场而感应电动势，按右手定则确定电动势方向。由于转子有一个短路绕组，感应电动势在绕组中产生电流，电流方向上半部流出纸面，下半部流入纸面。转子电流与磁场相互作用而产生电磁力（按左手定则确定其方向），电磁力作用在转子上形成电磁转矩，使转子以转速 n 按旋转磁场方向旋转。如果要改变转子转向，只要任意对调两根电源线，使旋转磁场改变方向，电动机即可反转。感应电动

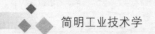

机转速 n 总要和同步转速 n_1 有一个转速差，才能切割磁力线而产生转矩，才能转动，因此感应电动机称为异步电动机。异步是指 n 与 n_1 不同步才能导致电动机转动工作。

（四）三相异步电动机的使用

1．启动

三相异步电动机的启动就是将电动机的定子绕组与电源接通后，转子由静止到以额定转速稳定运行的过程。电动机启动时，要尽量降低启动电流，取得合适的启动转矩。

启动方法有直接启动和降压启动。直接启动就是在启动时将电动机直接接到电源上，使电动机在额定电压下启动。小容量电动机可直接启动。降压启动是指大容量的三相异步电动机，由于启动电流大，造成电网电压波动很大，不允许直接启动，而必须在启动时降低加在定子绕组上的电源电压，使启动电流降低而稳定启动。

2．制动

当电动机电源切断后，由于惯性，电动机运转不能立刻停下来。实际生产过程中，为了使电动机能准确、迅速地停车，以保证生产的安全及工作的准确性，要对电动机采取各种措施，称为制动，即"刹车"。

制动方法主要有机械制动和电气制动。机械制动主要是利用电磁力、弹簧力、液压力等产生的摩擦阻力，使电动机迅速准确地停车。电气制动包括能耗制动和反接制动等。能耗制动是在电动机切断电源后，在定子绕组中通入一直流电流，产生一制动转矩，使电动机转子的动能转化为热能消耗掉而准确停车。反接制动是指利用改变电动机的三相电源的相序，使电动机的旋转磁场反转，从而产生制动转矩使电动机准确停车。

3．用途

三相异步电动机的功率可以从几百瓦到几千瓦，由于其结构简单、运行可靠、价格低廉，所以广泛应用于工农业生产中，如在工业上拖动各种机床、轧钢机、起重机械、鼓风机，在农业上用于排灌、脱粒、磨粉和其他农副产品的加工。

单相异步电动机在结构上与三相异步电动机相似，但它的定子绕组有两个，一是工作绕组，二是启动绕组，由单相电源供电，采用分相启动或罩极启动。单相异步电动机一般功率很小，从几十瓦到几百瓦，在日常生活、医疗及工业上得到广泛应用，如电扇、鼓风机、吸尘器、电冰箱、空气调节器、医疗器械等。

四、直流电动机

直流电机是实现机械能和直流电能互相转换的装置。直流电机作为发电机用时，将机械能转换为电能；作为电动机用时，将直流电能转换为机械能。

（一）直流电动机的构成

直流电动机主要由磁极、电枢和换向器三部分组成。

1．磁极

直流电动机的主磁极是用来产生磁场的，它由硅钢片叠成并固定在机座上，机座也是磁路的一部分。主磁极由极心、极掌和励磁绕组组成。极掌做成一定形状，能使空气隙中磁感应强度分布最合理，同时也方便安装绕组。励磁绕组里通入直流电流。除主磁极外，还有换向磁极，用来产生附加磁场以改善电动机的换向。小型直流电动机可用永久磁铁做磁极。

2. 电枢

电枢是直流电动机的旋转部分，也称为转子，由铁芯和绕组两部分组成。铁芯由硅钢片叠成圆柱状，外表面有许多均匀分布的槽，槽中放电枢绕组，绕组中通直流电流。每个线组的两个端头按一定规律各焊在一个换向片上。电动机的转轴固定在电枢中央。

3. 换向器

换向器的主要组成部分是换向片和电刷。各换向片之间相互绝缘，按一定规律装在绝缘套筒上。换向器表面用弹簧压着固定的电刷，当换向器转动时，电刷可以在换向器表面上滑动。换向器与电枢同轴且紧固在一起，使转动的电枢绕组通过电刷得以同外电路连接起来。

（二）直流电动机的工作原理

假定直流电动机只有一对磁极，电枢只有一个绕组，绕组的两个端头分别焊在两个换向片上，换向器上面压着两个电刷。将直流电源接在两个电刷之间，电枢绕组中便产生电流。N 极下线圈边中电流的方向指向左，S 极下线圈边中电流的方向指向右，两个线圈边在磁场中受力方向一致，因而使电枢转动起来。由于电枢转动而使两个线圈边的位置发生了变化，但由于换向器的作用，凡是转到 N 极下的线圈边中的电流方向总是指向左的，而转到 S 极下的线圈边中的电流方向总是指向右的，从而保证了各磁极下的线圈边受力方向不变，使电动机能按一个方向转下去。由电枢绕组中的电流与磁通相互作用产生的电磁转矩是直流电动机的驱动转矩，电动机带动生产机械运动，实现了直流电能到机械能的转换。

（三）直流电动机的使用

1. 启动

直流电动机直接启动时，由于反电动势还没有建立而使得启动时电枢电流非常大，进而启动转矩也非常大，将对供电源和机械装置形成强大的冲击。因此，在保证足够的启动转矩下，必须限制启动电流。常用方法是在电枢回路串入启动电阻或降低电枢电压，将启动电流限制为额定电流的 1.5 ~ 2.5 倍。

2. 调速和反转

直流电动机的调速性能好，常用的调速方法是调磁调速和调压调速。调磁调速是弱磁调速，即通过调整励磁电流，减少主磁通，使空载转速升高，改变转速。调压调速是降压调速，即保持主磁通、电枢电阻不变，减少他励电动机电枢电压，电动机可以运行在不同的特性曲线上而获得不同的转速。若要使直流电动机反转，则可以只改变主磁通的方向或只改变电枢电流的方向。

3. 制动

可采用能耗制动或反接制动，使电磁转矩成为阻力转矩，从而使电动机停转而达到准确停车的效果。

4. 用途

直流发电机曾经是工业上直流电的主要电源之一，广泛应用于同步发电机的励磁、蓄电池充电、电解和电镀，汽车、拖拉机、火车的照明以及各种调速机床等；但因直流发电机本身结构复杂，维护麻烦，并且还有设备多、投资和占地面积大、效率低、经济性能差等许多缺点，近年来，逐渐被使用硅整流和晶闸管整流装置的直流电源所取代。硅整流和晶闸管整流装置直流电源具有效率高、体积小、重量轻、控制灵活等一系列优点，正成为直流电源的主要形式。不过，直流电动机虽有许多缺点，但具有良好的启动、调速和制动性能，因而仍然是电力拖动系统的一种主要电机，如在轧钢机、精密机床、造纸机等上得到广泛使用。

五、继电接触器

在现代工农业生产中，生产机械的运动部件大多数是由电动机拖动的，通过对电动机的自动控制（如启动、停止、正反转、调速、制动等）来实现对生产机械的自动控制。由各种有触点的控制电器（如继电器、接触器、按钮等）组成的控制系统称为继电接触控制系统。

（一）交流接触器

接触器常用来接通和断开电动机或其他设备的主电路，是一种失压保护电器。接触器具有控制容量大、过载能力强、寿命长、设备简单经济等优点，是电力拖动自动控制电路中使用最广泛的电器元件之一。接触器可分为直流接触器和交流接触器两类。直流接触器的线圈使用直流电，交流接触器的线圈使用交流电。

交流接触器主要由磁铁和触点组成。电磁铁由定铁芯、动铁芯和线圈组成。触点可以分为主触点和辅助触点两类。例如，CJ10 – 20 型交流接触器有 3 个常开主触点和 4 个辅助触点（两个常开，两个常闭）。交流接触器的主、辅触点通过绝缘支架和动铁芯连成一体，动铁芯运动时，带动各触点一起动作。主触点能通过大电流，一般接在主电路中；辅助触点通过的电流较小，一般接在控制电路中。

触点的动作是由动铁芯带动的。当线圈通电时，动铁芯下落，使常开的主、辅触点闭合（电动机接通电源），常闭的辅助触点断开；当线圈欠电压或失去电压时，动铁芯在支撑弹簧的作用下弹起，带动主、辅接触点恢复常态（电动机断电）。

（二）继电器

1. 热继电器

热继电器是利用流过继电器的电流所产生的热效应而反时限动作（即延时动作时间随通过电路的电流的增加而缩短）的继电器，主要用于电动机的过载保护、断相保护、电路不平衡运行的保护以及其他电器设备发热状态的控制。

热继电器的主要组成部分是热元件、双金属片、执行机构、整定装置和触点。热元件是一段电阻不大的电阻丝，接在电动机的主电路中。双金属片是由两种膨胀系数不同的金属碾压而成的。发热元件绕在双金属片上，二者绝缘。

设双金属片的下片较上片膨胀系数大。当主电路电流超过容许值一段时间后，发热元件发热使双金属片受热膨胀而向上弯曲，以致双金属片与扣板脱离，使常闭触点断开，主电路断电。发热元件断电后，双金属片冷却可恢复常态，这时按下复位按钮可使常闭触点复位。

2. 中间继电器

中间继电器是用来增加控制电路中的信号数量或将信号放大的继电器。它的结构与交流接触器基本相同，只是其电磁机构尺寸较小，结构紧凑，触点数量较多。其输入信号是线圈的通电和断电，输出信号是触头的动作，众多触头可控制多个元件或回路。中间继电器具有记忆、传递信息、转换信息等控制作用，可用来直接控制小容量电动机或其他电器，是一种大量使用的继电器。

3. 时间继电器

时间继电器是从得到动作信号起到触头动作有一定时间且符合延时准确要求的继电器，是对控制电路实现时间控制的电器，广泛应用于需要按时间顺序进行控制的电气控制线路中。常见的有电磁式、电动式的电子式时间继电器和空气阻尼式时间继电器。

空气阻尼式时间继电器的主要组成部分是电磁铁、空气室和微动开关，利用空气阻尼作用来达到延时控制目的，其结构较简单，但准确度较低。电子式时间继电器体积小，重量轻，耗电少，定时准确度高，可靠性好，因而被广泛应用。

（三）断电器

1. 熔断器

熔断器是有效的短路保护电器。熔断器中的熔体是由电阻率较高的易熔合金制作的。一旦线路发生短路或严重过载时，熔断器会立即熔断。故障排除后，更换熔断体即可。

熔体的选择方法如下：

（1）电灯支线的熔丝额定电流≥支线上所有电灯的工作电流。

（2）一台电动机的熔丝额定电流≥电动机的启动电流/2.5。

（3）几台电动机合用的总熔丝额定电流 =（1.5 ～ 2.5）×（容量最大的电动机的额定电流 + 其余电动机的额定电流之和）。

熔断器的类型主要依据负载的保持特性和短路电流的大小进行选择。熔断器额定电压的选择值一般应大于或等于电器设备的额定电压。

2. 自动空气断路器

自动空气断路器也叫自动空气开关，是一种常用的低压控制电器，可用来分配电能，对电动机及电源线路进行保护。当发生严重过载、短路或欠电压等故障时能自动切断电源，相当于熔断式断路与过流、过压、热继电器等的组合，而且在分断故障电流后，一般不需要更换零部件。

选择自动空气断路器应注意如下几点：

（1）自动空气断路器的额定电流和额定电压应大于或等于线路、设备的正常工作电流和工作电压。

（2）自动空气断路器的极限分断能力应大于或等于电路最大短路电流。

（3）欠电压脱扣器的额定电压应等于线路的额定电压。

（4）过电流脱扣器的额定电流应大于或等于线路的最大负载电流。

使用自动空气断路器实现短路保护比熔断器好，因为三相电路短路时，可能只有一相熔断器熔断，造成缺相运行；而对于空气断路器来说，只要造成短路就会跳闸，将三相同时切断。自动空气断路器还有其他保护作用，性能优越，但其结构复杂，操作频率低，价格高，只适合于如电源总配电盘等要求较高的场合使用。

（四）行程开关

行程开关是根据运动部件的位移信号而动作的，是行程控制和限位保护不可缺少的电器。若将行程开关安装于生产机械行程终点，以限制其行程，则称为限位开关或终点开关。行程开关广泛应用于各类机床和起重机械的控制，以限制这些机械的行程。

常用的行程开关有撞块式（称为直线式）和滚轮式，滚轮式又分为自动恢复式和非自动恢复式。非自动恢复式行程开关需要运动部件反向运行时撞压使其复位。运动部件速度慢时要选用滚轮式。由于半导体元件的出现，又产生了一种非接触式的行程开关，即接近开关。当生产机械接近它到一定距离范围之内时，它就能发出信号，以控制生产机械的位置或进行计数，实施行程限制或数量限制的功能。

六、安全用电常识

（一）安全用电措施

（1）相线必须进开关。相线进开关后，当开关处于分断状态时，用电器上就不带电，人接触用电器时就可以避免触电，而且利于维修。换螺口灯座时，相线一定要与灯座中心的簧片连接，不允许与螺纹相连。

（2）合理选用照明电压。一般工厂和家庭的照明工具应采用悬挂式，减少人体接触机会，可选用 220 V 电压供电，机床照明应选用 36 V 供电；在潮湿、有导电粉尘或有腐蚀性气体的情况下，应选用 24 V、12 V 甚至 6 V 电压来供照明灯具使用。

（3）合理选择导线和熔丝。导线通过电流时不允许过热，所以导线的额定电流应比实际通过的电流大些。熔丝是起保护作用的，要求电路发生短路时能迅速熔断，不能选熔断电流很大的熔丝来保护小电流电路，也不能用熔断电流小的熔丝来保护大电流电路。

（4）保证电气设备的绝缘电阻。电气设备的金属外壳和导电线圈之间必须有一定的绝缘电阻，否则，当人触及正在工作的电气设备（电动机、电风扇等）金属外壳时就会触电。

（5）电气设备要正确安装。电气设备要根据安装说明书进行安装，不可马虎行事。带电部分应有防护罩，高压带电体更应有有效的防护，使一般人无法靠近高压带电体。

（6）电气设备必须有保护接地和保护接零及漏电保护。在电源中性点不接地的三相电源系统中，为了防止因绝缘损坏而遭受触电的危险，应将电气设备带电部分相绝缘的金属外壳或金属构架与大地可靠连接，称为保护接地。在电源中性点接地的三相电源系统中，应将电气设备的金属外壳与电源的零线（中性线）直接连接，称为保护零线。各种家用电器常用三眼插座和三脚插头与电源连通，插座的三眼分别为保护接零、工作接零和火线，三脚插座应正确插接以实现保护接零，绝不允许用一根零线取代工作接零线和保护接零线，否则将造成设备外壳带电而发生触电事故。漏电保护是一种防止触电的保护装置，当电气设备发生漏电或接地故障时，漏电保护器能迅速切断电源，减轻对人体的危害。

（7）正确使用移动式及手持式电气设备。在安装手提式电钻等移动工具时，其引线和插头都必须完整无损，不应有接头，长度不得超过 5 m，金属外壳必须可靠接地。

（8）电气设备有异常现象应立即切断电源。当发现电气设备有过热、冒烟、烧糊的怪味、声音不正常、打火炮甚至起火等危及设备正常工作情况时，应立即切断电源，停止设备的工作，然后再进行相应的处理，在故障排除前一般不得再接电源试验。

（二）电工安全操作

1. 电工安全操作规程

（1）电工必须接受安全教育，患有精神病、癫痫、心脏病及肢体有严重障碍者，不能参与电工操作。

（2）在安装、维修电气设备和线路时，必须严格遵守各种安全操作规程和规定。

（3）在检修电路时，为防止电路突然送电，应采取以下预防措施：①穿上电工绝缘胶鞋；②站在干燥的木凳或木板上；③不要接触非木结构的建筑物体；④不要同没有与大地隔离的人体接触。

2. 停电检修的安全操作规程

（1）将检修设备停电，将各方面的电源完全断开，禁止在只经断路器断开的设备上检修。对于多回路的线路，要注意防止其他方面突然来电，特别要注意防止低压方面的反送电。在已断开的开关上挂上"禁止合闸，正在检修"的警示牌，必要时加锁。

（2）准备检修的设备或线路停电后，对设备先放电，消除被检修设备上残存的静电。放电需采用专用的导线（电工专用），采用绝缘棒操作，人手不得与放电导体相接触，同时，注意线与地之间、线与线之间须均无放电。

（3）为防止意外送电和二次系统的反送电，以及为了消除其他方面的感光电，应在被检修部分外端装设携带型临时接地线，安装时先装接地端，拆卸时后拆接地端。

（4）检修完毕后，应拆除携带型临时接地线并清理工具及所有的零角废料，待各点检修人员全部撤离后再摘下警示牌，装上熔断器插盖，最后合上电源总开关恢复送电。

3. 带电检修的安全操作规程

（1）带电工作的电工必须穿好工作衣，扎紧袖口，严禁穿背心、短裤进行带电工作。

（2）带电操作的电工应戴绝缘手套，穿绝缘鞋，使用绝缘柄工具，同时，应由一

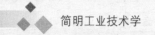

名有带电操作实践经验的人员在周围监护。

（3）在带电的低压电路上工作时，人体不得同时触及两根接线头，当触及带电体时，人体的任何部位不得同时触及其他带电体。导线未采取绝缘措施时，工作人员不得穿越导线。

（4）带电操作前应分清相线与零线。断开导线时应先断开相线，后断开零线；搭线时应先接零线，后接相线。

（三）触电事故防治

1．常见的人体触电形式

（1）单相触电。单相触电是指人体的某一部分触及一相电源或接触到漏电的电气设备，电源通过人体流入大地，造成触电。触电事故中大部分为单相触电。具体分为：①中性点接地的单相触电。人站在地面上，如果人体触及一根相线，电流便会经导线流过人体流入大地，再从大地流回电源中性点形成回路。若人体承受 220 V 的电压，人体电阻按 1 000 Ω 计算，流过人体的电流将高达 220 mA，足以危及生命。②中性点不接地的单相触电。人站在地面上，如果接触到一根相线，这时有两个回路的电流通过人体，一个回路的电流从 L_3 相相线出发，经人体、大地、对地电容到 L_2 相；另一个回路从 L_3 相相线出发，经人体、大地、对地电容到 L_1 相。此种情况的触电电流仍可达到危及生命的程度。③单相触电的另一种形式。在安装或修理电气设备时，虽然注意了脚下与大地之间的绝缘，但由于双手接线，不慎使双手和身体上部成为相线导通的一部分，电流经心脏从而导致触电，甚至引起严重的触电事故。

（2）两相触电。两相触电是指人体的两个部分分别触及两根相线，这时人体承受 380 V 的电压，触电电流可达 380 mA，是危害性更大的触电形式。

（3）接触电压与跨步电压触电。外壳接地的电气设备，当绝缘损坏而使外壳带电，或导线断落发生单相接地故障时（如高压电线断裂落地），电流就由设备外壳经接地线、接地人体或高压导线落地点流入大地，向四周扩散，此时设备外壳和大地的各个部位都会产生不同的电位，人站在地上触及设备外壳或与设备相连的金属构架及墙壁时就会承受一定的电压，称为接触电压。如果人站在设备附近或高压线断落点附近的地面上，脚就会因站在不同的电位上而承受跨步电压，造成触电事故。

（4）雷击触电。雷击的特点是电压高、电流大、作用时间短，不仅能毁坏建筑设施及引起人畜伤亡，还易产生火灾与爆炸，危害非常大。

2．预防触电的措施

预防触电的措施有：①防止导电部位外露；②防止线路和电气设备受潮；③设置接地导体；④拆修时切断电源并在开关处挂警示牌或派专人看管；⑤设置避雷装置。

3．触电急救的措施

触电急救的措施有：

（1）遇到有人触电时，应立即拉开电源开关或拔下熔丝，切断电源；如遇有人在室外触碰电线触电，应用干燥的竹木棍挑开触电者身上的电线，使之脱离电源。

（2）帮助触电者脱离电源后，必须立即进行抢救，分秒必争。如果触电者已失去知觉，呼吸困难，有痉挛现象，但心脏还在跳动，则应使触电者平卧，保持周围空气流通，并迅速与医疗急救中心联系，争取医务人员诊治；如果触电者呼吸、脉搏、心跳均停止，则应立即进行人工呼吸及心脏按摩，促使心脏恢复跳动。

（3）在医务人员未接替救治前，不得中断现场急救工作，不能擅自判定伤员死亡而放弃抢救。只有医生才有权做出伤员死亡的诊断。与医务人员交接时，应提醒医务人员在触电者转移到医院的过程中不得间断抢救。

4．日常防雷常识

（1）雷电天气要关好门窗，防止球形雷窜入室内造成危害。

（2）雷雨天气暂不要使用电器，并拔掉电器插头、电视天线；不要打电话；不要靠近室内的金属设备，如暖气片、自来水管、下水管等；要离开电源线、电话线、广播线 1.5 m 以上；不要穿潮湿衣服，不要靠近潮湿的墙壁。

（3）要远离建筑物的避雷针及其接地引线，防止跨步电压伤人。

（4）雷雨天最好不要在旷野里行走；尽量远离山顶、海滨、河边、沼泽地、铁丝网、金属晒衣绳等；不要用有金属杆的雨伞，不要将带有金属杆的工具如铁锹、锄头等扛在肩上。

（5）躲避雷雨时应选择有屏蔽作用的建筑物或物体，如金属箱体、汽车、混凝土房屋等，不要骑自行车或乘坐敞篷车。

（6）人在遭受雷击前，会有突然头发竖起或皮肤颤动的感觉，这时应立即躺倒在地上，或选择低洼处蹲下，双脚并拢，双臂抱膝，头部下俯，尽量缩小暴露面。

第四章 化学工业技术

化学工业是采用化学方法并辅以物理方法加工原料来生产产品的工业，是知识技术密集度和资金密集度都比较高的多行业、多品种的装置型工业。化学工业是国民经济中的一个重要组成部分，它既为农业、轻工业、重工业和国防工业等提供生产资料，也为人们提供衣、食、住、行各方面必不可少的化工产品，对国民经济的发展和人民物质生活的提高起着十分重要的作用。

第一节 化学工业基础知识

一、化学工业分类

化学工业范畴极其广泛，原则上讲，任何以化学方法为主要加工手段的生产部门，即原料经化学反应转化为产品的部门，均属于化学工业。但是，某些以化学方法为主要加工手段的生产部门如冶金、炼油、建筑材料、造纸等，由于它们在国民经济中的重要地位，已经发展为独立的工业部门；还有些行业则同国民经济中与之联系更为密切的其他行业组成单独的工业部门，如将水泥、玻璃等归属于建材工业，合成纤维归属于纺织工业，等等。因此，化学工业的范畴实际上要狭窄得多，大致包括化学矿采选、基本原料生产、化肥农药生产、石油化工、精细化工等部门。

化学工业的分类方法较多，例如，按原料来源可分为煤炭化学工业、石油化学工业、农副产品化学工业等；按产品吨位可分为基本化学工业、精细化学工业等；按产品用途又可分为化肥、农药、染料、涂料、合成洗涤剂、合成纤维、塑料、合成橡胶等工业。而习惯上，一般将化学工业分为无机化学工业和有机化学工业两大类。其中，无机化学工业包括无机酸工业、氯碱工业、化肥工业、无机精细化工等；有机化学工业包括石油炼制工业、石油化学工业、有机精细化工、食品化工、油脂化工等。每大类中又分为许多产品小类。

二、化工物料和产品

化工生产中的原料、中间体、产品、联产品、副产品等统称为物料。化工生产的初始原料为煤、石油、天然气和各种化学矿物，而中间体一般也归为化工基本原料。中间体是化工初始原料煤、石油、天然气、化学矿物等经过化学加工得到一次产品、二次产品等某阶段的中间产物，如合成气、甲烷、乙烯、丙烯、丁二烯、C_4 以上脂肪烃、乙炔、芳烃及其衍生物等有机化工的中间体和"三酸二碱"（即硫酸、硝酸、盐酸、纯碱、烧碱）等无机化工的中间体。化学工业从原料加工成最终产品，往往要经过多次化学反应，先获得各阶段的中间产物而后制成最终产品，因此，化工生产过程中最多的是中间体。中间体也叫半成品，对于生产来说，也是化工原料之一。因此，人们习惯于将原料型的中间体化工产品也称为化工原料，而把具有最终使用性能的化工产品称为化工产品，如化肥、农药、染料等。若化工原料经化学加工同时制取两种或以上产品，这些产品无主次之分，则将这几种产品称为联产品，例如，石油炼制工业往往是原油经炼制加工同时获得多种油品的联产品。如果原料经过化学加工制取的产品有主次之分，则主产品为化工产品，次产品为化工副产品，特别是利用化工生产中的"三废"（即废气、废水、废物）进行再加工得到的产品，也统称为副产品。化工原料全身都是宝，随着科学技术的发展，对其大力进行综合利用和深加工，最后都能制成多种多样为人类所利用的最终产品、联产品和副产品。任何原料和物料对化学工业来说，都无废物可言。

三、化工原料和能源

（一）化学工业的原料

化工原料是指化工生产中能全部或部分转化为化工产品的物质。与其他工业生产一样，化工生产也有主要原料、次要原料及辅助原料之分。经过生产过程，能转移构成产品基本实体的原料为主要原料，与主要原料配合使用也能转移到产品实体中的其他原料为次要原料，不转移构成产品实体但有利于产品形成的原料为辅助原料。

在这里要特别强调的是，化工生产往往是一种经历多次化学反应，先形成多次中间体产品（半成品），最后才获得最终产品的过程，其原料与中间体产品的概念是可以互换的。也就是说，中间体产品对初始原料来说是产品，而对最终产品来说又是原料，称之为化工基本原料。同时，化工生产从终极意义来说是最完全的生产过程，其生产主产品、联产品的主生产过程中的"三废"还可以通过副生产过程作为原料用之于生产副产品，对于副生产过程中产生的"废物"还可以作为原料再生产其他副产品。例如，我国华南地区以甘蔗为原料的制糖企业中，目前大多数已经转型为糖化工联合企业，不但经主生产过程获得白糖等主产品，还经过多分支、多层次的副生产过程，利用甘蔗渣、废糖蜜等"三废"作为原料，生产出白纸、卫生纸、蛋白质饲料、酒精、轻质碳酸钙、减水剂、烧碱、水泥、煤渣砖、家用沼气、锅炉燃料等十几种副产品，而且副产品的产值和利润大大超过白糖等主产品的产值和利润，做到企业无"三废"排放到环境中。因此，化工生产中就有初始原料、基本原料和副生产原料之分。初始原料是来源于自然界，经人们开采、种植、收集而得到的原料；基本原料是从初始原料经过加工制得的原料；副生产原料是对初始原料和基本原料进行加工后产生的所谓"三废"的原料以及化工产品使用后作废品回收利用的原料。由此可见，原料的内涵对化工生产来说，仅有相对而无绝对的概念；对于最需要也最有条件实施清洁生产的化学工业来说，更具特殊的意义，因为世间万物凡进入到化工生产行列之中，都是可以循环往复穷尽利用的。

化工生产的初始原料主要有：①矿物资源，包括煤、石油、天然气及无机化学矿。煤是煤化工和有机合成的原料，石油和天然气是石油化工和有机化工的主要原料。无机化学矿是无机化工生产的主要原料，主要有硫化物、氧化物、氟化物、碳酸盐、硝酸盐、磷酸盐等矿石，以及海盐、石盐、石灰石等，还有各种金属矿物也为化工生产提供大量的化学原料。②生物原料，包括粮食、农业生产废物及林业中木材加工副产物，可用于生产有机化工产品如乙醇、丙酮、丁醇、柠檬酸等。随着石油开发越来越穷竭，生物原料化工的开发越来越受到重视。③水，是化工生产中最需要，也最便宜和最丰富的溶剂，广泛应用于洗涤、冷却介质及锅炉给水，也可以作为制取氢气和氧气的原料。④空气，是工业用氮气、氧气及惰性气体的来源。⑤废弃物质，主要指工业生产中的废弃物质和生活消费后的废弃物质，是化学工业综合利用的宝贵的二次原料。综合利用废弃物质生产化工产品，既能变废为宝，化害为利，又有利于保护环境。

化工生产中，从上述初始原料只能直接制取为数不多的一次产品，然后以一次产品为原料，经化学加工制取较多的二次产品，进而以二次产品、三次产品为原料，经过一系列的化学加工可制取成千上万种化工产品。这种将"原料—产品—原料—产品"进行多次化学加工的过程，称为深度化学加工。随着化学加工深度的不断发展，不仅可以从等量的初始原料制取更多品种的化工产品，而且产品的价值随之迅速增值。有资料显示，美国1978年用价值50亿美元的石油为原料，生产出价值约670亿美元的有机化工中间体产品，进而加工成总价值约5 300亿美元的最终产品，约占美国当年国民生产总值的27%。可见，化工生产具有多么巨大的潜力和效益。

（二）化学工业的能源

化学工业的能源，一是电力，主要用于化工生产中的电动、电解和电热。二是有机能源，如煤、石油、天然气、油田气以及蒸汽等。煤、石油、天然气既是化工生产的主要原料，又是主要燃料。珍贵的有机化工原料用于燃烧，令人感到可惜。因此，化工生产中应减少油、气、煤等做燃料使用，而尽量将其用做化工原料深加工生产化工产品。三是化工生产过程中化学原料的化学反应放热。应大力加强技术改造，充分利用化工生产自身产生的热能，发挥其热力作用，这样，既能充分利用废热，变废为宝，化害为利，又能节约燃料，降低生产成本及保护环境。

四、化工生产的一般过程及特点

（一）化工生产过程的组成

化工生产过程是将原料经过化学反应转变为产品的工艺过程，化学反应是化工生产的中心环节。然而，化学反应的顺利进行要求有相应的生产设备和工艺条件如催化剂、温度、压强、浓度以及流体输送、传热、能源供应、给排水等加以保证。化工生产是流程式生产过程，原料在化学加工前必须做适当的预处理，使之具有流动的性质；原料经过化学反应加工后的产物往往是混合物，必须经过分离才能取得化工产品、联产品和副产品。因此，化工生产过程一般经过以下三个步骤：

（1）原料处理。为了使原料达到符合进行化学反应所要求的状态和规格，要对原料进行预处理。例如，块状原料需要粉碎、配料、筛分等，液态和气态原料需要净化、提浓、预热、加压等。

（2）化学反应。这是化工生产的关键步骤。经过预处理的原料，在密封的设备装置内，在一定温度、压力及催化剂等条件下进行化学反应，以达到所要求的反应转化率和收率。化学反应类型可以有氧化反应、还原反应、复分解反应、磺化反应、硝化反应、烷基反应、异构化反应、聚合反应和焙烧反应等，各种反应均在相应的反应器中进行。

（3）产品精制。将化学反应所得到的混合物进行分离、提纯和精制等项加工，除去副产品或杂质，以获得符合组成规格的产品。

在上述三个步骤过程中，按化学工程学科的统一界定，与化学变化有关的操作称为单元过程，即化学反应工程；与物理变化有关的操作称为单元操作，即分离工程。此外，我们可以将原料处理步骤中对原料的预处理以及单元操作中的流体输送、传热、流体的压缩与减压、能源供应、给排水等各项辅助工作列为公共工程的范畴。因此，化工生产过程也可认为是由公共工程、化学反应工程、分离工程所组成。如果按单元划分来说明，也可以认为化工生产过程由单元过程、单元操作和单元辅助所组成。

（二）化工生产过程的特点

化工生产过程根据其过程结构和加工生产的独特性而具有下列明显的特点：

（1）流程性。化工生产过程的流程性是由其化学反应的连续性和化工物料的流动性所决定的。

（2）密封性。化工生产中的物料多数具有易燃、易爆、剧毒和腐蚀等危险性质，因此，化工生产是在与外界的空气、温度、环境隔绝的封闭状况下进行的。

（3）高参数性。为了强化生产过程，化工生产采用高温、高压、深冷、真空等高参数的生产工艺，因此化工生产中广泛采用管道运输、密封式生产设备以及连续化自动化操作，以保证生产的顺利进行和安全。

（4）综合性。化工生产的原料多为混合物，一次化学反应便可以生产出多种不同的中间体产品，随后一次次延伸的化学反应可能综合生产出更多的最终产品。

（5）高污染性。化工原料往往要经过几次、十几次的化学加工才能转化为最终产品，中间环节多，工艺流程长而繁杂，原料、能源和水的耗用量以及"三废"排放量巨大，对环境污染严重。因此，开发新技术、新工艺、新设备和新产品，实施清洁生产，降低原料的能量消耗，节约用水，治理"三废"，安全生产，是化学工业发展的重大课题和发展方向。

五、化工生产设备

化工生产过程的核心是化学反应过程，同时伴随有流体动力过程、热量传递过程和质量传递过程。化工生产的基本操作大致分为化学反应、物料输送及储存、热量传递、混合物分离、物料粉碎等，与此相对应，化工生产设备分为化学反应器、物料输送设备、物料储存设备、传热设备、分离设备和粉碎设备等。

1. 化学反应器

化学反应器是完成化学加工必不可少的生产设备，常称为化工专业设备，是化工生产中最重要的一类设备。化工专业设备多是一些内部结构极其复杂的密封式设备，要求有利于化学或物理加工，并便于传递物料和热量，能够耐受高温、高压、腐蚀、深冷等苛刻的生产条件，自动化程度高，操作灵活，安全可靠，使用寿命长，材质价廉易得，易制造、安装和维修等。由于化学反应的复杂性和多样化，化学反应器的外形、内部结构、几何尺寸等多种多样。按外形可以将化学反应器分为管式反应器、槽形反应器、塔式反应器和床式反应器等。

（1）管式反应器，是由很多根细长管子弯曲串联或并联而构成的化学反应器，是一类连续操作的化学反应器，适用于气相反应（即气体混合物间的反应）和液相反应（即互溶液体间的反应）等。

（2）槽形反应器，又称反应釜（用于高压反应）或反应锅（用于常压反应），其外形类似于做饭用的钢精锅，采用间歇式或连续化操作，或将多个槽形反应器串联操作，适用于有液体参加或反应介质是液体的反应，如气液相反应（气体与液体间的反应）、液液相反应（非互溶液体间的反应）等。由于液体不易混合均匀和传递热量，因此，槽形反应器常配有搅拌器和换热装置，以促使物料均匀混合，保持反应所要求的适宜温度并强化生产过程。

（3）塔式反应器，是一类直立高大且内部结构十分复杂的化学反应器。化工生产中各种高大直立的塔形设备泛称为塔设备。塔式反应器适用于多相反应，如气液相反应、气液固相反应等。

（4）床式反应器，分为固定床反应器、流化床反应器、移动床反应器等，适用于气固相反应（气体与固体间的反应）、气固相催化反应（在固体触媒催化下的气相反应）以及固体物料焙烧、固体物料干燥等。

2. 物料输送和储存设备

物料输送特别是流体物料输送是化工中最基本的操作。输送流体的装置主要有输送设备、管子、阀门、储槽和气柜等。其中，气体输送的设备是鼓风机和压缩机，压缩机是产生高压的设备。液体输送的设备是各种泵，如离心泵、往复泵、齿轮泵及真空泵等，真空泵是产生负压用于抽真空的设备。固体物料输送的设备有皮带输送机、斗式提升机等，还常采用气体输送装置输送粉状物料。储槽和气柜分别用于储存液体和气体物料。

3. 传热设备

热量传送是化工生产中重要的基本操作，且绝大多数是冷、热两股流体之间交换热量，称为换热或热交换。实施热交换的生产设备称为换热器或热交换器。换热器按换热方式分为蓄热式、混合式和间壁式三种类型，其中以间壁式换热器应用最广。所谓间壁式换热，就是冷、热两股流体不混合直接接触，而是通过器壁壁面传递热量实现热交换。例如，列管式换热器中，一股流体走管内，另一股流体走管间，二者通过管壁传递热量实现热交换。常用的间壁式换热器还有套管式、蛇管式、夹套式、板式换热器等。还有一类特殊的间壁式传热装置称为蒸发器，如中央循环管式蒸发器等，用高压蒸汽

（也叫加热蒸汽）加热溶液，使部分或全部溶剂气化而除去，从而提高溶液的浓度，或进而使溶液中的溶质结晶析出，得到固体产品。

4. 分离设备

分离也是化工生产的基本操作，通过物料分离而得到和提高化工产品的质量。化工生产中应用最广的分离操作有吸收、蒸馏、萃取、沉降、过滤等。

吸收是利用液体吸收剂与气体混合物部分接触时，选择吸收其中一种或数种组合以分离气体混合物的操作，常用设备有填料塔、板式塔、湍球塔、喷淋塔等。

蒸馏是利用液体混合物各组分挥发性能（沸点）的不同而分离液体混合物的操作。蒸馏过程中，加热液体混合物至沸腾使其部分气化，低沸点组分易气化将较多地进入蒸气中，高沸点组分难气化而大部分仍留在液体中，从而实现了低沸点组分与高沸点组分的初次分离。收集蒸气并使之部分冷凝，蒸气中的高沸点组分将首先冷凝为液体，而与绝大部分低沸点组分进一步分离。如此将液体的部分气化与蒸气的部分冷凝反复操作，最后留下的液体将是比较纯净的高沸点组分，而最后剩下的蒸气的冷凝液（称为馏分）将几乎是纯净的低沸点组分。

蒸馏操作分为简单蒸馏、精馏和特殊蒸馏，又分为间歇式或连续化操作。其中连续精馏应用最为广泛。精馏操作一般在常压下进行，称为常压精馏，而在减压下或加压条件下进行，则分别称为减压精馏和加压精馏。减压精馏多用于分离热敏性液体与高沸点液体混合物，加压精馏多用于分离液化气体混合物。用于精馏操作的塔设备称为精馏塔，按结构分为板式精馏塔和填料精馏塔两大类型。

过滤是指含有固体颗粒的流体（含尘气体、悬浮液等）通过多孔物质（过滤介质）时，因固体颗粒被截留而使流体与固体颗粒分离的操作。分离气固的过滤设备有袋式除尘器等，分离液固的过滤设备有离心过滤机（简称离心机）、板框式压液机等。

沉降是指悬浮于流体的固体颗粒，因其密度大于流体，受重力或离心力作用而下沉，并与流体分离的操作。分离气固的设备有沉降室、文丘里洗涤器、泡沫除尘器、静电除尘器、旋风分离器等，分离液固的设备有沉降槽、旋液分离器等。

萃取是指利用萃取剂或萃取分离技术，从流体中分离提取所需组分的操作，是一种高新的物料分离提取技术。具体有超临界流体萃取技术（气体萃取）、超声波辅助萃取分离技术和微波辅助萃取分离技术等。

第二节 无机化学工业

一、无机化学工业的概念

无机化学工业是指以无机矿物为初始原料，采取化学反应方法生产无机化工产品的工业。其中，生产基本化学原料的工业称为基本无机化学工业，其范畴包括除了化肥、无机颜料、无机农药等以外的无机化工产品的生产。具体来说，主要生产"三酸两碱"化工原料的工业为基本无机化学工业。实际生产中，由于盐酸副产于氯碱工业，硝酸是氨加工的产物，因此，基本无机化学工业中相对独立的行业是硫酸、纯碱、氯碱和无机盐工业。

无机化学工业的具体范围包括：①无机酸工业，生产硫酸、硝酸、盐酸、磷酸、硼酸等。②氯碱工业，生产烧碱、纯碱、氯气、漂白粉等。③化肥工业，生产氮肥、磷肥、钾肥、复合混合肥、微量元素肥料等。④无机精细化工，生产无机盐、试剂、助剂、添加剂等。

二、硫酸生产

硫酸（H_2SO_4）是三氧化硫和水的化合物，是一种无色透明的油状液体，具有强烈的腐蚀性，其品种包括稀硫酸、浓硫酸、发烟硫酸等。硫酸是化学工业中产量大、用途广的产品之一，在国民经济中占重要地位。硫酸主要作为化工基本原料应用于化肥工业、石油工业、冶金工业、机械工业等生产部门，用于生产出化肥、染料、药品、农药、化学纤维、合成洗涤剂、塑料、纸张、电镀等千余种最终产品。

（一）硫酸生产原料和生产方法

硫酸生产原料主要有硫黄、硫铁矿、冶金烟气、硫化氢和石膏等。硫黄是制取硫酸的最好原料，它含有的杂质比较少，用于生产硫酸工艺流程短、投资省、污染少、热能利用率高，世界上硫黄占硫酸生产原料总量的60%以上，我国部分硫酸厂已采用硫黄，特别是进口硫黄来生产硫酸。硫铁矿是金属硫化物的存在形式，主要有普通硫铁矿、与有色金属硫化物共生的硫铁矿、与煤共生的硫铁矿，其含硫量一般在30%～48%之间。硫铁矿制取硫酸生产工艺流程繁杂、投资大、成本高、污染重，在世界硫酸生产中所占的比例不大。但在我国，受资源限制，目前仍主要以硫铁矿为原料生产硫酸，所得硫酸占硫酸总产量的70%左右，其次是以硫黄和冶金烟气为原料生产硫酸。

硫酸生产方法分为铅室法和接触法两种。铅室法由于不能生产浓硫酸，且设备腐蚀严重，因而已基本被淘汰不用，目前硫酸的主要生产方法是接触法。世界硫酸工业的发展主要表现在扩大生产规模、采用大型设备和先进技术、节约能源、提高劳动生产率和消除污染环境等方面。

（二）硫酸生产原理

用接触法制取硫酸，就是在固体催化剂的催化下，以空气中的氧直接氧化二氧化硫而生成三氧化硫，再用浓硫酸吸收三氧化硫来生产硫酸。其生产过程分为二氧化硫的制备、二氧化硫的转化和三氧化硫的吸收三部分。

（1）从含硫原料制造含二氧化硫的气体：

$$S（硫黄）+ O_2 \Longrightarrow SO_2 \uparrow$$

或：

$$4FeS_2（硫铁矿）+ 11O_2 \Longrightarrow 2Fe_2O_3 + 8SO_2 \uparrow$$

（2）在固体钒催化剂接触催化下，将二氧化硫氧化成三氧化硫：

$$SO_2 + \frac{1}{2}O_2 \Longrightarrow SO_3 \uparrow$$

（3）以浓硫酸为吸收剂使三氧化硫与水结合成为硫酸：

$$n\mathrm{SO_3} + \mathrm{H_2O} \Longrightarrow \mathrm{H_2SO_4} + (n-1)\mathrm{SO_3}\uparrow$$

（三）硫酸生产工艺流程

以硫黄为原料生产硫酸，工艺过程简单，主要包括硫黄（S）焚烧制取二氧化硫，二氧化硫氧化转化为三氧化硫，三氧化硫与水结合生成硫酸（$\mathrm{H_2SO_4}$）。

硫铁矿是我国制造硫酸的主要原料，这里以硫铁矿为例说明其较为繁杂的工艺流程。

（1）矿石预处理。对块状硫铁矿进行破碎、筛分和配矿等加工处理，使之成为粒度为 3 mm、含硫量约为 35% 以及水含量和杂质含量稳定且达到入炉标准的原料，然后通过输送设备将原料送入沸腾的焙烧炉内进行化学加工。

（2）沸腾焙烧。在焙烧炉内，硫铁矿在 800 ～ 1 000 ℃ 高温下燃烧并发生氧化反应，制得含二氧化硫的炉气。反应中生成的氧化铁和其他固体杂质形成矿渣，从炉底渣口排出。从炉顶炉气出口排出的高温炉气回收热量（水蒸气）送入净化工序。

（3）炉气净化与干燥。炉气中含有二氧化硫 10%～14%，其他为氧气、氮气、矿尘、有色金属及其他元素化合物、水分等，必须经过净化处理。二氧化硫炉气净化一般采用湿法（水洗或酸洗）净化，即从焙烧炉排出的高温炉气经废热锅炉冷却和旋风分离器除尘后，依次通过文氏管洗涤器、泡沫塔和电除雾器，除去二氧化硫以外的各种有害杂质，然后通过填料干燥塔，用浓硫酸吸收炉气中的水分，获得净化和干燥的炉气，送入二氧化硫转化器。

（4）二氧化硫的转化。在转化器内，在固体钒催化剂的接触催化下，二氧化硫与氧发生反应生成三氧化硫。钒接触转化器为多层结构，一般设 4 层催化剂，并逐层降低温度，以提高二氧化硫向三氧化硫转化的转化率。

（5）三氧化硫吸收制取硫酸产品。二氧化硫转化为三氧化硫后，炉气进入填料吸收塔内，用浓硫酸吸收三氧化硫。吸收液从塔底排出后，经过与水结合的适当加工，即得到不同规格的硫酸产品。尾气从塔顶排出，应采取必要的防污染处理措施，回收尾气中残留的二氧化硫和三氧化硫后，再排放到大气中。

三、纯碱生产

纯碱化学名称为碳酸钠（$\mathrm{Na_2CO_3}$），也称苏打，是一种白色细粒结晶粉末，易溶于水。依颗粒大小和堆积密度不同，其品种可分为超轻质纯碱、轻质纯碱和重质纯碱。纯碱是重要的化工原料，在国民经济中占重要地位，主要应用于玻璃生产、精细化工、冶金工业、陶瓷工业，以及工业气体脱硫、工业水处理、金属去脂、纤维纸张生产、肥皂制造等。

纯碱的生产方法主要有氨碱法（索尔维法）、联合制碱法和天然碱加工法。

（一）氨碱法

氨碱法又称索尔维法，是纯碱生产的最主要方法。该法以食盐、石灰石为原料，借助氨的媒介作用，经石灰石煅烧→盐水精制→吸氨→碳酸化→碳酸氢钠过滤→煅烧取碱→母液蒸馏等工艺过程制得纯碱产品和氨回收。其生产过程的主要工序及生产原理如下：

（1）石灰石煅烧及石灰乳的制备：

$$CaCO_3 \xrightarrow{\text{煅烧}} CaO + CO_2 \uparrow$$

$$CaO + H_2O === Ca(OH)_2 \downarrow$$

（2）盐水吸氨和碳酸化生成碳酸氢钠和氯化铵：

$$NaCl + NH_3 + CO_2 + H_2O === NaHCO_3 + NH_4Cl$$

（3）碳酸氢钠煅烧制得纯碱（Na_2CO_3），分解出二氧化碳循环使用：

$$2NaHCO_3 \xrightarrow{\text{煅烧}} Na_2CO_3 + CO_2 \uparrow + H_2O$$

（4）氯化铵母液加石灰乳蒸馏回收氨：

$$2NH_4Cl + Ca(OH)_2 \xrightarrow{\text{蒸馏}} CaCl_2 + 2NH_3 \uparrow + 2H_2O$$

氨碱法是以盐水（NaCl）吸氨（NH_3）与二氧化碳反应生成碳酸氢钠和氯化铵，再将碳酸氢钠结晶煅烧制得纯碱产品，并将氯化铵母液加石灰乳回收氨循环使用的系列化学生产过程，具有原料易得、价格低廉、生产连续、产品纯度高，并能大规模工业生产的优点，但同时存在两个主要缺点：一是氯化钠的利用率低，二是废液多且处理困难。因此，氨碱法制纯碱一般限在沿海地带设厂生产。

（二）联碱法

联碱法即联合制碱法，是我国著名化学家侯德榜于1942年发明提出的把合成氯工艺与制碱工艺联合起来，同时生产纯碱和氯化铵的新方法，也称侯氏制碱法。联合制碱法以食盐（氯化钠）、氨、二氧化碳、水为原料，经盐析换热→吸氯→碳酸化→碳酸氢钠过滤→煅烧取碱→母液再吸氨→冷析加盐→分离氯化铵等工艺流程，同时生产纯碱和氯化铵产品。

联碱法主要分为两个过程，一是生产纯碱过程，二是生产氯化铵过程，两个过程构成一个合二为一的循环系统，向循环系统中连续加入原料，就能不断地同时生产出纯碱产品和氯化铵产品。联碱法制碱过程与氨碱法相似，只是后续的冷析加盐制取氯化铵产品与氨碱法后续的母液蒸馏回收氨有区别。目前，广泛采用的联碱法是采用一次碳酸化、二次吸氨、一次加盐、冰机制冷的工艺流程。

联合制碱法与氨碱法比较，具有下列优点：一是原料食盐利用率高；二是不需要石灰石及焦炭，节约了原料和能源及其运输消耗，大幅度降低了产品成本；三是不需要建设蒸氨塔、石灰窑、石灰机等设备，节省了建厂投资；四是无大量废液、废渣排出，为各地建厂开辟了广阔的道路。其缺点主要在于设备腐蚀性较强，生产中防腐措施是突出的技术问题。

（三）天然碱加工法

天然碱是制造碳酸钠（纯碱）、碳酸氢钠和氢氧化钠（烧碱）的一种原料，我国东北、西北、华北等地区有较为丰富的资源分布。其主要矿物为倍半碳酸钠（$Na_2CO_3 \cdot NaHCO_3 \cdot 2H_2O$）和十水碱晶体（$Na_2CO_3 \cdot 10H_2O$），并伴生不同含量的 NaCl 和 Na_2SO_4 及其他杂质。天然碱加工方法如下：

（1）倍半碳酸钠法。将倍半碳酸钠矿石经过粉碎、溶解、澄清、过滤、蒸发、结晶，然后分离出结晶 $Na_2CO_3 \cdot NaHCO_3 \cdot 2H_2O$，再煅烧、筛分而得纯碱产品。

（2）一水碳酸钠法。将倍半碳酸钠矿石经过煅烧分解其中的碳酸氢钠（$NaHCO_3$），然后溶解、澄清、过滤、蒸发而析出 $NaCO_3 \cdot H_2O$，再经脱水、干燥而得重质纯碱。

（3）碳化法。将十水碱晶体经过粉碎、溶解、澄清后进行碳酸化，然后过滤、干燥得到小苏打（纯碱）。如果再经过煅烧，又可得到质量较高的轻质纯碱。

四、烧碱生产

烧碱化学名称是氢氧化钠（NaOH），其原料是食盐和水，电解食盐水可同时得到烧碱（NaOH）、氯气（Cl_2）和氢气（H_2），因此，常将烧碱生产称为氯碱生产，有氯碱工业之称。烧碱、氯气和氢气均是重要的化工原料，广泛应用于化工、造纸、纺织、石油、冶金工业等生产部门。

氯碱生产的基本化学反应式为：

$$2NaCl + 2H_2O \xrightarrow{\text{电解}} 2NaOH + H_2\uparrow + Cl_2\uparrow$$

其中，NaOH 和 H_2 为电解阴极产物，Cl_2 为电解阳极产物。

氯碱生产的关键设备是电解槽和整流器。电解槽按其结构分为隔膜电解槽、水银电解槽和离子交换膜电解槽；按电极材料分为石墨阳极电解槽和金属阳极电解槽。其中，隔膜电解槽是我国氯碱生产中应用较多的一种电解槽，其特点是用隔膜将阴极区与阳极区分隔开，以避免氯气与烧碱及氢气间的混合与反应，同时又能使电流和食盐水通过。

氯碱的生产方法按采用的电解槽相应分为隔膜法、水银法和离子交换膜法。离子交换膜法能以较低能耗直接生产出高纯度的烧碱，不污染环境，是氯碱生产发展的新技术、新方向；但目前，我国主要还是采用隔膜法生产烧碱。隔膜法电解食盐水制氯碱的工艺流程是：原盐溶解→盐水精制→交流电整流为直流电→盐水电解→氯气和氢气收集加工→稀碱溶液的蒸发→固体烧碱产品。氯碱生产原理及具体生产流程如下：

（1）原盐水解处理。用水将原盐溶解，进而加入烧碱、纯碱和氯化钡等沉淀剂，除去粗食盐水中的有害离子。

（2）精制饱和食盐水。加入适量稀盐酸于精制盐水中，以调节其 pH 值。

（3）电解食盐水。精盐水中因食盐和水的电离而含有 Na^+，Cl^-，H^+，OH^- 等离子。电离方程式为：

$$NaCl = Na^+ + Cl^-$$

$$H_2O = H^+ + OH^-$$

（4）电极反应。在直流电作用下，Cl^- 和 H^+ 分别在电解槽的阳极、阴极放电，发

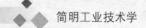

生电极反应，生成氯气和氢气。其反应式为：

阳极反应：$2Cl^- - 2e \longrightarrow Cl_2 \uparrow$

阴极反应：$2H^+ + 2e \longrightarrow H_2 \uparrow$

剩余在电解溶液中的 Na^+ 和 OH^- 化合为烧碱，反应式为：

$Na^+ + OH^- \Longrightarrow NaOH$

经上述电极反应生成的湿氯气（Cl_2）和湿氢气（H_2）分别从阳极室和阴极室导出后汇集于氯气总管和氢气总管，再经过冷却、干燥等加工处理，送往有关车间生产化工产品。从阴极室导出的电解液为含量 11%～12% 的稀碱溶液，经过蒸发浓缩，除去部分水分和大部分盐分，即得到含量为 42%～45% 的浓碱液，进一步蒸发除去全部水分，即制得固体烧碱产品。

第三节　化肥工业

化学肥料，简称化肥，是以矿物燃料、化学矿、海水等做原料，经化学和机械加工而制成的肥料。化学肥料生产规模大，原料来源广，有效成分含量高，肥效快，易于运输、储存和机械化施肥，还可以根据土壤肥力和作物生长的实际情况有目的地调整各营养元素施用的比例，是提高农业产量的主要途径之一，因而被迅速地推广使用。

化肥工业是化学工业中一个非常重要的部分，在国民经济中占有重要的地位，是国家工业支援农业的重要措施，也是化学工业开拓广大农村市场的重要途径。化肥工业根据农作物生长的营养需要和土壤的成分，开发和生产出各种化学肥料，大大促进了农作物的生长和农产品产量的提高，为农业现代化发展作出了突出的贡献。

根据有关部门分析化验，土壤的成分是由 SiO_2，Al_2O_3，Fe_2O_3，TiO_2，MnO_2，CaO，MgO，K_2O，Na_2O 等组成的。植物在土壤中生长所需的养分除水和空气外，还需要 11 种元素：碳、氢、氧、氮、磷、钾、钙、镁、硫、硅、铁，以及微量营养元素锰、硼、锌、钼、钴、铜、氯等。化肥工业根据土壤成分和植物在土壤中生长所需的养分，开发生产出品种众多的化学肥料，按大类分为氮肥、磷肥、钾肥、复合（混合）肥料以及微量元素肥料、腐殖酸类肥料等。其中，最重要的是氮肥、磷肥和钾肥，习惯上称为肥料三要素。

一、氮肥生产

氮元素作为蛋白质的组成成分，在植物生长发育过程中是必不可少的最基本的养分。氮肥是重要的化肥之一，含氮元素的化肥主要有尿素、硝酸铵、氯化铵、硫酸铵、碳酸氢铵、硝酸钾、液氨、氨水、石灰氮等。

（一）合成氨生产

合成氨，即氨（NH_3），因工业上是以合成法生产而得名。氨可直接用做肥料或加工成各种含氮化肥，同时还可以用于生产硝酸、纯碱、染料、医药、高能燃料和合成材料等化工产品。

合成氨生产的原料有天然气、煤（焦）炭、炼油气、粗汽油、重油等，其中，以天然气为原料生产合成氨的经济效益最佳。不论选用上述何种原料，合成氨生产均包含三大部分：一是造气，制取含有氢气和氮气的原料气；二是净化，除去原料气中的硫化物、一氧化碳、二氧化碳，并将氢气与氮气的分子比调整为 3∶1；三是压缩与合成，在高温高压及催化剂作用下，以 3∶1 的比例将氢气与氮气合成为氨产品。

以天然气为原料生产合成氨的生产原理是：

（1）脱硫。合成氨生产原料天然气含甲烷（CH_4）95% 左右，此外，还含有少量硫化物，因此，务必在造原料气前进行脱硫处理。

（2）造原料气。脱硫后的天然气与高压水蒸气混合，进入一段转化炉内，在镍触媒作用下，大部分甲烷与水蒸气反应而转化为氢气、一氧化碳和二氧化碳等，其化学反应式为：

$$CH_4 + H_2O（蒸汽）\xrightarrow{\text{镍触媒}} CO\uparrow + 3H_2\uparrow$$

$$CO + H_2O（蒸汽）=\!=\!= CO_2\uparrow + H_2\uparrow$$

从一段转化炉出来的混合气体进入二段转化炉内，与送入的压缩空气混合，少量气体燃烧而转化为水和氮气，其化学反应式为：

$$2H_2 + O_2（N_2）\xrightarrow{\text{燃烧}} 2H_2O + N_2\uparrow$$

（3）变换。经过两段转化形成的原料气送入变换炉中，在触媒作用下与水蒸气反应，经过高温、低温两步变换，除去了原料气中绝大部分一氧化碳，并增加了氢气的含量。

（4）脱碳。原料气经过变换成为变换气，送入脱碳塔内进行脱碳处理，除去大部分二氧化碳用于生产副产品。

（5）精制（甲烷化）。将经过变换、脱碳后的原料气进一步采用甲烷化法进行精制，彻底除去残存的有害气体一氧化碳和二氧化碳，净化原料气，获得 $H_2\colon N_2$ 为 3∶1 的合格的氢、氮混合气体。

（6）压缩与合成。净化后的原料气经合成气压缩机压缩至高压后送入合成塔内，在铁触媒作用下，氢气和氮气合成为氨，并经冷却使气态氨变为液氨产品，其反应方程式为：

$$3H_2 + N_2 \xrightarrow{\text{铁触媒}} 2NH_3\uparrow$$

以天然气为原料生产合成氨的工艺流程为：天然气→压缩→脱硫→两段转化造原料气→高、低温变换→脱碳→甲烷化精制→压缩→合成→液氨产品。

（二）尿素生产

尿素，即碳酸二胺 [$CO(NH_2)_2$]，是由氨和二氧化碳合成的白色结晶体，易溶于水，为速效中性固体氮肥，含氮量 46%，为含氮量最高的肥料，适用于一切农作物和一切土壤，且不会影响土质。另外，尿素还可以作为高聚物合成材料，用于生产脲醛树脂、涂料、塑料、医药、胶合剂等，并广泛用于石油、纺织工业等生产部门，甚至可以用做反刍动物的饲料。

尿素是 18 世纪最先从动物的尿液中分离出来的一种白色结晶物质，并被命名为尿素，19 世纪又在实验室内用氨和氰酸合成制得尿素。目前，世界上广泛采用的由氨和二氧化碳直接合成尿素法已成为最经济的氨加工生产氮肥的方法之一。

尿素生产的原料是氨和二氧化碳，二者在高温高压等条件下直接合成制取尿素产品，其化学反应分两步进行：

第一步，液氨与二氧化碳化合，生成氨基甲酸铵，反应式为：

$$2NH_3 + CO_2 \underset{}{\overset{加压}{\rightleftharpoons}} NH_2COONH_4$$

第二步，氨基甲酸铵分解，生成尿素和水，反应式为：

$$NH_2COONH_4 \underset{}{\overset{加温}{\rightleftharpoons}} CO(NH_2)_2 + H_2O$$

尿素溶液于负压下蒸发浓缩至近于熔融状态，再直接喷入造粒塔内造粒，即制得粒状尿素产品。

尿素生产的一般工艺流程为：液氨加压泵送→二氧化碳压缩送入→合成→中压分解→低压分解→尿液蒸发→造粒→粒状尿素产品。

二、磷肥生产

磷元素是各种生物许多器官的组成成分，直接参与生物体内许多重要的物质代谢过程，在植物的生长发育中起着极为重要的作用。磷肥是重要的化肥之一，含磷元素的化肥主要有普通过磷酸钙、重过磷酸钙、富过磷酸钙、磷酸钙、磷酸氢钙、偏磷酸钙、钙镁磷肥、磷酸铵、钢渣磷肥、磷矿粉等。

（一）过磷酸钙生产

过磷酸钙 $[Ca(H_2PO_4)_2]$，又称普通过磷酸钙，简称普钙，有效五氧化二磷（P_2O_5）含量 12%～20%，是世界上最早生产的磷肥，也是我国磷肥中产量最大、应用最为广泛的肥料。磷肥生产的原料有磷矿石和硫酸等。磷矿石的有效成分为氟磷酸钙 $[Ca_5F(PO_4)_3]$，因不溶于水而难以被植物摄取利用，工业上采用硫酸、磷酸等无机酸（酸法），或者在高温并加入一定助熔剂的条件下（热法）分解氟磷酸钙，使之转化为可被植物吸收利用的含磷肥料。过磷酸钙就是用硫酸分解磷矿粉而制成的一种普通磷肥。

过磷酸钙肥料的生产原理是：

第一步，硫酸分解磷矿粉，生成磷酸和半水物硫酸钙，其化学反应式为：

$$Ca_5F(PO_4)_3 + 5H_2SO_4 == 3H_3PO_4 + 5CaSO_4 + HF\uparrow （放热）$$

第二步，硫酸完全消耗之后，新生成的磷酸进一步分解磷矿而生成过磷酸钙，其化学反应式为：

$$Ca_5F(PO_4)_3 + 7H_3PO_4 + 5H_2O == 5Ca(H_2PO_4)_2 \cdot H_2O + HF\uparrow （放热）$$

经过上述矿酸混合发生化学反应的料浆再经过化成、堆置熟化、造粒干燥等加工处理而获得固体普钙产品。酸法生产过磷酸钙肥料的工艺流程为：磷矿石→粉碎→筛分→矿酸混合→料浆化成→堆置熟化→造粒干燥→普通过磷酸钙产品。

（二）高浓度磷肥（磷酸铵）生产

高浓度磷肥磷酸铵类肥料是采用硫酸分解磷矿粉而制得湿法磷酸（H_3PO_4），再用磷酸与氨中和而制成。其生产原理和工艺过程如下：

第一步，用硫酸分解磷矿，然后将生成的磷酸与硫酸钙分离，其化学反应式为：

$$Ca_5F(PO_4)_3 + 5H_2SO_4 + 5nH_2O == 5CaSO_4 \cdot nH_2O + 3H_3PO_4 + HF\uparrow （放热）$$

第二步，磷酸与氨中和，并在流程中加入适量的钾或其他微量营养元素，即可制得磷酸铵类肥料，其化学反应式为：

$$NH_3 + H_3PO_4 == NH_4H_2PO_4$$

$$2NH_3 + H_3PO_4 == (NH_4)_2HPO_4$$

将上述磷酸铵料浆送入转鼓造粒机造粒并干燥后，获得固态的磷酸一铵、磷酸二铵产品。

磷酸铵类肥料是含有多种营养元素的高浓度磷肥，主要品种有磷酸一铵、磷酸二铵、尿素磷酸铵、硝酸磷酸铵等，是一类极有发展前途的高效化肥，将逐渐取代肥效品位较低的过磷酸钙而投入农业生产。

三、钾肥生产

钾元素能促进碳水化合物和蛋白质的合成，增强抗病能力，提高农作物的产量和质量。钾肥是农作物生长所需最多的三大营养元素肥料之一，含钾元素的化肥主要有氯化钾、硫酸钾、窑灰钾肥等。近年来，国外开始生产磷酸二氢钾（KH_2PO_4），这是一种有效成分高的速效磷钾复合肥料，在我国已进行试生产。

生产钾肥的原料有钾石盐（$KCl \cdot NaCl$）、光卤石（$KCl \cdot MgCl \cdot H_2O$）、无水钾镁矾（$K_2SO_4 \cdot 2MgSO_4$）、钾盐镁矾（$KCl \cdot MgSO_4 \cdot 3H_2O$）等。此外，一些含钾的湖水、井水和卤水，也是生产钾肥的原料来源。

（一）氯化钾生产

氯化钾（KCl）是钾肥中的主要品种，占钾肥总产量的90%以上。氯化钾除用做化肥外，也可用于各种钾盐的生产，制造含钾化工原料。氯化钾生产的原料以钾石盐矿为主，也可采用光卤石和卤水做原料。从钾石盐中提取氯化钾，主要有浮选法、溶解结晶法和重液分离法三种。

（1）浮选法。是利用氯化钾和氯化钠对捕收剂的润湿程度不同而达到二者分离的方法。其工艺流程为：钾石盐→破碎筛粗→洗涤去泥渣→加入浮选剂调理→浮选氯化钾（分离氯化钠）→离心机过滤→干燥→氯化钾产品。

（2）溶解结晶法。是根据氯化钾和氯化钠在水中的溶解度随温度变化规律不同而将两者分开的方法。其工艺流程为：钾石盐→溶解加热→氯化钠分离→饱和液冷却→氯化钾结晶析出→洗涤→干燥→氯化钾产品。

（3）重液分离法。是利用氯化钠和氯化钾的相对密度不同，选择密度介于两者之间的重介质，使氯化钾上浮而氯化钠下沉以达到二者分离的方法。一般采用磁铁矿悬浮液作为重介质，将磨细的钾石盐矿粉加入悬浮液中混合后，采用旋液分离器进行分离，氯化钾较轻，浮于重介质悬浮液之上，氯化钠较重，下沉于悬浮液之下，二者上下分离后获得氯化钾精矿，再经洗涤和干燥，制成氯化钾产品。

（二）硫酸钾生产

硫酸钾（K_2SO_4）是无氯钾肥，主要用于喜钾忌氯作物，如烟草、茶叶、西瓜、甘蔗等，以改善烟草的可燃性，提高浆果和瓜类的甜度等。硫酸钾的生产方法可分为：

（1）直接由天然矿物如明矾石、无水钾镁矾、钾盐镁矾和硬盐矿（钾石盐和钾盐镁矾的混合物）等制取。

（2）以氯化钾为原料的转化法，即通过氯化钾与含硫酸根的原料（硫酸、硫酸镁、石膏、芒硝、硫酸铵等）发生转化反应而得。目前，世界上硫酸钾中有70%左右是由转化法生产的。转化法有曼海姆法、复分解法、缔置法、溶剂萃取法和离子交换法等。

1）曼海姆法。采用曼海姆法生产硫酸钾是以氯化钾和硫酸为原料混合，在100～150℃曼海姆炉内进行反应生成硫酸氢钾（$KHSO_4$），然后在500～600℃条件下实施硫酸氢钾和氯化钾在混合炉内进行反应生成硫酸钾产品。其工艺流程为：氯化钾与硫酸入炉混合反应→硫酸钾炉料（氯化氢离出）→冷却机冷却→振动筛粗→粉碎→加入中和剂中和炉料→硫酸钾产品。

2）复分解法。根据硫酸根来源，又分为硫铵法、芒硝法、石膏法、硫酸镁法。以硫铵法为例，将氯化钾水解与硫酸铵［$(NH_4)_2SO_4$］混合反应，再加入氨水冷却结晶，氮钾液体分离出去，剩下的结晶体为硫酸钾，经洗涤和干燥后获得硫酸钾产品。其工艺流程为：氯化钾溶液与硫酸铵混合反应→加入氨水冷却结晶→分离氮钾液肥剩下硫酸钾结晶体→洗涤→干燥→硫酸钾产品。

四、复混肥料生产

氮、磷、钾肥料三要素由物理混合方法制成的产品称为混合肥料，而由化学方法将氮、磷、钾三要素混合制成的肥料称为复合肥料。复混肥料可分为固体复混肥料和液体复混肥料两大类。其中，固体粒状复混肥料在我国按氮、磷、钾含量不同，可分为高浓度、中浓度、低浓度复混肥料。高浓度复混肥料主要由高浓度基础肥料如尿素、磷铵、硝酸磷肥、重钙、氯化铵、氯化钾等配制而成；中低浓度复混肥料则主要由中低浓度肥料如硫铵、氯化铵、普钙、氯化钾、硫酸钾、硝酸钾做基础肥料，再辅以高浓度肥料配制而成。

（一）复混肥料的组成配伍

在制备复混肥料时，涉及基础肥料的配伍问题，也就是所采用的基础肥料能否混配、如何混配以及配伍间的相互影响等问题。一般要求混配时发生的化学反应能改善混合料的质量和混合的稳定性，如果混配会造成混合料质量恶化，则必须避免。肥料混配如图4-1所示。

肥料	硫铵	硝铵	氯化铵	石灰氮	尿素	普钙	钙镁磷肥	重钙	氯化钾	硫酸钾	磷酸一铵	磷酸二铵	消石灰	碳酸钙
硫铵		△	○	×	○	○	△	○	○	○	○	○	×	△
硝铵	△		△	×	×	○	×	○	○	○	○	○	×	△
氯化铵	○	△		×	○	○	○	○	○	○	○	○	×	△
石灰氮	×	×	×		△	○	○	○	○	○	○	○	○	○
尿素	○	×	△	△		○	○	○	○	○	○	○	△	○
普钙	○	○	○	○	○		△	○	○	○	○	○	○	×
钙镁磷肥	△	×	○	○	○	△		○	○	○	○	○	○	○
重钙	○	○	○	○	○	○	○		○	○	○	○	○	×
氯化钾	○	△	○	○	○	○	○	○		○	○	○	○	○
硫酸钾	○	○	○	○	○	○	○	○	○		○	○	○	○
磷酸一铵	○	○	○	○	○	○	○	○	○	○		○	○	○
磷酸二铵	○	○	○	○	○	○	○	○	○	○	○		×	○
消石灰	×	×	×	○	△	○	○	×	○	○	○	×		○
碳酸钙	△	△	△	○	○	×	○	×	○	○	○	○	○	

图 4 - 1　肥料配混图

注：○—可配混；△—有限配混；×—不可配混。

（二）复混肥料生产方法

复混肥料生产方法主要有料浆法、掺混法、挤压法和干粉团粒法。

（1）料浆法。在复混肥料生产中，将进入造粒系统的全部或大部分物料做成料浆形式，然后一起加入到造粒机内，以制备氮、磷、钾三元均匀分布的复合肥料产品。

（2）掺混法。将颗粒度相近的多种三元基础肥料均匀混合而制成氮、磷、钾混合肥料。此法的关键是以基础肥料粒度相近为条件，以防止因粒度大小不同导致混合肥在运输或使用过程中发生离析现象。

（3）挤压法。将多种三元基础肥料加上添加剂、填充剂，在一定液量下混匀，通过一定的机械挤压而制成圆柱形或片状剂型复混肥料产品。

（4）干粉团粒法。将多种三元的粉状基础肥料混匀，借助于喷洒水或水蒸气，或某种浆状肥料，或黏结剂等，在造粒机内粒化，再经干燥、筛分后，制成复混肥料产品。

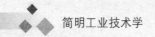

第四节　有机化学工业

一、有机化学工业的概念

有机化学工业是指以有机矿物或生物为初始原料，采取化学反应方法生产有机化工产品的工业。其中，生产有机化工原料的工业称为基本有机化学工业，又称为基本有机合成工业，是以石油、天然气、煤等为基础原料，主要生产各种有机原料的工业。基本有机化学工业的生产体系是：以有机矿物和农副产品为初始原料，经过化学加工和分离，首先制取乙烯、丙烯、丁二烯、苯、甲苯、二甲苯、乙炔、萘等称为"三烯三苯一炔一萘"等10多种基础有机化学原料；然后从基础有机化工原料出发，通过有机合成来制取甲醇、乙醇、乙二醇、异丙醇、丙三醇、甲醛、乙醛、丙酮、乙酸酐、环氧乙烷、氯乙烯、丙烯腈、苯乙烯、邻苯二甲酸等百余种基本有机化工原料。基础有机化工原料和基本有机化工原料统称为有机化工原料，除部分用做溶剂、萃取剂、抗冻剂等之外，绝大部分用做原料、中间体或单体，经过深度化学加工，制取具有最终使用性能的精细化学品、专用化学品及高分子合成材料。

有机化学工业的范围包括有机化工原料工业、高分子化学工业、精细化学工业、生物化学工业。这些有机化工部门生产的化工原料和具有最终使用性能的化工产品，广泛应用于国民经济各生产部门以及人们的日常生活中，因此，有机化学工业在国民经济中占有极为重要的地位。

二、石油炼制生产

石油，从地下开采出来后尚未进行加工之前称为原油，是一种褐黄色至黑色的可燃性黏稠液汁，具有特殊气味，不溶于水。原油的化学组成非常复杂，主要是由碳、氢两种元素组成的碳氢化合物，并含有少量的氮、氧、硫化合物，以及硅、铁、镍、钒、磷、砷等少量元素。其中，碳含量83%～87%，氢含量11%～14%，氮、氧、硫含量1%～5%。碳氢化合物是烃类化合物，是原油的主要组分，包括烷烃、环烷烃和芳香烃等。此外，还含有数量不等的非烃类化合物，即含硫化合物、含氧化合物、含氮化合物，以及多种元素组成的多环复杂化合物——胶质和沥青质。

原油组分复杂却浑身是宝。因此，为了更合理地使用石油资源，在目前的石油化工生产体系中，通常是首先进行石油炼制即炼油，以制取燃料油、润滑油、沥青以及用于生产化工产品的原料等；然后通过石油烃裂解、裂解气的分离、芳香烃的抽提和有机合成等工艺过程，将油品、炼厂气、燃气等加工成有机化工原料和化工产品。

将石油原油加工成各种油品的生产过程称为石油炼制。石油炼制获得的产品可分为四大类：①燃料，分为汽油（车用汽油和航空汽油）、柴油、航空煤油（喷气机燃料）、煤油和燃料油（重油）等；②润滑油和润滑脂；③石蜡、沥青、石油焦；④石油化工有机合成工业基本原料或中间体以及可直接使用的化工产品。

石油炼制主要包括常压蒸馏、减压蒸馏、催化裂化、催化重整、焦化和精制等工艺过程。其中，前两项属于物理加工，常称为石油的一次加工；后两项属于化学加工，常称为石油的二次加工。

（一）常压、减压蒸馏

常压、减压蒸馏是石油炼制的主要工艺过程，包括常压蒸馏和减压蒸馏。常压蒸馏在大气压下常压蒸馏塔内进行，温度为 350 ~ 370 ℃，在塔的不同高度馏分获得轻质烃油气、直馏汽油、航空汽油、煤油、轻柴油和重柴油，剩余部分从塔底排出进入减压蒸馏塔。减压蒸馏在真空条件下减压蒸馏塔内进行，温度为 390 ~ 400 ℃，塔顶一般不出产品，塔侧身各馏分油经过换热、冷却后引出送入后续加工装置，塔底获得的产品称为减压渣油，可用做焦化及生产润滑油和氧化沥青（溶剂）的原料。常减压蒸馏的工艺流程是：原油脱盐脱水（电脱盐罐）→初馏（初馏塔）→常压蒸馏（常压塔）→减压蒸馏（减压塔）。

（二）催化裂化

催化裂化是指在热（450 ~ 500 ℃）和催化剂的作用下，使高沸点烃类化合物重质油转化为低沸点烃类化合物轻质油（汽油、柴油、裂化气）的生产过程。用做催化裂化的原料是减压重质馏分油、焦化柴油、蜡油等，催化剂有无定形硅酸铝催化剂、结晶型硅酸盐催化剂、稀土分子筛催化剂等。在催化裂化过程中，相对分子质量较大的烃发生碳键断裂反应，生成相对分子质量较小的烃，如十六烷（$C_{16}H_{34}$）断裂反应生成辛烯（C_8H_{16}）和辛烷（C_8H_{18}）；此外，还发生异构化、芳构化、脱氢、氢转移、叠合、缩合等化学反应。催化裂化采用流化床生产装置进行，其工艺流程是：减压重质馏分油→加热塔加热→流化床反应器催化裂化→再生器催化气化→脱热分馏获取柴油（分馏塔）→吸取富气和粗汽油（多层吸收塔）→精馏稳定（稳定塔）→分离干气、液化气和稳定汽油→烟气能量回收。

（三）催化重整

催化重整是石油加工过程中重要的二次加工方法，其目的是生产高辛烷值汽油或化工原料芳香烃，同时副产大量氢气作为后续加氢工艺的氢气来源。重整是指对烃类的分子结构加以重新调整排列，使之变成另一种分子结构的烃类。用于重整的催化剂采用铂催化剂或铂铼催化剂。催化重整的化学反应主要有脱氢反应、脱氢环化反应、异构化反应和加氢裂化反应。其工艺流程是：直馏汽油馏分→预分馏（预分馏塔）→预加氢除去杂质（预加氢反应器）→加热重整反应（串联多个反应器）→后加氢使烯烃饱和（后加氢器）→分离富氢气体（分离器）→稳定脱气（稳定塔）→芳香烃原料。

（四）加氢精制和加氢裂化

加氢精制主要用于油品精制，其目的是在高温（250 ~ 420 ℃）、中高压力和有催化剂的条件下，在油品中加入氢，使氢与油品中的非烃类化合物（硫、氮、氧）等杂质发生反应，从而除去杂质，达到精制的目的。加氢精制的原料范围很广，包括汽油、煤油、重油、原油等。其工艺流程是：原料油→加热炉加热→加氢精制（一段加氢反应器）→芳烃加氢饱和（二段加氢反应器）→换热冷却→油气分离（高压分离器）→气态烃分离（低压分离器）→循环氢再生循环利用。

加氢裂化是重质原料在催化剂和氢气存在的条件下进行的催化加工，是加氢和催化裂化两种反应的有机结合。一方面，能使重质油品通过裂化反应转化为汽油、煤油和柴油等轻质油品；另一方面，又可以将原料中的硫、氮、氧等杂质除去使烯烃饱和。其工艺过程是：重质油品→加热炉加热→一段加氢精制除去杂质（反应器）→脱氮脱硫脱金属（脱氨塔）→二段加热炉加热→二段加氢裂化（反应器）→换热冷却→稳定脱气（稳定塔）→分馏（分馏塔）→轻质油品和饱和烃。

（五）延迟焦化

延迟焦化是一种热破坏加工方法。它主要以贫氢的重质油（如减压渣油）为原料，在高温下进行深度热裂化和缩合反应，加工生产出轻质燃料油，同时得到大量石油焦供冶金工业制作电极或石墨产品。延迟焦化约生成70%的液态产品（汽油、柴油、含蜡油），20%的焦炭，10%的石油气。延迟焦化加工能在高温（400～500 ℃）条件下，使渣油转化为气态烃和轻质油品，大分子烃类裂解生成小分子烃类，并使烃类又发生缩合反应，将渣油转化成焦炭。其工艺流程是：减压重质渣油→加热炉加热→高温裂解（焦炭塔）→分馏油气（分馏塔）→焦化反应（焦炭塔）→焦炭。

三、石油化工生产

石油化学工业是化学工业中最重要的部门之一，是利用石油、天然气等原料，通过各种化学加工方法，制成一系列重要的有机化工原料和产品的生产过程。其中，石油烃的裂解、石油烃裂解气的分离和有机合成，是实现石油化工利用的最主要的三大工艺活动。

（一）石油烃的裂解

石油烃的裂解是指在高温（800～1 000 ℃）条件下，使石油系烃类原料（天然气、炼厂气、油田气、石脑油、煤油、柴油、重油、渣油、原油等）发生断链、脱氢等化学反应，以制取乙烯、丙烯、丁烯等不饱和烃的工艺过程，同时副产苯、甲苯、二甲苯等芳香烃。石油烃裂解过程中主要发生断链和脱氢反应，同时发生异构化、芳构化、脱氢环化、脱烷基化、聚合、缩合和结焦等反应。

石油烃类裂解过程是一个平行反应和连串反应交叉的反应过程，按物料变化先后顺序，可划分为一次反应和二次反应。

一次反应是指原料烃经过高温裂解成乙烯、丙烯的反应。主要反应有：

（1）烷烃裂解的一次反应。主要有两种：一是断链反应即C—C键断裂，反应后生成碳原子数减少、相对分子质量较小的烷烃和烯烃；二是脱氢反应即C—H键断裂，反应生成的产物是相同碳原子数的烯烃和氢气。它们的反应式是：

$$C_{m+n}H_{2(m+n)+2} \Longleftrightarrow C_nH_{2n} + C_mH_{2m+2}$$
$$C_nH_{2n+2} \Longleftrightarrow C_nH_{2n} + H_2 \uparrow$$

（2）烯烃裂解的一次反应。由烷烃断链可得到烯烃，烯烃可进一步断链成为较小分子的烯烃。

（3）环烷烃裂解的一次反应。原料中的环烷烃开环裂解，生成乙烯、丁烯、丁二烯和芳烃等。

（4）芳烃裂解的一次反应。芳烃的热稳定性很高，在一般的裂解过程中，芳香环不易发生断裂，但烷基芳香烃可以断侧链及脱甲基，生成苯、甲苯、二甲苯等。

二次反应是指乙烯、丙烯继续反应生成炔烃、二烯烃、芳烃和焦炭的反应。主要反应有：

（1）一次反应生成的烯烃进一步裂解生成炔烃、二烯烃。

（2）烯烃加氢反应生成烷烃，脱氢反应生成二烯烃和炔烃。

（3）烯烃聚合、环化、缩合等反应生成二烯烃和芳香烃等。

（4）低分子烷烃和烯烃在较高温度下分解为碳和氢。

实现石油烃裂解的设备有裂解炉、急冷器和其他配套设备，一般采用管式炉裂解法生产。其工艺流程是：原料油→预热器预热（120 ℃）→高压蒸汽预热（580 ℃）→辐射管高温加热（800～850 ℃）→裂解炉裂解反应→急冷锅炉急冷终止反应→分馏塔分离汽油→水洗塔分解裂解气。

（二）石油烃裂解气的分离

石油烃类裂解气是一种复杂的混合物，大致含氢气、甲烷、一氧化碳、二氧化碳、水、硫化氢、乙烷、乙烯、乙炔、丙烷、丙烯、丁烯、丁二烯、C_5～C_{10}等组分。为了获取高质量的乙烯和丙烯，并使裂解气中的其他烃类得到合理的综合利用，必须对裂解气进行精制和分离。

裂解气的分离有深冷分离法和油吸收分离法两种。深冷分离法是指在低温（−100 ℃以下）条件下，将裂解气中甲烷和氢以外的其他组分全部冷凝下来，利用各组分烃类的相对挥发度不同，在精馏塔内将各组分分离，然后再进行二元精馏，最后得到合格的高纯度乙烯、丙烯。油吸收分离法是利用裂解气中各组分对吸收油的溶解度不同，用吸收蒸出法将甲烷和氢以外的其他烃类逐一加以分离，通常用C_3或C_4馏分作吸收剂进行油吸收分离。

深冷分离技术经济指标先进，产品收率高，分离效果好，适宜于大规模生产，但投资大，流程复杂，动力设备多，需要大量低温合金钢。深冷分离过程主要由压缩和制冷系统、气体净化系统、精馏分离系统三大系统组成。其工艺流程是：粗裂解气→压缩脱酸性气→压缩脱水→甲烷塔冷箱脱甲烷→乙烯塔精馏乙烯分离乙烷→丙烯塔精馏丙烯分离丙烷。

（三）芳香烃的抽提

芳香烃是含苯环结构的碳氢化合物，其中的苯、甲苯、二甲苯是石油化工的重要原料，广泛用于合成树脂、纤维、塑料、洗涤剂，也用于制取中间体以合成精细化工产品。石油芳香烃主要采用溶剂抽提法从裂解汽油（含芳烃40%～80%）和重整油（含芳烃30%～50%）中提取。石油芳香烃是芳香烃的主要来源，占全部芳烃的80%以上。所谓溶剂抽提法，又称为溶剂萃取法，是利用萃取剂如环丁砜、二甲基亚砜等，将芳香烃从裂解汽油和重整油中抽提（萃取）出来，然后用蒸汽提馏法分离芳香烃和萃取剂。萃取剂再生后循环使用。分离出的芳香烃经过蒸馏而得到苯、甲苯、重苯和碳八馏分；进而采用深冷分步结晶法分解 C_8 馏分，得到邻二甲苯、对二甲苯、间二甲苯和乙苯。

（四）有机合成

所谓有机合成，就是运用适当的化学加工方法，如羰基合成、催化加氢、催化水合、氯化等，将结构简单、价廉易得的有机化工原料制成结构较为复杂并具有更高附加值的有机化工产品的生产过程。例如，以乙烯为原料合成环氧乙烷，进而制备乙二醇，进一步化学加工可以制取涤纶、炸药、增塑剂等；以丁二烯和苯乙烯为原料，借助松香酸皂或脂肪酸皂等乳化剂在水中乳化，并在引发剂的作用下进行乳液聚合，可以制取丁苯橡胶；以乙烯为原料合成聚乙烯，进而可以制造薄膜、容器、管材、板材、电线绝缘材料、日用品等。经过石油化工的有机合成，可以生产出千千万万的化工产品，为建设国民经济和丰富人民物质文化生活贡献巨大力量。石油化工的有机合成将在后续各节中有更具体的阐述。

四、天然气的化工利用

天然气是蕴藏于地下的可燃性气体，含有大量的甲烷、乙烷、丙烷等低级烷烃，以及少量的硫化氢、氨、二氧化碳、氮、氦等气体。其中，甲烷含量在 60% 以上的天然气称为干气；除含甲烷外还含有大量其他烷烃的天然气称为湿气。开采石油时常获得的大量气态产物称为油田气，也泛称为天然气。油田气也含有大量的甲烷、乙烷、丙烷、丁烷等低级烷烃，是化工裂解的极好原料。

以天然气为原料生产化工产品的主要途径有：①直接用于生产化工产品，如甲烷氨氧化制备氢氰酸；②用做裂解原料生产乙炔、乙烯等；③经蒸汽转化反应制取合成气（$CO + H_2$），进而生产合成氨和甲醇等化工产品。图 4-2 为石油化工体系生产概况。

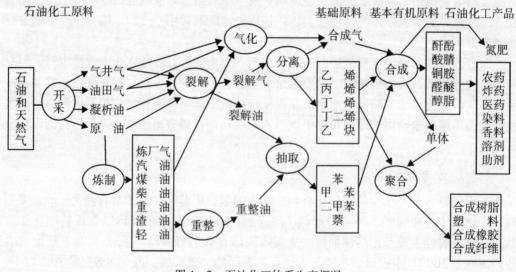

图 4-2　石油化工体系生产概况

五、煤的化工利用

煤是古代植物长期堆积埋藏在地层中，处于空气不足的条件下，经历复杂的生物化学和物理化学变化，逐步经炭化而形成的固体可燃物。根据煤的炭化过程，煤是先后经历过泥煤→褐煤→烟煤→无烟煤而发展过来的，也相应形成了泥煤、褐煤、烟煤、无烟煤四种类型。泥煤是植物炭化的第一步产物，色褐黑而质致密，水分约为80%，含碳量60%～70%，燃烧热值较小。褐煤是炭化的第二步产物，色褐黄，呈木质结构，又似泥土状，水分为30%～40%，含碳量70%～80%，易燃，燃烧热值小。烟煤是炭化的第三步产物，呈深褐色，质致密，含碳量80%～90%，燃烧时有浓烟。无烟煤的炭化程度最高，含碳量90%～93%，含挥发性组分最少而固定碳最多，不易燃，发热值最高。煤的结构极其复杂，由含稠合芳香环和氢化芳香环的大分子构成，其近似组成为$(C_{135}H_{97}O_9NS)_n$，由碳、氢、氧、氮、硫构成的有机物质和硅、铁、铝、钙等构成的无机物质所组成。

煤是重要的能源和一般的有机化工原料之一，由于储藏量较多，可供几百年开采之需，因此合理利用煤资源有着广阔的前景。但是，煤与石油、天然气、油田气、炼厂气等有机化工原料相比，含氢量太少，而且具有稠环结构，要把煤转化为有用的化学品，需要进行深度加工。以煤作为有机化工的原料利用，其加工方法主要有以下几种。

（一）煤的干馏

煤在隔绝空气的条件下加热，热分解而生成煤气、焦油和焦炭的过程称为煤的干馏。按加热终温的不同，可分为三种：①高温干馏，又称为焦化，温度为900～1 100 ℃。焦化是应用最早、至今仍然是最重要的方法，其主要目的是制取冶金用焦炭，同时副产焦炉煤气和高温焦油。②中温干馏，温度为700～900 ℃。③低温干馏，温度为500～600 ℃，主要产品是焦油和煤气。

煤在干馏时，主要随温度变化而经历下列热解反应过程：当煤料温度高于100 ℃时，煤中的水分蒸发；温度升高到200 ℃以上时，煤开始分解，释放出结合水及甲烷、一氧化碳等气体；温度高达350 ℃以上时，黏结煤开始软化，并进一步形成黏稠的胶质体；温度至400～500 ℃时，大部分煤气和焦油析出，形成一次热分解产物；温度在500～550 ℃时，热分解继续进行，残留物逐渐变稠并固化形成半焦；温度高于550 ℃时，半焦继续分解，析出余下的挥发物（氢气），半焦失重同时进行收缩，形成裂纹；温度高于800 ℃时，半焦体积缩小变硬形成多孔焦炭，形成二次热分解产物。

煤的干馏热解是一个非常复杂的反应过程，主要包括裂解和缩聚两大类反应。在热解前期，以裂解反应为主，首先是键及侧链等断裂生成一次热解产物焦油和煤气；然后在更高温度下发生二次热解反应，包括裂解、芳构化、加氢裂化、缩合等反应。干馏后期则以缩聚反应为主，最后形成焦炭。焦炭主要用于冶金工业炼铁等，在化学工业中则用于制取合成氨和电石等。煤焦油中含有500多种有机化合物，特别是含有丰富的芳香族化合物，如苯、甲苯、二甲苯、萘、酚、蒽、吡啶等，是有机合成工业的重要原料。焦炉煤气中含氢、甲烷、一氧化碳、烯烃、氨等，可用于生产合成氨等化工产品。

（二）煤的气化

煤的气化是指在高温条件下，用空气、水蒸气、二氧化碳等汽化剂使煤转化为气体燃料的生产过程。煤气化的产物泛称为煤气，含有氢气、一氧化碳等气体，可用于生产甲醇、合成氨等化工产品，故又称为合成气。

（三）煤的液化

煤的液化是将煤经加工转化为液体燃料（包括烃类及醇类燃料）的过程。煤的液化可分为两类，一是直接液化，煤经高压加氢直接转化为液体产品；二是间接液化，煤先气化制得合成气，再催化合成得到液体产品。

煤的直接液化又叫加氢液化，通常在高压和深度加氢情况下，煤才会转化为液体产品，其中产生下列主要反应：①煤受热的热裂解反应；②煤加氢的加氢裂化反应，如多环芳香结构饱和加氢、环破裂及脱烷基，使相对分子质量降低；③煤中氧、硫、碳原子的脱除反应。煤直接液化的优点是热效率高，液体产品收率高；缺点是煤浆加氢工艺过程各步骤的总体操作条件相对苛刻。

煤的间接液化是以煤为原料，先气化制成合成气，然后在温度 $200 \sim 350\ ℃$ 和高压条件下，通过铁和钴催化剂作用，将合成气转化为烃类及醇类液体燃料。煤间接液化的优点是煤种适应性较宽，操作条件相对温和，煤灰等"三废"问题主要在气化过程中解决；缺点是因涉及煤气化制取合成气过程，总效率较低，选择性较差。

采用现有的石油化工生产技术设备，即可将这种人工制得的液体燃料加工成化工产品。但是，由于煤的液化生产投资大，产品成本高，与当前廉价的石油化工路线相比，在经济上缺乏竞争力，所以目前工业上应用较少，更多工艺技术还处在探索和实验性生产阶段。随着石油和天然气资源的日益减少、枯竭，充分利用煤资源仍然具有远期前景。

（四）煤的电热反应

煤的电热反应是指先将无烟煤（或焦炭）和生石灰在电炉中于高温下反应，制取电石即碳化钙（CaC_2），然后将电石与水反应制得乙炔（C_2H_2），再由乙炔合成有机化工产品，因此，也称之为煤化工利用的电石—乙炔法。其化学反应式如下：

$$3C + CaO \xrightarrow[\text{电炉}]{2\ 200\ ℃} CaC_2 + CO \uparrow$$

$$CaC_2 + 2H_2O == Ca(OH)_2 \downarrow + C_2H_2 \uparrow$$

第五节　高分子化学工业

在现代社会的各种物质材料中，塑料、合成纤维、合成橡胶等合成材料是一类以合成高分子化合物为基础的新兴材料。这些高分子化合物的合成材料性能优异，加工方法简单，可以广泛替代传统的金属材料，且其生产原料来源广，生产规模大，投资省，效率高，成本低，因此，近几十年来，高分子工业获得了巨大发展。目前，作为能够提供各种新型材料而异军突起的高分子化学工业，已成为发展国民经济的重要力量，对于实现国民经济现代化和提高人民物质文化生活水平具有重大的现实意义。

一、高分子化合物

高分子化合物又称为大分子化合物，是一类通过物理化学反应而形成的相对分子质量极其巨大的物质的总称，是由一种或几种结构单元主要通过共价键连接起来的相对分子质量很高的聚合物。高分子化合物通常只含有碳、氢两种元素或碳、氢、氧、氮、卤素等少数几种元素，而且高分子链由许多基本结构单元即链节以共价键反复连接而构成。高分子化合物的分子中所含的链节数量称为聚合度。高分子化合物的相对分子质量为聚合度（链节数量）与链节相对分子质量之乘积，即高分子化合物的相对分子质量＝聚合度×链节相对分子质量。高分子化合物的聚合度（链节数）高达数百至数万，其相对分子质量一般在1万以上，有的高达几百万。相对分子质量低于1万的，则称为低分子化合物。因此，高分子化合物常在其单位的名前冠以"聚"字而成为聚合物的名称，如聚氯乙烯、聚苯乙烯、聚乙烯等。合成树脂是人工合成的一类高相对分子质量聚合物的总称，因此又称为聚合树脂。

高分子化合物即聚合物按其主链分类，可分为三类：①有机高分子聚合物，即以碳原子为主构成的聚合物。其中，主链完全由碳原子构成的叫碳链聚合物，如聚乙烯、聚丙烯、聚丁二烯等，是塑料工业和橡胶工业的基础；主链除碳原子外，还有氧、氮、硫等杂原子构成的叫杂链聚合物，如聚醚、聚酯、聚酰胺、聚氨酯等，是制作工程塑料和合成纤维的原料。②元素有机高分子聚合物，即主链主要由硅、硼、铝和氧、氮、硫、磷等原子组成，侧链一般为有机基团如甲基、乙烯基、苯基等构成的聚合物，主要用做耐油、耐高温和耐热等特种材料。③无机高分子聚合物，即主链和侧链均由碳以外原子构成的聚合物，如聚二硫化硅等。

高分子化合物按聚合物分子结构分类，可分为三类：①均聚物，即只有一种单体聚合所得的聚合物。②共聚物，即由两种以上单体通过加成聚合形成的聚合物，其中，两种单体共聚的称为二元共聚物，两种以上单体共聚的称为多元共聚物。③交联聚合物，即由两个或更多个聚合物链在一点或多点上交联在一起，而不是端点相互连接的聚合物，因其中多种聚合物网状交联，故又称为网状聚合物。上述高分子聚合物的分子链结构形态，均聚物呈直链型，是单丝线状结构；共聚物呈支链型，是开叉多支线状结构；交联聚合物呈体型，是三维多线网状结构。这些细而长的高分子链柔顺、卷曲又彼此缠绕和相互作用，形成极其复杂的聚集态结构。正是由于高分子化合物的相对分子质量极其巨大而又具有多种层次的极其复杂的结构，因而具有许多优异的性能，如质轻、可塑性、高弹性、高比强度、耐磨性等，成为用途极其广泛的新兴材料。

高分子材料有天然高分子材料和高分子合成材料两大类。天然高分子材料有天然存在的纤维素及天然橡胶。高分子合成材料主要为合成塑料、合成纤维和合成橡胶，通称为三大合成材料，其产量占合成材料总量的90%；其他还有涂料、胶黏剂、离子交换树脂等产品。三大合成材料的主要品种如图4-3所示。它们是以低相对分子质量的化合物（称为单体）为原料，通过聚合或缩合反应合成高分子聚合物，其形态为黏稠的液体或固体的称为合成树脂，为弹性体的则称为合成橡胶，然后经成型加工制得的材料。

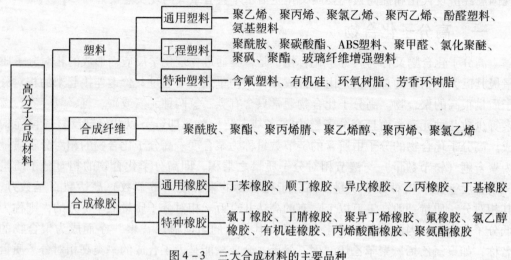

图 4－3　三大合成材料的主要品种

高分子化合物在工业上制取的方法主要有：

（1）本体聚合，是单体在引发剂或光、热作用下在其自身中进行的聚合反应。常用于制备高透明度的有机玻璃和高级绝缘材料等。

（2）溶液聚合，是单体和引发剂均溶解于惰性溶剂中进行的聚合反应。常用于制备涂料、胶黏剂、合成纤维纺丝液等。

（3）悬浮聚合，是单体在搅拌和悬浮剂或分散剂的作用下以微珠液滴形式悬浮于水中进行的聚合反应。常用于制备乙烯基类高分子化合物，如聚氯乙烯、聚苯乙烯、ABS 树脂等。

（4）乳液聚合，是单体在机械搅拌或超声波振动下，借助乳化剂（肥皂等）的作用，不溶于水而分散在水中形成乳浊液进行的聚合反应。常用于制备橡胶等。

二、塑料生产

塑料是以合成高分子化合物为基本成分，由合成树脂和添加剂组成，在加工过程中可塑制成型，而产品在最后能保持形状不变的材料。所谓合成树脂，是指单体聚合或缩聚反应而生成的尚待进一步加工的高聚物或预聚体，其重量占塑料总量的 40%～95%，并决定塑料的基本性能。添加剂是为改善、增强塑料的性能以及降低生产成本而添加的各种助剂和填料，如增塑剂、防老剂、润滑剂、着色剂和填料等。目前，已实现工业化生产的塑料有 300 多种。

塑料的主体成分是合成树脂，按热加工性能可分为热塑性和热固性两大类。热塑性树脂是指直链型或支链型分子链组成的线状有机聚合物，它受热时软化并可塑制成各种形状，冷却后硬化并保持加工时的形态，再受热时又软化，冷却后又硬化，可如此反复多次。热塑性树脂机械性能较好，易加工成形，但耐热性和刚性较差，其主要品种有聚乙烯、聚氯乙烯、聚丙烯、聚苯乙烯、聚甲基丙烯酸甲酯、ABS 树脂等。热固性树脂是交联聚合体型分子链组成的网状有机聚合物，经固化成形后所得制品受热时只会分解而不再软化。热固性树脂耐热性能好，物体坚硬，其主要品种有酚醛、脲醛、环氧、氨基、聚酯树脂等。

塑料按其用途可以分为通用塑料、工程塑料和特种塑料。其中，产量大、用途广、性能多样、应用面广的塑料称为通用塑料，主要品种有聚氯乙烯、高密度聚乙烯、低密度聚乙烯、聚丙烯、酚醛塑料等，主要用于生产日用品或一般工农业用材料。具有良好的综合性能如电性能、机械性能，可以用做工程结构材料和代替金属使用的塑料称为工程塑料，主要品种有 ABS 树脂、聚甲醛、聚砜、聚碳酸酯等。具有特殊性能（高绝缘性、耐辐射等）和特殊功能（光、电、磁、催化、生物功能等）的塑料则称为特种塑料，如含氟塑料、有机硅等。由于塑料广泛具有质轻、绝缘、耐腐蚀、易加工等优异性能，已经越来越广泛地取代金属、木材、纸张、玻璃、陶瓷、皮革等而成为机械、电子电气、建筑、化工、轻工包装等工业部门的重要材料，在国民经济建设和人们日常生活中发挥着重大作用。

塑料的生产过程一般分为合成树脂的生产和塑料的成形两个基本阶段。

（一）合成树脂的生产

合成树脂的生产过程大致包括单体的制备与精制、单体聚合、未反应单体和溶剂的分离回收及产品后加工等工序。单体是聚合物的原料，是形成结构单元的分子，如乙烯、丙烯、丁烯、芳香烃等系单体，都是先由石油、天然气、煤等经过化学方法制取的。在制得一定规格的单体后，再采用本体、溶液、乳液、悬浮聚合等方法，并在催化剂、引发剂和其他助剂以及一定温度、压力等工艺条件下，单体发生聚合或缩聚反应生成高分子聚合物。将高聚物与未反应的单体及溶剂和催化剂等分离后，再经过洗涤、干燥等加工处理，便获得粒状或粉状的合成树脂。例如，聚乙烯是以乙烯单体为原料，氧为引发剂，采用气相本体聚合而成的；聚丙烯是以丙烯单体为原料，采用溶液法或气相本体法聚合而成的；聚氯乙烯是以氯乙烯单体为原料，采用悬浮法或本体法、乳液法、溶液法聚合而成的；等等。图 4-4 为以氯乙烯单体为原料，在各种助剂下，采用悬浮法制取聚氯乙烯的工艺流程。

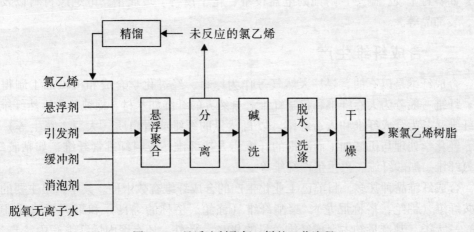

图 4-4 悬浮法制聚氯乙烯的工艺流程

（二）塑料的成形加工

塑料的成形加工，是指以合成树脂和添加剂为组合材料，采用适当的配方和加工方法，制成具有一定形状和用途的塑料成品的生产过程，主要包括物料的配制、塑料的成形和制品后加工等工序，如图4-5所示。

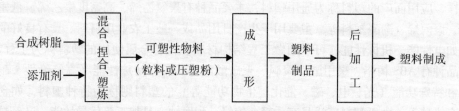

图4-5　塑料成形加工的一般生产过程

在塑料产品生产过程中，成形是制取塑料产品的核心工序。所谓成形，是指粒状或粉状的成形原材料受热熔融而成为具有一定流动性的物料，然后在一定压力下趁热将物料加工成某种形状，再经冷却或固化定型而获得塑料制品的工艺过程。塑料加工的成形方法主要有注塑、挤压、压延、模塑、吹塑、层压、浇注等。

（1）注塑成形。受热熔化的物料在压力推动下，通过注塑机的喷嘴快速地喷入温度较低的闭合模具内，经冷却定型后开启模具而得到塑料制品。注塑成形采用间歇式操作，可制取各种形状的塑料制品。

（2）挤压成形。受热熔化的物料在压力推动下，强行通过一定形状的口模而成具有较恒定截面的连续型材塑料制品。常用于制取塑料板材、管材、薄膜、线缆包裹物，以及塑料与其他材料的复合材料等。

（3）压延成形。受热熔化的物料在压延机辊筒的挤压下，成为具有一定厚度、宽度和表面光洁度的薄片塑料制品。常用于制取薄膜、片材、人造革和塑料贴合纸等。

（4）模塑成形。将粉状或粒状物料加入金属模具中使其受热熔化并在压力作用下充满模具，经交联固化或冷却硬化，脱模后即得塑料制品。主要用于制取热固性塑料制品，如各种坚硬、耐热、耐蚀的电器设备、化工设备、玻璃钢、电绝缘材料以及日用品、装饰品等。

三、合成纤维生产

合成纤维是以石油、煤、天然气等作为原料，经过化学合成和机械加工制得的纤维。纤维一般分为天然纤维和化学纤维。自然界的纤维如木材、棉绒等为天然纤维。化学纤维又分为合成纤维和人造纤维。以自然界的纤维或蛋白质（大豆、花生等）为原料，经化学处理与机械加工而制得的纤维为人造纤维，或叫纤维素纤维，如粘胶纤维、铜氨纤维、醋酸纤维、再生蛋白纤维等。

合成纤维品种甚多，目前已工业化生产的合成纤维有数十种。其中，最主要的有聚酰胺纤维（锦纶，俗称尼龙）、聚酯纤维（涤纶，俗称的确良）和聚丙烯腈纤维（腈纶）三大类，其产量约占合成纤维总量的90%。此外，还有聚丙烯纤维（丙纶）、聚乙烯醇缩甲醛纤维（维尼纶）、聚氯乙烯纤维（氯纶），及具有特种性能的纤维如富弹性的聚氨酯纤维、耐高温的碳纤维等。

合成纤维具有优良的物理、机械性能和化学性能，如强度高，弹性高，耐磨性好，吸水性低，保暖性好，耐酸碱性好，不会发霉和虫蛀等。合成纤维可以单纺或与天然纤维混纺，除用做纺制各种衣料外，还可用做轮胎帘子线、运输带、渔网、绳索、工业滤布和工作服等。高性能特种纤维可用于国防和航空航天等领域。

合成纤维一般由单体制备、聚合反应、纺丝成形和后处理等工序组成，如图 4 - 6 所示。

图 4 - 6　合成纤维一般生产工艺流程

合成纤维的生产过程和主要方法有：

（1）单体制备。由石油、煤、天然气和生物质等初始原料经过化学加工制取单体原料，如己二酸、己二胺、己内酰胺、苯二甲酸、丙烯腈等。

（2）成纤高聚物制备。单体原料精制后，于一定的温度和压力条件下，在一定比例的催化剂、引发剂作用下发生缩聚或聚合反应，制得合成树脂即成纤高聚物。所谓成纤高聚物，是高分子链呈一定的化学和空间结构规律性的线型高分子化合物，具有纤维不可缺少的综合性能，如结晶性、热稳定性、弹性、韧性、高强度、染色性以及对水的稳定性等，并且能够最终制成纤维。其中，聚酰胺纤维以己二酸和己二胺为原料，采用间歇法或连续法缩聚而成；聚酯纤维以苯二甲酸和乙二醇单体为原料，采用酯交换法缩聚而成；聚丙烯腈纤维以丙烯腈单体为原料，采用溶液法聚合而成。

（3）纺丝液制备。成纤高聚物经过适当处理后加热熔融为溶液，或者溶解于适当的溶剂中制成黏稠的溶液，即得到纺丝液。纺丝液必须进行净化和脱泡等加工处理，除去所含的杂质和气泡，以保证纺丝成形的顺利进行，获得质量较优的初生纤维。

（4）纺丝成形。用纺丝泵将经过净化和脱泡处理的纺丝液送入喷丝头，纺丝液即在一定压力下从喷丝头的微孔中流出。流出的纺丝液细流在空气中冷却固化（熔融法），或在热空气中挥发溶剂固化（干法），或在凝固液中固化（湿法）而成为纤维状物质，即得到初生纤维。纺丝成形也叫纺丝、抽丝等。

（5）初生纤维的拉伸和热定型。初生纤维虽然已呈纤维状，但是强度不高，硬而发脆，容易变形，外形和尺寸不稳定，必须经过拉伸和热定型等加工处理，才能成为实用的纤维。所谓拉伸，是在外力作用下将初生纤维拉长数倍至十几倍的操作。在拉伸过程中，纤维直径变小，而纤维中柔曲的高分子链沿作用力的方向单向变形、重排和取向，并同时产生结晶作用，从而改善了纤维的机械性能，提高了纤维的强度，减少了纤维的延伸度。在拉伸过程中常同时进行加捻，称为拉伸加捻。热定型又叫热处理，是将拉伸后的纤维在熔点以下用热水、蒸汽或热空气处理，使其内部应力松弛达到平衡状态，提高纤维尺寸的稳定性并改善纤维的综合性能的操作。

初生纤维除拉伸加拈、热定型外，还有压洗或水洗、络丝或卷曲、分级包装等后处理工作，最后，长纤维以丝筒形式装箱入库，短纤维经打包机打包成件入库。合成纤维的后处理工作与棉、毛纺织的后处理工作基本相同。

四、合成橡胶生产

橡胶是国民经济特别是高技术工业和国防工业中不可缺少的战略物资，大量用于制造轮胎、电线、胶管、胶带、胶件、密封垫、胶鞋等橡胶制品。

橡胶是具有高弹性的高分子化合物，按其来源分为天然橡胶和合成橡胶。天然橡胶是由橡胶树割取的乳胶经稀释、过滤、凝聚、滚压、干燥等加工处理而得到的天然高弹性高分子化合物，其平均相对分子质量高达 20 万至 50 万。经化验分析，天然橡胶是异戊二烯的顺式高分子聚合物，以此为原理并作为参考，现代技术的高分子有机化学方法从有机矿物和生物质中制备出丁二烯、异戊二烯等单体及其高分子聚合物，人工化学合成了与天然橡胶在特征和性能上高度相似的合成橡胶。

合成橡胶是以石油、煤、天然气和生物质为初始原料，经化学加工而制取的高弹性的高分子化合物。合成橡胶的主要品种有：丁苯橡胶、顺丁橡胶、聚异戊二烯橡胶、氯乙橡胶、丁基橡胶、乙丙橡胶、丁腈橡胶等通用合成橡胶；此外，还有特种合成橡胶如氟橡胶、硅橡胶、聚硫橡胶、丙烯酸酯橡胶、聚氨酯橡胶、氯醚橡胶等。特种橡胶具有特殊性能，如耐寒性、耐油性、耐热性、耐蚀性、耐臭氧性等，可用于制造在特殊条件下使用的橡胶制品。

合成橡胶从单体原料到橡胶制品的生产过程可大致划分为合成橡胶的制备和橡胶加工两个阶段。

（一）合成橡胶的制备

用于合成橡胶的单体原料主要有丁二烯、异戊二烯、异丁烯、丙烯腈、苯乙烯、丙烯和乙烯等，其中，丁二烯的耗用量最大。这些单体均由石油、煤、天然气等原料经化学加工而制得。合成橡胶对单体原料的纯度要求极高，因此，单体在聚合前必须精制，以去除残存的硫化物等有害杂质。制备合成橡胶的高分子聚合物时，要依实际情况选用乳液聚合、溶液聚合等生产方法。例如，丁苯橡胶是由丁二烯和苯乙烯单体采用乳液聚合法共聚而得的高分子弹性体，其耐磨性、耐热性、耐油性和耐老性较好，而且与天然橡胶混溶性好，因此常与天然橡胶混合使用，以改善其性能。丁苯橡胶是产量第一、应用最广的通用合成橡胶，主要用于制备各种轮胎及工业橡胶制品。又如，顺丁橡胶是由丁二烯单体采用溶液聚合法制得的高分子弹性体，其弹性高，耐寒性好，是通用橡胶中耐低温性能最好的一种。再如，聚异戊二烯橡胶是由异戊二烯单体在催化剂作用下采用溶液聚合法制得的综合性能最好的通用橡胶。

合成橡胶不论采用哪一种单体聚合生产方法，其生产过程均主要包括原料及助剂准备、单体聚合、未反应单体的回收、合成橡胶的分离和洗涤、干燥等工序。例如，乳液聚合法制备丁苯橡胶的生产过程是：以水为介质，加入乳化剂（硬脂酸钾、拉开粉等），将不溶于水的单体丁二烯和苯乙烯混合乳化后送入聚合釜内；在引发剂（过氧化氢异丙苯）引发下，单体发生聚合反应而得到含大量小胶粒的高分子胶浆；加入终止剂以终止反应，进而通水蒸气于胶浆中将未反应的单体脱出，回收后循环使用；然后加入凝聚剂使胶浆凝聚，再经分离、洗涤、干燥等后加工处理，即得丁苯橡胶。其工艺流程如图 4 - 7 所示。

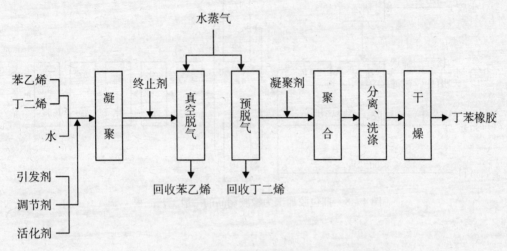

图 4 - 7 乳液聚合法制备丁苯橡胶的生产工艺流程

（二）橡胶加工

合成橡胶和天然橡胶在未经加工前称为生胶，不能直接使用。生胶易变质，易溶解膨胀，机械性能差，高温时发黏，低温时硬脆。因此，生胶必须辅以配合剂和骨架材料等，并经过化学和机械加工，才能成为具有一定形状和使用性能的橡胶制品。

用于橡胶加工的生胶主要是捆包胶，即由天然乳胶或合成乳胶经凝聚、干燥、捆包等加工处理而制成的生胶块，此外，还有粉末橡胶、液体橡胶、颗粒橡胶等。生胶配合剂是指为改善和提高橡胶的加工性能和使用性能以及降低生产成本而掺和到生胶中的其他化学物质。橡胶配合剂品种甚多，按功能可分为硫化剂、硫化促进剂、活性剂、防老剂、增塑剂、补强剂、填充剂等。此外，绝大多数橡胶制品还需要使用骨架材料，如锦纶等合成纤维、人造丝、玻璃纤维和钢丝等，以提高橡胶制品的机械强度，减少变形。

橡胶加工的生产过程主要包括塑炼、混炼、压延、压出、成形、硫化等工序。捆包胶加工成橡胶制品的一般生产过程是：将捆包胶切割后送入塑炼机内塑炼，即在机械力和氧等多种因素作用下使橡胶的高分子链断裂变短，以增加可塑性和流动性。塑炼后的生胶称为塑炼胶，加入配合剂后于混炼机内进行混炼，使生胶与配合剂充分混合，即得到组成和性质均一的混炼胶。混炼胶配以适当处理过的骨架材料，经压延、压出、裁剪、定型等加工处理，制得一定尺寸和几何形状的橡胶半成品。然后，在一定的温度、压力等工艺条件下，将半成品进行硫化处理，使线型的高分子化合物与硫化剂、硫黄、一氧化硫等反应而适度地交联为三维网状结构，即获得弹性好、强度高的橡胶制品。经过硫化处理的橡胶称为硫化橡胶，俗称熟胶。硫化是制取橡胶制品中由生胶转化为熟胶的关键工序。硫化的橡胶制品经过修饰、检验、组装等加工处理，即得到橡胶制成品。其工艺流程如图4-8所示。

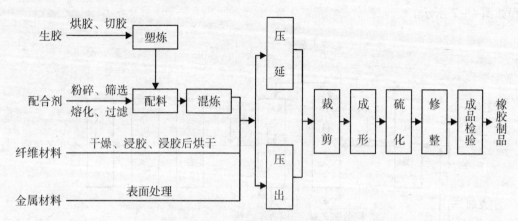

图4-8　捆包胶加工为橡胶制品的一般工艺流程

第六节　精细化学工业

一、精细化学工业的概念和特点

　　精细化学工业简称精细化工，是生产精细化学品的化学工业，其产品是一类具有特定应用功能和专门用途的化工产品。精细化工产品通常生产批量小，步骤多，开发难度大，加工深度高，配方决定性能，附加价值高。国外一般分为两类，即把产量小、按不同化学结构进行生产和销售的化学物质称为精细化学品；把产量小、经过加工配制、具有专门功能或最终使用性能的产品称为专门化学品。我国则将这两类产品统称为精细化工产品。精细化工产品一般包括11大类化学品，即农药、染料、涂料、试剂和高纯物、信息用化学品、食品和饲料添加剂、黏结剂、催化剂和各种助剂、化学药品、日用化学品、功能高分子材料等，广泛应用于工业部门、农业部门和人们的日常生活中，与社会生产和人民生活密切相关。

　　精细化学工业具有下列明显的特点：

　　（1）品种多，批量小，质量高。精细化工产品一般都是品种多，专用性强，用量少，因而批量也小。一般生产流程长，工序多，往往采用间歇生产。因此，许多生产厂广泛采用多品种综合生产流程，设计使用用途广、功能多的生产装置，按单元反应来组织反应装备，用若干个单元反应器组合起来生产不同的产品。精细化学的质量要求高，产品的纯度及其功能性、稳定性都有很高的评价指标，必须严格按质量要求组织生产。

　　（2）技术密集度高，大量采用复配技术。精细化工产品正因为其精细，才有不断的新产品开发和新技术应用出现，并且往往采用复配技术推出新产品，使产品具有增效、改性和扩大应用范围的功能，发挥精细技术的效用，也提高了产品的市场竞争能力。

（3）商品性强，更新换代快。精细化工产品的生产过程就是通过对原料的化学加工，获得具有一定结构的化学物质，再根据市场的要求对化学物质进行商品化加工而获得有特定使用性能的最终产品的过程。随着科学技术的发展和人民生活水平的提高，人们对商品的选择性更高，市场竞争更激烈，产品稳定期短，更新换代快，因此，精细化工产品总是紧密围绕着市场需求而生产的，商业性能很强，有需求才开发生产，无销路则不生产。

（4）附加价值高，销售利润大。精细化工产品虽然只是用做各行业的辅助性原材料，却能大幅度地提高这些行业的劳动生产率和产品质量，更有效地利用和节省能源和资源，给企业带来更大的效益。因此，精细化工产品日益得到社会生产和生活的更广泛使用，其自身价值也日益提高，能获得更高的利润。有统计分析资料显示，1美元石油化工原料经一次加工可产出初级产品2美元，而用于加工成精细化学品则可增值到106美元。在国内外的众多化工大公司中，利润率最高的一般都是精细化工企业，发达国家精细化工利润率一般都在50%以上，而它们的精细化工在整个化学工业中的比重也占50%以上。

二、精细化工单元过程

精细化工范围广，覆盖面大，产品更新和技术更新也很快，因此，不可能以产品分类来分别研究讨论。鉴于精细化工主要涉及脂肪族、芳香族和杂环化合物等大类，通常采用研究各单元过程的基本原理来反映精细化学品生产的核心环节，以显示产品开发的生产过程。精细化工有机合成反应主要有磺化、硝化、卤化、还原、氨基化、烷基化、酰化、氧化、水解、酯化和缩合等化学反应，这些化工单元过程是各类精细化工产品生产的核心过程。

（1）磺化。磺化是指向有机化合物分子中引入磺基（$-SO_3H$）或其相应的盐的化学反应过程。芳香族引入磺酸盐可用于生产洗涤剂、乳化剂等，也可作为染料及医药的重要的中间体，或将磺基转化为其他基团，以制取苯酚等中间体。磺化反应所用的磺化剂有三氧化硫、硫酸、发烟硫酸和胺磺酸等。工业生产中，常用芳烃的磺化方法有液相过量硫酸磺化法、共沸去水硫化法、三氧化硫磺化法、烘焙磺化法和氯磺酸磺化法。

（2）硝化。向有机物分子的碳原子上引入硝基的反应称为硝化。其中，脂肪族的硝化主要是用于制取炸药、火箭燃料等，芳香族引入硝基主要是用于制备氨基化合物、染料或烈性炸药。芳香族上的硝基是亲电取代反应，常用的硝化剂是硝酸和硫酸的混合物，在硝化反应器内实现反应。

（3）卤化。向有机物分子中引入卤素的反应称为卤化。根据引入卤原子的不同，又可分为氟化、氯化、溴化，其中，以氯化在工业中应用最广。芳香族上的卤化是亲电取代反应并且是连串反应，常采用苯过量的方法和连续法操作，用于制取中间体和卤素衍生物（羟基、氨基等），或改进染料的活性。

（4）还原。在还原剂作用下，使有机物分子中增加氢的反应或减少氧的反应，或两者兼而有之的反应称为还原反应。还原反应有化学还原、催化还原和电化学还原三大类。其中主要的有：铁粉还原，即以铁粉为还原剂，在芳环上将硝基还原成氨基；锌粉还原，即以锌粉为还原剂，在芳环上将硝基还原成氨基；硫化碱还原，即以硫化碱为还原剂，在芳环上将硝基还原成氨基；加氢还原，即以氢为还原剂，将有机化合物还原生产芳胺。

（5）烷基化。烷基化又称为烃化反应，是指在有机化合物分子中的碳、氧、氮等原子上引入烷基的反应。由于烷基是给电子基，芳环引入烷基后生成的单烷基苯容易进一步烷基化生成二烷基苯或多烷基苯的连串反应，因而常采用苯过量的方法来控制二烷基苯和多烷基苯的生成量，以增加单烷基苯的收率。

三、染料中间体生产

染料中间体简称中间体，是以来自石油化工和煤化工的苯、甲苯、萘和蒽等芳烃为基本原料，通过一系列有机合成单元过程而制得的各种芳烃衍生物，广泛应用于精细化工、合成材料等生产部门，包括染料的生产。

中间体主要有苯系中间体、甲苯系中间体、萘系等中间体和蒽醌系中间体四大类，此外，还有一些杂环中间体。以苯为原料，通过磺化、硝化和氯化分别制得苯磺酸、硝基苯、氯苯和硝基氯苯等重要的基本有机中间体，由此再经过各种有机合成单元过程，得到苯系中间体。其中，采用绝热硝化法，对苯进行硝化反应获得硝苯基；采用加氢还原法，对硝基苯进行还原反应获得苯胺；采用卤化反应法，对苯进行氯化反应获得氯苯。然后，再对苯系中间体进行商品化加工，获得合成树脂、橡胶制品、染料、药物等最终产品。

四、有机农药生产

农业生产用于防治虫、病、鼠、杂草等有害生物以及控制和调节植物生长等的药剂，统称为农药。有机农药是一类典型的精细化学品（属专用化学品），要求用极少的用量就能选择性地杀灭某一种类有害生物，而对农作物、鸟类、人、畜等无伤害作用，且能较迅速地降解为无害物质，不污染环境，即要求做到"高效、低毒、低残留、少污染"。农药品种繁多，按防治对象和用途，可分为杀虫剂、杀菌剂、除草剂、杀鼠剂、植物生长调节剂、杀螨剂、杀线虫剂、脱叶剂八大类。其中，除草剂、杀虫剂和杀菌剂三大类农药占世界农药总销售额的95%左右。农药在保证农作物丰收和促进农业生产技术现代化中发挥着重要作用。据调查统计，世界农业每年因虫、病、草害而造成的损失率高达30%左右，若能及时合理地施用农药，可以大大降低有害生物所造成的损失。此外，农药还大量用于防治仓储物病虫害以及杀蚊、蝇、鼠等能传染疾病和瘟疫的有害生物，对人类减少疾病、保证健康有重要作用。因此，农药工业在国民经济中占有重要的地位，尽管农药在生产和使用过程中会带来残留污染等安全问题，但农药生产仍得到高度的重视和不断的发展。

有机农药是生产量最大、应用面最广的一类农药。这类农药的一般生产过程是：原料→化学加工→中间体→化学加工→农药原药→制剂→商品农药。生产有机农药的原料有甲醇、乙醇、环氧乙烷、苯、萘、二硫化碳、三氯化磷、氨、硝酸、硫酸等有机化工原料和无机化工原料。原料经过适当的化学加工即可制得中间。中间体的应用面很广，可以制取多种农药和其他类别的化工产品。如甲胺（CH_3NH_2）可用于生产除草剂、杀虫剂、杀菌剂、植物生长调节剂等 100 多个品种的农药，还可以用于生产饲料添加剂如氯化胆碱等化工产品。中间体再经过一系列的化学加工，即可制得具有一定生物活性的农药原药。农药原药是农药厂合成车间生产出来的尚待商品化加工的农药，必须加工成一定的剂型才能安全使用和适用于不同的施用方法及防治对象，同时，还可以收到减少农药用量、提高药效、克服抗性和降低残留污染等良好的效果。

五、化学原料药品生产

化学原料药品种类繁多，其生产方法各不相同，有全合成法、发酵法兼用提炼技术、合成法兼用生物技术、发酵产品再进行化学加工及主要采用分离提纯方法等。化学药品生产流程长，工艺复杂，每一产品所需的原辅材料种类多，且原料中间体易燃、易爆、有毒，产品质量标准高，纯度要求高，而物料净收率很低，副产品多，"三废"也多，因此，新药开发难度大，代价高，周期长。

以阿司匹林为例，其化学名称为乙酰水杨酸，分子式为 $C_9H_8O_4$，为白色结晶或结晶性粉末，是应用最广的解热镇痛药和抗风湿药。阿司匹林生产以异丙苯为原料，经氧化制得苯酚，再将苯酚羧基化制得水杨酸，最后将水杨酸酰化制得乙酰水杨酸（阿司匹林）。类似阿司匹林生产这样的流程长、环节多、周期长、工艺繁杂，是化学原料药品生产的显著特征，可见其开发和生产极不容易。

六、合成洗涤剂生产

洗涤剂的基本要求是它的分子应当具有亲水性和亲油性，以便使清洗物的污垢油腻除去并溶于水中，最终达到清洗的目的。以目前合成洗涤剂中最重要的烷基苯磺酸钠为例，磺酸盐基是亲水的，而长烷基链是亲油的。为达到最好的洗涤性能，烷基链必须选择在 12 ～ 18 个碳原子之间，而以 12 个碳原子的烷基苯磺酸钠具有最好的洗涤性能；同时，应选择直链烷基的苯磺酸盐，因为其生物降解性能好，洗涤剂用后易于被细菌破坏掉，能减少对环境的污染。

制作洗涤剂，首先要制备十二烷基苯磺酸钠。一般以石蜡或石油馏分为初始原料，通过对石蜡进行裂解反应或从石油馏分中分离取得直链烯烃，加以氯化得到一氯链烷混合物，进行烷基化后，可得到直链烷基苯，最后用硫酸、发烟硫酸或三氧化硫对直链烷基苯进行磺化反应制得十二烷基苯磺酸钠盐。

合成洗涤剂是以直链烷基苯磺酸钠盐为主要活性物，再与多种助洗剂和辅助剂合成的洗涤剂。活性剂主要有烷基苯磺酸钠盐、烷基磺酸钠、脂肪醇硫酸钠。常用的无机助剂有三聚磷酸钠、硅酸钠、纯碱、硫酸钠、过硼酸钠，有机助剂有羧甲基纤维素、烷基醇酰胺、荧光增白剂、香料、色素、酶制剂等。

家用合成洗涤剂配方一般有十几种化合物，并各有其相应的作用。一般配方方法是：①表面活性剂，如烷基苯磺酸盐、月桂醇硫酸盐、脂肪醇聚氧乙烯醚或其硫酸盐，或者其他芳基化合物的磺酸盐，此为合成洗涤剂的主要成分，约占配方中含量的30%，其作用是降低被洗织物与污垢之间的界面张力。②磷酸盐，是洗涤剂的重要组分之一，可作为分散剂、乳化剂、碱性缓冲剂，并保持洗涤剂的 pH 值在 7～9 之间。③硫酸钠，也可以是氯化钠或其他无机盐，占配方含量的 20% 左右，其作用是提供电解质，离子含量增加可加快活性物分子增溶基团及润湿基团在表面的定向排列。④过硼酸钠，用以漂白织物及除去污垢斑迹，约占配方含量的 10%。⑤羧甲基纤维素，用于降低污垢的再沉积，约占配方含量的 1%。⑥硅酸钠，用于降低对金属洗衣机的金属腐蚀，占配方含量的 5% 以下。⑦其他，如香料、荧光增白剂等，有时还加入抗氧剂以防止洗涤剂酸败。

精细化工产品技术含量高，附加值大，开发难度也大，但随着科学技术的发展和社会生产及人民生活日益增长的需求，将会有更多的新产品问世，精细化学工业正成为一门前途广阔的朝阳产业而蓬勃发展。

第五章 能源工业技术

从广义而言，任何比较集中而又容易转化的含能物质都可以称作能源。对于工业过程来说，能源是指可以直接或经过转换提供光、热、电、动力等任何形式能量的载能体资源。

能源通常分为三大类。第一类是来自太阳能的能量，包括可以直接利用的太阳光能量和聚集了太阳能的煤炭、石油、天然气等化石燃料，以及太阳能经过某种方式转换形成的生物质能、流水能、风能、海洋能、雷电等；第二类是地球自身蕴藏的能量，主要指地热、核燃料，以及地震、火山喷发、温泉等自然呈现的能量；第三类是地球与其他天体相互作用形成的能量，主要指潮汐能。

能源还可以按照相对比较的方法分类，如分成一次能源和二次能源、可再生能源和不可再生能源、常规能源和新能源、燃料能源与非燃料能源等。

能源还可以按照其存在形式分为有形能源和无形能源。有形能源分为固体、液体和气体等形式。固体燃料有煤、油页岩、草炭、植物等，液体燃料有各种油类如汽油、柴油、煤油、重油、渣油等，气体燃料有天然气、人造气（高炉煤气、焦炉煤气、液化石油气）等。无形能源主要有电力，此外，还有磁力、射线力、天体引力等。

能源是国民经济建设的动力源泉，是人类文明赖以发展的物质基础，也是人类社会可持续发展的重要条件。能源开发利用的形式及技术总是随着社会的进步而不断地发展和完善的。能源工业发展和能源科技进步的基本方向或根本战略，就是高效和环境友好地利用能源并保证人类后代的可持续发展，因此，新的、清洁的、安全和可靠的能源供应和利用系统已经成为各国政府追求的目标之一。各国相继对常规能源实施技术完善，不断开发与深化新能源和可再生能源，不断加大能源工程的人力、物力和财力的投入，依靠科技进步，将技术节能和政策节能紧密联系起来，从整个社会的大角度建立可持续发展的能源系统。

我国是当今世界上最大和最具活力的发展中国家，能源工业技术在各类科学技术中占有突出的、优先发展的重要地位。随着我国的科技进步和人们对能源认识的加深，节能优先、优化能源结构、煤炭的多元开发和清洁利用、环境友好地利用化石燃料、大力开发利用新能源和可再生能源、保障能源安全、建立和执行国家能源发展战略等，成为保证我国可持续能源系统最主要的政策措施和能源技术发展方向。

第一节 石油炼制技术

一、石油原油和石油产品

石油是在很久以前地球的白垩纪时期，由于地壳发生急剧运动，地球上许多动物和微生物在顷刻间被深埋于地下，其遗体在缺氧的还原环境中承受着温度和压力，经过几亿年时间而演变成复杂有机物混合的液态、半固态物质。石油是重要的能源和化工原料，其原油为一种褐黄色至黑色的可燃性黏稠液体，具有特殊气味，不溶于水。原油性质因产地而异，我国国内已开发的油田，原油黏度一般在几至几十毫帕·秒，相对密度在0.85左右，属中质原油；有的油田原油黏度高达几百至几万毫帕·秒，相对密度在0.90以上，为重质原油。

石油原油的化学组成非常复杂，主要是由碳、氢两元素组成的各种烃类，并含有少量的氮、氧、硫化合物，以及镍、钒、硅等微量元素。其中，碳含量为83%～87%，氢含量为11%～14%，氢碳原子比为1.65～1.95。碳、氢、硫、氧、氮等元素在原油中形成各种化合物，这些化合物概括起来可分为两大类，即烃类化合物和非烃类化合物。烃类化合物是原油的主要组分，包括烷烃、环烷烃和芳烃。非烃类化合物包括含硫化合物、含氧化合物、含氮化合物，以及由碳、氢、氮、氧、硫形成的多环复杂化合物——胶质和沥青质。

按照化学组成，原油大体可划分为石蜡基、中间基和环烷基三大类。石蜡基原油一般含烷烃量超过50%，其特点是密度较小，含蜡量较高，凝固点高，含硫含胶质较少，是属于地质年代古老的原油。这种原油生产的直馏汽油辛烷值低，柴油的十六烷值较高，润滑油馏分具有良好的黏滑性能，用常规的生产工艺即可获得高黏度指数的润滑油基础油。环烷基原油的特点是含环烷烃和芳香烃较多，密度较大，凝固点低，一般含硫、胶质、沥青质较多，是地质年代较年轻的原油。这种原油生产的汽油中含50%以上的环烷烃，直馏汽油的辛烷值较高，柴油的十六烷值较低，润滑油的黏滑性质差。环烷基原油中的重质原油含有大量胶质和沥青质，故又称为沥青基原油，可以用来生产各种高质量的沥青。中间基原油的性质介于上述两类原油之间。此外，还有主要成分为芳香烃的芳香基原油。

根据不同的原油类别，采用不同的加工方法，可以生产出相应的石油产品，用于工业、农业、交通运输业和国防工业中。原油加工后得到的石油产品多达上千种，主要的石油产品大致可分为四大类，如表5-1所示。

表5-1　各种石油产品的沸点范围及其用途

产　品	沸点范围/℃	大致组成	用　途
石油气	< 40	$C_1 \sim C_4$	燃料、化工原料
石油醚	40～60	$C_5 \sim C_6$	溶剂
汽油	60～200	$C_7 \sim C_{11}$	内燃机燃料、溶剂
溶剂油	150～200	$C_9 \sim C_{11}$	溶剂（溶解橡胶、油漆等）
航空煤油	145～245	$C_{10} \sim C_{15}$	喷气式飞机燃料油、合成洗涤剂
煤油	160～310	$C_{11} \sim C_{16}$	灯油、燃料、工业洗涤油

续上表

产　品	沸点范围/℃	大致组成	用　途
柴油	180～350	$C_{12}～C_{18}$	柴油机燃料
机械油	>350	$C_{16}～C_{20}$	机械润滑
凡士林	>350	$C_{18}～C_{22}$	制药、防锈涂料
石蜡	>350	$C_{20}～C_{24}$	制皂、蜡纸、脂肪酸、蜡烛
燃料油	>350		船用燃料、锅炉燃料
沥青	>350		防腐绝缘材料、铺路及建筑材料
石油焦	>350		制电石、炭精棒、冶金工业

　　（1）燃料油，包括汽油、喷气燃料、煤油、柴油、锅炉燃料等，占全部石油产品的90%以上。汽油根据辛烷值的高低而有各种牌号，主要作为汽车发动机燃料。喷气燃料即航空煤油，具有较高的质量热值和体积热值，主要用于航空喷气发动机的燃料。柴油的燃烧性能以十六烷值作为衡量指标，十六烷值高，柴油燃烧均匀，热功效率高，节省燃料，大中型汽车一般采用柴油作为发动机燃料。

　　（2）润滑油和润滑脂，主要用于减少机件之间的摩擦，保护机件，节省动力。润滑油主要有发动机润滑油、机械油、电器用油、齿轮油、液压油等，其数量占全部石油产品的5%左右。

　　（3）蜡、沥青和石油焦，是生产燃料和润滑油的副产品，产量为所加工原油的百分之几，主要用于工业、交通道路建设等。

　　（4）石油化工原料，这是有机合成工业的基本原料或中间体，有的作为石油化工产品直接使用。

二、石油炼制工艺过程

　　习惯上将石油炼制工艺过程不很严格地分为一次加工、二次加工、三次加工三类过程。

　　（1）一次加工过程。将石油原油用蒸馏方法分离成几个不同沸点范围的馏分，常称为原油蒸馏，包括原油预处理、常压蒸馏和减压蒸馏。通常，蒸馏和馏分可分离得轻汽油、汽油、航空煤油、煤油、柴油、润滑油、重油（渣油）。一次加工主要是物理加工过程。

　　（2）二次加工过程。将一次加工过程的产物进行再加工，主要是指将重质馏分油和渣油经过各种裂化生产轻质油的过程，包括催化裂化、热裂化、催化重整、加氢裂化、延迟焦化、石油产品精制等。二次加工主要是化学加工过程。

　　（3）三次加工过程。主要是指将二次加工产生的各种气体进一步加工，以生产高辛烷值汽油组分和各种化学品的过程，包括石油烃烷基化、烯烃叠合、石油烃异构化等。三次加工是物理化学相结合的深度加工过程。

三、石油炼油厂类型

按原油的性质，所需产品的品种、数量和市场需求以及加工技术的不同，炼油厂的类型也各异。根据主要产品特性，炼油厂可分为四种类型。

（1）燃料型炼油厂。以生产汽油、喷气燃料、柴油、燃料油等石油燃料为主要产品的炼油厂。主要加工装置为常压、减压蒸馏，此外，还设有催化重整、催化裂化、延迟焦化等装置。由于我国燃料产品占总的石油产品量的大部分，所以燃料型炼油厂数量最多。

（2）燃料—润滑油型炼油厂。主要生产汽油、柴油等各种燃料油和各种润滑油。一般采用常压、减压工艺以及溶剂脱蜡、溶剂精制、白土精制或加氢精制等过程。如果以减压渣油为原料生产残渣润滑油馏分，还要增加丙烷脱沥青过程。

（3）燃料—化工型炼油厂。除生产各种燃料油品外，还利用催化裂化、延迟焦化、催化重整、芳烃抽提、气体分离等装置生产炼厂气、液化石油气和芳烃等石油化工原料。

（4）燃料—润滑油—化工型炼油厂。这一类型的炼油厂既生产燃料、润滑油等石油产品，又生产石油化工原料，为综合性炼油企业，其装置类型多，产品种类广。

随着石油化学工业的发展，为综合利用石油资源，炼油厂在向第三、第四两种类型发展，炼油厂与石油化工厂联合组成石油化工联合企业，这些石化联合企业不但生产各种石油产品，还利用炼油提供的石油化工原料，生产各种基本有机化工产品以及合成树脂、合成橡胶、合成纤维和化肥等。

我国石油资源占世界第九位，而石油消费占世界第二位，石油化工则是我国国民经济的支柱产业，因此，将炼油技术与化工技术结合，开发新的能源资源是今后发展的方向。我国汽油中，催化、裂化汽油占很大比例，无铅汽油多以烯烃为主，芳烃、异构烷烃和含氧醚都很缺乏。为了提高汽油及柴油的质量，我国炼油厂今后应扩大催化重整装置的处理能力，尽量减少汽油构成中低辛烷值的直馏汽油和热加工汽油的数量；同时，还要积极发展烷基化、异构化和含氧醚生产装置，限制汽油中烯烃含量，以制取多种优质的高辛烷值调和组分，使汽油既达到环境保护的要求，又具有较好的抗爆性。

四、常压、减压蒸馏技术

常压、减压蒸馏是石油炼制的核心技术，原油通过常压、减压蒸馏分离成若干个沸点范围、适合于做不同燃料的馏分。通常，这种蒸馏在两个塔中进行，一是常压塔的常压蒸馏，这是在大气压下进行的蒸馏过程，分离出沸点较低的馏分，即将原油分割为拔顶气馏分（轻质烃）、直馏汽油、航空汽油、煤油、轻柴油和重柴油，而剩余部分从塔底排出进入减压蒸馏塔；二是减压塔的减压蒸馏，是在真空情况下进行的蒸馏，由于蒸馏时压力降低，使重油的沸点降低而进一步分离出重质油料、润滑油原料、裂化原料等。

图5-1为常压、减压蒸馏工艺流程。由图5-1可见，常压、减压蒸馏工艺流程主要为：原油预热→脱盐罐电脱盐→换热器加热→初馏塔预分离→加热炉加热→常压塔蒸馏，依次分离直馏汽油、航空汽油、煤油、柴油→常压渣油汽提加热→减压塔蒸馏，依次分离重质油料、润滑油原料、裂化原料→减压渣油经调和得到重质燃料油或沥青等。

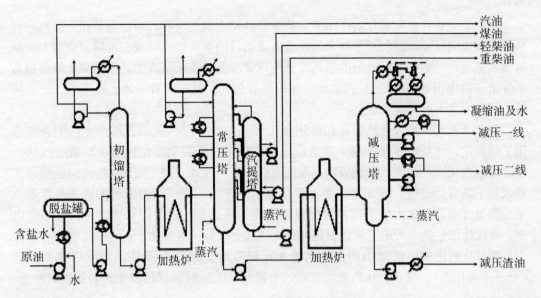

图 5 - 1 常压、减压蒸馏工艺流程

常压、减压蒸馏塔工艺操作条件主要有压力、温度和产品收率等。

（1）操作压力。常压塔蒸馏在常压下操作。为使塔顶馏分能克服管线和冷凝冷却设备的阻力而流入产品回流罐，塔顶压力为 130 ～ 160 kPa，塔内其他各处压力取决于油气通过塔盘时的压力降。一般常用的浮阀塔，其每块塔板的压降为 400 ～650 Pa。减压塔蒸馏在真空条件下操作，在塔顶设有专门的抽真空设备，塔顶操作压力为 2.6 ～ 8.0 kPa，进料汽化段为 9.3 ～ 14.7 kPa。减压塔常采用网孔板，每块板的压降为 130 ～ 160 Pa。

（2）操作温度。常压加热炉出口温度为 360 ～ 370 ℃，减压加热炉出口温度为 400 ～ 410 ℃；塔汽化段温度要比加热炉出口温度低 5 ～ 10 ℃，塔底温度要比汽化段温度低 5 ～ 10 ℃；塔侧线温度，常压塔侧线一线至五线温度从 160 ℃ 递增至 340 ℃，减压塔侧线一线至五线温度从 190 ℃ 递增至 370 ℃；塔顶温度，常压塔顶为 92 ℃ 左右，减压塔顶为 74 ℃ 左右。

（3）产品收率。因各产油区原油性质的差别及生产方案的不同，常压、减压蒸馏产品各馏分的切割范围及收率也很不相同。一般情况下，常压、减压的馏出率可在 25% ～ 35% 之间，原油的总拔出率在 60% 左右。

从原油蒸馏塔所得到的各种馏分油，主要的生产控制项目是相对密度、馏程、闪点、凝固点和黏度等。

五、催化裂化技术

我国的石油原油一般含轻馏分较少，经过常压、减压蒸馏后可得到 10% ～ 40% 的汽油、煤油、柴油等轻质油品，其余多数为重质馏分和残渣油。为了满足国民经济对轻质燃料油尤其是汽油的需要，通常要采用催化裂化、催化重整、烷基化、异构化等方法，以提高石油产品的收率和质量。

催化裂化是在热和催化剂作用下，使重质油发生裂化反应，转变为裂化气、汽油和柴油等轻质馏分油的过程。原料采用原油蒸馏所得的重质馏分油或在重质油中混入少量渣油，渣油是经溶剂脱沥青后的脱沥青渣油或常压渣油及减压渣油。催化裂化除得到高辛烷值（抗爆指数 80 以上）汽油外，还得到裂化气，其中含有丙烯、异丁烯、正丁烯等，可作为基本有机化工原料。

裂化工艺大体可分为热裂化和催化裂化两种。1912 年，美国在炼油生产中首先应用了热裂化，这是在热的作用下使重质油发生裂化。热裂化不仅提高了原油的汽油产率，而且裂化生产的汽油辛烷值比直馏汽油高得多，因此，20 世纪 40 年代初期炼油大量采用了热裂化过程。1936 年，催化裂化过程的开发，使汽油的生产无论是在产率还是在质量方面都有更大的提高，催化裂化更优于热裂化。因此，从 20 世纪 50 年代以来，现代炼油厂的生产中，催化裂化在很大程度上代替了热裂化。

在催化裂化中广泛使用的催化剂为无定型硅酸铝催化剂或结晶型硅铝盐催化剂（分子筛催化剂）。催化裂化的流程包括三个部分：①原料油催化裂化；②催化剂再生；③产物分离。

在催化裂化过程中的裂化反应有：裂化、异构化、氢转移、芳构化。催化裂化主要发生下列化学变化，从而得到各种产物：

（1）原料大分子烃分裂出氢气、低级烷烃和烯烃（含 4 个碳以下），产生称作裂化气的气态混合物。

（2）原料中大分子烃裂化为 4～20 个碳的烃，其结果是环烷烃、芳香烃和异构烃增加，从而使汽油等馏分的产量增加和质量提高。

（3）生成比原料烃的分子更大的物质，称为裂化残渣油。

（4）裂化过程还可能有焦炭生成。

催化裂化是一个平行—顺序反应过程，因此，反应深度对各产品的产率有重要影响。随着反应时间的增加，转化率提高，气体和焦炭的产率增加，而汽油的产率先增加，经过一最高点后又下降。汽油实际上是重馏分裂化时的中间产物，在炼油厂生产中，如果主要产品为汽油，应当选择在汽油产率最高处的单程转化率，一般为 50%～70%。为了提高汽油产率，将反应产物分离后，再把未反应的原料（称为回炼油或循环油）与新鲜原料混合重新投入反应器，经新一轮催化裂化后，获得更高的汽油产率。

六、催化加氢技术

催化加氢对于提高原油加工深度，合理利用石油资源，改善产品质量，提高轻油收率以及减少大气污染都具有重要意义。催化加氢是指石油馏分在氢气存在下催化加氢过程的通称。目前，炼油厂采用的加氢过程主要有两大类，即加氢精制和加氢裂化。

加氢精制主要用于油品精制，其目的是除掉油品中的硫、氮、氧杂原子及金属杂质，有时还对部分芳烃进行加氢，以改善油品的使用性能。加氢精制的原料有重整原料、汽油、煤油、各种中间馏分油、重油及渣油。

加氢裂化是在较高压力下，烃分子与氢气在催化剂表面进行裂解和加氢反应生成较小分子的转化过程。根据原料不同，加氢裂化分为馏分油加氢裂化和渣油加氢裂化。馏分油加氢裂化的原料主要有减压蜡油、焦化蜡油、裂化循环油及脱沥青油等，其目的是生产高质量的轻质油品，如柴油、航空煤油、汽油等。渣油加氢裂化主要是热解反应，同时对产品进行加氢精制。

目前，我国进口的石油原油大部分来源于中东。中东原油属于高硫、高金属、高沥青质的中间基或中间—环烷基原油。对中东原油进行炼制时，除常压、减压蒸馏过程外，主要还有催化重整、加氢精制、加氢裂化、渣油加氢等过程。

加氢精制主要反应为脱硫、脱氮和脱金属。加氢裂化过程采用双功能催化剂，即由金属加氢组分和酸性载体组成双功能催化剂。这种催化剂具有加氢活性、裂解活性和异构活性，其常用的载体是无定型硅酸铝、硅酸镁及各种分子筛，近年来主要使用各种分子筛。加氢裂化反应主要有：①烷烃加氢裂化包括断链及生成烯烃的加氢，反应中生成的烯烃先异构，随即被加氢成异构烷烃。②环烷烃在加氢裂化过程中发生异构、断环、脱烷基侧链反应及不明显的脱氢反应。③芳香烃（苯）在加氢条件下首先生成环己烷，然后发生与环己烷相同的脱氢反应。

加氢裂化装置分为两种：一段加氢裂化装置和两段加氢裂化装置，可根据原料性质、产品要求和处理量大小选择采用。一段加氢裂化流程用于由粗汽油生产液化气，由减压蜡油、脱沥青油生产航空煤油和柴油。两段加氢裂化流程对原料的适用性大，操作灵活性大。原料首先在第一段（精制段）用加氢活性高的催化剂进行预处理，经过加氢精制处理的生成油作为第二段（裂化段）的进料，在裂解活性较高的催化剂上进行裂化反应和异构化反应，最大限度地生产汽油或中间馏分油。两段加氢裂化流程适合于处理高硫、高氮减压蜡油，催化裂化循环油，焦化蜡油，或这些油的混合油，即可处理一段流程难处理或不能处理的原料。目前，用两段加氢裂化流程处理重质原料油来生产重整原料油以扩大芳烃的来源，已成为许多国家重视的一种工艺方案。我国的一些石油化工厂就是利用减压蜡油来生产重整原料油以制取苯、甲苯和二甲苯的，取得了良好的经济效益。

七、催化重整技术

催化重整是在加热、加氢、加压和催化剂存在的条件下，使轻汽油馏分或石脑油的分子重新排列，转变为芳烃和异构烷烃的一种单元过程。此法最初用来生产高辛烷值汽油，现在也是生产芳烃（苯、甲苯、二甲苯）的一个重要方法。此外，还副产氢气及液化气。我国1965年在大庆油田炼油厂建立了第一套铂催化重整装置，目前在各大型炼油厂均设有催化重整装置。为了提高我国的汽油质量和适应化纤工业发展的需要，催化重整在石油和石化工业中得到进一步的应用和发展。

催化重整的目的是提高汽油的辛烷值和制取芳烃，其主要化学反应有：①环烷烃脱氢芳构化；②环烷烃异构脱氢形成芳烃；③烷烃环化脱氢形成芳烃；④异构化反应；⑤加氢裂化反应；⑥烯烃的饱和及生焦反应。

催化重整催化剂的金属组分主要是铂，酸性组分为卤素（氟或氯），载体为氧化铝。铂重整催化剂是一种双功能催化剂，其中的铂构成脱氢活性中心，促进脱氢、加氢反应；酸组分提供酸性中心，促进裂化、异构化等反应。改变催化剂中的酸性组分及其含量可以调节其酸性功能。为了改善重整催化剂的稳定性和活性，自20世纪60年代末以来，出现了各种双金属或多金属催化剂，催化剂中除铂外，还加入铼、铱、锡等金属组分作为助催化剂，以改进催化剂的性能。其中，铂铼系列催化剂在国内外应用最广泛，与铂催化剂相比，其初活性没有很大改变，但活性稳定性大大提高，并且容炭能力增加，这就使得重整装置可以在苛刻的条件下长周期运转。

催化重整的原料为石脑油或低质量汽油，其中含有烷烃、环烷烃和芳烃。含环烷烃较多的原料是良好的重整原料。催化重整用于生产高辛烷值汽油时，进料为宽馏分，沸点一般为80～180 ℃；用于生产芳烃时，进料为窄馏分，沸点一般为60～160 ℃。重整原料中的烯烃、水及砷、铅、铜、硫、氮等杂质会使催化剂中毒而丧失活性，应在进入重整反应之前除去。

催化重整以生产高辛烷值汽油为目的时，其工艺流程主要包括原料预处理和重整两个工序。其中，原料预处理包括预分馏、预脱砷、预加氢。经预处理的原料油与循环氢混合，再经换热、加热后，进入重整反应器。重整反应是气—固相催化反应，广泛采用的是固定床反应器。由于反应是强吸热的，重整反应的总温降可达100～130 ℃。为了避免单个反应器下部温度过低而使反应速率和芳烃的转化率降低，通常采用3～4个重整反应器串联，反应器之间有加热炉加热至所需的反应温度。在第一个反应器中进行的是反应速度很快的环烷烃脱氢反应，热效应大，温降也大，因此，在第一个反应器中装入的催化剂量较少。最后一个反应器内进行的则是反应速度较慢的烷烃脱氢环化反应及加氢裂化副反应，芳烃生成量很少，总的热效应也较小，需要装入的催化剂量较大。因此，重整串联反应器是越到后面催化剂装入量越大，通常在使用4个反应器时的催化剂装入量之比为1.0∶1.5∶2.5∶5.0。重整反应器出来的反应产物经高压分离器分出富氢气体，然后重整油进入稳定塔，塔底得重整汽油。

催化重整以生产芳烃为目的时，催化重整装置由原料预处理、重整、芳烃抽提和芳烃精馏4个部分组成。重整油需后加氢，使烯烃变成烷烃，再经过稳定塔脱去气态烃和戊烷，然后进行芳烃抽提和芳烃精馏，最后获得精制的苯、甲苯、二甲苯等石油化工中间体原料。

第二节　煤电生产技术

一、煤炭的燃料成分

煤炭是一种由多种有机物和无机物混合组成的复杂的碳氢化合物固体燃料，是由远古时代的植物遗体在地表湖泊或海湾环境中经历复杂的生物化学变化逐渐形成的。随着地壳的运动，植物遗体被埋入地下，在高温和高压作用下，原来植物中的纤维素、木质素经过脱水腐蚀，含氧量不断减少，含碳量不断增加，逐渐变成化学稳定性强、含碳量高的固体碳氢化合物燃料——煤炭。

煤在漫长的形成过程中，不仅植物遗体变成了煤，植物遗体之间的地质成分也随之进入煤基体，这就使煤炭成分变得复杂起来。作为燃料，人们关心煤的成分主要从燃烧发热和环境保护角度来考虑。哪些成分可以燃烧，哪些成分燃烧或经历燃烧过程后会危害环境，从这些角度出发，可以将煤的成分分为碳、氢、氧、氮、硫、水分和灰分。

（1）碳。碳是煤炭中有机成分的主导成分和最主要的可燃成分。一般含碳量越高，煤炭的热值就越高。碳完全燃烧生成二氧化碳时，放出 32.866 MJ/kg 热量；不完全燃烧生成一氧化碳时，放出 9.27 MJ/kg 热量。纯碳的着火和燃烧都比较困难，含碳量高的煤种要有针对性地设计燃烧室。

（2）氢。氢是煤炭中发热量最高的元素，燃烧热值可达到 120.37 MJ/kg。随着煤的炭化程度加深，氢含量减少，这是含碳量越高的煤种越难着火燃烧的主要原因。

（3）氧。氧不是可燃元素，但氧可以参加燃烧，是碳燃烧的助燃剂。与氢一样，随着煤的炭化程度加深，氧含量减少，这也是含碳量越高的煤种越难着火燃烧的原因之一。

（4）氮。氮主要是由成煤植物遗留下来的，煤燃烧时氮常呈现游离状态逸出，不产生热量。煤中的氮氧化后形成的氮氧化物是重要的大气污染物。

（5）硫。硫是煤中的主要有害物质，同时也是可燃物质之一。煤中的硫分为无机硫和有机硫。无机硫以矿物杂质形式存在，可分为硫化物硫和硫酸盐硫，可热解但不可燃烧。有机硫是直接结合于有机母体（动植物遗体）中的硫，主要是硫醇、硫化物（烷基、烷基—环烷基、环化合物）和二硫化物。有机硫和硫化物可以燃烧，燃烧放出的热量为 9 100 kJ/kg。

（6）水分。水不参加燃烧，可分为外部水分、内部水分和化合水分三部分。外部水分取决于环境以及煤本身对外部水的容纳能力。在 102 ～ 105 ℃条件下将干燥空气中的煤样烘干，失去的水分就是内部水分。煤炭中的氢氧化合生成的水叫化合水分。

（7）灰分。煤完全燃烧后的固体剩余物统称为灰分，除上述各种元素外，其他所有寄存于煤炭中的元素或化合物都归类到灰分中。灰分来自于煤本身杂质、成煤过程的外来物、开采和运输过程的掺杂物。

从上述对煤炭的成分分析可以看到，煤中的可燃成分主要是碳、氢和硫，氧不是可燃物却是助燃剂。碳、氢、硫燃烧放出的热值之和构成煤炭的发热量。单位质量煤完全燃烧放出的热量叫发热量。因此，煤的发热量可以通过计算获得。但由于煤质的复杂性，计算得到的发热量与该煤种燃烧放热有差别，工业应用的发热量主要来自实验室测定值。煤的热值可以采用仪器测量，如采用氧弹量热仪，测得的热量叫做氧弹热量。由于测量过程中有引火物热量、酸生成热等因素，煤的实际发热量是换算出来的，叫做高位发热量。在工业生产上燃烧时，煤的热量并不是全部用于工业目的，如燃烧过程中产生的烟气排到大气中也具有比较高的温度，水在烟气中只能以蒸汽形式随烟气排掉，水蒸气带走的热量是工业炉窑等装置无法获得或不能回收的。因此，在工业炉窑装置进行热力学计算时所使用的燃料发热量是高位发热量中扣除水蒸气携带热量后的热值，即低位发热量。

煤炭一般按其燃烧发热量进行分类，但不同国家和不同行业有不同的分类标准。美国国家标准 ASTM 将煤分为长焰煤、半烟煤、低挥发分烟煤、中挥发分烟煤、高挥发分烟煤和无烟煤。中国煤炭分类标准将煤分为无烟煤（分为一号、二号、三号）、贫煤、贫瘦煤、瘦煤、焦煤、肥煤、气肥煤、气煤和中黏煤。中国动力用煤则被概括地分为无烟煤、贫煤、烟煤和褐煤。

我国煤炭资源主要形成于古生代的石炭纪、二叠纪，中生代的侏罗纪和新生代的第三纪。目前，我国已发现煤炭资源 1.02 Tt（$1\ Tt=10^{12}\ t$），其中已查证资源 0.68 Tt，居世界第三位；待查资源量 0.34 Tt；储量 0.44 Tt，其中，生产和在建矿井所占储量 0.19 Tt。我国煤炭资源的自然分布有以下几个特征：一是侏罗纪成煤量大，占 39.6%，以下依次为二叠纪（北方）38%，白垩纪 12.2%，二叠纪（南方）7.5%，第三纪 2.3%，三叠纪 0.4%；二是煤炭资源比较集中，重要的分布区包括山西、陕西、宁夏、内蒙古、河南以及塔里木河以北、川南、黔西、滇东等地；三是煤种分布齐全，但数量和分布不均衡，褐煤占 12.7%，低变质烟煤占 42.4%，中变质烟煤（炼焦煤）占 27.6%。目前的情况是，预测的资源量多，经过勘察的资源量少，可供开发利用的更少。

二、火力发电厂的煤质要求

煤炭作为重要的能量资源，可以直接利用和转换利用。直接利用以煤的直接燃烧最为典型。煤直接燃烧利用虽然方便，但不利因素和危害比较多，如燃烧装置效率低、浪费大、环境破坏力强等。煤的转换利用通常有燃煤火力发电、煤气化和煤液化等。其中，燃煤火力发电是煤炭作为能源利用最常见、最重要的形式，它不仅热量利用充分，运输成本最低，而且有利于减少大气污染，促进环境保护。

火力发电厂固态排渣煤粉锅炉可以使用无烟煤、烟煤（贫煤）和褐煤，对煤质的要求如下：

（1）对挥发分的要求：挥发分 V_1 为 6.5%～10.0%，热值 $Q>20\ 930.0\ kJ/kg$；挥发分 V_2 为 10.0%～19.0%，热值 $Q>18\ 418.4\ kJ/kg$；挥发分 V_3 为 19.0%～27.0%，热值 $Q>16\ 325.4\ kJ/kg$；挥发分 V_4 为 27.0%～40.0%，热值 $Q>15\ 488.2\ kJ/kg$；挥发分 V_5 为 40.0%，热值 $Q>11\ 720.8\ kJ/kg$。

（2）对灰分和硫分的要求：灰分 $A_1\leqslant24$，A_2 为 24～34，A_3 为 34～46。硫分 $S_1\leqslant1.0$，S_2 为 1.0～3.0。

此外，发电锅炉还有对水分的要求和对煤灰渣熔融性的要求。

三、火力发电厂的热力循环和设备系统

热力发电厂是以朗肯循环为基础的热力循环。根据热力发电厂的能源利用情况，热电厂可以划分为化石燃料发电厂、核能电厂、地热电厂、太阳能电厂和磁流体电厂等不同类型。不论采用什么能源，都可以利用朗肯循环构筑发电系统。燃煤火力发电厂是热力发电厂中最常见、最多用的一种热力循环发电系统。在燃煤火力发电系统中，处理合格的软化水经过加热后进入燃煤锅炉，在燃煤锅炉中吸收煤燃烧放出的热量变成汽水混合物，锅炉的汽包收集汽水混合物并将饱和蒸汽与饱和水分离开来。饱和水继续在锅炉中循环吸热蒸发，饱和蒸汽则进入蒸汽过热器变成过热蒸汽。过热蒸汽经过主蒸汽管道进入汽轮机，推动汽轮机叶片做功，通过旋转叶片的轴带动发电机发出电力。做完功的蒸汽进入凝汽器，由循环水泵送回循环系统完成一个循环。在发电过程中，水作为工质

在常温下吸热——在加热器和锅炉中升到饱和温度；在饱和温度下吸热——由饱和水变成饱和蒸汽，在锅炉的过热器中继续升温成为过热蒸汽。在这一过程中，工质水一直是在吸热的，之后逐渐降温。蒸汽在到达汽轮机前，会有一些微小的温度降低，而在进入汽轮机后，蒸汽的温度将下降到做功结束的温度。进入凝汽器后，蒸汽放出了实现热力循环不得不损失的热能，然后由循环泵送回到循环系统。对于工质（水）来说，其做功能力除了受温度条件影响外，还受压力条件影响，只有在一定的温度和压力条件下，工质才具备做功能力，才能形成热力循环。压力越高，相同温度的蒸汽做功能力越大。因此，蒸汽参数通常为温度、压力和流量。当温度和压力一定时，做功能力也就确定了。

　　燃煤火力发电厂是将煤的化学能转化成电能的工厂，其中发生着化学能转化成热能、热能转化成机械能、机械能转化成电能的多种能量的转化过程。燃煤火力发电厂与各类热力电厂一样，都是由热源（锅炉等）、汽轮机、发电机、热力系统四部分组成。煤炭作为锅炉燃料燃烧，存在许多实际问题，主要是燃烧设备和燃烧技术落后，导致燃烧效率不高和污染严重。我国工业锅炉有50多万台，年消耗总煤炭量的35%，而锅炉效率平均只有60%，比先进国家的锅炉效率80%低了许多，仅此一项我国每年多浪费近1亿吨煤炭。因此，改进锅炉设备和燃烧技术，发展热力联合循环，取代中小锅炉房和其他不经济的用能方式是重要的节能途径。

　　凝汽式电站是火力发电技术最成熟的传统发电站，只要采用高参数、大容量机组，就可以不断地提高电厂热效率，降低投资和燃料消耗量。目前，我国规定新上的燃煤机组必须是300 MW和600 MW或以上的大型机组，其供电煤耗不高于300 g/(kW·h)或供电效率不低于40.95%。我国正在大量采用高效低污染的高参数超临界凝汽式火电机组，采用各种措施提高机组效率和环境效益。

　　今后，燃煤火力发电的发展方向是大型循环流化床发电、燃气轮机发电和燃煤燃气—蒸汽联合循环发电。循环流化床属于低温燃烧发电装置，可以燃用各种劣质燃料。20世纪90年代，法国Gardanne电厂250 MW循环流化床投入运行以后，循环流化床在大型化方面已经进行了许多开发和创新工作。我国四川、云南、河北等地也已经投入运行一批300 MW循环流化床发电机组，同时，国内已经完成800 MW循环流化床锅炉的概念设计，已经具备可用于实际工程的大型循环流化床设计。

　　燃气轮机发电在20世纪80年代后得到了快速发展，机组容量已经达到300 MW以上。有人认为，21世纪燃气轮机将打破蒸汽轮机一统天下的格局。蒸汽轮机和燃气轮机单独工作都可以达到40%左右的供电效率，而采用两者结合的燃气—蒸汽循环则可以达到53%以上的循环效率。燃煤燃气—蒸汽联合开发和示范的项目有以下几种：①直接燃煤；②整体式联合循环（IGCC）；③增压流化床锅炉联合循环（PFBC）；④部分煤气化的混合式循环流化床联合循环；⑤新型高温锅炉联合循环；⑥外燃式联合循环。

四、洁净煤发电技术

　　洁净煤技术是指煤炭从开采到利用的全过程中，在减少污染物排放和提高利用效率

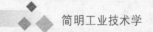

的加工、转化、燃烧及污染控制等方面的新技术，主要包括洁净生产技术、洁净加工技术、高效洁净转化技术、高效洁净煤发电技术和烟气污染排放治理技术等。

洁净煤技术按其生产和利用的过程大致可划分为四类：①煤炭洗选与加工，包括煤炭的洗选，型煤、水煤浆加工。②煤转化，主要包括煤炭液化和煤炭气化技术。③洁净煤发电技术，主要指高效超临界发电、常压循环流化床、加压流化床联合循环、整体煤气化联合循环。④烟气净化技术，包括烟气除尘、脱硫、脱硝和其他污染控制新技术。

洁净煤发电技术主要有：

（1）常规煤粉发电机组加烟气净化技术。常规燃煤发电机组系统中增加烟气净化设备，通过烟气脱硫、脱硝和除尘，达到降低 SO_2，NO_x 和烟尘排放的目的。大型燃煤锅炉配备的烟气脱硫装置脱硫效率可达 95% 以上。大型锅炉上安装低 NO_x 燃烧器，能使 NO_x 排放水平控制在 500 $mg/(N \cdot m^3)$ 之内。

（2）循环流化床燃烧技术（CFBC）。循环流化床锅炉技术作为一种新型成熟的高效低污染清洁煤技术，可以高效率地燃烧各种固体燃料特别是劣质煤，可以直接向燃烧室加入脱硫剂控制燃烧过程中 SO_2 的排放。循环流化床低温燃烧也控制了 NO_x 的生成，氮氧化物排放远低于煤粉炉。另外，排出的灰渣活性好，易于实现综合利用，无二次灰渣污染；负荷调节范围大，低负荷可降到满负荷的 30% 左右。中国是世界上 CFBC 锅炉最多的国家，100 ～ 135 MW 发电用的 CFBC 锅炉超过 50 台，并具有国内自主开发能力，同时，已有多台 300 MW 循环流化床锅炉在一些省份投入运行，更大型的 800 MW 循环流化床锅炉已经完成概念设计，有望很快进入实际设计和投入运行。

（3）增压流化床燃烧技术（PFBC）。PFBC 除具有与 CFBC 相似的优势外，还因其燃烧产生的高温烟气经过除尘进入燃气轮机做功，构成增压流化床燃烧联合循环（PFBC - CC），故其发电能力比相同蒸汽参数的单汽轮机发电增加 20%，效率提高 3% ～ 4%，特别适合于改造现有常规燃煤电站。蒸汽循环还可采用高参数包括超临界汽轮机以提高效率。目前，世界上已建成的 PFBC - CC 电站有 8 座，容量多为 80 ～ 100 MW 等级，有 1 座容量达到 360 MW，今后将会有更多、更大型的 PFBC - CC 电站建成投入运行。

（4）整体煤气化联合循环技术（IGCC）。IGCC 发电技术通过将煤气化生成燃料气，驱动燃气轮机发电，其尾气通过余热锅炉产生蒸汽驱动汽轮机发电，构成联合循环发电，具有效率高、污染排放低的优势。IGCC 技术产生于 20 世纪 70 年代，法国和美国先后在 20 世纪七八十年代建成功率为 100 MW，160 MW 的 IGCC 示范电站。两国示范电站运行成功，从原理上肯定了煤通过气化技术与先进的燃气—蒸汽联合循环热力系统相结合的洁净煤发电技术的新途径，并从实践上验证了该技术的可行性和环保性能的优越性。此后，世界上一些国家纷纷建起了 IGCC 示范电站。目前，IGCC 系统净效率已经提高到 42% ～ 46%，单机功率已达 300 MW 等级以上，正在由商业性示范走向商业化应用。我国"十五"计划期间在山东建设了一座 400 MW 等级的 IGCC 示范电站，标志着我国洁净煤发电技术有了更快、更大的发展。

五、煤炭转换技术

煤炭转换技术也是洁净煤技术的重要内容，包括煤炭气化技术和煤炭液化技术。

（一）煤炭气化技术

煤炭气化是在适宜的条件下将煤炭转化为气体燃料，使其燃烧更充分而污染物排放得到较好控制的技术。在煤炭气化过程中，煤与水和氧化剂（空气或纯氧）发生化学反应。氧化剂的作用是把煤部分氧化而不是完全燃烧。煤经过氧化后的产品主要是由氢气和一氧化碳组成的合成气及甲烷。习惯上将煤炭气化反应分为三种类型。

（1）碳—氧间的反应。包括碳的氧化反应和二氧化碳还原反应，反应结果得到一氧化碳。其化学反应式如下：

$$C + O_2 \longrightarrow CO_2 \uparrow$$
$$2C + O_2 \longrightarrow 2CO \uparrow$$
$$C + CO_2 \longrightarrow 2CO \uparrow$$
$$2CO + O_2 \longrightarrow 2CO_2 \uparrow$$

（2）碳与水蒸气的反应。包括水蒸气分解反应和一氧化碳变换反应，反应结果得到氢和一氧化碳。其化学反应式如下：

$$C + H_2O \longrightarrow CO \uparrow + H_2 \uparrow$$
$$C + 2H_2O \longrightarrow CO_2 \uparrow + 2H_2 \uparrow$$
$$CO + H_2O \longrightarrow CO_2 \uparrow + H_2 \uparrow$$

（3）甲烷生成反应。煤气中的甲烷，一部分来自煤中挥发物的热分解，另一部分则是气化炉内的碳与煤气中的氢气反应以及气体产物之间反应的结果。其化学反应式如下：

$$C + 2H_2 \longrightarrow CH_4 \uparrow$$
$$CO + 3H_2 \longrightarrow CH_4 \uparrow + H_2O$$
$$2CO + 2H_2 \longrightarrow CH_4 \uparrow + CO_2 \uparrow$$
$$CO_2 + 4H_2 \longrightarrow CH_4 \uparrow + 2H_2O$$

煤气化的方法按供热方式分为自供热气化（反应热由气化煤氧化提供）、间接供热气化（气化热量通过气化炉壁供入）、加氢气化和热载体供热气化等形式；按气化炉内原料煤和汽化剂的混合方式和运动状态分为固定床（移动固定床）、流化床和气流床等形式。

（二）煤炭液化技术

煤炭液化分为直接液化和间接液化。通过增加氢碳比，可将煤炭转化为清洁的液状燃料。

（1）煤炭直接液化。将高压氢气通入煤粉浆中，并在合适的催化剂作用下，将煤制成液体，经再循环处理而得到合成原油，最后通过蒸馏的方法，从合成的原油中回收类似于汽油和柴油的产品及丙烷和丁烷等。其典型的工艺方法有德国的 IGOR 工艺、美国的 HTI 工艺和日本的 NEDOL 工艺。

（2）煤炭间接液化。首先将煤气化制得合成气（CO + H₂），合成气再经催化合成转化成有机烃类，其主要产品为碳氢合成燃料（合成汽油、合成柴油）以及甲醇和二甲醚。典型的煤间接液化的合成过程在 250 ℃、15 ～ 40 atm 下操作，已实现大规模工业化生产。

第三节　水力发电技术

水能（水力）是蕴藏在江河中的宝贵能源。江河的水流来自于大自然的降水，是天赐的资源，而且长流不息。修建水力发电站，利用江河的水流发电，不会消耗和污染水流本身，仅是将水流落差中蕴藏的能量转化为电能输送出去，供人类便利使用；同时，水力发电还有利于水库调节径流，绿化大地，发展农业，使人与自然和谐发展。

一、水能及其转换

水能，人们习惯称其为水力。地球上的物体因受到地球引力的作用，产生的一种垂直向下的力，这种力叫做重力，也是人们常说的重量。地球上的水体和所有的物体一样，承受着地心引力的作用，也会产生一种垂直向下的重力。比如，江河中的水，就是由于重力的作用而从高处向低处流动。水体流动的力量，简称为水力。在奔腾湍急的河川水流和水库落差径流中，蕴藏着巨大的水力能量。

我国是一个水力资源丰富的国家，水力资源居世界首位。我国国土上的河川众多，大江大河源远流长。流域面积在 100 km² 以上的河流有 5 万多条，河川多年平均年径流总量 2.71 亿立方米。长江、黄河发源于青藏高原，落差分别为 5 400 m 和 4 830 m，雅鲁藏布江、澜沧江、怒江的落差均在 4 000 m 以上；其他还有许多河流，如大渡河、雅砻江、岷江、珠江、红河等，落差也多在 2 000 m 以上。河川丰沛的径流量和巨大的落差，构成了我国十分丰富的水力资源。水力资源作为可再生的清洁能源，是能源资源的重要组成部分。我国水能资源丰富，在能源平衡和能源可持续发展中占有重要的地位。

水力发电是水力（水能）利用的主要形式，它是利用河流中以水的落差（水头）和流量为特征值所积蓄的势能和动能，通过水轮机转换成机械能，然后带动发电机发出电能，通过输电线将强大的电流输送到用电部门和用户。

为了利用河川所蕴藏的能量，在河段的适当地址修建大坝，将上游的来水拦住，使水位提高，整个河段的落差在此集中，水的能量也就被集中蓄存起来。水坝上下游水位之差叫做落差，落差就是水力发电的位能（势能）。在水坝下方或下游适当地点建筑水力发电站，将被集中起来的水力（能）通过水轮机转变成机械能，然后带动发电机发出电能。

二、水力发电的过程和特点

如上所述，水力发电就是以河流中水流的落差和流量来积蓄势能和动能推动水轮机带动发电机发出电能的。在一条河流上选择一个适当的部位（地段）修建一座大坝，将它的上游筑成一个可供蓄水的水库，提高上游水位。然后，在水库的下方或下游修建水电站，将水库中的水经引水钢管流入水电站的水轮机内冲动水轮机转动，由于水轮机轴与发电机轴是相互连接的，因此带动了发电机的旋转，旋转的发电机通过能量变换的电磁装置发出强大的电能。发电机发出的电经由母线，通过低压断路器接至升压变压器，将发电机的电压升高到一定的高压，然后接入电网输电系统，由电网输电系统将电流输送到几十公里、几百公里甚至几千公里之外，再经过变压器降压输送到各用电部门和用户。

与其他发电形式相比，水力发电具有以下明显的特点和优点：

（1）建设投资大而发电成本低。水力发电建设于河川之中，水文复杂，勘探费用、清淤截流筑坝费用、搬迁安置费用、设备购置费用等投资大，建成周期较长，需要一笔巨大的起步资金。但是，水力发电站一旦建成，由于所用的河川水流是取之不尽、用之不竭的能源，不需要昂贵的开采运输等复杂环节，因此，发电成本低，经济效益显著。

（2）永续利用，不污染环境。河川水流来自于大自然的降水，只要地球不毁，大自然环境不变，总会有水流入库，水力发电便能永续进行。水力发电只利用水流的推动力，不利用水质本身，对水体质量无任何影响。加之水是清洁的再生资源，对自然界有净化和维护作用，因此，水力发电是各种能源开发利用中效果最好的。

（3）开停机方便迅速，平均效率高。水电机组具有启动快、开停机迅速、效率高的特点，因此非常适宜于担任电力系统的调频、调峰任务。电力系统发生故障时，能迅速、灵活地投入备用机组发电，保证电力系统稳定运行；在丰水期能充分利用水能满负荷发电，以顶替火力发电厂工作容量而使火电机组获得检修机会。

我国水力资源丰富，包括理论蕴藏量、技术可开发量和经济可开发量均居世界第一位，但目前已正式开发的量无论是水电站数量、装机容量还是年发电量，都远远低于可开发量。因此，随着现代化建设的发展和基于能源平衡、能源安全的需要，应根据我国能源资源的特点，大力加快水电基地的建设，以满足日益增长的电力供应需求。

三、水力发电开发方式和水电站类型

水电站的出力和发电量是与水头和流量成正比的。在所开发河流一定流量的条件下，水头高低是决定性的因素，水头越高发电能力越大，而且往往更经济。因此，必须在水电站的上、下游集中一定的落差构成发电水头。水电站的开发按照集中落差的方式，可分为引水道式、堤坝式和混合式。

（1）引水道式水电站。在河流坡降较陡、落差比较集中的河段，以及河湾相邻两条河流河床高程相差较大的地方，利用坡降平缓的引水道引水，与天然水面形成要求的落差以发电。我国的小水电站绝大多数位于山区、半山区，那里的天然河道坡降大，流量小，因此，大多采用这种引水道式发电站。位于山区、半山区的水电站常常利用一根长达几十米、几百米的压力钢管引水入厂房，由此获得水头用于发电。

（2）堤坝式水电站。在河流地形、地质条件适当的地方修建拦河坝形成水库，抬高上游水位与下游河流天然水位的差距，形成要求的落差以引水发电。堤坝式水电站又可分为坝下式水电站和河床式水电站。河床式水电站的发电厂房建在大坝的下游侧，厂房不承受上游的水压力。坝下式水电站的厂房则建在大坝下方，为大坝一部分，它既拦挡水流又承受上游面的水压力，一般适用于低水头的情况。

（3）混合式水电站。混合式水电站是部分利用拦河坝、部分利用引水道以集中落差发电。在山区，混合式水电站大多与防洪、灌溉相结合，少数以发电为主。

按照上述三种水电开发方式，根据各自的地形、地质、水文、建材和经济条件，可以因地制宜建设合适的各种类型水力发电站。这些类型大体分为以下七种：

（1）天然瀑布型水电站。天然瀑布本身具有相当大的落差，往往可以在短距离内获得相当大的天然水头用于建站发电。

（2）急滩或天然跌水河段型水电站。在山区的河滩上，常可以利用几米或更大一些落差的急滩或天然跌水河段，建造引水式水电站。如果引水流量大和进水条件好，可不建大坝而筑低堰引水发电。但是，应考虑适当的防洪措施，以防止山洪对厂房和引水渠等建筑物的冲击。

（3）灌渠跌水型水电站。即利用上、下游灌渠的跌水面落差而修建的水电站，跌水上、下的水面差就是水电站的毛水头。利用灌溉渠跌水的水电站只需在原有灌渠建筑物的基础上增建厂房即可，工程简单，投资少，见效快，是适合农村需要的一种建站类型。

（4）河湾型水电站。某些山区河流的沟谷河曲十分丰富，几乎形成环状河湾，而且坡降陡、峻峭。这种天然条件可以利用引水道将环口联通，裁弯取直，建造比沿河引水短得多的渠道，就能获得较大的水头建站发电。如果河湾绕高山而流，可以建造盘山渠道引水或开凿更短的隧洞引水建站发电。

（5）跨河、跨流域引水型水电站。在山区河流和大中型灌区河网之间，当有两条相邻河流的局部河段非常靠近且有相当的水位差时，可以考虑从高河道向低河道引水发电。水电站厂房一般建在低河道岸边，跨河引水发电。在这种情况下，发电后水不再流回原河道，因此会形成高河道下游水量减少而低河道下游水量增加的情况。所以，在规划时必须根据两条河道下游的灌溉、航运、供水、养鱼和其他需水部门的用水情况，并研究跨河引水时对两条河道上已建和拟建工程效益的影响，统筹考虑，全面规划。

（6）高山湖泊型水电站。高山湖泊往往在其不远处伴有低于高山湖泊水位的河流或其他湖泊。在这种情况下，可以从高山湖泊引水发电。引水发电可能会使湖泊水位下降，但因引水后湖泊面积相应缩小而蒸发损失也随之大为减少。当湖泊水位降到某一高度时，由于引水量相当于减少的蒸发损失，有可能不再消耗湖泊存水量而保持湖泊水位不变。如果利用高山湖泊下游原有河道的流量和落差建站发电，并不从湖泊增加引水流量，则更不会改变湖泊原有水位。高山湖泊实际上是天然水库，下泄流量往往比较稳定，且有相当落差，是水力发电的良好条件。

（7）海洋潮汐型水电站。可以利用海洋潮汐有规律的涨落，在合适的港湾或海河口建造潮汐水电站。我国海岸线漫长，海湾多，可以建造许多潮汐电站。

四、水电站的总体布置和机电设备

水力发电开发方式和水电站类型、地址确定后，要进行水电站装机容量设计。水电站装机容量是各机组额定容量（发电机铭牌功率）的总和，在一般情况下，是水电站最大出力的极限值。水电站装机容量是水电站规模和生产能力的标志，它关系到水电站经济效益的好坏。装机容量过大，会造成财力、物力、人力的浪费；装机容量过小，则水能资源得不到充分的利用。水电站的装机容量取决于河流的水文情况和水库的调节性能，以及用电负荷的需要。首先，要按设计保证率选择设计代表年，进行径流调节计算，计算出枯水期的保证出力，并根据水电站所具有的调峰能力，为满足最大负荷需要而确定出水电站的最大工作容量。此外，还需要装设部分备用量，以满足负荷突然变化、替代检修机组和事故停机机组的需要。

水电站主要由挡水、泄水、引水以及厂房等各种建筑物组成。水电开发方式不同，其总体布置也不同，堤坝式水电站的各项建筑物比较集中，可形成水力枢纽；引水式水电站和混合式水电站的各项建筑物则比较分散，包括引水枢纽、引水道和厂房枢纽；有的水电站还担负着通航、过鱼、过木等需要，因而还要相应地建造船闸、鱼道、筏道等建筑物。

（1）挡水和泄水建筑物。挡水建筑物就是拦河坝，它把河流拦断，以控制水流，为人类服务。堤坝式水电站的拦河坝一方面抬高上游水位，形成落差；另一方面形成水库，以调节径流。引水式水电站的低坝或溢流坝仅起拦住水流，把水引向引水道的作用。拦河坝有各种形式。小水电站为了就地取材，便于施工和运行，往往选用具有当地特色的坝型，如土坝、浆砌石重力坝、浆砌石拱坝、土石混合坝、堆石坝、干砌石坝等。大型电站拦河坝则要根据水利的具体条件进行设计和建筑。必须强调指出，拦河坝是最重要的建筑物，必须安全可靠，不允许失事。万一垮坝，其灾害比天然洪灾大得多，将给下游造成严重灾难。

（2）引水建筑物。引水建筑物的作用，是从河流或水库中把水引到发电厂房中的水轮机去发电。引水建筑物分为无压引水和有压引水两大类。无压引水建筑物有明渠、无压隧洞；有压引水建筑物有压力水管和有压隧洞。其中，最简单的是明渠，在小型水电工程中广泛采用。它作为无压引水道，输送水流到发电厂，如需要穿过高山峻岭引水，则可修建隧洞。小水电隧洞如穿过完好的岩层，可不衬砌，或局部衬砌或首部和尾部衬砌。堤坝式水电站由坝上游引水到坝下游的厂房，常用压力水管。引水式水电站由明渠或隧洞引水到发电厂附近，在水头比较集中的地方也要用压力水管。压力水管承受着相当高的内水压力，包括水击压力，在设计、制造、施工、安装以及运行中，必须充分保证压力水管的安全可靠。压力水管有各种类型，如钢管、钢筋混凝土管、铸铁管和木管等，我国最广泛采用的是预应力钢筋混凝土管。我国小水电工程中，普遍采用钢筋混凝土预制管；在较高水头下，广泛采用的是离心法生产的预应力钢筋混凝土管；只有在高水头、大直径（流量大）的情况下，才考虑采用钢管。

（3）水电站厂房。水流经过压力水管进入厂房内的水轮机，水轮机将水能转化为旋转的机械能，带动发电机旋转而转化为电能。可见，厂房是水电站最重要的生产车间。它在工程上要求牢固、可靠、投资少、维护简单，在生产运行上要求安全经济地发电、供电。在装机容量较大的水电站，发电机厂房又分为主厂房和副厂房，主厂房内安装水轮发电机组，副厂房内安装辅助和控制设备。

除了发电厂房之外，厂区内还包括变电站，把电压升高，以便通过高压线输出。当输送电压较高时，通常把主变压器与高压开关装置分开布置。主变压器布置在紧靠厂房的地方，称为主变场；高压开关装置布置在离开厂房较远的比较平坦的地方，称为开关站。装机容量在 1 000 kW 以下的小型水电站不分主副厂房，所有主机、辅助和控制设备都安装在一个厂房内；变电站也比较简单，可将主变压器与高压开关装置布置在一起。

厂房本身的布置主要取决于机组主轴的布置形式、水轮机的型号和台数，其次与电气主接线和传动方式有关；另外，还受到水电站总体布置、地质、地形和防洪等因素的影响。按机组主轴的布置形式，一般分为卧轴机组厂房和立轴机组厂房两类。每类又有若干种具体的厂房形式。

水力发电站的机电设备主要包括水轮发电机组、一次回路输电设备和二次回路控制设备。

（1）水轮机及其辅助设备。水轮机是一种以水力为动力的原动机，利用水力推动水轮机转动，再带动发电机发电。水轮机分为冲击型和反击型两类。其中，冲击型水轮机又分为水斗式、斜击式、双击式三种，反击型水轮机又分为混流式、斜流式、轴流式、贯流式四种。上述水轮机诸多品种中，目前用得最普遍的是混流式、轴流式和水斗式三种水轮机，分别适用于中高水头、中低水头和高水头。

水轮机的辅助设备与水轮机成套生产供应包括调速器、油压设备、水电自动化元件等，还有装设在水轮机前的进水阀门和空放阀门等。当引到水轮机的压力水管距离较短、水压不高时，可在水管的进水口处装设快速闸门控制水流；而在引水的压力钢管较长、水压较高时，应在水轮机的进水口处装设空放阀门，以避免水轮机导水机构快速关闭水流时会使压力水管内的水压力突然上升而产生"水锤"作用，造成进水压力钢管爆破事故的发生。

（2）发电机及其辅助设备。水轮发电机按其转轴布置不同可分为立式与卧式两种。转轴与地面垂直布置的为立式，与地面平行布置的为卧式。一般小型水轮发电机和贯流灯泡式、冲击式机组都设计成卧式。大中型水轮发电机由于尺寸大，如果设计成卧式机组，不仅不经济，还会造成结构设计上困难重重，所以通常设计成立式结构。

按照冷却方式不同，水轮发电机可分为空气冷却和内冷却两种。利用空气循环来冷却水轮发电机内部所产生的热量，称为空气冷却。空气冷却水轮发电机又分为封闭式、开启式和空调冷却式。大中型水轮发电机多数采用封闭式冷却，小型水轮发电机多数采用开启式通风冷却，空调冷却式则很少采用。内冷却式水轮发电机目前有两种，一种是将冷却水通入发电机内定子和转子线圈的空心导线内部进行冷却；另一种是将冷却介质（液态）通入发电机内定子空心铜线，通过液态介质蒸发进行冷却。

水轮发电机的辅助装置主要有：灭火装置、制动装置、测温装置、油水管路系统、轴电流监测装置、粉尘收集装置、空间加热装置等。

（3）电力变压器。电力变压器主要是为适应电力输送的需要而改变电压大小的电气设备。发电机的出口处电压不可能太高，而低电压大电流传输是困难的，一是输电损耗大，二是低压电流根本输不出去。因此，必须改变电压，将低压电流转变为高压电流才能向外输送。变压器的作用主要是改变电压的大小，它与发电机的原理一样，是利用电磁感应原理改变电压大小的。

电力变压器按运行方式分为升压变压器和降压变压器两类。升压变压器一般用于发电站，其一次侧是接受电力的，电压较低，连接于发电机；二次侧输出电力，即将电力变为高电压送上输电线路。为了克服输电线路的电压降落，升压变压器的高压侧电压要比线路电压高出10%。降压变压器恰与升压变压器相反，它的高压侧接收电力，低压侧输出电力。它将高压输电线路的高电压变成较低电压，再分配输送到若干用户用电。其高压侧的额定电压等于线路的额定电压，低压输出端的低压侧电压要比输出线路的额定电压高出10%。

电力变压器还有其他各种分类。总的来说，发电站使用的电力变压器是升压变压器、无激磁调压变压器、三相变压器、油浸式电力变压器。

（4）电气主接线。表示电站或变电站各主要电气设备（发电机、变压器、母线、断路器、隔离开关等）按顺序连接的电路，称为电气主接线。电气主接线一般应满足下列要求：①满足对用户供电必要的可靠性和电能质量的要求；②接线简单、清晰，操作简便；③保证必要的灵活性且检修方便；④投资少，运行费用低。小型水电站的主接线更应体现小型、简单、经济、运行可靠和方便的特点。

五、水电站的设备安装和发电运行

水电站机电设备的安装要做到严谨、安全、精确地进行。其一，要制订先进的吊装措施和合理的吊装方法，备齐安装常用工具；其二，要进行安装前机电设备的清洗和零部件的组合；其三，做好水轮机埋设部分的安装和对接；其四，做好水轮机的预安装和正式安装；其五，准确做好水轮发电机的转子组装和定子组装；其六，做好发电机轴承、转轴和上下架的预装和安装；其七，做好配套辅助设备的安装和试验；其八，机组启动试运行。

水力发电站经过较长周期的建筑、安装和试运行，经验收合格后将开始正常的、永续的发电运行。水电站的运行，是要在经济合理地利用水力资源、满足电能质量的基础上，全面实现安全、满发、经济、多供的目标。

河流、水库等一般都承担综合利用的任务。特别是大江大河大水库的运行，要综合考虑防洪、发电、航运、灌溉、渔业、工业及生活用水等各方面的要求，根据历史水文资料，以及水文、气象预报，经过计算，以调度图的方式表明水利运行方式。水利调度应包括用水调度、灌溉调度、发电调度、防洪调度等。水电站的运行是参照水利调度图，根据上级单位和电力系统运行调度的命令进行的。电力系统中水电站、火电站还可以进行电力的补偿调节，也会影响水电站的运行方式。

水电站由于机组启动快、操作简单、效率高、成本低等特点，在电力系统中担任着调频、调峰、调相、备用等任务，起着重要的作用。一般在洪水期间应充分利用水量，使全部机组投入运行，做到满发、多供，承担电力系统的基荷；而供水期间运行时，应尽量利用水头，担任电力系统的腰荷和尖峰负荷，充分利用可调出力，以起到电力系统的调频、调峰和事故备用作用。

水力发电站的水轮机、发电机一般都具有相同的类型特征和额定标准参数，辅助设备简单，易于实现全电站的自动化和成组调节，使机组负荷得到合理经济的分配，经常运行在高效率区，达到全电站的经济运行。

水电站运行操作有正常运行、特殊运行和异常运行三种，包括正常的测量、监视、控制、维修及事故的处理。随着通信、遥测、遥调和计算机等设备的应用，电力系统可以按预定的负荷曲线，通过装置实现对水电站或水轮发电机组的控制和调节，在异常和事故情况下，由计算机作出逻辑判断自动处理事故，使水电站的安全经济运行更有保障。

水力发电站的机组检修安排在枯水季节，并在洪水来到之前完成。正常的检修和验收工作，电气设备的预防性试验，继电保护和自动装置的检验，等等，是保证电站安全运行的重要措施。水电站要严格执行所有的规章制度和工作程序，为水电站安全、满发、经济、多供的运行提供有效的保证。

第四节　核能发电技术

长期以来，社会工业的能源消耗以煤炭、石油、天然气为主，不但对环境污染大，而且本可作为重要化工原料的化石燃料白白烧掉十分可惜。风能、太阳能、生物质能等可以减少常规能源消耗，降低温室气体排放量，满足未来世界的能源可持续发展需要。但是，随着经济的迅速发展，对能源需求的增长也在加快，这些能源很难在近期内实现大规模的工业化生产和应用。核能作为清洁能源和新能源，才是可以规模使用且安全和经济的工业能源，因此，核能已经被公认为是一种唯一能够大规模取代常规能源的替代能源。

一、核电技术的发展

核能是地球上储量最丰富的能源，地球上已探明的核燃料至少有 460 万吨，可供人类开采使用 200 多年，比全球石油可开采 40 年、天然气可采 60 年、煤可采 200 年的时间都要长。自 1942 年人类首次实现链式核反应以来，前苏联于 1954 年建成世界上第一座实验核电站（5 MW），美国于 1957 年建成世界上第一座商用核电站（60 MW）并网发电；在随后的 50 多年里，法国、比利时、德国、英国、日本、加拿大等发达国家建造了大量核电站。由于核电技术的发展，其发电成本已低于其他火力发电，而煤、石油等化石燃料又日益短缺，核电站的建造在各国经济发展中所起的作用越来越大。当前，世界上已有 500 多座核电机组在运行，核电站装机容量超过 400 GW，已经向世界提供 6% 的一次能源耗量。法国是核电占总发电份额最大的国家，达到 80%，比利时为 59%，韩国为 40%，日本为 39.6%，瑞士为 38%，德国为 26%，英国为 17%，美国为 14%，加拿大为 13%，俄罗斯为 13%，中国台湾为 34%，中国内地为 0.9%。

我国的核电工业起步较晚，1992 年第一座核电站秦山一期 300 MW 核电站投产，接着广东大亚湾 1 号和 2 号核电站分别于 1993 年和 1994 年投入发电运行，功率均为 900 MW。秦山三期 1 号机组于 2002 年并网发电，是我国首座重水堆核电站。目前，我国有 10 多座核电站正在建设中，规划到 2015 年，核电功率占到我国总电力容量的 4%

左右。

二、核电站的构成及核能释放形式

核电站是利用核反应堆作为热源产生高温高压蒸汽以驱动汽轮发电机发电的工厂，即核电站是实现核能转变为电能的工厂。核电站组成主要包括核岛、常规岛和配套设施等部分。核岛是核电站的核心，它的主要部件核反应堆、蒸汽发生器、主循环泵、稳压器和主冷却回路系统等均置于安全壳内，核电站发电所用高温高压蒸汽即在核岛内产生。常规岛是电站的发电部分，主要有汽轮发电机组和输变电系统，将电站所发电能送至电力系统。核电站的配套设施主要有反应控制系统、紧急停堆系统、堆心应急冷却系统、安全壳喷淋系统、容积控制系统和化学控制系统等，其主要功能是保障核电站及环境的安全。

核电站核能的释放通常有两种形式，一是重核的裂变，二是轻核的聚变。所谓重核裂变，是指一个重原子核（如铀）分裂为两个或多个中等相对原子质量的原子核，从而释放出巨大的能量。所谓轻核聚变，是指两个轻原子核（如氢）聚合成一个较重的原子核，从而释放出巨大的能量。理论和实践都证明，轻核聚变比重核裂变释放出的能量要大得多。人们已经利用核裂变制造出了原子弹，并且通过反应堆加以人工控制，使其按照人们的需要有序地进行。成功地将核裂变释放出的巨大能量转变为电能，这就是原子能发电。人们也已经利用核聚变制造出了比原子弹威力更大的氢弹，氢弹是无控炸性核聚变。通过反应堆对核聚变实行人工控制，使其按照人们的需要有序地进行，这就是受控核聚变。受控核聚变释放出的巨大能量转变为电能，就是核聚发电。

核能具有放射性，因此，核电站的安全防护显得格外重要。核电站的安全防护主要是将核燃料及产物严密禁锢在三道屏障内。第一道屏障是核燃料元件包壳，第二道屏障是压力壳，壳体为一层厚合金钢板。通常 90 万 kW 的压水堆，其压力壳壁厚在 200 mm 以上，压力壳需能承受 17.7 MPa 的压力和 350 ℃的温度。第三道屏障是安全壳，即反应堆厂房。全世界核电站 500 多个，半个多世纪以来共发生核泄漏事故 60 多次，其中 5 次比较严重，分别发生在美国、前苏联、韩国、日本等，事故包括废水储存超量、机械故障、加热错误、操作误判断、检修不当、地震损毁等。尽管付出了沉重的代价，但这些事故主要不是因核电技术本身而发生的。计算表明，每生产 1 000 万 kW 电能，平均发生的死亡人数煤电、油电和核电分别为 1.80，0.30，0.25。相比之下，核电死亡人数最少，所以核电是一种安全和经济的能源。

三、核电站工作的基本原理

核电站以铀为燃料。铀是一种很重的金属，用铀制成的核燃料在一种叫"反应堆"的设备内发生裂变而产生大量热能，再用处于高压力下的水把热能带出，在蒸汽发生器内产生蒸汽，蒸汽推动汽轮机带着发电机一起旋转发电。核电站的发电方式与火电厂相似，只是发电用的蒸汽供应系统不同。核电站利用核能产生蒸汽的系统称为核蒸汽供应系统，这个系统通过核燃料的核裂变或核聚变释放的能量加热外回路的水来产生蒸汽，推动汽轮机带动发电机发电。从原理上看，核电站实现了核能—热能—电能的能量转换；从设备方面看，核电站的反应堆和蒸汽发生器起到了相当于火电站的化石燃料和锅炉的作用。

核电站的能量转换借助于三个回路来实现。反应堆冷却剂在主泵的驱动下进入反应堆，流经堆芯后从反应堆容器的出口管流出，进入蒸汽发生器，然后回到主泵，这就是反应堆冷却剂的循环流程，称为一回路流程。在循环流动过程中，反应堆冷却剂从堆芯带走核反应产生的热量，并且在蒸汽发生器中，在实体隔离的条件下将热量传递给二回路的水。二回路水被加热生成蒸汽，蒸汽再去驱动汽轮机，带动与汽轮机同轴的发电机发电。做功后的乏蒸汽在冷凝器中被海水或河水、湖水冷却水冷凝为水，称为三回路水，再补充到蒸汽发生器中。以海水等为介质的三回路的作用是把乏蒸汽冷凝为水，同时带走电站的废热，使反应堆稳定在适当的温度上。

四、核反应堆

反应堆是核电站的心脏，是使原子核裂变的链式反应能够有控制地持续进行的装置，是利用核能的一种最重要的大型设备。天然铀的^{238}U和^{235}U两种同位素均可以与快中子（n）发生核裂变，但只有^{235}U可以被热中子裂变，其裂变反应式为：

$$^{235}U + n \rightarrow 激发态的^{236}U \rightarrow ^{147}La \rightarrow ^{87}Br + \beta 粒子 + \gamma 射线 + 能量$$

由此可见，中子轰击^{235}U，^{235}U的核可能裂变成2个中等质量的原子核，并放出N个快中子（热中子裂变放出2.5个快中子），这些中子进一步轰击其他铀核，维持链式反应。可控维持这种链式反应的装置就是核反应堆。

另外，对于铀的同位素中数量最多的^{238}U，需要用能量1 MeV以上快中子轰击才能使它裂变，快中子与^{238}U核碰撞时，速度会减慢到"共振能量区"，处于这种能量的中子会被^{238}U俘获，而不参加链式反应过程，因此，天然铀块中不可能建立一种原子裂变及中子数量均随时间成指数增长的链式裂变反应。^{238}U俘获中子后生成^{239}Pu，^{232}Th吸收中子后生成^{233}U，^{239}Pu和^{233}U与^{235}U具有同样的易裂变性质，称为人造核素。

裂变反应中新产生的中子速度很快，达到2×10^7 m/s。这样的快中子或者很快逃逸到空气中，或者被其他物质吃掉，由它们引起裂变的可能性很小。只有当中子速度降低到2.2×10^3 m/s时，在铀附近停留时间加长，才容易击中铀核使之发生裂变，这时的中子称为热中子。减速剂能使快中子变为热中子，减速剂的质量与中子质量越接近，对中子的减速作用就越好，裂变反应就越强烈。因此，一般选用轻核物质，如普通水、重水、纯石墨等物质作为减速剂。

为了维持链式反应持续进行，使裂变能不断释放出来，必须严格控制中子增殖速度，使中子增殖系数等于1，此时产生的中子与损失的中子相互抵消，使发生核裂变的原子数目不变，链式反应自持进行，这个状态叫做临界状态，此时铀燃料的质量叫做临界质量。超过临界状态，参与反应的原子数目增加，反应剧烈进行，大量能量瞬时释放，形成核爆炸。因此，要想控制核能释放，首先要控制反应堆中中子增殖速度，保证堆芯中子增殖系数恒等于1，这就需要控制棒。核反应堆中的控制棒是操纵反应堆、保证其安全的重要部件，它是由强烈吸收中子的材料制成的，主要材料有硼和镉。金属镉（Cd）对中子有较大的俘获截面，能吸收大量中子。将金属镉棒插在反应堆中上下移动，通过改变插入深度可以人为控制中子增殖速度，从而控制反应堆核能释放程度，使核电站正常运行发电。

先进的核动力反应堆主要包括先进热中子反应堆、快中子反应堆、聚变反应堆、聚变—裂变反应堆等，其中，前两类属于裂变反应堆。

先进热中子反应堆又称为慢堆或热堆，当前世界上绝大多数反应堆为热中子反应堆。先进热中子反应堆又分为先进型压水堆、先进型沸水堆、低温供热反应堆、高温气冷堆等。低温供热反应堆的主要目的是供热，而压水堆、沸水堆、高温气冷堆等则是将核能转化为热能，最后把热能转化为电能输送出去。

自然界的氢有三种同位素：氕（^1H）、氘（^2H）、氚（^3H）。普通水中的氢原子是氕，这种水称为轻水；若水中的氢原子是氘，则称为重水。目前，世界上的动力反应堆绝大部分为轻水堆，而轻水堆中又以压水反应堆和沸水反应堆为主。

轻水堆是指用加压的普通水冷却和慢化的反应堆。轻水堆以水做慢化剂和冷却剂，结构紧凑，堆芯体积小，堆芯的功率密度大，相对于其他反应堆，体积相同时，轻水堆功率最高。

快中子反应堆又称为快堆，是利用快中子轰击核燃料发生裂变反应，并维持链式反应连续获得动力的装置。它与慢堆的根本区别在于引起核裂变的"炮弹"是高能的快中子。快中子反应堆的主要特点是能增殖核燃料，每消耗 1 个燃料原子就可以产生多于 1 个的燃料原子。快中子反应堆的铀资源利用率可达到 70% 左右，而热中子反应堆的铀资源利用率要低许多，因此，快堆可以有效抵御铀资源枯竭的威胁。

聚变反应堆是指利用轻原子（如氘、氚、氦等）合成，释放大量结合能并加以利用的核反应堆。6 个氘的聚变反应可产生 43.15 MeV 的能量，是氢燃烧放出的能量的数千万倍。除能量巨大外，海水中的氘是取之不尽、用之不竭的，因此，聚变堆可以从根本上解决人类能源资源不足的问题。与裂变堆相比，聚变堆燃料无放射性，不产生放射性废物，系统更安全。核聚变反应以海水为原料，海水中含有大量氢及其同位素氘和氚，若将海水中所有的氘核能都释放出来，它所产生的能量足以供人类使用数百亿年。同时，利用核能还可以淡化海水，解决缺水问题。

聚变—裂变混合反应堆是聚变能的早期应用。聚变反应放出的高能质子和中子被引入到裂变堆中，使燃料发生裂变反应，产生的裂变能反过来可以为聚变堆提供动力，如电磁能等。用聚变—裂变混合再生轻水堆乏燃料是近几年颇受关注的方向。

五、核废弃物的处理与核安全

随着核能的开发利用，从铀矿开采、水冶、同位素分离、元件制造、反应堆运行到乏燃料后处理的整个核燃料运行过程，以及同位素生产、核武器研制过程，都产生各类核废弃物。核废弃物存在大量的射线辐射和衰变热，处理不当将会造成水、大气、土壤的污染，形成安全隐患。因此，对核废弃物需要科学管理，安全有效地处置。

（一）核废弃物的来源

核废弃物是指含有放射性元素或被放射性元素污染的、今后不再被利用的物质，主

要是含有 α, β 和 γ 射线辐射的不稳定放射性元素并伴随着衰变热产生的无用材料,主要有以下来源:①各类反应堆运行(核电站、核动力舰船、核动力卫星等);②乏燃料后处理工业活动;③核废弃物处理、处置过程;④放射性同位素生产、应用和核技术应用过程(如医院、科研院所等);⑤核武器研制、生产和实验;⑥核设施退役活动。

核废弃物以固体、液体和气体形式存在,其物理和化学特性、放射性浓度或活度、半衰期和毒性差异很大。其放射性危害只能通过自身固有的衰变特性降低,无法达到无害化。放射性元素可以通过各种灵敏仪器检测其存在并判断危害程度。

(二) 核废弃物种类

核废弃物大致可分成以下几类:①锕系元素,即从原子序数 89 开始的元素系列,如锕、钍、镁、铀、镎、钚等。②高放废物,即高水平放射性废弃物,是由反应堆废弃物经后处理后以及核武器生产的某些过程产生,一般需要永久隔离。③中放废物。某些国家采用的一种放射性物质的类别,没有统一的定义。④低放废物。任何不是乏燃料、高放废物和超铀废物的放射性废物的总称。⑤混合废物。既含有化学性危险的材料,又含有放射性材料的废物。⑥乏燃料。反应堆中的燃料元件和被辐射过的靶。⑦超铀材料。含有发射 A 粒子,半衰期超过 20 年,每克废物中浓度高于 100 纳居里[①](即每秒 3.17×10^5 次衰变)的超铀元素的废物。

(三) 核废料安全管理原则

核废料管理目标是以优化方式进行管理和处置,使当代和后代人的健康和环境免受不可接受的危害,不给后代留下负担,使核工业和核科学技术可持续发展。国际原子能机构在 1995 年经理事会通过发布了成员国都必须遵守执行的放射性废物管理九条原则:①为保护人类健康,对废物的管理应保证放射性低于可接受的水平;②为保护环境,对废物的管理应保证放射性低于可接受的水平;③对废物的管理应考虑到境外居民的健康和环境;④对后代健康预计到的影响不应大于现在可接受的水平;⑤不应将不合理的负担加给后代;⑥国家制定适当的法律,使各有关部门和单位分担责任和提供管理职能;⑦控制放射性废物的生产量;⑧产生和管理放射性废物的所有阶段中的相互依存关系应得到适当的考虑;⑨管理放射性废物的设施在使用寿命期内的安全要有保证。

(四) 核废料处理的主要途径

国际上通用两种核废料处理方式,即直接处理和后处理。

(1) 直接处理。乏燃料元件从反应堆中卸出后,经过几十年冷却固化为整体后进行地质埋藏处置。其流程为:卸出乏元件→储存罐冷却→固化处理→地质处理。

(2) 后处理。用化学方法对冷却一定时间的乏燃料进行后处理,回收其中的铀和钚进入核燃料再循环,将分离出的裂变产物和次锕系元素固化成稳定的高放射性废弃物的固化物,进行地质埋藏处理。其流程为:卸出乏元件→储存罐冷却→后处理→钚铀燃

---

① 1 Ci (居里) = 3.7×10^{10} Bq (贝可)。

料再循环→高放射物固化处理→地质处理。

（3）分离—嬗变处理。用前两种办法仍不能将高放射性核废物的泄漏危险减少，国际上认为应采取分离—嬗变技术对高放射性核废物进行处理。其流程为：卸出乏元件→储存罐冷却→分离→钚铀燃料再循环→高低放射物嬗变→低放射物固化处理→地质处理。嬗变可将高放射性废物中绝大部分长寿命元素转变为短寿命元素，甚至变成非放射性元素，减少深地质处置的负担。但是分离—嬗变是一项难度大、耗资大、涉及多学科的系统工程，目前尚处于开发的初级阶段，很难做到高放射性废物的完全分离，会产生二次废物，还不能完全代替深地质处置。因此，深地质处置仍然是放射性废物的最终处置办法。

第五节　风力发电技术

人类利用风能已有几千年的历史，最早利用风能是从风帆开始的。我国大约在公元世纪初开始利用风帆驾船，后来相继出现风力提水装置、风力碾磨粮食、风车排灌水等。根据不同的需要，风能可以转化为不同形式的能而被利用，例如，可以转化为机械能、电能、热能等，以实现提水灌溉、发电、供热等功能。在能源可持续发展的要求下，风能作为清洁能源和可再生能源，利用的主要领域是风力发电。

一、风能的定义及其特征

地球表面被厚厚的大气层包围，由于太阳辐射，地球的自转、公转以及地球表面的差异，地面各处受热不均匀，造成了各地区热传播出现显著差别，地面气压发生变化，于是高压空气就向低压区流动。地球表面和大气层中的空气随时随地向任何方向流动，在气象学上，把空气极不规则的运动称为紊流，上下垂直的运动叫对流，只有当空气沿地面做水平运动时才被称为风，大气压差是风产生的根本原因。

由空气运动产生的动能即为风能。风的产生来自太阳能的转换，太阳辐射到地球的热能中约有20%被转变成风能。据理论计算，一年中整个地球可从太阳辐射中获得 5.4×10^{24} J 的热量，全球大气中总的风能约为 10^{14} MW，其中蕴藏着可被开发利用的风能约有 3.5×10^9 MW，这比世界上可利用的水能大10倍。世界能源理事会的相关资料表明，地球表面（107×10^6 km²）有27%的地区距地面10 m高的年平均风速高于5 m/s。如将这些地方用风力发电，则每平方千米的风力发电能力最大可达8 MW，总装机容量为 24×10^{13} W。据分析，其中仅有4%的地区有可能安装风力发电机组，则以目前的技术水平，可认为每平方千米的风能发电量为0.33 MW，平均每年发电量为 2×10^6 kW·h。如果全球风力资源能充分利用来发电，则其能源利用前景十分可喜。

风能的基本特征包括风速、风级和风能密度。①风速。是指风速仪在极短时间内测量的瞬时风速。指定时间内多次测得的风速加以平均就得到平均风速。风速与测量高度有关，通常的测量高度取10 m。一般选取10年中平均风速最大、最小和中间三个年份为代表年，分别计算这三年的风能速度并加以平均，其结果作为当地常年平均值。②风级。世界上于 1805 年拟定了风力等级，即 1 级软风、2 级轻风、3 级微风、4 级和风、5 级轻劲风、6 级强风、7 级疾风、8 级大风、9 级烈风、10 级狂风、11 级暴风、12 级飓风。③风能密度。通过单位截面的风所含的能量称为风能密度。风能密度与空气密度密切相关，而空气密度又与空气温度、湿度和气压有关。风能密度 $W = \rho \sum N_i U_i^3 / 2N$，其中，$\rho$ 为空气密度（kg/m³），N_i 为等级风次数，U_i 为等级风速（m/s），N 为各等级风速出现的总次数。

通常，评价风能资源开发利用的主要指标是有效风能密度和年有效风能时数。风能实际上就是气流流过的动能。风能的简单计算公式可以从气流的动能推出：

$$E = 1/2mV^2$$

式中，m 为气体的质量，V 为气流的速度。设单位时间内气流通过面积为 S，空气的密度为 ρ，则气体质量 $m = \rho VS$，此时气流所具有的动能可写为：

$$E = 1/2\rho SV^3$$

此风能表达式中，ρ 的单位是 kg/m³，S 的单位是 m²，V 的单位是 m/s，E 的单位为 W。从风能公式可以看出，风能的大小与气流密度和通过的面积成正比，与气流速度的立方成正比。

二、风力发电资源和发电设备

风力发电是在风力提水机的基础上发展起来的。19 世纪末，首批 72 台单机功率为 5 ~ 25 kW 的风力发电机组在丹麦问世，随后，不少国家相继开始研究风力发电技术。到 20 世纪 90 年代，单机容量为 100 ~ 200 kW 的机组已在中型和大型风电场中占有主导地位。丹麦是世界上风力发电最早和风电应用最广泛的国家，1999 年风电总装机达 174 万千瓦，计划到 2030 年达到 550 万千瓦。德国是近年来风电发展最快的国家，到 2001 年底风电总装机容量达到 873 万千瓦。美国从 20 世纪 70 年代开始发展风力发电，到 2001 年底，其风电总装机达到 425 万千瓦。

我国濒临太平洋，海岸线长达 18 000 多千米，季风强盛，内陆还有许多山系改变气压分布，形成非常广的风能资源。据初步分析，全国 20% 的国土面积具有比较丰富的风能资源，主要分布在东南沿海及其岛屿，西北、华北和东北"三北"地区，特别是新疆达坂城和内蒙古大草原，风能资源极为丰富。根据全国气象台风能资料估计，全国陆地可开发风电装机容量 7.5 亿千瓦，海上可开发风电装机容量 10 亿千瓦。

我国风力发电的发展历史较短。目前，我国风力发电研制的重点为两个方面：一是 10 kW 以下独立运行的微小型风力发电机组，二是 100 kW 以上运行的大型风力发电机组。20 世纪 80 年代，我国与德国合作研制出单机容量为 20 kW 的风力发电机，90 年代与丹麦合作生产出单机容量为 120 kW 的风力发电机组。近年来，我国自行研制出 600 kW 的风力发电机组。随着风电技术的发展和风电发电成本的下降，我国将与世界上许多国家一样，在风力发电的发展上会有更大的突破，风能将在我国经济生活中得到更大的应用。

风力发电机的种类很多，分类方法也不尽相同。按照发电容量划分，有大型、中型、小型风力风轮发电机。我国大致把 10 kW 以下的风力发电机称为小型风力发电机，

10～100 kW 的为中型，100 kW 以上的为大型。按照发电机收集风能的结构形式及空间布置，可分为水平轴风力发电机和垂直轴风力发电机。此外，还有一些特殊的异型风力发电机，如扩压型和旋风型等风力发电机。

风力发电机一般由风轮、发电机及其传动装置、调向器（尾翼）、塔架、限速安全机构和储能装置等构件组成，大中型风力发电系统还有自控系统。风力发电机的工作原理是：风轮在风力作用下旋转，将风的动能转化为机械能，发电机在风轮轴的带动下旋转发电。风力发电机的具体构成及其功能如下：

（1）风轮。为集风装置，将流动空气具有的动能转变为风轮旋转的机械能。一般采用 2～3 个叶片，叶片在风力作用下产生升力和阻力。

（2）发电机。有三种风力发电机，即直流发电机、同步交流发电机和异步交流发电机。小功率风力发电机多采用同步或异步交流发电机，发出的交流电经过整流装置转换成直流电。

（3）调向器。尽量使风力发电机的风轮随时都迎着风向，以最大限度地获得风能。一般采用尾翼控制风轮的迎风朝向。

（4）限速安全装置。用以保证风力发电机安全运行。风轮转速过高或发电机超负荷都会危及风力发电机安全运行。限速安全装置能保证风轮的轮速在一定的风速范围内运行。除了限速装置外，风力发电机还设有专门的制动装置，在风速过高时可以使风轮停转，保证特大风速下风力发电机的安全。

（5）塔架。为风力发电机的支撑机构。考虑到便于搬迁和成本因素，百瓦级风力发电机通常采用管式塔架。管式塔架以钢管为主体，在 4 个方向上安置张紧索加固。稍大的风力发电机塔架采用桁架结构。

（6）蓄电池。为风力发电机的储能装置。由于自然界的风速极不稳定，风力发电机的输出功率也极不稳定，所发出的电力不能直接用到电器上。蓄电池是风力发电机采用最普遍的储能装置，可以将风力发电机发出的电能先储存在其中，然后向直流电器供电，或通过逆变器将蓄电池的直流电变成交流电再向交流电器供电。

三、风场选择

风力发电机的发电量除受发电机功率条件影响外，主要受场地条件的影响。风场的选择上需要注意以下问题：

（1）风能资源要丰富。风能资源是否丰富，主要取决于年平均风速、年平均有效风能密度和年有效风速时数这三个指标。根据我国气象部门的有关规定，年有效风速时数在 2 000～4 000 h，年风速为 6～20 m/s 的时数在 500～1 500 h 的，就具有安装风力发电机的资源条件。

（2）具有稳定的盛行风向。

（3）风力发电机尽可能安装在盛行风向比较稳定、季节变化比较小的地方。

（4）湍流小。湍流能造成风力发电机的机械振动。

（5）自然灾害小。风力发电机场址应尽量避开强风、冰雪、烟雾等严重的地区。

四、风力发电的经济适用性

风力发电系统分为两类,一类是并网的风电系统,另一类是独立的风电系统。独立的风电系统是指离网微小型风力发电系统,主要用于解决电网覆盖不到的农牧区照明灯及生活用电。微小型风力发电机功率多在 100～150 W 之间,整个系统包括风力发电机、蓄电池、灯具、逆变器、导线和开关等。据估算,农牧民使用的 100 W 风力发电机的运行费用,其发电成本为每度电 2.30 元左右,显然发电成本较高。但是,如果使用电网延伸方法,边远无电地区居民供用电还本利息成本高于每度电 8 元,考虑油料的运输成本,柴油、汽油发电成本,也高于每度电 6 元。因此,相比之下,边远无电的农牧区采用微小型风力发电还是最经济合算的供电方案。正是由于这个原因,我国微小型风力发电机组目前已经在广阔的边远无电的农牧区获得大量应用。

对于并网的大中型风力发电系统,其单机容量和总装机容量较大,发电成本比微小型风力发电机系统的要低得多,据估算大约每度电 0.60 元,但也高于当地煤电发电成本,所以,风电还不具备与煤电竞争的能力。特别是由于风力发电输出功率不稳定,为防止风电对电网造成冲击,管理上规定风电场装机容量占接入电网的比例不宜超过 5%～10%;这也是限制风电发展的重要制约因素。因此,风力发电的建设,还要从风场建设、电网管理和国家能源政策各方面改进完善,才能促进我国并网风力发电系统获得大的发展。

五、风能政策设计

风能政策分为直接政策和间接政策。直接政策直接作用于风能领域,主要通过直接影响风力资源部门和市场来促进风能发展,大体分为经济激励政策和非经济激励政策。经济激励政策是向市场参与者提供经济激励,强化其在市场中的作用;非经济激励政策是通过和主要利益相关者签订协议或通过行为规范来影响市场。间接政策则是为风能发展去除障碍。综合德国、丹麦、西班牙等欧洲国家以及美国、日本、澳大利亚等国家对风能利用、风力发电保护性政策和促进措施,应从研发、投资、风电生产和风电消费四个阶段设计和实施风能政策。

(1)风能研发政策:①固定政府研发补贴;②示范项目、发展、测试设备的专项拨款;③零或低利率贷款。

(2)风能投资政策:①固定政府投资贷款;②投资补贴的投标体系;③使用风能的转化补贴;④生产或替代旧的可再生资源设备;⑤零或低利率投资贷款;⑥风力资源投资的税收优惠;⑦风力资源投资贷款的税收优惠。

(3)风电生产政策:①长期保护性风电电价;②以营利运行为基础的保护性电价投标系统;③风电生产收入的税收优惠。

(4)风电消费政策,主要是消费风电的税收优惠。

上述经济激励政策和非经济激励政策以及间接政策,都必须十分明确地围绕一个根本目的去设计和实施,即大力保护和促进可再生能源特别是可再生清洁能源的开发利用,以维护经济社会和生态环境的可持续发展。

第六节　太阳能发电技术

太阳能是新能源和可再生能源。新能源和可再生能源是指除常规化石能源（煤、石油、天然气等）和大中型水力发电、核裂变发电之外的生物质能、风能、太阳能、小水电、地热能以及海洋能等一次能源。这些能源资源丰富，可以再生，清洁干净。太阳能是指太阳内部连续不断的核聚变反应过程产生的能量。狭义的太阳能仅指太阳的辐射能及其光热、光电和光化学的直接转换。

一、太阳能的基本特性

太阳是一个炽热的气体火球，其主要成分是氢和氦。太阳表面的有效温度为 5 762 ℃，而内部中心区域的温度则高达几千万度。在这种高温下，原子失去了全部或大部分的核外电子，发生高温核聚变反应，其中，最主要的是一种氢氦合成氦的热核反应。在这种反应过程中，太阳向宇宙空间发射的辐射功率约为 3.8×10^{23} kW，其中尽管只有 22 亿分之一投射到地球上，但是太阳投射到地球上的能量每昼夜超过 10^{11} MW，或按理论上太阳照射面积 1.39 kW/m^2。其中，大部分太阳能被大气层吸收或被反射掉，真正在晴天辐射到地球表面的太阳能只有 0.9 kW/m^2。

太阳能具有温热性和储量无限性、巨大性的特性，还具有广泛性、清洁性和经济性等优点。但太阳能也有三个主要缺点，一是日夜间歇性，二是能流密度低，三是其强度受各种因素（季节、地点、气候等）的影响不能维持常量。这些缺点限制了太阳能的有效利用。

我国大部分地区位于北纬 45°以南，全国 2/3 的国土面积年日照时数在 2 200 h 以上，每平方米年太阳能辐射总量为 3 340 ～ 8 400 MJ。我国陆地表面每年接受到的太阳能相当于 17 000 亿吨标准煤，太阳能资源非常丰富。因此，太阳能的开发利用在我国能源可持续发展中有着举足轻重的地位。目前，全国已经安装光伏电池 10 多万千瓦，并已进行并网光伏电池发电系统的试验和示范工作。近年来，我国太阳能热水器发展很迅速，使用量和生产量都居世界前列。据测算，每平方米太阳能热水器每年相当于节约 120 kg 标准煤，节能效果和环境效果都十分明显。

二、太阳能集热器

太阳能利用通常是指对太阳能的直接转化和利用。从能量转换方式看，太阳能利用分为太阳能热利用和太阳能光伏利用。太阳能利用的具体方式包括：太阳能发电、太阳能热利用、太阳能动力利用、太阳能光化利用、太阳能生物利用、太阳能光—光利用（太空反光镜、太阳能激光器和光导照明）等，其中，太阳能发电和太阳能热利用是太阳能利用最主要和最常见的方式。

太阳能热发电是指将吸收的太阳辐射热能转换成电能的利用方式。它包括两大类型：一类是太阳热能直接发电，即太阳热能通过热机带动发电机发电；另一类是太阳热能间接发电，即太阳热能利用半导体或金属材料的温差发电，真空器件的热电子和热离子发电等。

太阳能热发电首先要有太阳能集热器。太阳能集热器是把太阳辐射能转换为热能的装置，它分为平板型和聚集型两种。平面反射镜一般采用多面平面反射镜将阳光聚集到一个高塔的顶处，其聚光比通常可达 100～1 000，可将接收器内的工质加热到 500 ℃以上，聚光效应比较小。曲面反射镜分为槽形抛物面反射镜、盘式抛物面反射镜和圆形菲涅尔透镜。槽形抛物面反射镜将阳光经抛物面槽反射聚集在一条焦线上，其聚光比为 10～30，集热温度可达 500 ℃。盘式抛物面反射镜形状是一条抛物线旋转 360°所画出的抛物球面，其聚光比可达 50～1 000，介质工质温度可达 800～1 000 ℃。显然，以曲面反向镜为实体的聚集型集热器可以获得比较高的供热温度，在太阳能的高温热利用方面具有平板型集热器所不可替代的作用，但它需要复杂的跟踪太阳附加装置，维护困难，制造和运行成本均比较高。

在太阳能集热器的能量转换过程中，吸收的太阳能一部分转换为载热流体携带的有效能量收益，另一部分被集热器储存和散热损失掉。由于辐射和导热的原因，随着吸热升温，平板式集热器的集热效率下降。抛物线聚集型集热器聚焦可以克服平板型集热器的缺点，将锅炉管束放到焦点附近，也可以使用真空管降低对流散热。因此，平板集热器主要用于建筑采暖和家庭用热水供应，即使在夏季的中午，平板集热器也无法得到可以用于发电的集热温度。太阳能热发电主要采用以曲面反射镜为实体的聚集型太阳能集热器。

三、太阳能热发电系统的构成

太阳能热发电根据集热的太阳热能温度不同，可分为低温热发电和高温热发电，所用的集热介质多为水、空气或油。太阳能热发电系统主要采用较高聚光装置的集热器。按照太阳能采集方式，目前，在技术上和经济上可行的三种形式是：①线聚焦抛物面槽式太阳能热发电（简称槽式）；②点聚焦中央接收式太阳能热发电（简称塔式）；③点聚焦抛物面盘式太阳能热发电（简称盘式）。

典型太阳能热发电系统由聚光集热子系统、蓄热子系统、辅助能源子系统和汽轮机发电子系统构成。各部分的具体组成及其功能作用如下：

（1）聚光集热子系统。具体包括聚光器、接收器和跟踪机构。①聚光器：接受太阳辐射并将收集的阳光聚集到一个有限尺寸面上，以提高单位面积上太阳辐射度，从而提高被加热工质的工作温度。②接收器：接受经过聚焦的阳光，将太阳辐射能转变为热能，将热传递给工质并使之变成过热蒸汽。③跟踪机构：为了使一天中所有时刻的太阳辐射都能通过反射镜面反射到固定不动的接收器上，反射镜必须设置跟踪机构。跟踪方式分为单轴跟踪和双轴跟踪。前者是指反射镜面绕一根轴转动跟踪，后者是指反射镜面绕两根轴转动跟踪。槽式抛物面反射镜多为单轴跟踪，盘式抛物面反射镜和塔式聚光的平面反射镜都是双轴跟踪。

（2）蓄热子系统。为保证太阳能热电站稳定运行，一般在太阳能热发电系统中设置蓄热子系统。蓄热子系统一般是由真空绝热或以隔热材料包覆的蓄热容器构成。其蓄热原理是，物质 A 在获得太阳热能后，即转变为物质 B + C，而在 B + C 再转变为 A 时，则释放出热量。采用的蓄热方式有：①显热蓄热，采用物质的显热以储存收集的太阳热能，显热蓄热介质有水、油、岩石、砂等。②潜热蓄热，利用物质的潜热来蓄热的方式。③化学储能，利用化学反应进行蓄热的方式。

（3）辅助能源子系统。太阳能热发电站一般在系统中增设常规燃料锅炉，以备用于阴雨蔽日和夜间启动。现在太阳能热发电站新的设计理念是建造太阳能和常规燃料的双能源混合发电站。

（4）汽轮机发电子系统。应用太阳能热发电的动力机有汽轮机、燃气轮机、低沸点工质汽轮机、斯特林发电机。其中，动力发电装置的选择主要是根据太阳能集热系统可能提供的工质参数而定，由相应的汽轮机带动发电机发电。

四、太阳能热发电的基本原理

太阳能热发电的基本原理是，通过太阳能集热器将太阳辐射能收集起来加热工质，产生过热蒸汽，利用过热蒸汽驱动热动力装置带动发电机发电，从而将太阳能转换为电能；太阳能热发电站与常规热力发电站的基本工作原理类似，不同之处只在于使用不同的一次能源：常规热力发电厂燃烧化石燃料，太阳能发电站则是将收集的太阳辐射能作为能源。

太阳能发电系统效率是评价太阳能热动力装置特性的指标，其显示形式是太阳能集热器热效率和动力装置循环效率的乘积。一般而言，动力装置循环效率随循环系统工质初温的提高而增加。太阳能集热器热效率不仅与集热器的类型和聚光比有关，而且集热器热效率有一个重要特点：集热效率随循环工质温度提高而减小。因此，太阳能热发电系统都存在一个可以选择的最佳工作温度值。在这个最佳工作温度下，太阳能发电系统效率有最大值。

五、太阳能光伏发电

太阳能光伏发电的实质是太阳能的光电转换，它是指太阳的辐射能光子通过半导体物质转变为电能的过程，在物理学上叫"光生伏打效应"。太阳电池就是根据这种效应制成的，所以也称光伏电池。太阳电池与平常的干电池、蓄电池完全不同，它不是化学过程产生的电流，而是一种物理过程产生的电流。光量子能将能量传给电子，这些多余能量足以将电子从晶体网格中撞出。因此，太阳电池没有物质的消耗，仅是能量的转换，把光能转变为电能。若不受外力的机械破坏，太阳电池的使用寿命则很长，只要有光的照射，它就能输出电来，既没有化学腐蚀性，也没有机械转动声，更不会排放烟尘污染，而是清洁又静悄悄地发电。

（一）太阳能光伏发电的基本原理

太阳能光电转换是通过阳光照射半导体材料来进行的。当阳光照射到一种特制的半导体材料上，其中一部分光被表面反射掉，而大部分光被半导体吸收或透过。被吸收的光，有些会变成热，另一些光子则同组成半导体的原子价电子碰撞，产生电子—空穴对。这样，光能就以产生电子—空穴对的形式转变为电能。特制的半导体材料内存 PN结，在 PN 结的 P 型区和 N 型区交界面两边形成势垒电场，将电子驱向 N 区，空穴驱向 P 区，从而使得 N 区有过剩的电子，P 区则有过剩的空穴，这样就在 PN 结附近形成与势垒电场方向相反的光生电场。光生电场的一部分除抵消势垒电场外，还使 P 型层带正电，N 型层带负电，在 N 区与 P 区之间的薄层产生所谓的光生伏打电动势。若分别在 PN 结的 P 型层和 N 型层焊上金属导线，接通负载，则外电路便有电流通过。如此形成的一个个电池元件，经过串联和并联，就能产生一定的电压和电流，输出人们所需要的电能。

硅太阳能电池就是利用这个原理产生电流。薄薄的一层硅晶体（半导体）网格与微量的外来电子（如磷）一起被胶住，外来电子可占据晶体硅原子的晶体网格。与四价硅相比，磷是五价的，这样就出现了多余电子，在光电子作用下能形成电子流。晶体网格的平衡可以涂上少量的其他原子（如硼），硼原子三价，出现电子不足，即过剩空穴，正电荷过量。正电荷会通过晶体网格向负极迁移，负电荷则反向运动。电子被光子激活，通过导体从电池表面的外电路传到背面的"电子洞"而形成 1 eV 的驱动电压，电流由此而产生。

（二）晶体硅太阳电池

最早问世的太阳电池是单晶硅太阳电池。晶体硅太阳电池是以硅半导体材料制成大面积的 PN 结，一般采用 N+/P 同质结构，即在 P 型硅片上制作很薄的经过重掺杂的 N 型层，然后在 N 型层制作金属栅线作为正面接触电极（负极），在整个背面也制作金属膜作为背面接触电极（正极）。为了减少光的反射损失，一般在整个表面再制备一层减反射膜。

晶体硅太阳电池制备工艺包括制备硅片、硅片预处理、掺杂形成 PN 结、制备电极、制备减反射膜、组装及检修等过程。一般来说，多数太阳能电池都采用熔硅池。用宝石锯将晶体切成薄层，多个薄层的一个面对着高温的磷气氛，直到生成一定厚度的 N 型层。然后，采用光电技术在两面涂上高导电能力的金属（如银），再用蚀刻法去掉大部分金属，形成很细的金属网格，这样就能形成 90% 的面积让光通过进入 N 型层。为了防止银网格被腐蚀破坏，外面加上一层金属保护层，如金属镍、钛、金、钯等。为防止硅表面的光反射，外面再涂上抗辐射材料，然后将前面的导体网格与电池内的金属网格焊接起来。

用上述方法制造的太阳能电池，不仅工艺复杂，而且价格昂贵。所以，研究者一直研究采用其他材料来降低其成本。目前，已进行研究和试制的太阳电池，除硅系列外，还有硫化镉、砷化镓等许多类型的太阳电池，但这需要高纯度材料，制造过程仍然十分复杂，并且需要严格的质量管理。

为了提高太阳电池的转换效率和降低成本，太阳电池采用聚光装置，不但电池单位投资大为减少，还可以将聚焦的光束分解成两个光谱段，以便用最适应的电池接受不同的光谱段，制造出多层不同类型的薄电池。

（三）太阳能电池的发展

1954 年，美国贝尔研究所首先试制成功实用型单晶硅太阳电池，获得 6% 光转换效率的惊人成果，为光伏发电大规模应用奠定了基础。随着宇宙空间技术发展，人造地球卫星上天，空间电源的需求使太阳能电池作为尖端技术身价百倍，太阳能电池作为电源的使用量越来越大，尤其是在航天业。早期的光伏电池以硅太阳能电池为主，单个电池的效率为 12%，但电压较低。多个电池串联以后的总效率大大提高。20 世纪 70 年代初，世界石油危机促进了新能源的开发，太阳电池转向地面应用，技术不断进步，光电转换效率提高，成本大幅度下降，展示出光伏发电广阔的应用前景。1999 年以来，太阳能电池每年都以 35% 以上的速度发展，2004 年，全球总产量达到 1 194 MW，仍然供不应求。德国实行新的并网电价使光伏发电成为德国很有前途的产业。欧美发达国家和一些发展中国家继续实施庞大的光伏屋顶计划，使得这些国家对太阳能电池的需求更加迫切。目前，太阳能电池朝着超薄、聚光、多结（PN 结）的高效方向发展。聚光可以在较小的面积上实现较高的光电转化率，而且降低成本；多结则可以充分利用太阳能，减少在聚光条件下串联电阻的影响。

近年来，随着光电技术、航天技术和微波技术等高科技的迅速发展，研究者进一步提出了太阳能电池在空间发电站的应用，从而使太阳电池从太空应用转到地面开发，现在又将从太空发的电送到地面使用。1991 年 8 月，全球数十名科学家会集在巴黎，进一步对这一设想进行了研讨。裕拉泽的设想是将太阳电池组装的发电站设置在距地球 36 000 km 的同步轨道上运行，宽 50 km、长 100 km 的太阳电池阵列面向太阳，始终跟踪太阳，不受任何影响，24 h 不停发电，并用微波传向地球，然后由地面接收站将微波转换为电能，源源不断地供地面使用。这种设想如能变为现实，人类将获得清洁能源消费的可持续保障。

第七节 氢燃料电池技术

氢能是理想的清洁能源之一，已引起人们的广泛重视。氢不仅是一种清洁能源，而且是一种优良的能源载体。氢能源的应用领域极其广泛，从最初作为火箭发动机的液体推进剂已逐步扩大到作为汽车、飞机燃料等方面。同时，氢能是二次能源，需要通过一定的方法从其他能源制取，因此，氢能技术的发展又与能源、材料和化工等多方面科学的发展密切相关。

一、氢的性质及氢能特点

氢位居化学元素周期表第一位，原子序数为 1，相对原子质量 1.008，通常情况下是无色无味气体。氢极难溶于水，也很难液化。在一个标准大气压下，氢气在 - 252.77 ℃变成无色液体，在 - 259.2 ℃变成雪花状白色固体。

氢有活跃的化学性质，键能大，可以与活泼金属（Na，Li，Ca，Mg 等）反应生成氢化物，也可以与许多非金属（CO_2，Cl_2，S 等）反应。氢气在高温下，还能与碳碳重键和碳氧重键起加成反应，可将不饱和有机化合物变为饱和化合物，将酮、醛还原为醇。在受热、通过电弧或低压放电时，氢分子可离解成氢原子，氢原子很活泼，当氢原子重新结合成氢分子时放出能量，使系统达到很高温度。工业上利用这种热量在还原气氛中焊接高熔点金属。

氢无毒、无腐蚀性，具有很好的能源特性。纯净的氢可以在空气中安静地燃烧，产生几乎无色的火焰。氢气可以在氧气或空气中燃烧生成水（H_2O），燃烧速度比碳氢化合物快，达 9 m/s，而碳氢化合物燃烧速度只有 2.7 m/s。

氢气作为一种清洁、高效新能源，主要具有以下优点：①资源丰富。氢是宇宙中最丰富的元素，它在地球上大量储存于水中，地球水中氢的质量分数为 11%，共计约 1.0×10^{20} kg。②燃烧产生的热量大。氢的高位热值 141.86 MJ/kg，低位热值 120.0 MJ/kg，相同质量的条件下，氢气燃烧产生的热量为轻柴油燃烧的 2.8 倍、煤的 5.5 倍左右。③来源多样。可以通过各种一次能源、可再生能源或二次能源来制取氢。④氢具有可再生性。氢燃烧生成水，水可以分解出氢，无限循环。⑤清洁性。氢燃烧后的产物是水，不像化石燃料燃烧后产生大量的废弃物污染环境。⑥具有较高的经济效益。利用太阳能、核能等廉价能源大量制取氢，氢的成本将进一步下降，不像化石燃料成本高。⑦易于长期储存和远距离运输。⑧用途广泛。氢既可直接作为燃料，又可作为化学原料和其他合成燃料的原料。⑨氢是和平能源，每个国家都有大量氢矿，不必争抢。⑩氢是安全能源，其在空气中的扩散系数很大，一旦发生泄漏，很快就会垂直上升到空中并扩散开来，而且不会在空中产生温室效应。

二、氢的制取

氢的制取方法很多，工业上主要有以下几种。

1. 电解水制氢

电解水制氢是目前应用较广且比较成熟的方法之一。电解水制氢是氢氧燃烧生成水的逆过程，因此只要提供一定形式的一定能量，就可使水分解。电解水的总反应式为：
$$2H_2O \longrightarrow 2H_2\uparrow + O_2\uparrow$$

电解水制氢，一般需要将一次能源转化为电能，通过电能使水分解制得氢气，其效率一般在 75%～85% 之间，工艺过程简单，无污染，但耗电量大，因此其应用受到一定的限制。电解水制氢的最大优点就是能够得到纯度很高的氢气提供给燃料电池，可以实现零排放。

2. 化石燃料制氢

目前，国内外以煤、石油及天然气为原料制取氢气是制氢的主要方法。利用化石燃料制取氢的方法包括蒸汽转化法、不完全燃烧法、水煤气法、煤的高温蒸汽电解法、煤气化燃料的电导膜法、煤的裂解法、天然气裂解法等。其中，前三种的基本原理和方法如下：

（1）蒸汽转化法。利用天然气等碳氢气体燃料，通过蒸汽重整反应制取氢气。蒸汽重整反应的温度在 900 ℃左右。例如，甲烷—水蒸气重整反应，其化学反应式为：

$$CH_4 + H_2O \longrightarrow CO\uparrow + 3H_2\uparrow$$
$$CO + H_2O \longrightarrow CO_2\uparrow + H_2\uparrow$$
$$CO + 3H_2 \longrightarrow CH_4\uparrow + H_2O$$

（2）不完全燃烧法。蒸汽参与和氧压不足的条件下，将煤或重油进行不完全燃烧制取氢气。其反应式为：

$$CH_{0.8} + 1/2O_2 \longrightarrow CO\uparrow + 0.4H_2\uparrow$$
$$CH_{0.8} + H_2O \longrightarrow CO\uparrow + 1.4H_2\uparrow$$
$$CO + H_2O \longrightarrow CO_2\uparrow + H_2\uparrow$$

（3）水煤气法。利用水蒸气与煤在 1 000 ℃左右高温下进行反应制取氢气。反应一般在流化床、固定床等系统内进行，中间产物是合成煤气，合成煤气再转化为氢气和其他煤气。其简化的反应过程式为：

$$C + H_2O \longrightarrow CO\uparrow + H_2\uparrow$$
$$CO + H_2O \longrightarrow CO_2\uparrow + H_2\uparrow$$

3. 化工尾气或过程气制备氢气

多种化工过程如电解食盐制碱工业、发酵制酒工艺、合成氨化肥工业、石油炼制工业过程等均有大量副产氢气，应对其采取适当的措施进行氢气分离回收。例如，合成氨化肥生产过程制备氢气，其原理是 NH_3 分解产生 N_2 和 H_2。常用的方法是将合成氨过程气进行干燥、纯化、降温、液化等处理。

4. 生物质气化制备氢气

生物质含有大量的碳氢化合物，可以通过气化和微生物制取氢气。生物质气化制氢主要是将生物质原料如薪柴、麦秸、稻草等压制成型，在气化炉或裂解炉中进行气化或裂解反应而制得含氢燃料。微生物制氢是指利用微生物在常温常压下进行酶催反应而制得氢气。目前，主要利用碳水化合物发酵制氢，并利用所产生的氢气发电。

5. 热解制氢

热解制氢是将热能直接加热水或含有催化剂的水，使水受热分解为氢和氧。水在温度高于 2 727 ℃时，在不需要催化剂条件下可自行分解为氢气和氧气。但由于材料耐高温的问题，目前，直接热解水制氢还存在巨大困难。

除上述制氢方法外，还有光络合催化分解水制氢、半导体光催化分解水制氢、核辐射制氢和等离子化学制氢等工艺技术。

三、氢的储存

氢气一般为工业、民用和交通使用，前者要求能大量储存，后两者要求有较大的储氢密度。美国能源部将储氢系统的目标定为：质量密度 6.5%，体积密度 62 kg/m^3。储存氢的常规方法主要有三种：压缩气态氢储存、低温液态氢储存和金属氢化物储存。

1. 压缩气态氢储存

压缩氢气与压缩天然气类似，压缩后的气态氢储存在压缩气瓶内。由于氢气的密度低，要求压缩机密封好。气瓶需要用铝或石墨材料制造，容器要能承受高压、质量轻、寿命长。氢气压力一般在 20～30 MPa，而我国目前使用的 40 L 钢瓶在 15 MPa 下储存

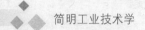

氢气，只能储存大约 0.5 kg 氢气。因此，要制造高压力的氢气瓶。目前，国际上已经制造出 70～80 MPa 的储氢罐。

2．低温液态氢储存

氢气一般冷却到 –253 ℃ 即由气态转为液态，然后将其储存在储存瓶中。这种储存方法需要特殊制造的高真空的绝热容器，以保证液氢始终处于低温储存。以液态方法储存氢气比气态储氢更为有效，更经济，这是因为液态氢具有高的能质比，约为气态的 3 倍。液态氢可以提高单位容积的氢气质量，有利于降低运输成本。但是，液态氢需要将气态氢冷却到 –253 ℃ 才能得到，液化过程时间长，能耗大，而且氢的气化潜热很小，液氢非常容易气化，因此，液态氢不宜长期储存。

3．金属氢化物储存

元素周期表中的金属都能与氢反应，形成金属氢化物，且反应比较简单，只要控制一定的温度和压力，金属和氢接触就会发生反应。氢与金属氢化物之间可进行可逆反应，反应的方向由氢气的压力和温度决定。在这个过程中，氢与金属结合，形成金属氢化物，放出热量，氢能储存在固态金属中；而当金属氢化物释放氢时，吸收热量。金属储氢被认为是最安全的储氢方式。为储存大量的氢，金属需要做成小颗粒的形式。金属氢化物储氢的机理为：$xM + yH_2 \rightleftharpoons M_xH_{2y}$。分四步进行：第一步，形成含氢固溶体；第二步，进一步吸氢，发生相变，生成金属氢化物；第三步，增加氢压力，形成含氢更多的金属氢化物；第四步，吸附氢的脱附。

目前，世界上氢的储存正向几个方向发展：高压力储存、新型储氢合金、有机化合物储氢、碳凝胶储氢、玻璃微球储氢、"氢浆"储氢、冰笼储氢和河层状化合物储氢等。

四、燃料电池的特点

燃料电池能够使用的燃料很多，其电化学反应为：燃料 + 氧化剂——→水 + 生成物 + 电。当燃料电池以氢气为燃料时，燃料电池的输出只有电和水，实现零排放，而且用纯氢做燃料时，燃料电池系统启动时间短，动态响应快。因此，燃料电池是氢燃料最为广泛、最具前途的应用。半个世纪以来，许多国家尤其是发达国家相继开发了第一代碱性燃料电池（AFC）、第二代磷酸型燃料电池（PAFC）、第三代熔融碳酸盐燃料电池（MCFC）、第四代固体氧化物燃料电池（SOFC）和第五代质子交换膜燃料电池（PEMFC）。

燃料电池的最大特点是反应过程不涉及燃烧，因此，其能量转换效率不受卡诺循环限制，能量转换率可高达 60%～80%，实际使用效率是内燃机的 2～3 倍。燃料电池的主要特点有：

（1）能量转换效率高。目前，汽轮机和柴油机效率为 40%～50%，而燃料电池理论能量转换效率可达 80% 以上，实际效率也有 60%～80%。温差电池（效率为 10%）和太阳电池（效率为 20%）与燃料电池无法比较。

（2）减少大气污染。燃料电池与电厂相比的最大优势是减少了大气污染，其 SO_x，NO_x 及颗粒的排放微乎其微。

（3）特殊场合使用。氢氧燃料电池发电之后的产物只有水，可用于航天飞机等航天器兼供宇航员饮用。燃料电池无可动部件，因此操作很安静，适于特殊场合使用。

（4）高度的可靠性。燃料电池由多个单个电池堆叠而成，如阿波罗登月飞船由 31 个单个电池串联，电池电压 27～31 V，使用安全可靠，维护也十分方便。

（5）燃料电池的比能量高。对于封闭体系的燃料电池，如镍氢电池或锂电池与外界没有物质交换，比能量不会随时间变化。燃料电池由于不断补充燃料，随着时间延长，其输出能量也增多。

（6）辅助系统较复杂。燃料电池需要不断提供燃料，移走反应生成的水和热量，因此，需要复杂的辅助系统。若不采用氢而采用其他含有杂质的燃料，还必须有净化装置或重整装置。

五、燃料电池的应用

燃料电池的应用主要包括电站开发、电动车、小型移动电源和微型燃料电池，将来或许会应用到航天、航空方面。

1. 燃料电池电站

大型燃料电池电站已开发的主要类型有磷酸型燃料电池（PAFC）电站、熔融碳酸盐燃料电池（MCFC）电站、固体氧化物燃料电池（SOFC）电站。其中，美国、日本在 20 世纪 80 年代开发建设的 4.5～11.0 MW 大型 PAFC 燃料电池电站已并网发电，技术上已经成熟，但因其热效率仅有 40% 左右，余热利用价值低，推广应用不多。MCFC 电站工作温度为 650 ℃，余热利用价值高，今后开发目标是与煤气化技术相结合，建立大型电站，目前，开发主导国家是美国和日本。SOFC 电站工作温度在 900～1 000 ℃，可提供优质余热，能量综合利用率达 70% 以上，美国、德国等正进入开发热潮，处于世界领先地位。质子交换膜燃料电池（PEMFC）由于工作温度低、余热利用困难、对燃料纯度要求高等原因，不以大型电站为主要发展目标，但可以建设针对家庭、办公室应用的小型独立电站。

2. 燃料电池电动车

工业时代大气污染日趋严重，汽车用燃料电池的开发是燃料电池应用的重要方向之一。1995 年，美国《时代周刊》将燃料电池电车列入 21 世纪十大最新技术之首。在各种燃料电池中，只有碱性燃料电池（AFC）和质子交换膜燃料电池（PEMFC）可满足车用要求，但 AFC 必须清除空气中的 CO_2，难以推广。由于质子交换膜燃料电池属于低温型燃料电池，保温问题比较容易解决，而且启动所需要的暖机时间较短，采用固体膜作为电解质降低了结构的复杂性；同时，氢作为燃料时，质子交换膜燃料电池不需要去除杂质的辅助系统，使系统结构得到简化。正因为上述优点，20 世纪 90 年代以来，PEMFC 成为燃料电池电动车的主要研发对象，成为当前研究最活跃、进展最快、车上应用最多的燃料电池。

PEMFC 电动车研究最早的是美国，1993 年，加拿大推出世界上第一辆以 PEMFC 为动力的公共汽车样车，最高时速 72.4 km/h。此后，德国、美国、日本、瑞典等先后开发了以 PEMFC 为动力的燃料电池公共汽车。我国清华大学开发的车长 11 m 的燃料电池大客车在 2008 年北京奥运会时已经批量生产交付在北京街道上运营使用。PEMFC 今后能否大量商业化广泛用于电动车，关键在于能否大幅度地降低电池成本和开发先进的储氢材料及方法。

3. 燃料电池小型移动电源和微型燃料电池

燃料电池小型移动电源以 PEMFC 为主，欧洲国家以及美国、日本、韩国等均有研究开发，并陆续投入使用。国际上正在开发的尺寸小、质量轻的千瓦级 PEMFC 电源，可以满足家庭及办公室小型电器的电力需求，有很大的市场前景。电子产品以及微电子机械系统向小型化、微型化、集成化发展，要求配备的电源也必须达到小型化和薄膜化。微电池一般要求其底面积不大于 $10~mm^2$，目前研究开发的微型燃料电池以 PEMFC 和 SOFC 为主。

随着环境保护的紧迫和清洁能源技术的发展，燃料电池今后将会有更大的发展和应用。AFC 电池在航天方面将继续发挥其优异性能，尽管目前在民用发电和电动车领域，AFC 还无法与其他电池竞争，但从长远角度看，随着氢燃料时代的来临，AFC 系统将具有价廉、性能优良的优势而被广泛应用。PEMFC 电池的主要应用领域是电动车，需要解决的技术问题是降低质子膜、贵金属催化剂的价格和开发新型高效的储氢材料。实现 PAFC 商业化的关键也是降低电池成本。如果电池成本能降到每千瓦仅 30 美元，它们在电动车领域将会占据有利地位。MCFC 和 SOFC 电池已经达到兆瓦级示范阶段，但距离实用化还有一定距离，需要在提高材料性能、简化材料制备工艺、优化电池结构等方面开展研究，提高系统的稳定性，大幅度降低电池的成本。总的来说，随着燃料电池技术的开发和改进，燃料电池，尤其是以氢为原料的燃料电池有着广阔的发展和应用前景。

第八节　生物质能源技术

地球上的生物质能源资源极其丰富，是仅次于煤炭、石油、天然气的第四大能源，在整个能源系统中占有重要地位。生物质能是来源于太阳能的一种可再生能源。据生物学家估算，地球上每年生长的生物能总量干重达 1 400 亿～1 800 亿吨，相当于目前世界每年总能耗的 10 倍，潜力十分巨大。用新技术开发利用生物质能，不仅有助于减轻温室效应，实现生态良性循环，而且可以替代部分化石燃料，成为解决能源和环境问题的重要途径之一。

一、生物质能的含义及其特点

所谓生物质能，是指自然界生物及其代谢物能够作为能源的生物质能量。自然界生物质种类繁多，分布广泛，包括陆生、水生的生物及其代谢物、废弃物，但只有能够作为能源的生物质才属于生物质能源，其基本条件是资源的可获得性和可利用性。按原料的化学成分，生物质能主要有糖类、淀粉和木质纤维素物质。按来源分，主要有农作物、林木、水生植物、薪柴（枝杈柴、柴草等）、农业生产废弃物、农林加工废弃物、人畜粪便和有机生活垃圾、有机废水和废渣等。其中，各类农林、工业和生活的有机废弃物是目前生物质利用的主要原料。

生物质能具有以下特点：

（1）燃烧过程对环境污染小。生物质中有害物质含量低，灰分、氮、硫等有害物质都远远低于矿物质能源。生物质含硫一般不高于 0.2%，燃烧过程放出的 CO_2 又被等量的生物吸收，因而是 CO_2 零排放能源。

（2）生物质储量大，可再生。生物生生不息，只要有阳光照射的地方，光合作用就不会停止，生物质就会不断再生。

（3）生物质能源具有普遍性、易取性。生物质能源的存在不分国家和地区，价廉、易取、加工简单。

（4）生物质是唯一可以运输和储存的可再生能源。

（5）生物质挥发性组分高，炭活性高，容易着火，燃烧后灰渣少且不易黏结。

（6）生物质能量密度低，体积大，运输困难。

（7）气候条件对生物质能源的性能影响较大。

（8）生物质燃料都含有较多水分，而水分对燃料热值有巨大影响。

二、生物质转化的能源形式

随着科学技术的进步，生物质转化为高品位能源利用已经发展到了相当可观的规模。以美国、瑞典和奥地利三国为例，它们的生物质能分别占该国一次能源消耗量的 4%，16% 和 10%。生物质可以直接作为燃料，也可以用现代物理、生物、化学技术，把生物质资源转化为固体、气体或液体形式的燃料使用。

1. 生物质直接燃烧

与煤炭相比，生物质直接燃烧有如下特点：①含碳量少。生物质含碳最高的为 50% 左右；燃烧时间短，需要经常加燃料。②含氢量稍多。生物质挥发分明显高于煤炭，容易着火。③含氧量高。生物质含氧量高达 30%～40%，使得热值较低，但利于助燃。④密度小，质地比较疏松，易于燃尽。

生物质直接燃烧，约在 250 ℃ 时发生热分解，约 325 ℃ 时热分解已经十分活跃，约 350 ℃ 时挥发分已经析出 80%，燃烧时必须有足够的燃烧空间和燃烧时间。生物质燃烧挥发分析出燃尽后，剩余物为疏松的焦炭，气流将带动一部分炭粒进入烟道形成黑絮，若通风过强会降低燃烧效率。生物质燃烧挥发分烧完后，固定炭燃烧受到灰分包裹，空气渗透困难，容易形成残炭。

2. 生物质制沼气

沼气的产生是一种微生物学过程，其发酵过程由多个生理类群的微生物在无氧条件下共同参与完成，微生物为适应缺氧环境构成完整的生化反应系统过程，经过逐步降解所形成的甲烷、氢气和二氧化碳的混合气体就是沼气。沼气成分主要是甲烷（占 50%～70%）和二氧化碳（占 25%～45%）。此外，还有少量的氮气、氢气、氧气、氨气、一氧化碳和硫化氢，其中，甲烷、氢气和一氧化碳是可燃气体。甲烷属饱和烃类，常温下为气体，无色无味，化学性质稳定，燃烧时呈蓝色火焰，需要充足的空气，最高温度为 2 000 ℃，纯甲烷 1 m^3 的热值接近 1 kg 石油的热量。20 ℃ 时，100 体积的水可溶解 87.8 体积的二氧化碳，40 ℃ 时 100 体积的水可溶解 53 体积二氧化碳。可利用石灰来吸收沼气中的二氧化碳，形成碳酸钙沉淀，提高沼气中甲烷的含量和热值。我国大中型沼气工程数量已居世界首位，小型沼气池更是遍布农村和小城镇，其中，正常运行的装置在原料利用、负荷率、有机物去除率和产气率等方面多数达到国际先进水平，特别是在废物资源化综合化利用，环境、生态、能源和经济效益结合的沼气综合技术系统方面，逐步开创出符合中国国情的有效途径。

3. 生物质压缩成型燃料技术

生物质压缩成型燃料就是将分布散、形体轻、储运困难、使用不便的纤维素生物质经过压缩成型和碳化工艺加工成燃料。压缩工艺提高了生物质容重和热值，改善了燃料性能，使之成为商品燃料。生物质压缩成型燃料可广泛用于家庭取暖、小型热水炉、热风炉，也可用于小型发电设施，是充分利用秸秆等生物质资源代替煤炭的重要途径。

生物质压缩成型的原料主要有锯末、木屑、稻壳、秸秆等。这些纤维素生物质细胞中含有纤维素、半纤维素和木质素，占植物体成分的 2/3 以上。纤维素密度为 $1.50 \sim 1.56 \text{ g/cm}^3$，比热容为 $0.32 \sim 0.33 \text{ kJ/(kg·K)}$。半纤维素穿插于纤维素和木质素之间，结构比较复杂，在酸性水溶液中加热时，能发生水解反应，水解产物主要是单糖，对生物质转化成液体燃料有一定价值。木质素是一类以苯基丙烷单体为骨架，具有网状结构的无定形高分子化合物。常温下，木质素主要部分不溶于任何有机溶剂，是非晶体，没有熔点，但有软化点。当温度达到 $70 \sim 110 \text{ ℃}$ 时，木质素发生软化，黏合力增加；当温度到 $200 \sim 300 \text{ ℃}$ 时，软化程度加剧，进而液化；再施加一定的压力可使其与纤维素紧密黏结，无需另外加入黏结剂即可将生物质挤压为成型燃料。大部分纤维素都具有被压缩成型的基本条件，但在压缩成型之前，一般需要进行预处理，如粉碎、干燥（或浸泡）等，而锯末、稻壳等无需再粉碎，但要清除尺寸较大的杂物。生物质压缩成型工艺有湿压成型、热压成型和炭化成型三类。

4. 生物质制乙醇

乙醇作为动力燃料使用时叫做燃料乙醇，其分子式为 C_2H_5OH 或 CH_3CH_2OH，是一种无色透明可以流动的液体，闻之有独特的醇香，刺激性强，容易挥发和燃烧，是无污染燃料。乙醇的相对密度为 0.79，沸点为 78.3 ℃，凝固点为 −130 ℃，燃点为 424 ℃，具有高位热值。乙醇蒸气与空气混合能形成爆炸性的混合气体，爆炸极限为 3.5% ～ 18.0%（体积分数）。根据浓度高低将乙醇分为四种类型：①国家标准一级乙醇——高纯度乙醇，乙醇浓度 ≥96.2%，专供国防工业、电子工业和化学试剂用；②国家标准二级乙醇——精馏乙醇，乙醇浓度 ≥95.5%，供国防工业和化学工业用；③国家标准三级乙醇——医药乙醇，乙醇浓度 ≥95.0%，主要用于医药和配制饮料酒；④国家标准四级乙醇——工业乙醇，乙醇浓度 ≥94.5%，主要用于稀释油漆、合成橡胶原料和作为燃料使用。根据国家变性燃料乙醇标准，乙醇浓度达到 92.1% 就可以作为燃料使用。

乙醇生产的主要原料有淀粉质原料、糖质原料、纤维素原料和其他原料（纸浆废液、粉渣、乳清等），辅助材料有酵母菌、霉菌和细菌等微生物及糖类、酸类发酵废物。乙醇生产的主要方法有发酵法和化学合成法。其中，发酵法又分为淀粉原料生产法、糖质原料生产法、纤维素原料生产法和工厂废液生产法；化学合成法用石油裂解产生的乙烯气体来合成乙醇，有直接水合法、硫酸吸附法和乙炔法等。

5. 生物质制甲醇

甲醇的分子式为 CH_3OH，其突出的优点是燃烧中的碳氢化合物、氧化氮和一氧化碳的排放量很低，是一种环境污染很小的液体燃料。实验证明，汽车使用 85% 甲醇和 15% 无铅汽油制成的混合燃料，可使碳氢化合物的排放量减少 20%～50%。多数甲醇是由 $CO + 2H_2 \longrightarrow CH_3OH$ 反应合成的。如果使用木材等植物纤维素为原料，甲醇产量可达 300 kg/t。生物质可以生产甲醇甚至更复杂的碳氢化合物，一次提纯投资和每公顷毛能量产出与甘蔗生产乙醇相当。

三、生物质能的转化技术

目前，研究开发的生物质的转化技术主要分为物理干馏、热解法以及生物、化学发酵法几种，具体包括生物质气化技术、液化技术，生物质合成燃料技术和生物质能发电技术等。

1. 生物质气化技术

生物质通过热化学过程裂解产生气体燃料，是一种常用的生物质能转换途径。生物质气化能量转换效率高，设备简单，投资少，易操作，不受地区、燃料种类和气候的限制，产生的燃气可广泛用于炊事、采暖和农作物烘干，还可以作为内燃机、热气机等动力装置的燃料。

生物质气化是一种生物质热化学转换过程，其基本原理是在不完全燃烧条件下将生物质原料加热，使相对分子质量较高的有机碳氢化合物链裂解变成相对分子质量较低的 CO，H_2，CH_4 等可燃性气体。转化过程加入汽化剂（空气、氧气或水蒸气），其产品是可燃性气体与 N_2 的混合气体，称为生物质燃气。如果转换过程中是不加入汽化剂的干馏和快速热裂解，得到的产品除生物质燃气外，还有液体和固体物质。

生物质气体通过气化炉（固定床气化炉或流化床气化炉）完成，反应过程很复杂，先后经过炉内从下而上的氧化层（1 200～1 300 ℃）→还原层（700～900 ℃）→热分解层（450 ℃）→干燥层（100～300 ℃）等基本反应过程。具体气化过程随气化炉型、工艺流程、反应条件、汽化剂种类、原料性质和粉碎程度等条件而有所不同，但基本上包括以下化学反应过程：

$$C + O_2 === CO_2 \uparrow$$
$$CO_2 + C === 2CO \uparrow$$
$$2C + O_2 === 2CO \uparrow$$
$$2CO + O_2 === 2CO_2 \uparrow$$
$$H_2O + C === CO \uparrow + H_2 \uparrow$$
$$2H_2O + C === CO_2 \uparrow + 2H_2 \uparrow$$
$$H_2O + CO === CO_2 \uparrow + H_2 \uparrow$$
$$C + 2H_2 === CH_4 \uparrow$$

2. 生物质液化技术

生物质液化主要有热化学分解法（高温热裂解）、生物化学法（水解、发酵）、机械法（压榨、提取）、化学合成法（甲醇合成、酯化）。液化所得的产品一般为油类、醇类燃料。

以生物质高温裂解技术为例，生物质热裂解是指生物质在基本无氧的条件下，通过热化学转换生成液体、气体和碳产物的过程。其热裂解反应步骤在反应釜内经过下列阶段：干燥阶段（150 ℃）→预热裂解阶段（150～300 ℃）→固、液、气分离阶段（300～600 ℃）→产物冷却回收阶段。生物质热裂解生物油的性质受原料组成、反应温度、升温速度、蒸气停留时间、冷凝温度和降温速度等因素影响，往往有不同程度的含氧量和含水量，还有腐蚀性、黏度大、化学成分复杂、相对不稳定等弱点，必须进行加工改性才能代替石油使用。生物油改性方法主要有加氢处理和沸石分子筛处理。生物油加氢改性，是在高压（10～20 MPa）和适当温度（200 ℃左右）下供氢溶剂除去生物油中的氧（生成水）和降低重馏分的相对分子质量。沸石分子筛进行生物油改性采用 ZSM－5 型沸石为催化剂对生物油进行脱氧、脱水处理。根据国外生产实践，生物质热裂解反应器有气流床裂解器、快速流化床裂解器、真空裂解器、旋涡烧蚀裂解器、旋转锥裂解反应器、喷动床裂解器等。

3．生物质制氢技术

生物质制氢工艺简单，成本较低，将成为未来氢能的主要生产手段之一。生物质制氢的主要途径有生物质热裂解气化制氢技术和生物质微生物制氢技术。前者是将生物质原料送到气化炉中进行气化制得含氢燃料；后者是利用微生物在常温常压下进行酶催化反应制氢，包括化能营养微生物产氢和光合微生物产氢两种。生物质制氢的工艺类型有生物质气化制氢、生物质裂解制氢、生物质超临界转换制氢、生物质热解油重整制氢、微生物法制氢、光合生物制氢、热化学—微生物联合制氢等。此外，还有太阳能气化制氢、海绵铁/水蒸气反应制氢、甲醇和乙醇的水蒸气重整制氢等技术。

4．生物质合成燃料技术

生物质合成燃料是指通过热化学和化学有机合成相结合的方法完成生物质燃料合成，由先进的生物质气化工艺生产高质量的生物质合成气，调整合成气中 CO 与 H_2 的体积比，经费托合成过程将 CO 和 H_2 合成、精制为液体燃料。通过控制工艺条件（温度、压力、CO 与 H_2 的体积比等），在选择性催化剂作用下，可以生产出作为燃料的甲醇、二甲醚和烷烃（柴油）。生物质合成燃料纯度高，几乎不含有 S，N 等杂质，系统能源转换率可达 40%～50%，原料丰富，草和树的各个部分均可利用。

生物质合成燃料可以将各种生物质作为原料，但目前以木质原料为主，其一般工艺过程如下：原料预处理→气化→净化→CO 与 H_2 体积比的调整→费托合成→产物分离提纯得甲醇、柴油、二甲醚。合成气制备是生产合成燃料的关键性一步。为了改善合成气质量，应采取如下措施：①原料预处理。原材料粉碎到气化炉要求的粒度，水分含量干燥至 15%。②采用热裂工艺生产合成气，使其主要成分为 CO 和 H_2，并使二者体积保持合适比例。③气体净化，除去焦油、灰尘等。④变换制氢。将合成气用 2.8 MPa 压力压缩，通过适量的蒸汽，在高温下水与一氧化碳反应生成氢和二氧化碳，使 CO 与 H_2 体积比达到 1：2，同时除去硫化物和 CO_2。在对 CO 和 H_2 调整比例和除去杂质元素的基础上，通过费托合成的系列反应分离提取甲醇、柴油和二甲醚液态物质。费托合成反应采用不同工艺技术条件，可以生产不同的产品。其中，将 CO 和 H_2 混合进入反应器，在压力 17.5 MPa 和温度 330 ℃条件下，用铬、锌作催化剂，将 CO 和 H_2 合成为甲醇，转化率可达 95% 以上；采用合成柴油燃料技术，利用生物质提取柴油装置进行三级提油提取生物柴油；采用二甲醚燃料制备技术，利用铜基甲醇合成催化剂＋氧化铝＋氧化硅固体酸作为催化剂，于三相反应器中提取二甲醚。费托合成反应的化学反应式如下：

$$CO + 2H_2 \rightleftharpoons CH_3OH$$

$$2CO + 4H_2 \rightleftharpoons CH_3OCH_3 + H_2O$$

$$CO + 3H_2 \rightleftharpoons CH_4 + H_2O$$

$$4CO + 8H_2 \rightleftharpoons C_4H_9OH + 3H_2O$$

$$CO_2 + H_2 \rightleftharpoons CO\uparrow + H_2O$$

$$nCO + 2nH_2 \rightleftharpoons (CH_2)_n + nH_2O$$

5. 生物质能发电技术

生物质能发电是利用生物能的最有效途径之一。基于生物资源的自然特性，生物质能发电设备的装机容量一般较小，多为独立运行方式，利用当地生物质能资源就地发电、就地利用，不需外运燃料和远距离输电。目前，生物质能发电主要有以下几种形式：

（1）甲醇发电。甲醇作为发电站燃料，是当前研究开发利用生物能源的重要课题。采用生物质液化后制取甲醇，利用甲醇气化—水蒸气反应产生氢气，再以氢气作为燃料驱动燃气轮机带动发电机组发电。日本建成一座 1 000 kW 级的甲醇发电实验站于 1990 年 6 月正式发电，除了低污染外，其发电成本低于石油和天然气发电，显示出甲醇发电的优越性。

（2）城市垃圾发电。城市垃圾发电技术是处理垃圾的一个新方向。城市垃圾发电可采取两种方式：一是通过垃圾发酵产生沼气再用来发电，二是通过垃圾焚烧产生蒸汽再用来发电。德国、美国、日本等国已先后大力开发城市垃圾发电技术，并达到了相当的发电量。我国发展城市垃圾发电也十分迫切，已在深圳、上海、广州、杭州、南京、宁波等地建成多座垃圾焚烧发电站。城市垃圾出路是当前社会急需解决的大问题，城市垃圾发电是重要办法之一。

（3）生物质燃气发电。生物质燃气发电是指生物质气化制取燃气再发电的技术。它主要由气化炉、冷却过滤装置、燃气发动机、发电机四大主机构成，其工作流程为：首先将生物质气化后的生物质燃气冷却过滤送入燃气发动机，将燃气的热能转化为机械能，再带动发电机发电。

（4）沼气发电技术。沼气发电技术分为纯沼气发电和沼气—柴油混烧发电。农业生产的废弃物、农林加工的废弃物、人畜粪便和有机生活垃圾、有机废水和废渣等，都是沼气发酵场的最好原料，其来源广，数量大，用之发酵产生沼气，再用沼气进行火力发电，既增加了电能来源，又做到废物利用，更有利于环境保护，一举多得，何乐而不为。

第六章　建材工业技术

　　建筑材料是指各类土木工程中使用的材料，是建筑业的重要物质基础，建材工业是国民经济的支柱产业之一。改革开放以来，我国建材工业发展迅速，形成了完整的工业体系。水泥、玻璃、建筑陶瓷的产量多年来位居世界第一。建材产品的质量、档次也有了不同程度的提高，基本上满足了国民经济和社会发展的需要。随着国民经济的蓬勃发展和城乡建设的需要，目前对建筑材料的需求仍处在持续增长阶段，预计在"十二五"期间，全国水泥年平均总需求量为 15 亿吨。其中新型干法水泥需求量占 70%；平板玻璃年平均总需求量为 5 亿标准质量箱，其中优质浮法和特殊品种玻璃需求量占 40%；墙体材料年平均总需求量 9 000 亿块标砖，其中新型墙体材料需求量占 50%；建筑卫生陶瓷总体消费水平向中高档化方向发展。

　　建筑材料的种类很多，用量很大的有水泥、砖瓦、砂石、钢材、铝合金、小五金、木材、塑料、玻璃、建筑陶瓷等。本章主要介绍水泥、墙砖、玻璃和建筑陶瓷的生产。

第一节　墙　砖　生　产

　　在建筑物中，墙体起承重、围护、分割作用。一幢建筑物，除了柱、梁、层板要用钢筋水泥混凝土捣制而成外，四周围墙和中间隔墙一般是用墙砖或砌块砌成的。墙砖，又叫砌墙砖，是指以黏土、工业废料及其他地方资源为主要原材料，按不同工艺制成的，在建筑上用来砌筑墙体的砖。墙砖可分为普通砖、空心砖两类，其中，用于承重墙的空心砖又称为多孔砖。按制作工艺又可分为烧结砖和非烧结砖两类。在当前的墙体材料改革过程中，为实现材料的可持续发展和环境保护，实现建筑节地和节能，烧结黏土砖的生产和使用逐渐被限制，截至 2003 年 6 月，全国已有 170 多个城市取缔烧结黏土砖，并于 2005 年在全国范围内禁止生产，彻底取缔。墙体材料必须向节能、利废、隔热、高强、空心、大块方向发展，大力发展以粉煤灰、页岩、炉渣、煤矸石为主要原料的墙砖和空心砌块。

一、烧结普通砖

　　烧结普通砖是以黏土、页岩、粉煤灰、煤矸石等为主要原料，经焙烧制成的孔洞率小于 15% 的砖。按其主要原料分为烧结黏土砖（N）、烧结页岩砖（Y）、烧结粉煤灰砖（F）和烧结煤矸石砖（M）。

（一）烧结黏土砖的原料

　　烧结黏土砖的原料为黏土。黏土是由各种不同的岩石（主要为高岭石）经过长期风化作用而形成的。黏土的成分比较复杂，主要为氧化硅（SiO_2）、氧化铝（Al_2O_3）、氧化铁（Fe_2O_3）和氧化钙（CaO）等。另外，还含有碳酸钙、碳酸镁及有机物等。黏土中包含着许多粗细不同的颗粒，其中，极细的片状颗粒使黏土获得很高的可塑性，这种颗粒称为黏土物质，黏土物质越多，可塑性越高。黏土按颗粒组成不同分为肥黏土、黏土、沙质黏土、沙土和沙五个等级。肥黏土和黏土宜于制瓦及薄壁空心制品，沙质黏土和沙土宜于制普通砖。黏土通常就地取材，就在砖厂附近的露天采掘场中开采。开采黏土的方法决定于它埋藏的深度、黏土层的厚度、黏土的性质以及生产的规模等。在小型生产时，往往用人工开采，而在大规模生产时，则采用机械化开采。

（二）烧结黏土砖的制作和焙烧

黏土经开采后，加水调配，制成砖坯，再经干燥、焙烧、冷却后即可得到普通黏土砖。黏土加水搅拌后具有优良的可塑性，保证了黏土能模塑成型而不开裂。砖坯制成后，在干燥过程中会发生收缩，称为干缩。砖在焙烧过程中会发生一系列物理化学变化。当加热至$110 \sim 120 \, ℃$时，黏土中的游离水分大量蒸发；温度升至$425 \sim 850 \, ℃$时，高岭石等黏土矿物结晶水脱出，此时黏土的孔隙率最大，但强度很低；当温度升至$900 \sim 1\,000 \, ℃$时，黏土中的易熔物开始熔化，充填于未熔颗粒的间隙中，并将其黏结，砖坯的孔隙率会随之减少，同时产生体积收缩，称为烧缩，此时砖坯的强度也随之提高，这一过程称为烧结；若温度再持续升高，砖坯将软化变形，直至熔融。一般普通黏土砖的焙烧温度控制在烧结温度的范围内，以获得既具有一定孔隙率又具有一定强度的砖成品。

砖坯在焙烧时，若砖窑中含氧化气氛，砖中的氧化铁会氧化成红色的高价氧化铁，烧成的砖呈红色，即红砖。如果砖坯在氧化气氛中焙烧至$900 \, ℃$以上，再在还原气氛中焙烧，则红色的高价氧化铁还原为青色的低价氧化铁，即得青砖。青砖较红砖结实、耐碱、耐久，但价格较高。青砖一般在土窑中用草木燃料烧成。

（三）烧结黏土砖的质量问题

烧结黏土砖质量的好坏与其原料黏土的质量和生产技术条件密切相关。如果砖坯受潮、受冻、遭雨淋，或焙烧时预热过急，烧成后冷却过快，都会产生强度低和耐久性差的酥砖；如果焙烧火候不当，则会出现欠火砖或过火砖。欠火砖色浅，声哑，内部孔隙多，吸水率大，强度低，耐久性差；过火砖颜色过深，声脆，有弯曲变形，内部孔隙少，吸水率低，强度较高但导热性较大。制坯时，如果原料处理不当，存在沙砾及石灰石杂质，会导致砖组织不均匀甚至石灰爆裂。若焙烧时产生不均匀的浓缩，会引起砖的开裂。砖坯在生产操作过程中可能会碰伤而造成缺棱、掉角等外观缺陷。黏土砖的质量好坏还与窑型有关，一般来说，隧道窑的产品质量最好，轮窑次之，而围窑、土窑的产品质量波动较大。

（四）烧结普通砖的技术要求

（1）规格尺寸。烧结普通砖的外形为直角六面体，标准尺寸为$240 \, mm \times 115 \, mm \times$

53 mm。常用配砖和装饰砖规格尺寸为 175 mm × 115 mm × 53 mm。

（2）强度等级。烧结普通砖按挤压强度划分为 MU30，MU25，MU20，MU15，MU10 五个等级，各等级的抗压强度值见表 6 – 1。

表 6 – 1　烧结普通砖的强度等级　　　　　　　　　　（单位：MPa）

强度等级	抗压强度平均值 $f \geqslant$	变异系数 $C_V \leqslant 0.21$	变异系数 $C_V > 0.21$
		抗压强度标准值 $f_K \geqslant$	单块最小抗压强度值 $f_{min} \geqslant$
MU30	30.0	22.0	25.0
MU25	25.0	18.0	22.0
MU20	20.0	14.0	16.0
MU15	15.0	10.0	12.0
MU10	10.0	6.5	7.5

（3）外观缺陷。烧结普通砖的外观必须完整，其表面的裂纹长度、弯曲程度、杂质凸出高度、缺棱掉角的尺寸必须满足有关规范要求。

（4）抗风化性能。是指烧结普通砖在环境中的风吹日晒、干湿变化、温度变化、冻融等物理因素作用下，材料不破坏，仍保持其原有功能的能力，可以反映砖的耐久性的好坏。烧结普通砖的抗风化性能见表 6 – 2。

表 6 – 2　烧结普通砖的抗风化性能

项　目	严重风化区				非严重风化区			
	5 h 沸煮吸水率 $\leqslant$		饱和系数 $\leqslant$		5 h 沸煮吸水率 $\leqslant$		饱和系数 $\leqslant$	
	平均值	单块最大值	平均值	单块最大值	平均值	单块最大值	平均值	单块最大值
黏土砖	18%	20%	0.85	0.87	19%	20%	0.88	0.90
粉煤灰砖	21%	23%			23%	25%		
页岩砖	16%	18%	0.74	0.77	18%	20%	0.78	0.80
煤矸石砖								

在我国的不同地区，砖受风化破坏程度不同，因此，把各省份和直辖市划分为严重风化区和非严重风化区。黑龙江、吉林、辽宁、内蒙古、新疆等地的砖必须做冻融试验；其他地区砖的抗风化性能符合表 6 – 2 规定时，可不再做冻融试验，否则必须做冻融试验，以保证砖在正常使用条件下的使用年限。

（5）质量等级。强度和抗风化性能合格的砖，按尺寸偏差、外观质量、泛霜和石灰爆裂等性能分为优等品（A）、一等品（B）、合格品（C）。泛霜和石灰爆裂都会使砖的耐久性降低，同时，影响砖的受力面积而降低其强度。泛霜是指可溶性的盐类在砖的表面析出的现象，析出物一般呈白色粉末、絮团或絮片状，不仅有损于建筑物的外观，而且结晶膨胀会使砖的表面出现疏松、剥落。石灰爆裂是制作烧结普通砖坯体时使用的沙质黏土原料中夹杂着石灰石，焙烧时变成生石灰，在使用时吸水熟化成熟石灰而体积显著膨胀，使得砖块出现裂缝，强度降低，耐久性降低。

（五）烧结普通砖的应用

烧结普通砖具有较高的强度，耐久性好，保温、隔热、隔声性能好，价格低，生产工艺简单，原材料丰富，用于砌筑墙体、基础、柱、拱、烟囱及铺砌地面。优等品用于墙体装饰和清水墙，一等品和合格品可用于混水墙的砌筑，中等泛霜的砖不得用于潮湿部位。主要推广使用页岩、粉煤灰、煤矸石为主要原料的砖，以节约耕地和环境保护。

二、烧结多孔砖

烧结多孔砖是以黏土、页岩、粉煤灰、煤矸石等为主要原料，经混料、制坯、干燥、焙烧而制成的空洞率大于 15%，而且孔洞数量多，尺寸小，可用于承重墙体的砖。带有装饰面并用于清水墙体的砖称为装饰砖。按主要原料分为烧结黏土多孔砖（N）、烧结页岩多孔砖（Y）、烧结粉煤灰多孔砖（F）和烧结煤矸石多孔砖（M）。

（一）烧结多孔砖的技术要求

（1）规格尺寸。多孔砖的外形为直角六面体，外形尺寸应分别符合规范化要求，长：290 mm，240 mm；宽：190 mm，180 mm，175 mm，140 mm，115 mm；高：90 mm。

（2）孔洞及孔洞排列。圆孔洞的直径不大于 22 mm，非圆孔内切圆的直径不大于 15 mm，手抓孔尺寸为（30～40）mm×（75～85）mm。

（3）强度等级。多孔砖按抗压强度分为 MU30，MU25，MU20，MU15，MU10 五个强度等级。烧结多孔砖的强度等级同烧结普通砖，见表 6-1。

（4）质量要求。泛霜、石灰爆裂、抗风化性能的要求同烧结普通砖。

（5）质量等级。强度和抗风化性能合格的砖，按尺寸偏差、外观质量、孔形及孔洞排列、泛霜和石灰爆裂等性能分为优等品（A）、一等品（B）、合格品（C）三个等级。

（二）烧结多孔砖的应用

烧结多孔砖代替烧结黏土砖，可以节省黏土，降低生产能耗，提高生产效率，改善墙体的保温隔热性能，有利于实现建筑节能。烧结多孔砖在砖混结构中用于 ±0.000 以上的承重墙体，其中，优等品可以用于墙体装饰和清水墙砌筑，一等品和合格品可用于混水墙，中等泛霜的砖不得用于潮湿部位。

三、烧结空心砖

烧结空心砖和空心砌块是以黏土、页岩、煤矸石等为主要原料，经混料、制坯、抽芯、干燥、焙烧制成的空洞率大于或等于 35%，而且孔洞数量少，尺寸大，用于非承重墙或填充墙的砖。

（一）烧结空心砖的技术要求

（1）规格尺寸。烧结空心砖的外形为直角六面体，长、宽、高应符合两个系列：290 mm×190 mm×90 mm，290 mm×290 mm×190 mm。空洞采用矩形条孔或其他孔形，且平行于大面和条面。

（2）强度等级。烧结空心砖和空心砌块主要用于填充墙和隔断墙，只承受自身重量，因此，大面和条面的抗压强度要比实心砖和多孔砖低得多。烧结空心砖和空心砌块按抗压强度分为 MU10.0，MU7.5，MU5.0，MU3.5，MU2.5 五个强度等级，低于 MU2.5 的砖为不合格品。各强度等级的强度值见表 6-3。

表 6-3 空心砖和空心砌砖的强度等级

| 强度等级 | 抗压强度 | | | 密度等级范围 /(kg·m⁻³) |
| | 抗压强度平均值 f/MPa≥ | 变异系数 C_r≤0.21 | 变异系数 C_r>0.21 | |
		抗压强度标准值 f_K/MPa≥	单块最小抗压强度值 f_{min}/MPa≥	
MU10.0	10.0	7.0	8.0	≤1 100
MU7.5	7.5	5.0	5.8	
MU5.0	5.0	3.5	4.0	
MU3.5	3.5	2.5	2.8	
MU2.5	2.5	1.6	1.8	≤800

（3）密度等级。根据密度不同分为 800，900，1 000，1 100 四个级别，各个密度等级对应的 5 块砖的密度平均值分别满足：不大于 800 kg/m³，801～1 000 kg/m³，901～1 000 kg/m³，1 001～1 100 kg/m³。

（4）质量等级。每个密度级根据砖的抗压强度、孔洞及其排数、尺寸偏差、外观质量和物理性能分为优等品（A）、一等品（B）、合格品（C）三个等级。

（二）烧结空心砖的应用

烧结空心砖的孔数少，孔径大，具有良好的保温、隔热功能，可用于多层建筑的隔断墙和填充墙，因为具有良好的耐水性，尤其适用于耐水防潮的部位。

采用多孔砖和空心砖，可以节约燃料 10%～20%，节约黏土 25% 以上，减轻墙体自重，提高工效 40%，降低造价 20%，改善墙体的热工性能，是当前墙体改革中取代黏土实心砖的重要品种。

四、非烧结砖

不经焙烧而制成的砖均为非烧结砖，常见的品种有灰砂砖、粉煤灰砖等。此外，还有混凝土实心砖，因其本身自重大，少有生产和使用。

（一）蒸压灰砂砖

蒸压灰砂砖是以石灰和沙子（也可掺入颜料和外加剂）为原料，经过磨细、计量配料、搅拌混合、压制成型、蒸压养护而成的实心砖或空心砖。养护温度为 175 ～ 191 ℃、压力为 0.8 ～ 1.2 MPa。颜色可分为彩色、本色。目前，蒸压灰砂砖朝着空心化和大型化发展。

蒸压灰砂砖的外形、规格尺寸与烧结普通砖相同。按抗压强度和抗折强度分为 MU25，MU20，MU15，MU10 四个强度等级。根据外观质量、尺寸偏差、强度和抗冻性分为优等品（A）、一等品（B）、合格品（C）三个质量等级。

与其他砖相比，灰砂砖具有较高的蓄热能力，隔声性能十分优越。灰砂砖中的 MU25，MU20，MU15 的砖可用于基础和其他建筑；MU10 的砖用于防潮层以上的建筑，但不得用于长期受热 200 ℃ 以上、受急冷急热和有酸性侵蚀的建筑部件，也不适用于有流水冲刷的部位。

（二）蒸压（养）粉煤灰砖

蒸压（养）粉煤灰砖是以粉煤灰、石灰和水泥为主要原料，掺加适量石膏、外加剂、颜料和骨料（浮石、火山渣、陶粒等），经坯料制备、压制成型、高压或常压蒸汽养护而成的实心粉煤灰砖。有彩色、本色两种。砖的外形、规格尺寸同烧结普通砖。

粉煤灰砖按抗压强度和抗折强度分为 MU30，MU25，MU20，MU15，MU10 五个强度等级。按外观质量、尺寸偏差、强度和干燥收缩值分为优等品（A）、一等品（B）、合格品（C）三个质量等级，优等品应不低于 MU15。干燥收缩率为：优等品和一等品应不大于 0.65 mm/m，合格品不大于 0.75 mm/m。碳化系数 $K_C \geq 0.8$。色差不显著。

蒸压（养）粉煤灰砖可用于工业及民用建筑的墙体和基础，但基础、易受冻融和干湿交替作用的部位，必须使用 MU15 及以上强度等级的砖，不得用于长期受热 200 ℃ 以上、受急冷急热和有酸性侵蚀的建筑部位。

五、砌块

砌块是指建筑用的人造块材，外形多为直角六面体，也有多种异形的。砌块系列中主规格尺寸的长度、宽度、高度至少有一项或一项以上分别大于 365 mm，240 mm，115 mm，但高度不能大于长度或宽度的 6 倍，长度不得超过高度的 3 倍。砌块按产品规格分为大型砌块（主规格高度大于 980 mm）、中型砌块（主规格高度为 380 ～ 980 mm）、小型砌块（主规格高度为 115 ～ 380 mm）。按其主要原料分为普通混凝土小型空心砌块、轻骨料混凝土小型空心砌块、蒸压加气混凝土砌块、粉煤灰小型空心砌块等。

砌块的生产工艺简单，生产周期短，能耗少，重量轻，劳动强度低，施工进度快，节约大量砌筑砂浆，可以降低工程造价，减少水泥、钢筋和木材的用量，改善墙体的保温隔热性能和环境保护，是当前大力推广应用的墙体建筑材料之一。

（一）普通混凝土小型空心砌块

普通混凝土小型空心砌块是以水泥做胶结材料，砂石做骨料，经加水搅拌、振动加压或冲压成型、养护等工艺过程制成，简称普通小砌块。

普通小砌块的主规格尺寸为 390 mm×190 mm×190 mm，要求最小外壁的厚度不小于 30 mm，最小肋厚不小于 25 mm。按尺寸偏差、外观质量分为优等品（A）、一等品（B）、合格品（C）三个质量等级；按抗压强度分为 MU3.5，MU5.0，MU7.5，MU10.0，MU15.0，MU20.0 六个强度等级。

砌块出厂时的相对含水率用于潮湿地区时不大于 45%，用于中等潮湿地区时不大于 40%，用于干燥地区时不大于 35%。用于采暖地区的一般环境时，抗冻性应达到 F15；用于干湿交替环境时，抗冻性应达到 F25。冻融试验后，质量损失不大于 2%，强度损失不大于 25%。用于清水墙时应满足抗渗性要求。

普通小砌块分为承重和非承重两种，适用于抗震设计烈度为 8 度及以下地区的一般民用与工业建筑物的墙体。用于承重墙和外墙的砌块要求干缩值要小于 0.5 mm/m，用做非承重或内墙的砌块干缩值要小于 0.56 mm/m。

砌筑普通小砌块墙体，必须使用专用的砌筑砂浆（水泥砂浆或混合砂浆），以便使砌缝饱满、黏结性好，减少墙体开裂和渗漏，提高砌体质量。对于普通小砌块墙体的孔洞内灌注芯柱，也必须采用灌注芯柱和孔洞的专用混凝土，以保证砌块建筑的整体性能、抗震性能和承重能力。灌孔混凝土的强度等级不宜低于砌块强度等级的 2 倍。在严寒地区，普通小砌块用于外墙时，必须与高效保温材料复合使用，以满足保温和节能的要求。

（二）轻骨料混凝土小型空心砌块

轻骨料混凝土小型空心砌块是用轻骨料混凝土制成的小型空心砌块，简称轻骨料小砌块。其中的轻骨料有天然轻骨料（浮石、火山灰渣）、工业废渣（煤渣、煤矸石）、人造轻骨料（黏土陶粒、页岩陶粒、粉煤灰陶粒）等。

轻骨料小砌块的主规格尺寸为 390 mm×190 mm×190 mm，此外，还有 390 mm×240 mm×190 mm，390 mm×100 mm×190 mm 等。其抗压强度分为 MU1.5，MU2.5，MU3.5，MU5.0，MU7.5，MU10.0 六个等级。其孔排分为单排孔、双排孔、三排孔、四排孔四类，孔洞有通孔或盲孔两类，孔洞率大于或等于 25%。按尺寸偏差和外观质量分为一等品（B）、合格品（C）两个质量等级，用于承重的轻骨料小砌块不得低于一等品。其吸水率应不大于 20%，相对含水率要求与普通小砌块相同。

采用轻砂配制的全轻骨料小砌块，表观密度小，保温性能好，表面质量好，可用于自承重或既承重又保温的外墙体；采用普通砂配制的砂轻骨料小砌块，表观密度大，强度高，表面质量好，可用于承重的内外墙体；采用无细骨料或少细骨料配制的无砂轻骨料小砌块，具有更小的表观密度和更好的保温性能，适用于做保温自承重的框架结构填充墙。

（三）蒸压加气混凝土砌块

蒸压加气混凝土砌块是以钙质材料（如水泥、石灰等）和硅质材料（如矿渣和粉煤灰）为主要材料，并加入铝粉作加气剂，经磨细、计量配料、搅拌浇筑、发气膨胀、静停切割、蒸压养护等工序而制成的多孔轻质块墙体材料，简称为加气混凝土砌块。

加气混凝土砌块的规格尺寸为：长度 600 mm；宽度 100 mm，120 mm，125 mm，180 mm，200 mm，240 mm，250 mm，300 mm；高度 200 mm，240 mm，250 mm，300 mm。按抗压强度分为 A1.0，A2.0，A2.5，A3.5，A5.0，A7.5，A10.0 七个等级；按体积干密度分为 B03，B04，B05，B06，B07，B08 六个级别；按尺寸偏差、外观质量、体积密度和抗压强度分为优等品（A）、一等品（B）、合格品（C）三个质量等级。

加气混凝土砌块表观密度小，质量轻，保温性及耐久性好，易于加工，抗震性好，隔声性好，主要用于建筑物的承重与非承重墙体及作保温隔热材料使用。如无有效防护措施，加气混凝土砌块不得用于以下各部位：建筑物标高 ±0.000 以下部位，长期浸水或经常受干湿交替作用部位，受酸碱化学物质腐蚀部位，制品表面温度高于 80 ℃部位。严寒地区的外墙砌块，应采用具有保温性能的专用砂浆砌筑，或采用灰缝小于或等于 3 mm 的密缝精确砌块。

（四）粉煤灰小型空心砌块

粉煤灰小型空心砌块是用粉煤灰、水泥、各种轻重骨料、水为主要原材料（也可加入外加剂），经加水搅拌、振动成型、蒸汽养护制成的小型空心砌块，简称为粉煤灰小砌块。其中，粉煤灰用量不应低于原料质量的 20%，水泥用量不低于原材料总量的 10%。

粉煤灰小砌块的规格尺寸为 390 mm×190 mm×190 mm，砌块局部尺寸外壁厚不应小于 25 mm，肋厚不小于 20 mm。按其孔的排列分为单排孔、双排孔、三排孔、四排孔四类；按抗压强度分为 MU2.5，MU5.0，MU7.5，MU10.0，MU15.1 六个级别；按尺寸偏差、外观质量、碳化系数分为优等品（A）、一等品（B）、合格品（C）三个质量等级。可广泛用于高层框架结构的非承重墙、填充墙及隔墙工程。

（五）粉煤灰硅酸盐砌块

粉煤灰硅酸盐砌块是以粉煤灰、石灰、石膏和骨料为原料，经加水搅拌、振动成型、蒸汽养护制成的一种密实砌块。主规格尺寸为 880 mm×380 mm×240 mm 和 880 mm×430 mm×240 mm 两种。端面设灌浆槽，坐浆面设抗剪槽。按立方体抗压强度分为 MU10.0，MU13.0 两个强度等级；按外观质量、尺寸偏差分为一等品（B）和合格品（C）两个质量等级。

粉煤灰硅酸盐砌块主要用于工业与民用建筑的墙体和基础，但不适用于有酸性侵蚀介质、密封性要求高、易受较大震动的建筑物以及受高温潮湿的承重墙。

第二节 水 泥 生 产

水泥是一种粉末状水硬性胶凝材料，加水搅拌后成为塑性浆体，能胶结砂、石等适当材料，并能在空气和水中硬化。水泥是最重要的建筑材料，广泛应用于工业、农业、水利、交通、城乡建设、海港和国防建设中，成为任何建筑工程都不可缺少的建筑材料。

水泥的发展很快，为满足各种工程的需要，水泥的品种已发展到 200 多种。目前，我国水泥年产量已在 20 亿吨以上，约占世界水泥总产量的 1/2。按组成水泥的矿物成分，可分为硅酸盐类水泥、铝酸盐类水泥、硫铝酸盐类水泥、铁铝酸盐类水泥等；按其用途和性能，可分为通用水泥、专用水泥和特性水泥三大类。通用水泥是指用于一般土木建筑工程的水泥，如硅酸盐水泥、普通硅酸盐水泥、矿渣硅酸盐水泥、火山灰硅酸盐水泥、粉煤灰硅酸盐水泥、复合硅酸盐水泥等。专用水泥是指专门用途的水泥，如道路硅酸盐水泥、砌筑水泥、油井水泥等。特性水泥是指某种性能比较突出的水泥，如快硬硅酸盐水泥、低热水泥、抗硫酸盐水泥等。水泥品种虽然很多，但是常用的主要是硅酸盐系水泥。因此，下面主要介绍硅酸盐系水泥的生产。

硅酸盐水泥生产的工艺流程如图 6-1 所示。

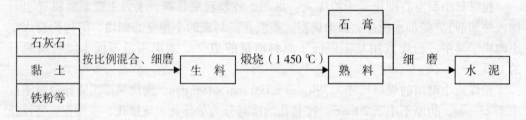

图 6-1 硅酸盐水泥生产的工艺流程

一、水泥原料

硅酸盐水泥的原料主要是石灰质原料和黏土质原料。石灰质原料主要提供 CaO，可采用石灰石、白垩、石灰质凝灰岩和泥灰岩等。黏土质原料主要提供 SiO_2 和 Al_2O_3 及少量的 Fe_2O_3，当 Fe_2O_3 不能满足配合料的成分要求时，需要校正原料铁粉或铁矿石来提供。有时也需要硅质校正原料，如砂岩、粉砂岩等，补充 SiO_2。

通常，硅酸盐水泥的化学成分控制在下列范围内：氧化钙（CaO）64%～67%，氧化硅（SiO_2）21%～24%，氧化铝（Al_2O_3）4%～7%，氧化铁（Fe_2O_3）2%～3%。此外，氧化镁（MgO）的含量不得超过 5%，三氧化硫（SO_3）的含量不得超过 3%。

二、生料制备

生料的制备包括原料的破碎、按成分比例要求进行配料及磨细等过程。生料的制备分为干法和湿法两种。干法为先将原料粗磨烘干，然后进行配料，再把配成的混合料放入球磨机磨成细粉，即得生料。干法适用于干燥和坚硬的原料，所得生料适合于立窑或回转窑煅烧。与湿法相比，其优点是减少了煅烧中的热消耗量，同时可使窑内容纳较多的生料量。

湿法特别适用于较潮湿松软的原料（如黏土、白垩土等）。此法是将经初步称量的原料直接在搅拌池内配合，并加水搅拌成均匀的料浆（含水35%～40%），经过磨细，最后在储料池内校正生料成分，准备入窑煅烧。如用硬质原料（如石灰石、泥灰石等）时，事先要经破碎、磨细，然后配成均匀的料浆。湿法配成的生料均匀，磨细过程中灰尘较少，但煅烧中耗费燃料较多。

三、煅烧

煅烧生料常用回转窑或立窑。回转窑虽然投资稍多，但耗燃料较少，污染较小，产品质量比较稳定，因此，一般尽可能采用回转窑生产。回转窑是一个内衬由耐火材料砌筑、外壳由钢板焊制的圆筒，通常直径为2.5～5.0 m，长40～180 m，并按一定的坡度（2°～5°）放置。工作时，每分钟旋转1～2周。煅烧时，燃料从低端（窑头）喷入燃烧，最高温度的烧成带可达1 450 ℃以上；生料从高端（窑尾）流入，在重力和旋转作用下逐渐下移，经烘干、预热后进入煅烧带和烧成带，在高温作用下，发生一系列物理化学变化，最后经冷却而成熟料。生料在窑内煅烧时间为2～3 h。

煅烧是水泥生产的主要过程，将生料煅烧成熟料要先后经过：干燥（100～200 ℃）→预热（300～500 ℃）→分解（500～750 ℃时黏土脱水分解成为SiO_2和Al_2O_3，800～900 ℃时石灰石分解为CaO和CO_2）→烧成（1 000～1 200 ℃时生成硅酸二钙、铝酸三钙和铁铝酸四钙，1 300～1 450 ℃时生成硅酸三钙）→冷却，得到熟料。水泥熟料为黑色、有光泽、坚硬的球状物质，其直径为3～25 mm。水泥熟料的主要成分包括硅酸三钙、硅酸二钙、铝酸三钙和铁铝酸四钙，这四种矿物成分使水泥具有凝结和硬化的性能。此外，熟料中还含有少量的游离氧化钙、氧化镁和三氧化硫等有害成分。水泥熟料中各种矿物成分的相对含量变化时，水泥的性质也随之改变，由此可以生产出不同性质的水泥。例如，提高硅酸三钙的含量，可制成高强度水泥；提高硅酸三钙和铝酸三钙的含量，可制得快硬早强水泥；而降低硅酸三钙和铝酸三钙的含量，则可制得低水化热水泥。

采用立窑生产水泥时，将生料粉和煤粉混合成球进行煅烧，经冷却后得到以硅酸钙为主的水泥熟料。立窑生产水泥投资少、见效快，但耗费燃料较多、污染较重、产品质量不大稳定。

四、熟料磨细

烧成的水泥熟料需存放两周以上再进行磨细，这样可以使熟料中的游离氧化钙吸收空气中的水分进行熟化，以消除对水泥质量的影响，并使熟料变得松软，易于磨细。为了调节水泥的凝结时间，使之不发生急凝现象，磨细熟料时应加入2%～5%的石膏作为缓凝剂，如天然二水石膏、硬石膏以及混合石膏或工业副产品石膏（磷石膏、钛石膏、氟石膏、盐石膏、硼石膏等）。如果需要掺加混合材料（粒化高炉矿渣、火山灰质混合材料、粉煤灰等），也在这时加入，同时进行磨细。熟料磨细一般先用颚式破碎机破碎大块熟料，再用球磨机进行研磨。

水泥熟料的磨细程度，国标（GB 175—1999）规定，硅酸盐水泥比表面积应大于300 m^2/kg，细度不符合此规定要求的水泥为不合格品。熟料经磨细后粗细程度并非越细越好。水泥颗粒越细，其比表面积越大，使用时与水的接触面积越多，水化反应进行得越快、越充分，凝结硬化越快，强度越高。但水泥越细，越容易吸收空气中水分而受潮，不利于储存。此外，提高水泥的细度要增加粉磨能耗，降低粉磨设备的生产率，增加了生产成本。

五、自然时效

水泥熟料磨成要求的细度并装包后，还须在仓库中存放一定时间（10～15 d），堆垛高度以不超过12袋为宜。通过较短时间堆放的自然时效作用，可使残存水泥中的游离氧化钙尽量熟化，然后经检验合格，才可出厂使用。

第三节 建 筑 陶 瓷

陶瓷是黏土原料在高温焙烧情况下，经过一系列的物理化学变化后形成的坚硬物质。建筑陶瓷是用于建筑物墙面、地面及卫生设备的陶瓷材料及制品。建筑陶瓷因其坚固耐用、色彩鲜艳、防火防水、耐磨耐蚀、易清洗、维修费用低等优点，成为现代建筑工程的主要装饰材料之一。

一、常用建筑陶瓷制品

现代建筑装饰工程中应用的陶瓷制品，主要是陶瓷墙地砖、卫生陶瓷、琉璃制品等，尤以墙地砖用量最大。

1. 陶瓷墙地砖

陶瓷墙地砖是由黏土和其他无机非金属原料制成的，用于覆盖墙面和地面的薄板制品，包括内外墙贴面砖和室内外地面铺贴用砖。陶瓷墙地砖具有强度高、耐磨、化学稳定性好、易清洗、不燃烧、耐久性好等许多优点，工程中应用广泛。陶瓷墙地砖分为两种：①彩色釉面陶瓷墙地砖，简称彩釉砖，是采用陶瓷质为基材，表面施釉的陶瓷砖，因有各种不同的颜色而称为彩色釉面陶瓷墙地砖。②无釉陶瓷地砖，是采用半干压成型烧制而成的一种表面无釉，吸水率为3%～6%，用于建筑物地面、道路和庭院等装饰的陶瓷砖。陶瓷墙地砖按照其表面质量和变形偏差，分为优等品、一级品和合格品三个质量等级。

2. 釉面内墙砖

釉面内墙砖简称釉面砖、瓷砖、瓷片，是用于建筑物内部墙面装饰的薄板状施釉精陶制品。因其釉面光泽度好，装饰手法丰富，色彩鲜艳，易于清洁，防火，防水，耐磨，耐腐蚀，被广泛用于建筑内墙装饰，几乎成为客厅、厨房、卫生间不可替代的装饰和维护材料。釉面砖按表面釉层不同，可分为结晶釉、花釉、有光釉等类别；按釉面颜色可分为单色（含白色）、花色和图案砖；根据外观质量分为优等品、一等品和合格品三个等级。釉面砖的吸水率较大（10%以上），不得用于室外装饰，以防止釉面受拉应力而发生膨胀、开裂。

3. 陶瓷锦砖

陶瓷锦砖俗称马赛克，又称纸皮砖，表面分为有釉和无釉两种，目前较多使用的产品为无釉品种。陶瓷锦砖按尺寸允许偏差和外观质量分为优等品和合格品两个等级。陶瓷锦砖质地坚实，经久耐用，色泽图案多样，具有耐酸碱、耐火、耐磨、吸水率小、不渗水、易清洗、防滑性好等特点，主要用于室内地面装饰，也可用于内外墙饰面，并可镶拼成各种壁画，形成别具风格的锦砖壁画艺术，且可提高建筑物的耐久性。

4. 劈离砖

劈离砖又称劈裂砖，是由于成型时为双砖背连坯体，烧成后再劈裂成两块砖而得名，是近年来开发的新型建筑陶瓷制品，适用于各类建筑物的外墙装饰和楼堂馆所、车站、候车室、餐厅等人流密集场所的室内地面铺设。厚砖（厚度13 mm）适用于广场、公园、停车场、走廊、人行道等露天场所的地面铺设。劈离砖兼有普通黏土砖和彩釉砖的特性，内部结构特征类似黏土砖，具有一定的强度，抗冲击性好，防潮，防腐，防滑，耐磨，抗冻，表面可以施釉，具有彩釉的装饰效果和可清洗性。正是由于这些特点和优点，劈离砖在世界各国获得迅速推广应用。

二、陶瓷原料

陶瓷工业制品属于多相的无机非金属材料所构成的制品，其所用的原料大部分是天然的矿物原料，主要是具有可塑性的黏土类原料，以及以长石为代表的熔剂类原料和以石英为代表的瘠性类原料。此外，还有一些化工原料作为坯料的辅助原料和釉料、色料的原料。

1. 黏土类原料

黏土是一种疏松的或呈胶状的紧密含水铝硅酸盐矿物，在自然界中分布广泛，种类繁多，储藏量丰富，是一种宝贵的天然资源。黏土是多种微细矿物的混合体，其矿物晶体结构是由硅氧四面体组成的 $(Si_2O_5)_n$ 层和由铝氧八面体组成的 $AlO_2(OH)_4$ 层相互以顶角连接起来的层状结构。这种结构在很大程度上决定了黏土矿物的各种性能，如可塑性、结合性、离子交换性、触变性、悬浮性、稳定性、稠性、干燥性、烧结性和耐火性等。黏土类原料为陶瓷制品成型提供了必需的可塑性、结合性、悬浮性、烧结性等，并在烧成中起重要作用。黏土原料在陶瓷坯料配料中的含量常达40%以上，是陶瓷制品的主要原料。

黏土在陶瓷生产中的作用主要在于：

（1）黏土的可塑性是陶瓷坯泥赖以成型的基础。黏土可塑性的变化对陶瓷成型的质量影响很大，因此，选择各种黏土的可塑性或调节坯泥的可塑性，成为确定陶瓷坯料配方的主要依据之一。

（2）黏土使注浆泥料与釉料具有悬浮性与稳定性，这是陶瓷注浆泥料与釉料所必备的性质和条件。

（3）黏土一般呈细分散颗粒，同时具有结合性，可在坯料中结合其他瘠性原料并使坯料具有一定的干燥强度，有利于坯体的成型加工。

（4）黏土是陶瓷坯体烧结时的主体，黏土中的 Al_2O_3 含量和杂质含量是决定陶瓷坯体的烧结程度、烧结温度和软化温度的主要因素。黏土的种类及其烧结性是确定生产陶瓷制品品种的主要依据。

（5）黏土是形成陶器主体结构和瓷器中莫来石晶体的主要来源。黏土的加热分解产物和莫来石晶体决定着陶瓷器件的主要性能，包括机械强度、介电性能、热稳定性和化学稳定性等。

2．石英类原料

自然界中的二氧化硅结晶矿物可以统称为石英。在陶瓷工业中常用的石英类原料有：①脉石英，属火成岩，纯白色，半透明，SiO_2 含量高达 99％，是生产日用细瓷的良好原料。②硅质砂岩，有白色、黄色、红色，SiO_2 含量 90％～95％。③石英岩，灰白色，SiO_2 含量 97％以上，是制造陶瓷制品的良好原料。④燧石，浅灰、深灰或白色，硬度高、质量好的可以代替石英作为细陶瓷坯、釉的原料。⑤石英砂，是花岗岩、伟晶岩等风化成细粒后由水流冲击淘汰沉积而成，用做陶瓷原料可不必破碎，简化了工艺过程，降低了成本。⑥硅藻土，本质是含水的非晶质二氧化硅，常含少量黏土，具有一定的可塑性，是制造多孔陶瓷的重要原料。

石英是具有强耐酸侵蚀力的酸性氧化物，是陶瓷坯体的主要组分之一，在陶瓷生产中的作用是对坯体成型和烧成有重要影响。

（1）快速干燥。在烧成前，石英是瘠性原料，可降低泥料的可塑性，减少成型水分，降低坯体的干燥收缩，缩短干燥时间，加快干燥并防止坯体变形。

（2）减少坯体变形。石英在高温时能部分溶于液相，增加液相黏度，石英晶型转变的体积膨胀可抵消坯体的部分收缩，而未溶解的石英颗粒则构成坯体的骨架，可防止坯体发生软化变形。

（3）增加机械强度。高温未溶解的残余石英可以与莫来石一起构成陶瓷坯体骨架，增加机械强度，同时也能提高瓷坯的透光度和白度。

（4）提高釉的耐磨与耐化学侵蚀性。在釉料中二氧化硅是生成玻璃的主要部分，增加釉料中石英含量能提高釉的熔融温度和黏度，降低釉的热膨胀系数，提高釉的耐磨性、硬度和耐化学侵蚀性。

3．长石类原料

长石是陶瓷的三大原料之一，是最常用的熔剂性原料。从化学组成上看，长石是碱金属或碱土金属的铝硅酸盐。自然界中，长石种类很多，归纳起来主要有钾长石、钠长石、钙长石和钡长石四种基本类型，其中，前三种居多，后一种较少。

长石在陶瓷坯料中作为熔剂使用，在釉料中也是形成玻璃相的主要成分。为了使坯料便于烧结而又防止变形，一般希望长石具有较低的熔化温度、较宽的熔融范围、较高的熔融液相黏度和良好的溶解其他物质的能力。因此，长石的熔融特性对于陶瓷生产具有重要意义。

（1）降低烧成温度。长石是坯、釉料中碱金属氧化物的主要来源，能降低陶瓷坯体组分的熔化温度，有利于成瓷和降低烧成温度。

（2）提高机械强度和化学稳定性。熔融后的长石熔体能溶解部分高岭土分解产物和石英颗粒，促进莫来石晶体的形成和长大，提高瓷体的机械强度和化学稳定性。

（3）提高透光度。长石熔体填充于各结晶颗粒之间，有助于坯体致密和减少空隙。其液相过冷成为玻璃相，提高了陶瓷制品的透明度，并有助于提高瓷坯的机械强度和介电性能。

（4）缩短干燥时间。长石作为瘠性原料，在生坯中还可以缩短坯体干燥时间，减少坯体的干燥收缩和变形等。

陶瓷原料中除上述三大原料之外，还有钙镁质原料以及其他用于陶瓷工业中的天然矿物原料（如锡石、金红石、锆英石、锂辉石、锂云母、硼砂等）和工业废物原料，它们各有不同的化学成分和功能，在陶瓷生产中起到不同的作用。

三、坯料、釉料的配制

（一）坯料、釉料配方

生产陶瓷产品的原料选定后，确定坯料和釉料配方是生产陶瓷产品的前提和关键。坯料、釉料配方计算的结果可作为进行配方试验的依据。通常在试验的基础上决定陶瓷产品的配方。

1. 坯料、釉料配方的表示方法

坯料、釉料配方的表示方法常用的有配料比表示法、化学组成表示法、坯釉料实验式表示法、矿物组成表示法和三角坐标图法。

（1）配料比表示法。用配方中所用原料的数量分数来表示配方组成的方法，称为配料比表示法，又称为生料量配合法。这是一种最常见的表示法，它具体反映了原料的名称和数量，便于直接进行生产和试验。由于这种表示方法简单、直观，易于称量配料和记忆，所以工厂中通常采用这种表示方法。但这种表示方法只适用于某产区的某些工厂，对其他地区的工厂参考意义不大，因为各地原料所含的成分和性质差异较大，因此无法对照比较或直接使用。

（2）化学组成表示法。用坯料、釉料中各化学组成的质量分数来表示其组成的方法，称为化学组成表示法，又称为氧化物质量分数表示法。这种表示方法的优点是能比较准确地表示坯料、釉料的化学组成，同时，能根据其组成含量估计出配方的烧成温度的高低、收缩大小、产品色泽等性能的大致情况。但这种表示法无法知道坯料、釉料由哪些具体原料配成，因此具有局限性，可作为计算配料组成的一种重要依据。

（3）坯料、釉料实验式表示法。根据坯料或釉料的化学组成计算出各氧化物的物质的量，按照碱性氧化物、中性氧化物和酸性氧化物的顺序列出它们的分子数，这种式子称为实验式，以此反映其组成成分。

（4）矿物组成表示法。在坯料、釉料配方中，把天然原料中所含的同类矿物含量合并在一起，以纯理论的黏土质、长石质、石英质三种矿物来表示坯料、釉料配方组成，这种方法称为矿物组成表示法，又叫示性组成表示法。示性矿物组成分析采用适当试剂与处理方法来获得坯料或黏土原料中的黏土、石英、长石等矿物含量，从而近似计算出三种矿物的质量分数，能粗略地反映一些情况。通常，把这种方法表示的配方称为理论配方，在生产中并不采用，而只在分析研究配方时参考。

2．坯料配方组成

普通陶瓷坯料配方从矿物成分上看，由黏土类矿物、石英类矿物和熔剂类长石矿物组成。陶瓷坯料配方就是在示性矿物组成的基础上，考虑到实际原料及生产工艺因素而确定各种原料在坯料中的数量比例，并满足产品的性能以及工艺技术要求。由于陶瓷产品的性能要求不同，各地区原料组成和工艺性能存在差异，因而不同产品、不同地区的坯料配方组成也不相同。目前，陶瓷配方广泛采用多组分原料配料，以减少原料波动对生产工艺和产品质量的影响。

在陶瓷坯料中，依其成瓷主要熔剂矿物的不同，可分为长石质瓷、绢云母质瓷、骨灰质瓷、镁质瓷等。把黏土含量多、熔剂含量少、烧成温度为 $1\,320 \sim 1\,450\,℃$，烧成后莫来石含量多、玻璃相含量少、机械强度高、瓷和釉面硬度也高的瓷，称为硬质瓷，而把熔剂含量较多、黏土含量少、烧成温度较低（$1\,250 \sim 1\,320\,℃$），烧成后玻璃相多、莫来石含量较少、半透明度好、吸水率低、机械强度和硬度较差的瓷，称为软质瓷。长石质瓷的示性矿物组成归为"高岭土—长石—石英"三元组分；绢云母瓷的示性矿物组成归为"高岭土—绢云母—石英"三元组分。陶瓷坯料配方从化学成分上看主要由 SiO_2，Al_2O_3，Fe_2O_3，TiO_2，CaO，MgO，K_2O，Na_2O 等成分组成，这些化学成分由配方中各种原料带入。坯料中各氧化物在瓷坯及其烧成中发挥着不同的作用，各化学成分的含量比例在很大程度上决定了烧成温度和产品的性能。

3．釉料配方组成

釉料配方原料和基本组成成分与坯料大致相同，但由于釉料在坯料成瓷的烧成温度下形成玻璃，所以釉料配方中熔剂类原料较多，黏土类原料较少。通常，天然的熔剂类矿物原料已不能满足釉料在较低的烧成温度下形成熔融玻璃的要求，所以，往往在釉料配方中加入易熔的天然矿物或化工原料，如硼砂、硼酸、氧化铅、硝酸钾、碳酸钠等。为了改善釉料的物理化学性能以及装饰效果，也常加入其他化工原料和色剂。此外，釉料要求采用较纯的原料，以减少外来杂质对釉料的影响。釉料中主要氧化物有 SiO_2，Al_2O_3，CaO，MgO，K_2O，Na_2O，BaO，PbO，B_2O_3，ZrO_2 等，各氧化物在釉料的玻璃形成和质量保证中发挥着不同的作用。

（二）坯料的制备

1．原料的预处理

（1）原料的热处理。陶器生产中使用的某些原料有的具有多种结晶形态或特殊结构，生产过程中多晶体的转变将伴随着体积变化；黏土类原料的片状结构会影响压制成型时的致密度和颗粒定向排列，导致烧成时坯体开裂、变形等问题。因此，必须在配料前对某些原料进行热处理（预烧），破坏其原有的晶体结构，并稳定下来。预烧还使大块岩石易于破碎和选出复杂组分，提高原料的纯度。陶瓷工业中常要预烧的原料主要有石英、氧化铝、滑石和二氧化钛等，一般采用普通立窑、简易平烧窑进行预烧。

（2）原料的精选。天然原料中总会含有一些杂质，使用时必须进行挑选和洗涤。比如，长石、石英、方解石等硬质原料，一般在粗碎后用转筒机加水冲洗，以除去表面杂质。黏土类原料中含有的母岩沙砾和云母等可经过淘洗池或水力旋流器将它们分离出去。原料的精选方法有淘洗法和水力旋流法。

（3）原料的破碎。将陶瓷原料粉碎，可以提高精选效率，均匀坯料，致密坯体，促进物理化学反应，并降低烧成温度等。原料粉碎分为粗碎、中碎、细碎，常用的粉碎方式有压碎、劈碎、研磨、刨削等几种。粗碎设备一般用颚式粉碎机，中碎采用轮碾机，细碎则采用球磨机或环辊磨机，有的还使用振动磨粉碎设备。

2．配料与细粉磨

（1）配料。按陶瓷坯料配方准确配料是保证产品质量的重要方面。坯料的配料与混合方法一般有干法配料和湿法配料两种。干法配料是原料粉碎后按配方比例称料，一起加入球磨机中细磨，或分别在雷蒙磨机中干磨成细粉然后一起倒入浆池中加水搅拌混合。湿法配料又称泥浆配料，是将各种原料分别在球磨机中磨成泥浆，然后按规定的配比将几种泥浆搅拌混合成一种料浆。配料过程中要保证各种原料、水、电解质计量的准确性，从而保证配方的准确性。

（2）细粉磨。陶瓷原料经过粗碎、中碎处理后，还要进行细磨才能满足生产工艺的要求。细粉磨通常采用球磨机、环辊磨机、振动磨机等设备。陶瓷工业中普遍采用间歇式球磨机，它既是细碎设备，又起混合作用。球磨机粉碎物料的方法有湿法和干法两种。物料和液体介质（水等）一道在球磨机内进行粉磨的方式称为湿法粉磨；球磨机中装入粉碎物料而不加入流体介质的粉磨方式称为干法粉磨。振动粉磨是利用研磨体在振动磨机内高频振动使物料粉碎的方法。振动磨是一种新型的超细粉碎设备，工作过程中研磨体做剧烈的循环运动和自转运动，对物料进行综合的研磨。振动粉碎的效率比球磨粉碎要高得多，混入的杂质较少，坯料工艺性能更好。

（3）除铁、过筛、搅拌。陶瓷坯料中若混有铁质，将使制品的外观质量受到影响，因此，除铁是坯料制备中一项极为重要的工序。原料中的含铁杂质可以分为金属铁、氧化铁和含铁矿物。这些含铁杂质来自原矿或制备过程中机器的磨损物。原料中的铁质矿物大部分可采用选矿法和淘洗法除去，但这只对含有铁质的粗粒原料有效，对细粉状有磁性的铁质则用磁铁分离器进行磁选除去。将粉碎后的物料置于具有一定大小孔径的筛面上进行振动或摇动，使其分离成颗粒尺寸范围不同的若干部分，这种方法称为筛分。筛分能及时筛去符合细度要求的颗粒，使粗料能得到充分粉碎，以提高磨碎机的粉碎效率；筛分能确保颗粒的大小及其级配，并限制坯料中粗颗粒的含量，从而改善泥料的工艺性能。筛分分为干筛和湿筛两种，常用的筛分机有振动筛、摇动筛和回转筛。泥浆搅拌的目的是使浆池储存的泥浆保持稳定的悬浮状态，防止分层或沉淀。常用的泥浆搅拌机有框式搅拌机和螺旋桨式搅拌机，实际生产中采用螺旋桨式搅拌机较多。

3. 泥浆脱水

采用湿法制备坯料时，泥浆的水分超过可塑成型和压制成型的要求，常采用压滤法或喷雾干燥法除去多余水分。泥浆含水量为 60% 左右时，通过压滤可将其水分降至 22%～25%，甚至可得到水分含量为 20% 左右的泥饼供可塑成型使用。若用喷雾干燥，泥浆的水分可降至 8% 以下，制得适于压制成型的粉料。泥浆压滤时多采用室式压滤机，泥浆在受压下从进浆孔进入过滤室，水分通过滤布从沟纹中流入排水孔排出，泥浆在两滤板间形成泥饼，当水分停止滤出时即可卸榨取出泥饼。泥浆喷雾干燥是通过将泥浆喷洒成雾状细滴，并立即和热气接触，使雾滴中的水分能在很短时间内（几秒至十几秒）蒸发，从而得到干燥粉料的方法。陶瓷工业中喷雾干燥法的适用性比较广，既可干燥原料也可干燥各种坯料。泥浆的喷雾干燥过程主要工序包括泥浆的制备与输送、热源的发生与热气流的供给、雾化与干燥、干粉收集与废气分离。操作时，泥浆由泵压入干燥塔的雾化器中，雾化器将泥浆雾化成细滴，然后被通入干燥塔内的热空气（400～500 ℃）干燥脱水，获得的仍然含有一定水分的固体颗粒进入干燥塔的底部，从出口处卸出，而带有微粉及水蒸气的空气经旋风分离器收集微粉后从排风机排出。

4. 练泥和陈腐

经过压滤后制得的泥饼，从整体上来说水分达到可塑泥料的要求，但水分和固体颗粒分布并不均匀，泥饼中还含有大量空气，不能获得要求的可塑性。此外，吸附在固体颗粒表面的空气会妨碍水分的湿润，使可塑成型过程中出现弹性变形，或者引起干燥和烧成中的开裂；固体颗粒分布的不均匀性也会引起收缩的不均匀；泥料中的空气也会使坯体产生如气泡、分层、裂纹等缺陷。因此，泥饼必须进行练泥（包括多次练泥、粗练及真空练泥）和陈腐。

最有效的练泥方法是在真空中对泥料进行真空处理。当泥料进入真空练泥机的真空室时，泥料中空气泡内的压力大于真空室的气压，气泡因压力差而膨胀，并使泥料厚度减少，这时泥料膜的强度也同时降低。当空气泡内部与真空室内的压力差致使泥料膜破裂后，空气就从真空室中抽走。经过真空练泥后，泥料中的空气体积可由 7%～10% 下降到 0.5%～1.0%，组成更加均匀，可塑性和密度均得到提高，从而可增加成型后坯体的干燥强度。此外，坯体的理化性能如介电性能、化学稳定性、透光性等都可得到改善。

经过粗练的泥料在一定的温度和潮湿的环境中放置一段时间，这个过程称为陈腐或闷料，其主要作用在于：①通过毛细管的作用使泥料中的水分分布更加均匀，使黏土颗粒充分水化和进行离子交换，一些硅酸盐矿物长期与水作用会发生水解而转变为黏土物质，从而提高坯料的可塑性。②可增加腐殖酸物质的含量，通过细菌的作用，促使有机物的腐烂，并产生有机酸，使泥料可塑性提高，成型性能得到改善。经过陈腐，可提高坯体的强度，减少烧成的变形。工厂中通常把泥料加热后进行多次真空练泥以获得陈腐的效果，从而减少陈腐所需的时间和占地面积。

5. 成型坯料制备的工艺流程

（1）可塑法成型坯料制备的工艺流程是：精选后的各种原料→配料→球磨→过筛除铁→泥浆搅拌→喷雾干燥→混合→粗练→陈腐→真空练泥→成型坯料。

（2）注浆法成型坯料制备的工艺流程是：精选后的各种原料→配料→球磨→振动过筛→浆池→压滤→粗练→陈腐→真空练泥→池浆搅拌→过筛除铁→泥浆池→备用泥浆。

（3）压制法成型坯料制备的工艺流程是：精选后的各种原料→配料→混合→预压成饼→再粉碎→过筛→造粒→再过筛→成型团粒。

（三）釉料的制备

釉是施于陶瓷坯体表面上的一层极薄的玻璃体。陶瓷坯体表面上施釉的目的在于改善坯体表面性能，提高产品的力学性能，并起到对产品进行装饰的作用。釉的品种繁多，按坯体的类型分为瓷釉、陶釉和炻瓷釉；按烧成温度分为易熔釉（1 100 ℃以下）、中温釉（1 100～1 250 ℃）、高温釉（1 250 ℃以上）；按釉面特征分为透明釉、乳浊釉、结晶釉、光泽釉、无光釉、色釉；按釉料的制备方法分为生料釉、熔块釉、熔盐釉、土釉等。

釉在陶瓷坯体表面的熔融过程中发生一系列的物理化学变化，其中包括一部分制釉原料的脱水、氧化与分解的过程，釉的组分相互作用生成新的硅酸盐化合物的过程，釉的组分的熔融与溶解而形成玻璃的过程，以及釉与坯相互作用的过程。

釉浆的制备就是将釉用原料按釉料配方比例称量配制后，放入磨机中并加水、电解质等一起磨制成具有一定细度、密度和流动性浆料的过程。生料釉由釉用原料直接称重配制，熔块釉要先将釉用原料制成熔块，然后再与部分生料配合制成熔块釉。釉浆制备研磨时可将所有料一起研磨，也可以先将瘠性硬质原料研磨至一定细度后，再加入软质原料一起研磨。

生料釉的制备工艺流程是：精选后各种原料→称量配料→混合→加水球磨→过筛除铁→釉浆陈腐待用。

熔块釉的制备工艺流程是：熔块加生料→称量配料→混合→加水球磨→出磨→除铁→过筛→釉浆陈腐储存待用。

为了获得一定厚度、均匀无缺陷的釉层，釉浆必须能满足施釉的工艺要求。对釉浆的工艺性能要求主要包括：①具有合适的细度。细度直接影响釉浆的黏度和悬浮性，也影响釉浆与坯体的黏附能力，还影响釉浆的熔化温度、坯釉烧成后的性能和釉面质量。②具有适中的釉浆密度，即浓度。③具有合适的黏度和触变性。陈腐对含黏土釉浆的效果特别明显，可以改变釉浆的流动度和附着量并使釉浆性能稳定。经过陈腐的釉浆，附着值会发生明显的变化，达到一定附着值时，必需的黏土用量减少。通常将釉浆陈腐2～3 d，最好7 d，就能使釉浆具有更好的工艺性能。

四、成型

成型是陶瓷生产中一道重要工序，该工序就是将原料车间按要求制备好的坯料用各种不同的方法制成具有一定形状和尺寸的坯体（生坯）。成型后的坯体仅为半成品，其后还需要进行干燥、上釉、烧成等多道工序。因此，成型必须满足如下要求：①坯件应符合图纸及产品的要求，生坯尺寸是根据收缩率经过放尺综合计算后的尺寸；②坯体应具有相当的机械强度，以便于后续工序的操作；③坯体结构要求均匀、致密，以避免干燥、烧成收缩不一致，使产品发生变形、开裂等；④成型过程要适合多、快、好、省地组织生产。

成型方法分为可塑成型、注浆成型、压制成型三种。每种方法又包括各种具体成型方法。

（1）可塑成型。可塑成型是使可塑坯料在外力作用下发生可塑变形而制成坯体的成型方法。可塑成型使用的坯料是呈可塑状态的泥团，其含水量为泥团质量的18%～26%。可塑成型的具体操作有手工成型（雕塑、印坯、拉坯）、旋压成型、滚压成型、塑压成型等。可塑成型在日用陶瓷生产中采用得比较普遍，原因在于可塑成型坯料制备较简单，成型时要求外力不大，对生产模具要求不高，成型操作易掌握。但是，由于可塑成型坯料含水量太高（21%～26%），故生坯干燥热耗大，产品因收缩而易变形开裂。

（2）注浆成型。注浆成型是使用含水量高达30%以上的流动性泥浆，通过浇注在多孔模型中进行成型的方法。将制备好的泥浆注入多孔模型（如石膏模）内，贴近模壁的一层泥浆中的水分被模具吸收后便形成了一定厚度的均匀泥层；将余浆倒出后，泥坯因脱水收缩而与模型脱落开来形成毛坯。毛坯经修坯、黏结后即成为合格坯体。注浆成型的具体操作有单面注浆、双面注浆、强化注浆、高压注浆等。卫生陶瓷和部分日用陶瓷通常采用注浆成型法成型。注浆成型后的坯体结构一致，但其含水量大而且不均匀，故干燥收缩和烧成收缩均较大。注浆成型方法的适用性广，只要有多孔性模型就可以生产，不需要专用设备，不拘于生产量的大小，投资容易，上马快，故在陶瓷生产中得到普遍使用。随着注浆成型机械化、连续化、自动化的发展及高压注浆的广泛应用，其存在的不足之处将逐步得到解决，注浆成型将更适宜于现代化生产的需要。

（3）压制成型。压制成型是将含有一定水分或黏结剂的粒状粉填充在某一特制的模型之中，然后施加压力，使之压制成具有一定形状和强度的陶瓷坯体。凡要求尺寸准确、形状规则的制品常用此方法成型，如建筑陶瓷墙地砖等。由于压制成型的坯料水分少，所受到的压力大，因而坯体致密，收缩较小，形状准确。压制成型的工艺简单，生产效率高，缺陷少，便于组织连续化、机械化和自动化生产。压制成型的具体操作有干压法、半干压法、静压法等方式。

五、坯体的干燥和施釉

（一）坯体的干燥

陶瓷坯体成型后还含有水分，特别是注浆成型，刚脱模时含水率一般为19%～23%，因此必须进行干燥。干燥主要有三个目的：①提高坯体的强度。湿坯的强度较低。当坯体的含水率为20%时，其抗压强度为0.2～0.3 MPa；而当含水率为零时，其抗压强度约为2.3 MPa。一般坯体的强度随着其含水率的降低而升高。将坯体的水分干燥至3%以下时，方可进行下一步的搬运、施釉等操作。②减少烧成开裂，节省燃料消耗。坯体经过干燥后，裂纹容易用煤油检查出来，避免将带裂坯体流入下道工序。同时，若干燥不充分，入窑的坯体水分过高，在预热带急剧排水和收缩，很容易开裂甚至崩裂。因此，一般坯体入窑前水分要小于2%，快速烧成的窑炉，坯体水分一般要小于0.5%。③保证釉面质量。当坯体含水率较高时，对釉浆的吸附能力会下降；潮湿的坯体施釉时，容易流釉，难以达到要求的施釉厚度，影响釉面质量。

陶瓷湿坯中的水分分为三种类型：①化学结合水。是指坯体中参与组成矿物晶格的水分，不能经过干燥除去，排出时需要较高的热量（450～650℃）。②吸附水。是指依靠坯料质点静电引力和质点间毛细结构形成的毛细管力，存在于物理颗粒表面或微毛细管中的水分。对于确定的坯体，其吸附水量取决于坯料性质、用量、粒度以及周围环境温度和相对湿度的变化。当坯体的吸附水量与外界达到平衡时，该水称为平衡水。排除吸附水量没有实际意义，因为吸附水总是要与周围环境的水达到平衡的，即使暂时除去坯体的吸附水，不久坯体又会从环境中吸收水分以达到与环境水分的平衡。③自由水，又叫机械结合水。它分布于固体颗粒之间，可以在干燥的过程中全部除去。因此，坯体干燥只要求排除自由水即可。一般确定坯体干燥后的含水率时，不应低于平衡水，否则坯体还会从环境大气中吸湿返潮。

湿坯在干燥过程中，通过干燥介质进行热质交换，表面水分首先蒸发扩散到周围介质中去，为外扩散；与此同时，坯体内部水分迁移到了表面，力求达到新的"平衡"，为内扩散。由于内外扩散是传质过程，所以要吸收大量的能量（热量）。湿坯体干燥过程经过四个阶段：升温阶段→等速干燥阶段→降速干燥阶段→平衡阶段，最终使坯体的水分与环境的交换呈平衡状态，干燥过程终止。坯体最终含水率的确定要根据对生坯强度的要求及窑炉对入窑坯体水分的要求而定，一般含水率小于2%。如含水率要求过低，坯体出干燥室后还会在大气中吸湿，浪费了干燥能量。一般以接近坯体在车间环境处于平衡状态的平衡含水率为宜。

陶瓷坯体干燥主要有以下四种方法：

（1）热风干燥。主要分为两类，一类是干燥过程在成型车间原地的坯架上进行，另一类是设专门的干燥室进行干燥。在成型车间原地建立干燥系统，主要是在车间加装温度、湿度控制装置，使湿坯在保证不开裂的前提下，加快干燥速度。可以不设专门的干燥室，省去了湿坯的搬运。该干燥系统由空气调节装置（包括风扇、加热器、过滤器、空气混合和冷却设备等）、排气装置、吊扇、控制板、管道等组成。这一装置可提供环流供热，区域通风。如果不在成型车间就地干燥，则要用运坯车将湿坯运到专门的干燥室干燥。专门干燥室分为间歇式干燥室和连续式干燥室两种。连续式干燥室为直型或回转型隧道，分为中温高湿、中温中湿和高温低湿三个区域，坯体用坯车或吊篮运载，以一定速度在隧道内运行，形成闭合回路。干燥室的热原一般是窑炉余热或燃烧燃料的热风炉产生的热风。连续干燥室可以与坯体的成型、施釉、装窑等工序连接，以减少中间过程的坯体运输，提高生产效率。

（2）辐射干燥。是用近红外辐射或远红外辐射对坯体进行干燥。水是红外敏感物质，在红外线作用下，水分子的键长和键角振动，偶极矩反复改变，吸收的能量与偶极矩变化的平方成正比。干燥过程主要由水分子大量吸收辐射能，因此效率高。辐射与干燥几乎同时开始，无明显的预热阶段。此法对生坯的干燥较均匀，速度快，效率高，耗能少，并能保证坯体清洁。

（3）高频电干燥。经高频或相应频率的电磁波辐射，使生坯内产生张弛式极化，并转化为干燥热能。陶瓷湿坯在高频交变电场的作用下，坯体内极性分子（主要是水分子）趋向线状排列，即所有偶极子的正极靠近电场负极，负极靠近电场正极，当电场改变时，偶极子也随电场的变化而运动。电场变化多快，水分子的运动速度就有多快。由于偶极子在旋转运动中要克服质点间的摩擦阻力，必然导致能量损耗而转化成了热能，因此坯体的加热迅速、均匀，湿坯体干燥快且内外一致。高频电干燥器因其造价高、耗电多，目前应用很少。

（4）微波干燥。微波干燥是在微波理论和技术的基础上发展起来的。微波是介于红外线与无线电波之间的一种电磁波，波长为 1 ～ 1 000 mm，频率为 300 ～ 300 000 MHz。微波加热的原理基于微波与物质相互作用被吸收而产生的热效应。微波的特性是对于电的良导体产生全反射而极少被吸收，所以电的良导体一般不能用微波直接加热，而对于不导电的介质只在其表面发生部分反射，其余部分透入介质内部继续传播、吸收而产生热。水能强烈地吸收微波，所以含水物质一般都是微波吸收介质，都可以用微波加热，因而可用微波对陶瓷湿坯进行加热干燥。微波干燥坯体的优点在于：①加热均匀，内外一致；②加热具有选择性，既可保证微波主要作用于蒸发水，又使坯体本身不至于过热；③脱水速度快，电耗少；④设备体积小，便于自控，易于与其他工序实现自动化流水作业。

微波管是产生微波的电子管。主要有两种，一种是磁控管，它是一种微波振荡管，结构简单，价格较低；另一种是多腔速调管，它是一种微波功率放大管，结构复杂，价格较高。一般中等功率微波加热装置大量使用的是磁控管，大功率的可以用若干个磁控管并联运行。

对于微波干燥，各国都有规定的专用频率，这主要是为了避免对雷达、通信、导航等微波设备产生干扰，同时也利于所用装置和器件的配套和通用互换。目前，我国和世界上许多国家在微波加热方面采用 915 MHz 和 2 450 MHz 两个频率。

上述陶瓷坯体干燥的各种方法中，干燥速度快的方法大多用于墙面砖、日用瓷等小件坯体的干燥，而卫生瓷等大件坯体的干燥大多用热空气（热风）干燥，以便于控制干燥速度，防止因急剧收缩而引起坯体变形、开裂。

（二）坯体的施釉

经过干燥后的坯体在施釉前需进行表面的清洁处理，除去所存的生垢或油渍，以保证釉层的良好黏附。清洁处理的方法可以用压缩空气在通风柜内进行吹扫，或者用海绵浸水后进行湿抹，或以排笔蘸水洗刷。

施釉工艺根据坯体形状和要求不同而采用不同的施釉办法。目前，陶瓷生产中常用的施釉方法主要有以下五种：

（1）浸釉法。浸釉时手持坯体或用夹具夹持坯体浸入釉浆中，使之附着一层釉浆。附着釉层的厚度由浸釉时间的长短和釉浆密度、黏度来决定。浸釉法普遍用于日用陶瓷器皿的生产。

（2）喷釉法。喷釉法是利用压缩空气将釉浆喷成雾状，使之黏附于坯体表面上的方法。喷釉时坯体转动或运动，以保证坯体表面得到厚薄均匀的釉层。喷釉法可分为手工喷釉、机械手喷釉和高压静电喷釉。喷釉法普遍用于日用陶瓷、建筑卫生陶瓷的生产。

（3）浇（淋）釉法。工人手执一勺舀取釉浆，将釉浆浇到坯体上的施釉水法叫浇釉法。对大件器皿的施釉多用此法，如缸、盆、大花瓶的施釉。在陶瓷墙地砖的生产中，施釉使用的淋釉和旋转圆盘的施釉，也归为浇釉法，是浇釉法的发展。陶瓷墙地砖生产中使用的施釉装置有淋釉装置、钟罩式施釉装置和旋转圆盘施釉装置。

（4）刷釉法。刷釉法不用于大批量的生产，而多用于在同一坯体上施几种不同釉料。在艺术陶瓷生产上，用刷釉法以增加一些特殊的艺术效果。刷釉时常用雕空的样板进行涂刷，样板可以用塑料或橡皮雕制，以便于适应制品的不同表面。曲面复杂而要求特殊的制品，需用毛笔蘸釉涂于制品上，特别是同一制品上要施不同颜色釉时，涂釉法是比较方便的，因为涂釉法可以满足制品上不同厚度的釉层的要求。

（5）荡釉法。适用于中空器物如壶、罐、瓶等内腔施釉。方法是将釉浆注入器物内，左右上下摇动，然后将余浆倒出。倒出多余釉浆时很有讲究，因为釉浆从一边倒出，则釉层厚薄不匀，釉浆贴着内壁出口的一边釉层特厚，这样会引起缺陷。有经验的操作者倒出余釉时动作快，釉浆会沿圆周均匀流出，釉层均匀。由荡釉法发展而来的有旋釉法或称轮釉法，日用瓷的盘、碟、碗类放在辘轳车上施釉的也属于荡釉法。

施釉工艺中要十分注意做好施釉控制。施釉时要适当选择釉的浓度，釉浆浓度过低，釉层过薄，坯体表面上的粗糙痕迹盖不住，且烧后釉面光泽度不好；釉浓度过高，施釉操作不易掌握，坯体内外棱角处往往施不到釉，且烧成过程中釉面易开裂，烧后制品表面可能产生堆釉现象。釉料细度过细，则釉浆黏度大，含水率高，在干燥坯上施釉，釉面易龟裂，甚至釉层与坯体脱离，烧后缩釉。釉层越厚，这种缺陷越显著。釉料细度达不到要求，则釉浆黏附力小，釉层与坯体附着不牢，也会引起坯釉脱离。

六、烧成

坯体经过干燥、施釉后，最后经过高温烧成才能成为陶瓷制品。烧成是制造陶瓷的最重要工序之一，它决定着最终的产品质量。坯体烧成的过程要经历一系列物理、化学变化，形成预期的矿物组成和显微结构，形成固定的外形，从而达到所要求的质量性能。

（一）窑具与装窑

1. 窑具

烧成所使用的窑炉主要是隧道窑和梭式窑，此外，还有倒焰窑和板窑，但以隧道窑最普遍。

为了煅烧陶瓷制品而采用的匣钵、棚板、立柱和梁等装窑耐火支撑物，统称为窑具。窑具与坯体一起入窑，在窑内也同坯体一样被加热和冷却。窑具要反复经历入窑、出窑冷热交替的变化，所以对材质的要求很高。烧成对窑具的性能要求包括：①要有良好的热稳定性；②常温及高温下的强度要大；③要有良好的导热性和较低的蓄热性；④要有较高的耐火度和较小的重烧线变化；⑤窑具的平整度、尺寸的精确度要好，质量较轻。

国内外应用较多的窑具材料有：堇青石质、莫来石质、刚玉质、碳化硅质（黏土结合碳化硅、氮化硅结合碳化硅、重结晶碳化硅、赛隆结合碳化硅、反应烧结碳化硅等）。这些窑具材料中，堇青石质最高使用温度为 1 350～1 400 ℃，莫来石质和刚玉质最高使用温度 1 700 ℃以上，碳化硅质最高使用温度为 1 450～1 650 ℃，能普遍应用于建筑卫生陶瓷和日用陶瓷工业制作窑具。

2. 装窑

隧道窑和梭式窑均采用窑车装载和输送陶瓷坯体烧成制品。隧道窑的特点是窑内烟气横向平行流动，热气流有向上流动的趋势，使得窑温上高下低，料垛一般是外部高、中间低，尤其是预热带更为明显。这样就要求装窑要适应这些特点。装窑分为明焰裸装和带匣钵的钵装两种，在有可能的情况下，应尽量采用明焰裸装，以节省能源和成本。裸装就是将坯体直接装在窑车的棚板或垫板上。装窑时应注意以下五点：①对坯体的处理上，要检查有无裂纹，补釉，吹掸落尘，将与棚板接触处用刀片或百洁布将釉擦掉，防止粘连。入窑白坯的含水率要小于 2%。②坯体与窑具之间为减少振动应力可垫塑料泡沫片，不要垫耐火泥、撒石英粉。③每台窑车总装载量要大体相等，产品高低错落合理搭配，使窑车上部空间均匀。④装窑密度要充分考虑气流阻力。阻力大的部位应稀装，阻力小处密装。一般是上密下稀，周围密中间稀。要留出气流通道，坯柱纵横间距最小 1～2 cm，距墙 10 cm 左右，距窑顶 5～8 cm。⑤要正确选用窑具，坯柱一定要稳固，防止在窑内倒塌卡窑。装完不同颜色的坯体要将手洗净，防止出现杂色。坯体要轻拿轻放，防止磕碰造成坯体损伤。

（二）烧成过程中的物理、化学变化

坯体从入窑升温到冷却成瓷，中间要经历一系列物理、化学变化，它是制订煅烧工艺的重要依据。坯体在烧成过程中的物理、化学变化，首先，取决于坯料的化学组成和矿物组成。陶瓷原料以氧化物的形式存在，而更多的是以化合物的形式存在。其次，取决于组成坯体泥料的物理状态，如细度、混合均匀程度、填充密度等。依据坯体在烧成过程中的变化，可用温度将其划分为低温阶段、氧化与分解阶段、高温阶段、冷却阶段四个阶段，每个阶段的物理、化学变化如表 6-4 所示。

在烧成的过程中，除坯体被瓷化外，釉料同时玻璃化，形成具有光泽的釉面。釉料在加热过程中发生如下一系列复杂的物理、化学反应：脱水，固相反应，碳酸盐和硫酸盐的分解；部分原料熔化并生成共熔物、熔融物相互溶解，部分原料挥发，坯釉间相互反应等。在反应的同时，釉料开始烧结、熔化并在坯体上铺展为光滑釉面，使陶瓷制品显得更加坚实、美观。

表6-4 陶瓷烧成过程中的物理、化学变化

阶 段	温度区间	主要反应	需要焰性
低温阶段	室温至300 ℃	排除坯体内残余水分	
氧化与分解阶段	300～950 ℃	①排除结晶水; ②有机物、碳化物和无机物的氧化; ③碳酸盐、硫酸盐的分解; ④石英的晶型转变	氧化气氛,后期转强氧化气氛
高温阶段	950 ℃至最高烧成温度	①氧化和分解作用继续进行; ②高价铁还原为低价铁; ③形成液相及固相的熔融; ④形成新晶相,晶体长大; ⑤釉的熔融	强还原气氛,后期转弱还原气氛或中性气氛
冷却阶段	烧成温度(止火温度)至室温	①液相析晶; ②液相的过冷凝固; ③晶型转变	

(三)烧成制度

烧成就是通过给坯体加热升温,使坯体和釉料经历一系列物理、化学反应,最终成为陶瓷产品的过程。只有根据坯体所进行的物理、化学反应合理地提供热量和气氛,才能烧制出理想的产品。所以,科学地制订烧成制度并在实际生产中严格执行,才能使产品的品质得到保障。烧成制度一般包括温度制度、气氛制度和压力制度三个方面。温度制度、气氛制度要根据不同的产品及对产品品质的要求来制订,而压力制度主要是为实现温度制度和气氛制度而制订。

1. 温度制度

温度制度一般采用两种方法表示。一种是以列表的方法表示,它便于输入电脑进行自动控制,如表6-5所示。

表6-5 某卫生瓷厂烧成温度—时间控制表

温度/℃	时间/h	累计时间/h	温度/℃	时间/h	累计时间/h
0			1 200	2.0	11.0
150	2.0	2.0	1 230	1.0	12.0
500	2.0	4.0	1 200	0.5	12.5
600	1.5	4.5	1 050	1.0	13.5
800	1.0	6.5	600	2.5	16.0
1 050	1.5	8.0	500	1.5	17.5
1 100	1.0	9.0	20	2.0	19.5

表 6 – 5 中列出了各温度范围所需的烧成时间，实际上是给出各时段的升温速率或降温速率。如 0 ~ 150 ℃用去时间 2.0 h，则此时段的升温速率 = 150/2.0 = 75(℃/h)；又如 1 050 ℃ ~ 600 ℃用去时间 2.5 h，则此时段的降温速率 = (1 050 – 600)/2.5 = 180(℃/h)。

温度制度的另外一种表示方法是在直角坐标中绘制烧成曲线。烧成温度曲线包括四个部分：①升温速率。是指坯体入窑开始至最高烧成温度各阶段的升温速度，包括低温阶段升温速率、氧化分解阶段升温速率和高温阶段升温速率。②保温时间。一般在氧化分解阶段结束将转入还原期之前需进行中火保温，在即将到达止火温度时进行高火保温。③止火温度。是指窑炉所要控制的最高烧成温度，它主要取决于坯釉料的组成、对成瓷化的要求（吸水率）、坯体开始软化的温度以及高火保温时间长短。④冷却速度。冷却是坯体从最高温度通过冷却降温，由塑性状态变成岩石般状态的凝结过程。冷却降温速度不合理，同样会出现废品。700 ℃以前，坯体尚处于塑性状态，此时应加大降温速度，采取急冷方式，既可以缩短烧成周期，又可以增加釉面光泽度，防止大量晶体析出。700 ~ 400 ℃时，坯体的塑性消失，并将发生石英的晶型转化产生应力，因此区间内降温要缓慢，防止"风惊"影响产品质量。在 400 ℃以下，降温又可以加快。根据上述四种温度变化情况绘制烧成曲线，以作为陶瓷坯体烧成的温度控制的依据。

2. 气氛制度

燃料的燃烧是一个很复杂的过程。当助燃空气正好烧尽所提供的燃料时，称为中性气氛，也叫中性焰。当导入的空气过量，燃烧完成后仍残留氧气时，称为氧化气氛，也叫氧化焰。当空气量不足，燃烧结束后有未燃尽的可燃物（CO，H_2）存在时，称为还原气氛，也叫还原焰。所以，气氛制度实际是指火焰制度。氧化焰是在助燃空气供应量过剩、燃烧完全的情况下所产生的一种无烟而透明的火焰。还原焰是在空气供给量不足，导致燃料因缺氧而无法完全燃烧时产生的一种有烟而混沌的火焰。烧还原焰主要有两个目的，一是将坯体釉料中黄红色的 Fe_2O_3 还原反应为青色的 FeO，使制品由白中泛黄变为白中泛青，提高釉面的外观质量；二是促使坯体中的硫酸盐提早分解，使 SO_2 与其他气体一起逸出。中性焰是指提供的助燃空气与燃料所需的空气量恰好相等，既不多也不少。但真正的中性焰烧成很难做到，有的偏氧化，有的偏还原，因此，供氧偏差在 ±5% 以内的都认为是中性焰。一般来说，陶瓷制品在烧成的过程中，在 400 ℃以下的低温阶段对火焰气氛没有特殊要求；从 400 ~ 1 000 ℃，要求烧氧化焰，并且从弱到强，临近高温阶段时以强氧化焰平烧一段时间，使有机物的氧化及碳酸盐的氧化分解完全，但也不能供给空气过多，以免温度下降；进入高温煅烧阶段应烧还原焰，并从强还原气氛后期转弱还原气氛或中性气氛；从釉面熔化到坯体完全瓷化这一阶段，要采用中性焰，创造中性气氛，以保障陶瓷制品最终的烧成质量。

3. 压力制度

烧成过程中压力的正确分布，是实现温度制度和气氛制度的重要保证。在通常情况下，负压有利于氧化气氛的形成，正压有利于还原气氛的形成。负压过大时，大量的热量被烟气带走，温度波动大，热效率降低，燃耗增大，窑的不严密处漏入冷空气，使窑内上下温差加大，对操作不利；正压过大时，热气流溢出或漏入车下，严重时烟气会倒流至冷却带，同时燃耗会加大。

压力制度的控制应依据制品特性、烧成气氛、燃料种类及装车密度。当采用氧化焰烧成，以重油或可燃气体为燃料时，隧道窑的压力控制一般为：预热带为负压，室温$-300\ ℃$，压力为$-4 \sim 5\ mmH_2O$（$1\ mmH_2O = 9.8\ Pa$）；烧成带为微正压或微负压，$950\ ℃$至最高烧成温度，压力为$-1 \sim 0\ mmH_2O$，高火保温段压力为$0 \sim 1\ mmH_2O$；冷却带为正压，压力为$1 \sim 3\ mmH_2O$。当采用还原焰烧成，以重油或可燃气体为燃料时，隧道窑内压力控制一般为：预热带负压，压力为$-3\ mmH_2O$以下；烧成带正压，压力为$2 \sim 3\ mmH_2O$；冷却带正压，压力为$0 \sim 2\ mmH_2O$。负压最大位置应在烟气汇总口处，向烧成带及窑头两个方向负压逐渐减少。除上述普遍采用的热工制度外，有些隧道窑采用全窑基本负压操作或全窑正压操作。隧道窑的压力制度一旦确定，应尽量保持其稳定。尤其是零压位置及最高正压位置应尽量维持不变。遇有停电、调车速、燃料质量波动而使窑内压力制度发生变化时，应及时调节，保持压力制度不变，才能使温度制度和气氛制度符合要求。

（四）一次烧成与二次烧成

所谓一次烧成就是坯体经干燥、施釉后入窑，经过一次烧成，直接变成陶瓷产品。二次烧成则是坯体不施釉，先素烧，然后再施釉，进行釉烧，因而经历了素烧和釉烧二次烧成。二次烧成又分为高温素烧低温釉烧和低温素烧高温釉烧两种情况。前者由于釉烧温度低，大量使用熔块，故易得到光亮平滑的釉面；后者则可大大降低釉料熔块比例，从而降低成本和能耗。

一次烧成工艺由于将素烧、釉烧合二为一，不但减少了一条窑的投资费用，同时，减少了工序，降低了近半能耗。但它需要坯体有足够的干燥强度和较厚的坯体，并多采用辊道窑烧成。二次烧成也有其明显优点，如提高釉面质量、防止坯体变形、降低半成品破损率、提高成品率等。随着企业技术水平和管理水平的提高及节能降耗越来越受重视，很多企业将采用一次烧成新技术。但对于高档釉面砖和部分日用瓷仍需二次烧成。国内的陶瓷制品大多采用一次烧成。卫生瓷采用一次烧成；墙地砖有的是一次烧成，有的是二次烧成；日用瓷一般采用一次烧成，但青瓷和薄胎瓷采用二次烧成，因为青瓷所施釉层很厚，薄胎瓷的坯体很薄，若不先素烧，无法施釉、装窑，必须二次烧成。陶瓷工艺总的发展趋势是一次烧成，但应具体情况具体分析，不可生搬硬套。

（五）低温烧成与快速烧成

烧成是陶瓷生产中耗时较长、耗能最大的工序，所以也是节约能源、节省时间、降低成本潜力较大的工序。要想节约能源，除减少窑炉热损，提高燃烧效率外，还有一个更重要的技术途径——降低烧成温度，即低温烧成；而想节省时间，则要快速烧成。二者结合，称之为低温快速烧成。它不但体现了陶瓷企业技术水平的提高，更体现了陶瓷工业技术的进步。

与传统工艺相比较，低温快速烧成的优点在于：一是由于烧成温度降低，使燃料消耗降低，成本降低，并有利于环保；二是窑炉的快速烧成能提高窑炉的单位容积产量和单窑产量，使窑炉得到了充分利用；三是烧成温度降低可延长窑炉及窑具的使用寿命。

降低烧成温度是在坯体瓷化温度不变（吸水率符合要求）的前提下，将陶瓷制品的烧成温度降低。措施主要是改进坯料、釉料配方和工艺控制，具体要通过调整坯料中各氧化物的含量来降低低温共熔温度、加入熔剂氧化物来降低烧成温度以及通过使用低温熔块来降低釉料的熔融温度；同时，控制合理的坯料颗粒级配，不但可提高坯体的填充率，降低气孔率，降低吸水率，而且可提高强度。

缩短烧成时间是节能降耗、增加产量的重要措施。一般隧道窑正常烧成周期要 10 h 以上，4～10 h 之间为加速烧成，4 h 以内才能称为快速烧成。要达到快速烧成，时间要缩短，窑炉长度也要减少，就必须将烧成工艺纳入生产线中，与前后工序衔接，组成自动化的流水线。这实际是对生产组织、生产作业、生产线设计的重大改进。

实现陶瓷制品低温快速烧成的途径主要有：一是正确选择原料和坯、釉配方，严格控制工艺制度；二是减少坯体的入窑水分，提高入窑时的坯温；三是控制坯体的厚度和结构，以提高热导效率和减少内部结构温差；四是改善窑炉的结构特性，缩小窑内温差，使坯体能快速、均匀地加热与冷却，灵活地调节窑内温度与气氛。低温快速烧成是陶瓷工业技术发展的方向，经过努力是可以达到的。

第四节　玻　璃　生　产

玻璃是一种以硅砂、长石、石灰石和纯碱等为主要原料，经熔融、成型、冷却固化而成的非结晶固体无机材料。在建筑工程中，玻璃是一种重要的装饰材料，因其透明而质硬，具有良好的光学和电学性能，较好的化学稳定性和耐热性能，因而在控制光线、调节温度、防止噪音、艺术装饰等方面有着重要作用，成为现代建筑不可缺少的一种重要材料。

一、玻璃的成分和种类

玻璃的主要化学成分是 SiO_2（占 70% 左右），Na_2O（占 15% 左右）、CaO（占 8% 左右）和少量的 MgO，Al_2O_3，K_2O 等，它们对玻璃的性质起着十分重要的作用。改变玻璃的化学成分、相对含量以及制备工艺，便可以获得性能和应用范围截然不同的玻璃制品。

玻璃的品种很多，分类的方式也很多。按化学成分不同，分为硅酸盐玻璃、磷酸盐玻璃、硼酸盐玻璃和铝酸盐玻璃等。应用最早、用量最大的为硅酸盐玻璃，它的主要成分是二氧化硅。硅酸盐玻璃又具体细分为钠钙硅酸盐玻璃、钾钙硅酸盐玻璃、铝镁硅酸盐玻璃、钾铝硅酸盐玻璃、硼硅酸盐玻璃。其中，钠钙硅酸盐玻璃是目前产量最大、用途最广的一类玻璃，虽然它在力学性质、热物理性质、光学性质以及化学稳定性等方面均比其他玻璃差，但易于熔制且成本低，成为最常见的一种建筑玻璃。

玻璃按功能可分为普通玻璃、吸热玻璃、防火玻璃、安全玻璃、装饰玻璃、漫射玻璃、镜面玻璃、热反射玻璃、低辐射玻璃、隔热玻璃等；按用途可分为建筑玻璃、光学玻璃、电子玻璃、工艺玻璃、玻璃纤维、泡沫玻璃等。下面主要介绍建筑玻璃。

二、玻璃原料

用于制备玻璃配合料的各种物质，统称为玻璃原料。根据它们的作用和用量不同，分为主要原料和辅助原料两类。

（一）主要原料

主要原料是指往玻璃中引入各种组成氧化物的原料，如硅砂（石英砂）、石灰石、长石、纯碱、硼酸、铝化合物、钡化合物等。按引入的氧化物的性质，又分为酸性氧化物和碱性氧化物两种。

1．引入酸性氧化物的原料

（1）引入二氧化硅的原料有：硅砂（石英砂）、砂岩、石英岩和石英。它们是玻璃中二氧化硅的主要来源，占玻璃配合料的 $60\% \sim 70\%$。

（2）引入三氧化二硼的原料有：硼酸、硼砂和含硼矿物（硼镁石、钠硼石、硅钙硼石等）。

（3）引入三氧化二铝的原料有：长石、黏土、蜡石、氧化铝和氢氧化铝，也可采用某些含三氧化铝的矿渣和选矿厂含长石的尾矿。其主要作用是改善玻璃的结晶性能、强度及耐蚀性。

（4）引入五氧化二磷的原料有：磷酸铝、磷酸钠、磷酸二氢铵、磷酸钙、骨灰等。

2．引入碱金属氧化物的原料

（1）引入氧化钠的原料有：纯碱、芒硝，有时也采用一部分氢氧化钠和硝酸钠。其主要作用在于使玻璃易于熔融。

（2）引入氧化钾的原料有：钾碱（碳酸钾）和硝酸钾。

3．引入碱土金属氧化物和其他二价金属氧化物的原料

（1）引入氧化钙的原料有：方解石、石灰石、白垩、沉淀碳酸钙等。其主要作用在于增加玻璃的稳定性和机械强度。

（2）引入氧化镁的原料有：白云石、菱镁矿等。

（3）引入氧化钡的原料有：硫酸钡和碳酸钡。

（4）引入氧化锌的原料有：锌氧粉（锌白）和菱锌矿。

（5）引入氧化铅的原料有：铅丹（红丹）和密陀僧（黄丹）。

（6）引入氧化铍、氧化锶和氧化镉的原料有：氧化铍、碳酸铍、绿柱石、碳酸锶、天青石、氧化镉粉、氢氧化镉。

4．引入四价金属氧化物的原料

（1）引入二氧化锗的原料有：工业用二氧化锗。

（2）引入二氧化钛的原料有：由钛铁矿和金红石制取的二氧化钛白粉。

（3）引入二氧化锆的原料有：斜锆石和锆英石。

（二）辅助原料

1．澄清剂

往玻璃配合料或玻璃的熔体中加入一种高温时本身能气化或分解放出气体，以促进排除玻璃中气泡的物质，称为澄清剂。主要有白砒、三氧化二锑、硝酸盐、硫酸盐、氟化物、氧化铈、铵盐等。

2．着色剂

使玻璃着色的物质称为玻璃着色剂。分为离子着色剂、胶态着色剂和硫硒化物着色剂三类，每类有若干矿物。

3．脱色剂

脱色剂分为化学脱色剂和物理脱色剂两种。化学脱色剂有硝酸钠、硝酸钾、硝酸钡、白砒、三氧化二锑、氧化铈等。物理脱色剂有二氧化锰、硒、氧化钴、氧化钕、氧化镍等。

4．乳浊剂

使玻璃产生不透明的乳白色的物质称为乳浊剂。常用的有氟化物、磷酸盐、氧化锡、氧化锑、氧化砷等。

5．助熔剂（加速剂）

能促使玻璃熔制过程加速的原料称为助熔剂。常用的有氟化物、硼化合物、钡化合物、硝酸盐等。

6．氧化还原剂

在玻璃熔制时，能分解放出氧的原料称为氧化剂；反之，能夺取氧的原料称为还原剂。常用的氧化剂有硝酸盐、三氧化二砷、氧化铈等。常用的还原剂有碳（煤粉、焦炭粉、木炭、木屑）、酒石酸钾、锡粉及其化合物、金属锑粉、金属钼粉等。

三、原料配制

（一）原料加工及质量控制

原料加工是指从块状矿石制得一定粒度的粉状原料的过程，主要包括破碎、粉碎、筛分等工序。原料经破碎、粉碎后，分散度增加，表面积大为扩大，这就相应增加了配合料各颗粒间的接触，加速了它们在熔制时的物理、化学反应，提高了熔化速度和玻璃液的均匀度。

1．原料加工工艺流程

合理地选择和确定原料加工处理的工艺流程，是保证生产顺利进行和保障原料质量的关键之一。选择和确定工艺流程时，应根据原料的性质和加工处理数量来选择恰当的机械设备。玻璃生产原料加工处理的工艺流程可分为单系统、多系统和混合系统三种方式。①单系统流程方式，是矿物原料共同使用一个破碎、粉碎、过筛系统。其设备投资少，设备利用率高，但容易发生原料混杂，每种原料加工处理后，整个设备系统都要进行清扫，费时费力。这种工艺流程适用于小型玻璃厂。②多系统流程方式，每种原料加工都各有一套粉碎、过筛系统，不必经常清扫。这种流程适用于大中型玻璃工厂。③混合系统方式，用量较多的原料单独设一个加工处理系统，而用量少、性质相似的原料共用一个加工处理系统。

玻璃生产主要原料多系统加工处理流程如下：

（1）石英砂→过筛→精选→脱水→干燥→过筛→电磁除铁→粉料仓。

（2）砂岩石英岩→煅烧→破碎→粉碎→过筛→电磁除铁→粉料仓。

（3）砂岩石英岩→破碎→轮碾→脱水→干燥→过筛→电磁除铁→粉料仓。

（4）白云石→干燥→破碎→粉碎→过筛→电磁除铁→粉料仓。

（5）石灰石→干燥→破碎→粉碎→过筛→电磁除铁→粉料仓。

（6）长石→破碎→粉碎→过筛→电磁除铁→粉料仓。

（7）纯碱→粉碎→过筛→粉料仓。

（8）芒硝→干燥→粉碎→过筛→粉料仓。

（9）碎玻璃→精选→粉碎→电磁除铁→碎玻璃料仓。

2．原料加工工艺

（1）原料的干燥。湿的白垩、石灰石、白云石，精选的石英砂和湿轮碾粉碎的砂岩、长石，为了便于过筛进入粉料仓储存和干法配料，必须将它们加以干燥。可用离心脱水、蒸汽加热、回转干燥筒、热风炉等进行干燥。

（2）原料的破碎和粉碎。原料的破碎与粉碎主要根据料块的大小、原料的硬度和需要粉碎的程度来选择加工处理方法与相应的机械设备。砂岩或石英岩是玻璃原料中硬度高而用量大的原料，可先在 1 000 ℃温度以上进行煅烧，煅烧后再用颚式破碎机与反击式破碎机或笼形碾进行破碎与粉碎；也可以不经煅烧而采用颚式破碎机与对辊破碎机或颚式破碎与湿轮碾配合直接粉碎砂岩或石英石。

石灰石、白云石、长石、萤石通常用颚式破碎机进行破碎，然后用锤式破碎机进行粉碎；长石和萤石也可采用湿轮碾粉碎；萤石因含黏土杂质较多，在破碎前往往先用水冲洗。纯碱结块时用笼形碾或锤式破碎机粉碎。芒硝也用笼形碾或锤式破碎机粉碎。

（3）原料的过筛。石英砂和各种原料粉碎后必须过筛，将杂质和大颗粒部分分离，使其具有一定的颗粒组成，以保证配合料的均匀混合，避免分层。不同原料要求的颗粒不同，过筛时所采用的筛网也不相同。硅砂通常通过 $36 \sim 49$ 孔/厘米^2 的筛，砂岩、石英岩、长石通过 81 孔/厘米^2 的筛，纯碱、芒硝、石灰石、白云石通过 64 孔/厘米^2 的筛。玻璃工厂常用的过筛设备有六角旋转筛、振动筛和摇动筛等。

（4）原料的除铁。原料除铁方法很多，一般分为物理除铁法和化学除铁法两类。物理除铁法包括筛分、淘洗、水力分离、超声波、浮选和磁选等。化学除铁法分为湿法和干法两种，主要用于除去石英原料中的铁化合物。湿法一般用盐酸和硫酸的溶液或草酸溶液浸洗。干法则是在 700 ℃以上的高温下，通入氯化氢气体，使原料中的铁变为三氯化铁（$FeCl_3$）而挥发除去。

3．进厂原料粉质量控制

现代玻璃工业一般要求玻璃原料经过矿山开采、加工成粉状原料进入工厂，玻璃厂不必进行再加工而直接用来配制玻璃混合料。因此，应特别重视做好进厂原料的质量控制。主要是做好进厂原料粉的成分控制、粒度控制、水分控制和 COD 值（化学需氧量）控制。

（1）原料的化学成分控制。对于玻璃原料，要求其构成符合要求，有效氧化物含量高，有害杂质少，难熔重金属氧化物含量极少，氧化物含量波动要小。玻璃原料的化学成分允许偏差值如表 6-6 所示。

表 6-6　玻璃原料化学成分允许偏差

原　料	化学成分（质量分数）						
	SiO_2	Al_2O_3	CaO	MgO	Na_2SO_4	$MgSO_4$	$CaSO_4$
硅砂	0.35%～0.45%	0.3%～0.4%	—	—	—	—	—
石灰石、白垩	0.20%	—	0.6%～1.0%	0.2%	—	—	—
白云石	0.20%～0.30%	0.2%～0.3%	0.4%～0.5%	0.6%～1.0%	—	—	—
硫酸钠	—	—	—	—	2.0%～3.0%	0.8%～1.2%	0.6%～0.9%

（2）原料的粒度控制。是指控制原料的粒度组成，包括原料中不同粒级所占比例和颗粒形状。其中，石英砂颗粒直径为 0.1～0.5 mm 的应不少于 90%，其他原料粒度的大小根据该原料的熔化速度、相对密度来确定。熔化慢、密度大的颗粒应小些；相反，颗粒应大些。纯碱有粉状纯碱和粒状纯碱（重碱），玻璃生产中应尽可能使用重碱，以减少碱对格子体的侵蚀，防止格子体堵塞。一般认为，原料颗粒的形状，尖锐有角的比较好，其反应熔化速度快，且易于混合均匀，不易分层。

（3）原料的含水量控制。要求原料的水分少而稳定，因为水分大的原料容易黏结成团，不易混合均匀，水分变化也会影响原料的用量和玻璃的化学组成。

（4）原料的 COD 值控制。COD 值是化学需氧量的英文缩写。它的含义是各种玻璃原料中会不同程度地含有一些碳物质，影响着玻璃熔制气氛。应用 COD 值控制技术，能显著地降低熔化温度，提高窑炉出率，改善玻璃质量，提高色调的稳定性。

（二）原料的称量

玻璃是一种有一定化学组成的均质材料，计量准确无误是十分关键的，也是生产优质玻璃的基本保证。因此，在玻璃工业生产中，对原材料的加工、化学成分的分析和调整以及配料称量计算都要求严格控制。对玻璃原料称量的要求，主要体现在称量方法和对称量秤的要求上。

玻璃工厂使用的原料一般有 5～7 种，有的还更多。在这些原料中，有的用量很大，有的用量较小，因此，对不同原料应用不同的称量方法。目前，大多数玻璃厂都采用自动称量方法，其称量方法有分别称量法和累计称量法。分别称量法也叫一料一秤法，即在每个粉料盒下各设一秤，原料称量后分别卸到皮带输送机上送入混合机。这种方法较多地用于称量大料，如石英砂、纯碱等。累计称量法也叫多料一秤法，即用一台秤依次称量各种原料，每次累计计算重量，秤可固定在一处或在轨道上来回移动（称量车），称量后直接送入混合机。这种方法多用于称量小料，如长石、芒硝、萤石等，以及澄清剂、着色剂、脱色剂等辅助原料。

玻璃原料称量对称量秤的要求是具备良好的技术性能，即准确性、灵敏性、重复性和稳定性。称量设备有台秤、电子自动秤等。

（三）原料的混合

原料车间的主要职责是制备出质量合乎要求的配合料。其制备过程，首先是计算出玻璃配合料的料方，再根据料方称量出所需各种原料的数量，并且无漏失地送到混合机中，然后在混合机中混合，成为成分均匀的配合料，并通过输送设备平稳地送到窑头料仓。

1. 原料混合机理

玻璃原料的混合是指原料在外力的作用下运动速度和方向发生改变，使各组分粒子得以均匀分布的操作。混合的主要目的是将各种原料混合成均匀的配合料。玻璃原料是粉状物料，混合的基本机理包括扩散混合、对流混合和剪切混合。扩散混合是靠在新形成的混合物表面上重新分布粒子的办法来促进混合，这种方式类似于气体或固体的扩散作用，但其扩散混合要靠外力来完成。这种混合不容易造成分层。对流混合是指把一组粒状物料从混合物中的一个位置迁移到另一个位置，靠这种迁移作用不停地进行而促使固体粒子混合的方式，这种方式类似于液体的对流作用，其对流混合主要靠机械力推动来完成。这种混合虽然效率高，但比较容易形成分层。剪切混合是指在粒状物料内部造成滑移平面，从而改变固体粒子之间的相互位置而使混合进行。这种滑移平面基本上是受剪切力作用形成的屈服滑移面，效率比扩散混合高，最不易造成分层。上述三种混合在玻璃原料的实际混合中不能分开独自完成，而是兼而有之，只不过有主次之分而已。在转鼓式混合机中，以扩散混合为主，剪切混合次之，对流混合再次之；而在强制式混合机中，以对流混合为主，剪切混合次之，扩散混合再次之。

2. 原料混合工艺

玻璃原料的混合工艺主要有：

（1）混合方式。分为干混合和湿混合两种。干混合就是将原料直接送入混合机，按要求的时间进行混合，目的是使物料先基本混合均匀，防止因各种原因形成单一组分料蛋。湿混合就是将原料粒子经过润湿后再继续混合 2 min 左右，以使配合料的成分和水分进一步均匀。

（2）混合机的装料比。是指装入料的体积占混合机容积的百分率，又称填充系数。一般情况下，混合机的装料比以 30%～50% 为合适，装量过大会影响混合的均匀度。

（3）加料次序。向混合机中加入原料要有先后次序。首先，应尽量满足沙子与纯碱在配合料中能最充分地混合，不受其他原料的干扰。此外，还要考虑到尽可能使粗粒度不同的原料产生的分层作用不太明显。加料时，一般先加入砂岩和硅砂，同时加入一定量的水使其表面充分湿润，形成水膜，然后按长石、石灰石、白云石、纯碱、芒硝和澄清剂的次序或按纯碱、芒硝、长石、石灰石和小原料的次序加料。应特别注意的是，在芒硝加入前，必须预先将芒硝和炭粉充分混合，以保证炭粉使芒硝充分还原。如果有玻璃参加混合，通常在加料后加入，这样做既能降低加料量，又能减少玻璃对混合机的磨损。

（4）加水温度及加水方式。配合料的加水温度应在 35 ℃以上。为了保证混合料的温度，需将水温提高或向混合机中通入蒸汽。在实际操作中，可先将水加热到 60 ~ 80 ℃，再加到混合料中。加水方式也要合理，应使水成雾状分散加入，否则水流局部集中会使纯碱和芒硝遇水结成料团而不利于配合料的均匀化。通蒸汽时，应将蒸汽管插在料层的底部，以利于高压蒸汽翻动原料促进混合和热量被充分吸收。加水量不能少也不能多，应控制在 4% ~ 5% 之间为宜。

（5）混合机适宜的转速。混合是物料在容器内受重力、离心力和摩擦力作用而产生流动的结果。当重力和离心力平衡时，物料便会随容器以同样速度旋转，物料失去相对流动而不发生混合作用，这时的回转速度称为临界转速。临界转速不能使原料混合，所以混合机的转速必须小于临界速度。具体来说，混合机转动速度不能过快，以不快不慢为宜。

（6）混合时间。混合时间是混合操作中最重要的参数。一般通过化学分析法测定不同混合时间所制得的配合料的均匀程度来进行优选。只要均匀度的波动幅度在允许的范围内，其混合时间就是合理的。混合时间过长，不但不能提高均匀度，反而会降低混合机的效率，增加动力消耗，增加机械磨损，还可能因配合料长时间摩擦生热，使水分蒸发，甚至引起配合料分层而失去均匀度。

（7）碎玻璃的加入方式。碎玻璃应以块状碎玻璃加入，而不要以粉状加入，以免影响配合料的熔化，但块度一般以不超过 50 mm × 50 mm 为宜。加入碎玻璃的方式有四种，一是加入混合机内，适用于桨叶式混合机；二是加在输送带上的配合料上，适用于强制混合机；三是将碎玻璃从投料口两侧直接加入熔窑，使碎玻璃在靠近池壁砖的地方熔化；四是通过投料机将碎玻璃加在配合料的下层，目前在浮法生产中广泛使用。

3. 原料混合机械

玻璃原料混合的混合机类型很多，按混合作业时容器是否旋转可分为旋转容器型混合机和固定容器型混合机两类。旋转容器型混合机是物料随容器转动而发生混合，有水平圆筒形、V 形、正方体形、鼓形等，一般用于品种多、批量小的玻璃生产中。固定容器型混合机，如 QH 型、桨叶式、艾里赫式等，是利用旋转桨叶的搅拌作用，使物料产生循环对流和剪切位移而达到均匀混合目的。转碾式混合机也是固定容器型的，它是利用滚动碾轮的碾压和刮板的翻搅作用使物料混合。目前，我国使用得比较普遍的是固定容器型混合机。

四、玻璃熔制

在玻璃生产中，混合均匀的配合料经过高温加热熔融，形成均匀、透明、纯净、适合于成型的玻璃液的过程称为玻璃的熔制。玻璃熔制是玻璃生产过程中非常重要的环节，熔制的质量和速度决定着产品的质量和产量。熔制不良对玻璃的质量、产量、生产成本、燃料消耗及熔窑的使用寿命都有很大的影响。

玻璃熔制是一个非常复杂的过程，它包括一系列的物理变化、化学变化和物理化学变化。其中，物理变化主要有：配合料加热、配合料脱水、各组分的熔化、某些组分的多晶转化、个别组分的挥发等。化学变化主要有：各种盐类的分解、水化物的分解、化学结合水的排除、组分间的相互反应及硅酸盐的形成等。物理化学变化主要有：固相反应，共熔体的生成，固态的溶解与液态间互溶，玻璃液、炉气、气泡的相互作用，玻璃液与耐火材料间的作用等。

从配合料加热到熔制成玻璃液，玻璃的熔制过程大体上可分为以下五个阶段：

（1）硅酸盐的形成。配合料中的各组分在 800～1 000 ℃的温度作用下发生一系列物理变化、化学变化和物理化学变化，如水分蒸发、盐类分解、多晶转变、组分熔化以及石英砂与其他组分之间进行固相反应。主要反应结束后，大部分气态产物逸出，配合料变成了由硅酸盐和游离二氧化硅组成的不透明的烧结物。

（2）玻璃液的形成。配合料加热到 1 200 ℃时，形成了各种硅酸盐，出现了一些熔融体，还有一些未熔化的石英砂粒。温度继续升高，硅酸盐和石英砂粒完全熔融，烧结物变成了透明体，成为还含有大量可见气泡和条纹的、温度分布和化学成分都不够均匀的玻璃液。

（3）玻璃液的澄清。玻璃液形成阶段生成的产物含有大量的可见气泡，从玻璃液中除去可见气泡的过程称为玻璃液的澄清。玻璃液的黏度随温度的继续升高而降低，黏度低使玻璃液的流动性好，有利于气泡混杂物从玻璃液中排除。玻璃液澄清过程的温度为 1 400～1 500 ℃，黏度为 100 Pa·s。

（4）玻璃液的均化。玻璃液长时间处于高温下，其化学成分逐渐趋向均一。由于扩散的作用，玻璃液中的条纹、结石消除到允许限度而变为均一体。均化温度略低于澄清温度。

（5）玻璃液的冷却。经澄清均化后，需要将玻璃的温度降低 200～300 ℃，以便使玻璃液具有成型所必需的黏度。玻璃液的冷却必须均匀，不能破坏其均化的成果，为此，一般采用自然冷却方式。

玻璃熔制的五个阶段各有特点，互不相同，但又彼此密切联系和相互影响，在实际生产中常常是同时进行或交错进行的。例如，硅酸盐形成阶段尚未结束，玻璃液形成阶段已经开始，硅酸盐形成阶段进行速度极快，而玻璃液形成阶段进行得却很缓慢，因此，有时生产上把这两个阶段看做一个阶段，称为配合料熔化阶段。

熔制玻璃的熔窑主要有两种类型：一种为坩埚窑，配合料盛在各个坩埚内熔制，每个坩埚窑可容纳单个或多个（可多达 20 个）坩埚，在坩埚外面加热；另一种为池窑，配合料盛在窑池内熔制，直接对配合料加热。坩埚窑的生产率低，热能消耗大，因此现在普遍使用池窑。池窑是用耐火黏土砖砌成的，一般呈长方形，主要由熔制池、燃烧室和蓄热室等组成。池窑一般采用气体或液体燃料加热，火焰可直接掠过熔制池的上面。熔制时，配合料由熔池的一端加入，经熔化、澄清、均化、冷却等阶段后，由另一端引出，再进行玻璃成型。

五、玻璃成型

玻璃成型就是使熔融的玻璃液转变为具有固定几何形状的玻璃制品的过程。目前，

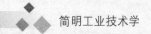

平板玻璃的成型方法主要有浮法、压延法、平拉法等。

1. 浮法成型

浮法是指熔窑中熔融的玻璃液在流入锡槽后，在熔融金属锡液的表面上成型平板玻璃的方法。浮法玻璃的成型是在锡槽中进行的。熔制好的玻璃液由溢流口经流道、流槽连续不断地流入锡槽，在锡面上摊开并在传动辊子的牵引下向前漂浮，在一定的温度制度下，玻璃液依靠表面张力和重力的作用，完成摊开、展薄，待冷却后，玻璃带由过渡辊台托起，离开锡槽进入退火窑中退火。因此，锡槽是保证浮法工艺能够得到实现的基本条件，而锡槽的结构、施工质量和自控水平又直接影响着浮法玻璃的产量、质量和生产的稳定性。所以，对锡槽各项工艺有较高的要求。

浮在锡液面上的玻璃液，在没有外力作用的情况下，由于表面张力和重力的平衡，在锡液面上形成平衡厚度为 7 mm 的玻璃带。而浮法玻璃的品种为 0.4～25.0 mm，这样就涉及不同厚度的玻璃的生产方法。对于接近于平衡厚度的玻璃的生产，只需略加拉引即可，对于薄玻璃的生产，需采用拉薄的方法，而对于厚玻璃的生产需采取堆厚的方法。

2. 平拉法成型

平拉法是在玻璃液的自由液面上垂直拉出玻璃板，拉出玻璃板高度为 700 mm 左右时再将该可塑状原板在固化前经转向辊把垂直引上的方向转为水平拉引的方向，这种成型方法称为平拉法。平拉法虽然生产质量比浮法有较大的差距，但由于其规模小、投资少，且易于生产优质薄玻璃，所以目前它还是有一些市场。平拉法生产平板玻璃初期多数是单机，后来由一窑一线发展为一窑二线、三线、四线等。

平拉法生产平板玻璃包括浅池平拉和深池平拉两种工艺。浅池平拉法又称为"柯尔本法"，适用于规模小、板宽窄、投资少的情况。深池平拉法又称为"格法"，适用于规模和投资较大的情况下，能够生产质量好、板宽大的优质薄玻璃。平拉法的主要缺点是由于转向使玻璃表面易产生轴花。

3. 压延法成型

压延法是指玻璃液通过压延展薄形成平板玻璃的工艺。过去用压延法生产光面的窗用玻璃和制镜用的平板玻璃，现在已不再生产。目前，用压延法生产的玻璃品种主要有压花玻璃、夹丝玻璃、槽形玻璃以及熔融法制的玻璃马赛克和微晶玻璃花岗岩板材。

压延法有单辊压延法和对辊压延法两种。单辊压延法是一种古老的成型方法，是把玻璃液倒在浇铸平台的金属板上，然后用金属压辊滚压而成平板，再送入退火炉退火。这种成型方法无论在产量上、质量上还是成本上都不具有优势，属于被淘汰的方法。

现代玻璃生产中的压延法成型一般是采用连续压延的方法，是玻璃液从熔窑尾端溢流口溢出，经溢流槽和托砖流到压延机的上下压辊间，再从正在转动的上下压辊的间隙出来，即压制成所要求厚度的玻璃板。压延过程的连续进行，一方面是靠压延辊的拉力，另一方面则是靠玻璃液面高于两压延辊间隙形成的静压差。压延辊中间通冷却水，使流经上下压延辊间的玻璃液迅速冷却，由液态变为塑性状态，在表面形成半硬性的塑性壳。压延辊转动时，压延辊与玻璃带之间的摩擦力使玻璃带运动。玻璃带出压延辊后，经过托板水箱的冷却和托辊的拖动，然后经过活动辊道进入连续退火窑中退火。

六、玻璃退火

玻璃的热导率比较小，同时具有热胀冷缩性能，当经受温度变化时，玻璃中不可避免地存在温度梯度，由此造成玻璃不同部位具有不同的分子体积，因而在玻璃中出现热应力。热应力的存在会破坏玻璃的光学性能、力学性能等，严重时玻璃在生产线上就发生炸裂。所以，为了提高玻璃制品质量，生产过程中必须减少这种热应力，因而出现了块状玻璃制品生产中一个重要的工序——退火。

退火是指以消除或减弱玻璃制品中残余应力和光学不均匀性，改善玻璃内部结构为目的的工艺过程。玻璃退火可以分为两个主要过程，一是应力的减弱或消除，二是防止应力重新产生。

1. 玻璃中的热应力

玻璃中由于温度梯度的存在而产生的热应力，按其特点可以分为暂时应力和永久应力。温度低于应变点、处于弹性变形温度范围的玻璃，因为温度梯度的存在而产生的应力为暂时应力。暂时应力随温度梯度的存在而存在，随温度梯度的消失而消失。玻璃中温度梯度消失后残留的应力为永久应力，又称为内应力。玻璃中的永久应力是因其内部结构、成分不均匀导致冷却收缩不均匀而产生的，即结构应力。结构应力作为永久应力，可以减弱但不能被消除。不同的玻璃制品因其用途不同，允许存在一定的永久应力。一般光学玻璃制品退火质量要求较高，其他玻璃允许应力较大。一般认为，玻璃退火后的允许内应力应不大于玻璃机械强度的5%，但实际控制标准有一定差异，其中平板玻璃允许应力值可达20%～95%。

玻璃在应变点以上属于黏弹性体，由于应力松弛，应力被消除。应力消除的速度与玻璃黏度有关，黏度越小，应力消除速度越快。一般规定，3 min 能消除应力的95%或15 min 能消除全部应力的温度称为退火上限，或最高退火温度；3 min 能消除应力的5%或16 h 能消除全部应力的温度称为退火下限，或最低退火温度。理论上，退火上限是玻璃的转变点，退火下限是玻璃的应变点，温度低于应变点则不能消除玻璃的内应力。实际使用的退火温度，一般低于退火上限20～30 ℃，玻璃退火上限介于500～600 ℃之间，具体温度可以通过经验计算得知，也可以用实验方法进行测试。

2. 玻璃退火温度制度

玻璃退火温度制度分为一次退火和二次退火两种。一次退火是对成型后的玻璃立即进行退火，其初始条件是开始退火前玻璃温度高于退火温度，即利用玻璃成型后还处于较高温度的有利条件，将温度调整到退火温度即开始退火。一次退火窑空间呈隧道状，其中，温度分布按照退火曲线进行控制，玻璃制品从隧道一端运行到另一端即完成了玻璃的退火过程。玻璃一次退火过程也是冷却过程，但要根据玻璃的不同厚度及不同要求控制其冷却速度，使退火后玻璃中的残余应力符合要求；同时，玻璃在退火中产生的暂时应力不能过大，否则会引起玻璃在退火窑中炸裂。因此，在退火窑中需要建立合理的温度制度，分区控制冷却速度。浮法玻璃在退火窑中，按退火工艺分设加热均热预冷区（又称预退火区）、重要冷却区（又称退火区）、冷却区（又称后退火区）、热风循环强制对流冷却区和室温强制对流冷却区。

　　二次退火是将成型后的玻璃冷却后重新加热到退火温度进行退火，其初始条件是玻璃温度低于退火温度。二次退火工艺过程包括加热、保温、慢冷、快冷四个阶段。①加热阶段。玻璃加热阶段，表面承受压应力，内部承受张应力，由于玻璃抗压强度远小于抗张强度，所以可以使用较快的加温速度。加热过程中，因温度梯度的存在而产生的暂时应力与玻璃中固有的永久应力之和不能超过玻璃的机械强度，否则玻璃会发生破裂。玻璃表面的微裂纹及玻璃中存在的缺陷，会降低玻璃的机械强度；玻璃制品厚度的均匀性，退火窑温度分布的均匀性等，都会影响到加热速度。②保温阶段。保温的目的是通过应力松弛消除玻璃中的内应力，并使玻璃内外温度均匀一致。③慢冷阶段。玻璃在冷却过程中，退火温度到应变点温度范围内时，出现应力松弛现象，如果玻璃中产生温度梯度，会在玻璃制品中重新产生应力，所以在该温度内冷却速度应很慢，以避免在玻璃中产生过大的温度梯度。慢冷阶段开始于退火温度，结束于应变点以下温度。④快冷阶段。当玻璃温度处于应变点以下，玻璃结构已经完全稳定，即使存在温度梯度也不会因应力松弛而产生永久应力，只产生暂时应力，所以可采用较快冷却速度。但是，最大冷却速度应使暂时应力不超过玻璃的机械强度。

3．玻璃退火温度控制

　　不同的玻璃制品退火设备结构有差异，但一般都按照退火工艺过程要求划分为预退火区、重要冷却区、冷却区、过渡区、热风循环强制对流冷却区、室温风强制对流冷却区等区段，退火窑各部位通过加热和冷却强度的控制，使温度分布、玻璃的冷却速度等满足退火曲线的要求。

　　退火窑加热主要有电加热、热气体加热两种方式。其中，热气体加热又分为直接加热和间接加热两种。直接加热以天然气、净化煤气等为热源。间接加热常以煤、油等为燃料，产生的高温气体在马弗道、金属管道设备中流动，加热马弗道、金属管道，再将热量传递给玻璃，高温气体不直接与玻璃接触。

　　玻璃冷却有自然冷却和强制冷却两种方式。强制冷却主要用风冷方式进行，低于玻璃温度的气体在安装于玻璃带上下的风管中流动，带走玻璃辐射给风管的热量，从而冷却玻璃；或气体直接吹拂到玻璃表面冷却玻璃。退火室中不同区段的冷却气体的温度需要进行控制，以控制玻璃退火的温度，保障玻璃制品的最终质量。

第七章　纺织工业技术

纺织工业是我国国民经济中重要的工业部门之一，在发展经济、满足人民生活需要等方面起着很重要的作用。中华人民共和国成立以来，我们依靠自己的力量和技术，独立自主，自力更生，建成了一个独立的、比较完整的纺织工业体系，我国已经成为世界上具有完整的纺织工业体系，原料和机器设备基本自给的有限的几个国家之一。特别是改革开放以来，我国的纺织加工工业的生产能力有了巨大的增长，主要纺织设备规模和主要纺织品产量居世界前列，产品质量有显著进步，花色品种也有显著增加。纺织工业保障了全国人民衣被的供应，并为国民经济其他部门的发展提供了大量生产用纺织品；纺织工业是活跃城乡市场、繁荣经济的重要力量，并为国家经济建设积累资金作出了重大的贡献；纺织品是我国外资出口的重要物资，多年来在我国出口商品中名列前茅，是我国外汇收入的重要来源。

纺织制品的生产是一个十分复杂的过程，一般要经过纺纱、织造和染整等工艺过程。纺织原料经过纺织工程加工成纱线，然后经过机织或者针织织制成各种坯布，再经染整加工而成为成品布匹，供给销售以及服装加工使用。

第一节　纺织工业原料

一、纺织原料的种类

用来制造纺织制品的原料是一种纤维材料，称为纺织纤维。用做纺织原料的纤维应具有使用所需要的性能以及能适应纺织加工的条件。纤维适应纺纱要求的性能称为可纺性，是由纤维的长度、细度、强度和表面状态决定的。目前，可以用做纺织原料的纤维主要有天然纤维和化学纤维，此外，还出现了一些新的纤维。

（一）天然纤维

天然纤维是自然界生长形成的，经人工种植、采集或饲养而取得，只要经过一定的机械加工或化学处理，就可以成为纺织原料。天然纺织纤维按其生物属性可分为植物纤维、动物纤维和矿物纤维。

（1）植物纤维。是从植物的种子、果实、叶、茎等获得的有机纤维，又称为植物纤维素纤维。比如，种子纤维棉花等，茎纤维亚麻、苎麻、大麻、罗布麻等，叶纤维剑麻、蕉麻等。

（2）动物纤维。是从动物身上或分泌物中取得的有机纤维，又称为动物蛋白质纤维。比如，毛发纤维绵羊毛、山羊毛、骆驼毛、兔毛等，分泌液纤维桑蚕丝、柞蚕丝、蓖麻蚕丝、木薯蚕丝等。

（3）矿物纤维。是从纤维状结构的矿物岩石中获得的无机纤维，如各类石棉。

（二）化学纤维

化学纤维是经过化学加工而制成的纤维，分为人造纤维、合成纤维和无机纤维三类。

（1）人造纤维。是以天然的高聚物为原料，经过化学方法制成的与原聚合物化学组成基本相同的化学纤维，又叫再生纤维，如再生纤维素纤维的粘胶纤维、铜氨纤维等；再生蛋白质纤维的牛奶蛋白质纤维、玉米蛋白质纤维、大豆蛋白质纤维、花生蛋白质纤维等；醋酸纤维素酯的二醋酯纤维、三醋酯纤维等。

（2）合成纤维。是以有机化工原料单体经人工合成获得的高聚物为原料制成的化学纤维，如锦纶、涤纶、腈纶、维纶、丙纶、氯纶等。因为合成纤维都是由以石油、煤、天然气为初始原料制成的有机化工原料单体聚合而成的，故其化学命名上都加上一个"聚"字，锦纶称为聚酰胺纤维，涤纶称为聚酯纤维，腈纶称为聚丙烯腈纤维，维纶称为聚乙烯醇纤维，丙纶称为聚丙烯纤维，氯纶称为聚氯乙烯纤维，等等。

（3）无机纤维。是由无机物制成的纤维，主要有玻璃纤维、金属纤维、岩石纤维、碳纤维等。

由于天然纤维发展受多种因素制约，因此在世界范围内化学纤维发展最快，目前已占纺织原料使用量的50%以上。我国是世界上化学纤维生产量最大的国家，已经从过去的进口国变成为出口国。在化学纤维数量发展的同时，随着制造技术的进步，纺织纤维品种发展也很快。近几年提出的口号是：逐步减小常规纤维，发展差别化纤维与功能化纤维。目前，已在大量使用的差别化纤维有细旦纤维、复合纤维、中空纤维、有色化学纤维、异形纤维、易染纤维等；功能化纤维开发应用的有吸湿排汗纤维、调温纤维、抗菌防臭纤维、防辐射纤维、抗紫外线纤维、抗静电纤维、阻燃纤维等。

二、纺织纤维的性能

用做纺织原料的纤维应具有使用所需要的有用性能和适应纺织加工的可纺性能。这些性能是由纤维的长度、细度、强度、表面状态、吸湿性等物理性能以及光学、电学、热学、染色性能等所决定的。

1. 纤维长度

长度是衡量纺织原料性能的重要指标。纤维有一定长度才能纺制成连续的纱线。当纤维粗细一定时，纤维较长，可以纺得较细的纱；纤维较短，只能纺得较粗的纱。纤维较长时，能提高成纱强力，降低断头率，减少毛羽。一般来说，纤维越长则制成的纱线与织物越高档。如纺纯棉纱，随着纺织支数的提高，对使用原棉长度有更高要求，长绒棉多数用在高档织物上。天然纤维除蚕丝外，都是长度有限的纤维，纤维长度较短，需经过纺纱加工制成纱线而后织制成各种纺织制品。化学纤维的大多数也是以短纤维纺成纱线使用，但它的长度和整齐度可由人工控制。长度也不是越长越好，长度太长不但不会提高成纱品质，反而会造成加工困难，并增加纱线疵病。一般来说，棉型纤维切断长度为 32～38 mm，中长度纤维切断长度为 51～65 mm，毛纺用纤维长度在 65 mm 以上。

部分纤维采用不等长度（异长纤维）制成织物，更具毛型感。

2. 纤维细度

细度也是纺纱的一个重要指标。表示纺织原料细度的名称有线密度、纤度和支数。①线密度为定长制，即在公定回潮率下 1 000 m 长的纤维或纱线单位长度的重量克数（法定单位为特克斯 tex），1 特克斯等于千米纤维或纱线重 1 克，即 1 tex = 1 g/km。线密度又称号数。②纤度也是定长制，即在公定回潮率下 9 000 m 长的纤维或纱线的重量克数，单位为旦尼尔（den）。③支数为定重制，即在公定回潮率下纤维或纱线单位重量的长度，有公制支数与英制支数两种。公制支数即在公定回潮率下 1 g 纤维或纱线的长度米数，如 1 g 纱长 30 m 则为 30 公支①；英制支数即在公定回潮率下 1 磅②重纤维或纱线的长度为 840 码③的倍数，如 1 磅纱有 32 个 840 码长度则为 32 英支。纤维或纱线越粗，其线密度越大，支数越小；纤维或纱线越细，其线密度越小，支数越大。所以，粗的纱线称为粗特纱或低支纱，细的纱线称为细特纱或高支纱。纤维细度对成纱强力的关系较大，细纤维纺出的纱强力高，条干均匀，可纺得的纱也较细。但纤维太细，在加工过程中容易缠结而成疵点。

3. 纤维强度

强力、强度、比强度都是衡量纺织材料抵抗外力能力大小的指标。强力是指纺织材料拉伸到断裂时所能承受的最大拉伸力。强度是指强力和纺织材料截面积之比，也称为拉伸断裂强度。比强度是指强力与纤维或纱线密度之比。

4. 纤维卷曲与纤维摩擦

纤维卷曲能改善纤维之间的抱合性能。卷曲适当时，纤维纺纱顺利，成纱质量也好。棉纤维的天然卷曲和毛纤维的卷曲对纺纱都是有利的。化学纤维平直光滑，抱合力差，常需在化纤后加工过程中加上一定的卷曲，以改善其纺纱性能。纺织纤维的摩擦也对纺织制品质量有重要影响。纺织纤维之间的摩擦分为静摩擦与动摩擦两种。当静摩擦因数大于动摩擦因数时，纤维手感硬而发涩；而当静摩擦因素小于动摩擦因数时，纤维手感柔软而滑腻。

5. 纤维回潮率

回潮率是衡量纺织材料吸湿能力的指标。吸湿量的多少不仅影响纺织材料的重量与形态，还影响到纺织材料的强度、伸长、导电性等物理性质。纤维吸湿性能用回潮率表示。回潮率是纤维所吸收的水分重与纤维干重的比率，其计算公式是：回潮率 =（纺织材料湿重 − 干重）/ 干重 ×100%。

纺织纤维的吸湿性能是衣着用纺织纤维必须具备的。衣服中的纤维吸收人体表面的水汽，同时把水汽传递到衣服表面，发散到大气中去，使人体排泄的汗液蒸发，解除湿闷的感觉。天然纤维和人造纤维有良好的吸湿性能，而合成纤维的吸湿性能较差，在穿着舒服感上不如天然纤维和人造纤维。纤维吸湿后对纤维的物理机械性能和纺织工艺产

---

① 1 公支 = 1 m；1 英支 = 0.914 4 m。

② 1 lb（磅）≈ 0.453 6 kg。

③ 1 ya（码）= 0.914 4 m。

生影响。例如，棉纤维回潮率增加，则单纤维强力和单纱强力也随之增加，因而有利于牵伸，能提高棉纱品质；但是，回潮率过高，纤维纠缠较紧，杂质不易除去，造成工艺上的困难，使用棉量增加，并且棉结杂质增加，影响成纱品质。因此，纺织厂都有空气调节设备，用以控制车间的温、湿度，使生产得以顺利进行。

6. 纤维染色性能

纤维的染色性能是衡量其使用价值的一项重要化学性能。民用纺织品如服装、巾被、室内装饰物等，大多数都要染成各种颜色。如果纤维染色性能很差，就很难用做衣物和家纺品。纤维染色通常经历三个阶段：染料分子吸附在纤维表面→扩散至纤维内部→染料分子固着于纤维。纤维染色性能的好坏通常以上色率的高低（染色难易）和染色的均匀度两个方面来反映。染色的难易取决于纤维的化学构造是否与染料具有亲和力以及纤维结构是否允许染料分子向其内部扩散。天然纤维因其结构中有亲水性基团羟基（—OH）存在，故染色性能较好；人造纤维的染色性能也不错；而合成纤维因大分子结构中缺乏亲水基团，故染色性能较差。染色均匀度是一个很重要的指标。各种化学纤维的化学成分、纤维结构等方面由于原料不一，批与批之间染色性能产生差异，因此，纺织厂对不同牌号和不同批号的纤维，应先进行上色试验，染色性能接近的才能混批使用。

纺织纤维性能除以上各方面外，还有光学性能、电学性能和热学性能等。通过分析纺织纤维的色泽和耐光性能，可以鉴别纺织纤维的质量等级及耐用性；通过分析纺织纤维的导电性能和静电状况，对纤维采取给湿、加油剂或抗静电剂，可提高其导电性能和减少静电对生产的影响；通过分析纺织纤维的热收缩率和纤维熔点，可鉴别和提高纤维的使用价值。

三、各类纺织纤维的特点

（一）植物纤维

植物纤维的主要化学组成是纤维素，因此又称为纤维素纤维。纤维素大分子上的羟基能和一些化学试剂起反应，也能和水分子或染料分子结合，使纤维吸湿性好和易染色，适合纺织加工和衣着的需要。植物纤维能用做纺纱原料的主要有棉花和麻。

1. 棉花

棉花在纺织工业原料中占有最重要的地位，它的产量最多，用途最广，价格低廉，是世界各国人民普遍的衣着原料之一，又是工业用纺织制品的重要原料。

世界上栽培的棉花品种主要有两种，一种是陆地棉，又称细绒棉，世界原棉产量中90%以上属于陆地棉；另一种是海岛棉，又称长绒棉，产量不到世界棉花总产量的10%。棉花品种是棉花长度的决定因素，长绒棉长度在33～37 mm之间，细绒棉长度在27～31 mm之间，粗绒棉长度在25 mm以下。

棉花长度也是表征纺纱性能的重要指标之一。不同的棉花长度其价格是不一样的。我国国家标准规定，棉花纤维长度分为8档，以1 mm为级距，分为25 mm，26 mm，27 mm，28 mm，29 mm，30 mm，31 mm，32 mm八级，其中以28 mm为长度标准级，也是定价的依据，低于 28 mm 的价格低，高于 28 mm 的价格提高。此 8 档是细绒棉花长度分级，而长绒棉花纤维均在 33 mm 以上，不在 8 档分级范围之内。

按现行国家标准规定，棉花品级根据棉花的成熟程度、色泽特征、轧工质量三项来综合评定，分为 7 级，1 级最好，7 级最差，低于 7 级标准的为级外棉。其中，3 级为标准级（定价依据）；1～5 级为纺纱用棉；6～7 级为絮用棉，一般不用于纺纱。

棉花的回潮率与含杂率是工商验收中的一项重要内容。棉花的含水率一般在 7%～11% 之间。新标准中已将棉花的含水率改为回潮率。棉花公定回潮率为 8.5%，最高限度为 10%。棉花的含杂是指棉花中夹杂的非纤维物质，包括泥沙、枝叶、铃壳、棉子、不孕子等。棉花中的各类杂质既影响纺纱用棉量，又影响纺纱工艺性能和成纱质量，因此要求棉花中含各类杂质越少越好。棉花标准规定含杂率皮辊棉为 3.0%，锯齿棉为 2.5%。

棉花纤维和棉纺织品的特点是：棉织物结实耐用，相当耐磨；湿强度高，耐洗，污迹较易洗除；吸湿性好，穿着舒适；纤维短，易起圈拉绒，制成保温性好的织物；混纺性能好，不被虫蛀，但易发霉，易被细菌腐蚀；弹性差，易皱；较耐碱，不耐酸。

2. 麻

纺织上采用较多的韧皮纤维有苎麻、亚麻、黄麻、大麻、槿麻、苘麻等，此外，还有叶纤维剑麻、蕉麻等。

麻纤维中以苎麻和亚麻品质较优，均可用于织制衣着织物，尤其适宜制作夏季衣料。苎麻是我国的特产，产量居世界第一。苎麻纤维细长、坚韧、洁白、光泽好，热传导率高，吸湿和散湿快，不易发霉和虫蛀。苎麻布具有凉爽和挺括的独特风格，在国际市场上是高级衣料和家庭装饰用布。苎麻纤维长度较长，平均长度为 60 mm，一般在 20～250 mm 之间，最长可达 500 mm 以上。亚麻纤维较短，仅为 17～25 mm。亚麻的特性与苎麻相近，主要用于织造亚麻衣料，或与苎麻、棉花和化学纤维混纺，织造成各种服饰用和装饰用织物，工业上主要用于织制水龙带和帆布等。

黄麻、槿麻、苘麻等纤维较粗，适宜做包装用布、麻袋、绳索、地毯底布等。这些麻类吸湿性和透气性较好，适宜做粮食、食糖等的包装材料。大麻、苘麻除部分用于黄麻混纺外，多用做绳索的原料。

叶纤维在经济上形成稳定的工业生产资源的主要有剑麻和蕉麻，它们纤维粗硬、坚韧，耐水性强，适宜制作船舶和矿用绳缆等。

（二）动物纤维

动物纤维的化学组成物质为蛋白质，因此又称为蛋白质纤维。用做纺织原料的动物纤维主要有毛和丝。

1. 毛

毛的种类很多，有绵羊毛、山羊毛、羊绒、骆驼毛、骆驼绒、牛毛、马毛、牦牛毛、鹿绒、兔毛、兔绒等。纺织用毛类纤维中，数量最多的是绵羊毛。毛纤维具有弹性优良、波浪形卷曲、手感丰满、吸湿能力强、保暖性好、不易沾污、光泽柔和、染色性能好等特点，还具有独特的缩绒性，是纺织工业中广泛使用的四季皆宜的高档纺织纤维。羊毛纤维的长度，一般细毛为 6～12 cm，半细毛为 7～18 cm，粗毛为 6～40 cm。羊毛纤维的细度主要取决于绵羊的品种，此外，还与绵羊的年龄、性别、毛的生长部位和饲养条件等有关，羊毛的直径为 7～240 μm，大小差异很大。一般羊毛越细，其细度越均匀，有利于成纱强力和成纱条干均匀度的提高，可纺低特纱，能织精纺毛织物，织物表面光洁，纹路清晰，手感滑爽。羊毛纤维的主要组成物质是不溶性蛋白质，耐酸而不耐碱。羊毛纤维具有优良的吸湿性，在一般大气条件下，其回潮率可达 16%。羊毛纤维的强度较低而伸长度较大，断裂强度为天然纤维中最小的，断裂伸长率为 25%～35%，为天然纤维中最大的，具有较强的弹性回复能力。绵羊毛经湿热加工处理后，纤维内部结构保持特定形态的能力增强，羊毛制品的尺寸趋于稳定，外观平挺，不起折皱。羊毛制品的缺点是易被蛀，洗涤后容易发生毡缩而变形。

2．蚕丝

蚕丝是人类利用最早的纺织原料之一。蚕丝有桑蚕丝、柞蚕丝、蓖麻蚕丝、木薯蚕丝等。我国是世界上最重要的蚕丝生产国，桑蚕丝产量居世界第一位，占世界总产量的 60% 以上。柞蚕丝资源是我国所独有的，其他蚕丝则数量较少。

由蚕茧获得蚕丝需要经过制丝工艺过程，包括混茧、剥茧、选茧、煮茧、缫丝、复摇、整理、检验等工序。蚕丝的主要组成物质是蛋白质，耐酸而不耐碱。蚕丝的长度，一个茧子上可达数百米至上千米长，桑蚕丝长一般为 650～1 200 m。在绢纺制锦工程中，丝纤维要被切断成适合于绢纺工艺要求的短纤维（35～40 mm），然后在混纺纱中应用。通常情况下，纺低特绢丝混合棉平均长度在 65 mm 以上，中特绢丝混合棉平均长度在 55 mm 以上。蚕丝的吸湿能力大于棉花而小于绵羊毛，公定回潮率为 11%。吸湿使丝纤维断裂强度下降，断裂伸长率增大，弹性回复能力变小。桑蚕丝的强度大于羊毛纤维而接近于棉花纤维，伸长率小于羊毛而大于棉，弹性回复能力也小于羊毛而优于棉。

蚕丝制作中，由单个蚕茧抽得的丝条为茧丝，它由两根单纤维被丝胶黏合而成。缫丝时，把几个蚕茧的茧丝抽出，借丝胶黏合而成的丝条称为蚕丝（生丝），除去丝胶的蚕丝称为精练丝（熟丝）。养蚕、制丝、丝织中产生的疵丝、废丝用做绢纺的原料。蚕丝的特点在于强度较高，丝织物耐穿，抗皱性能也较好；蚕丝吸湿性较好，丝织物易染色，颜色丰富多彩，穿着舒服，丝织物易被蛀但极少发霉；蚕丝导热性差，吸湿透气，既可织制成轻薄凉爽的织物，又可制成厚实的织物，适用于衣着、装饰、工业、国防和医药等方面。蚕丝具有天然的柔和光泽，优雅，高贵，明亮，具有其他纤维所不可比拟的美丽光泽。蚕丝相互摩擦会产生一种悦耳的声觉效应，称为"丝鸣"。蚕丝所具有的光泽、丝鸣，是构成丝绸产品独特风格的重要因素。

（三）化学纤维

化学纤维是用天然的或合成的高分子物质，主要经过化学方法加工制成的，分为人造纤维和合成纤维两类。化学纤维按长度可分为长丝和短纤维两种。化学纤维有一半以上是以短纤维的形式加以利用的。短纤维纺成的纱松软，又可以与天然纤维混纺，获得新的品种。纺制短纤维生产率高，质量容易保证，经济便宜。我国化学纤维的命名，人造短纤维称为纤，如粘纤、富纤等；合成短纤维称为纶，如锦纶、涤纶等，化学长纤维后面加丝字，如锦纶丝、粘纤丝等。

1．人造纤维

（1）粘胶纤维。粘胶纤维是产量较大的人造纤维，可以制成不同的粗细，切成所需的长度。其长短粗细与毛纤维相近的称为人造毛，与棉纤维相近的称为人造棉，长丝状的称为人造丝。普通粘胶纤维吸湿性好，易染色，不易产生静电，可纺性能好。短纤维可纯纺，也可以与其他纤维混纺，织物柔软，光滑，透气性好，穿着舒适，适用于做内外衣和装饰用品。长丝织物质地轻薄，适用于衣料、被面和装饰织物。缺点是色牢度较差，缩水率较高而且容易变形，弹性和耐磨性较差。高强度粘胶纤维是对粘胶纤维制造工艺进行改进，并将初生的湿丝条进行高倍拉伸而获得的高强度纤维，称为富强纤维，其织物色牢度、耐水洗性、形态稳定性都接近于优质棉。

（2）醋酯纤维。醋酯纤维是人造纤维的另一大品种。醋酯人造丝光泽好，手感柔软滑爽，悬垂性好，真丝感强，是丝绸工业和针织工业的重要原料，适宜于制作内衣、浴衣、儿童衣物、妇女服装和室内装饰物等，织物易洗易干，不霉不蛀。

（3）铜氨纤维。铜氨纤维是用铜氨法制成的再生纤维素纤维。铜氨纤维光洁细滑，可纺制细的丝，外观与真丝相似，宜织制高级细薄织物。

2．合成纤维

（1）锦纶——聚酰胺纤维。锦纶的优点是强度高，弹性好，耐磨性能极为优良，不霉不蛀，不怕细菌腐蚀，是优良的衣着纤维；缺点是吸湿性较差，不透气和不耐晒，织物容易起球。高强度的锦纶长丝是工业用绳索的重要原料，能承受冲击负荷，耐腐蚀等。

（2）涤纶——聚酯纤维。涤纶纤维强度比棉高，耐磨性仅次于锦纶，弹性和化学稳定性都好，不霉不蛀，耐腐蚀，绝缘性能也好。长丝主要用于工农业方面，短纤维则主要用于衣着；缺点是吸湿性、透气性差，而且织物容易起球，染色也较困难，因此一般都与天然纤维或人造纤维混纺以弥补其不足。涤纶混纺织物具有挺括、易洗快干、洗后不走样、不需熨烫的特点。目前，涤纶短纤维纯纺主要用做缝纫线。

（3）腈纶——聚丙烯腈纤维。腈纶纤维弹性好，耐酸、耐碱，不易发霉，缩水率小，染色鲜艳，广泛用于制作绒线、针织物和毛毯。腈纶织物轻、松、柔软、美观，能长期经受较强紫外线集中照射和烟气污染，是目前最耐气候老化的一种合成纤维织物，适于做船篷、帐篷、露天堆置物的盖布等。

（4）丙纶——聚丙烯纤维。丙纶比重最小，仅为棉花的3/5，强度相当于锦纶和涤纶，耐磨、保暖、快干、耐酸、耐碱、耐化学品的性能好，价格低廉；缺点是染色性差，吸湿性低，耐热性和耐日光性差。短纤维以与棉、粘胶纤维等混纺做衣料为主，也可纯纺做工作服、运动衣、家具布、寝具、棉絮、毛毯、地毯等。

（5）氯纶——聚氯乙烯纤维。氯纶吸湿性低，耐磨性比棉高一倍，保暖性比羊毛强，耐热性和弹性较差，绝缘性能优良，耐酸碱，有负静电作用，可用做纯纺或混纺织物，如工作服、针织品、棉絮、毛毯、窗帘、医药用布、渔网等。在工业上适于做耐酸碱滤布、帆布、绳索、绝缘布等。

（6）维纶——聚乙烯醇纤维。维纶吸湿性好，与棉近似，强度比棉好，保暖性好，耐腐蚀，不易发霉不虫蛀，耐日光；缺点是弹性差，染色性能也较差。目前，比较多的与棉混纺，做成多种织物和针织物，国外大量用于工业品，如渔网、绳索、帆布等。

第二节 纺 纱

纺纱是把纺织纤维加工成纱线的整个工艺过程。纺纱的基本工艺过程是：开清→梳理→精梳→并条→粗纺→精纺。纱线是纺纱的产品，有的可以直接提供织造使用，有的要按照用途不同而进行纺纱后加工，还有的直接制成产品如绒线、缝纫线等。

一、纱线的一般概念

纱是由短纤维沿轴向排列并经加拈，或由长丝组成的连续细长条。加拈是成纱的主要方法，它利用回转运动使纤维组成的细长条绕自身轴心扭转，使原先平行的纤维变成螺旋状而相互抱合在一起，增加纤维间的摩擦力和抱合力，使短纤维连接成长度很长、具有一定强度的细纱。线是两根及两根以上的纱线合并加拈成的细长条，或称股线。按合股数可分为双股线、三股线、四股线等。

如果把纱和线的概念合二为一，则由纺织纤维组成的细而柔软并具有一定力学性能的连续长条统称为纱线。纱线的种类很多，主要有如下一些分类：

（1）按组成纱线的纤维原料不同，分为纯纺纱线和混纺纱线。纯纺纱线由一种纤维组成，如棉纱线、毛纱线、麻纱线、粘胶纱线、涤纶纱线等。混纺纱线是由两种及两种以上的纤维混合纺成。混纺纱线的名称在品种前面标出原料名称，原料名称按混合比例的多少顺序排列，比例多的排在前，如果比例相同，则按天然纤维、合成纤维、人造纤维的顺序排列，混纺所用的原料之间用分号（／）隔开，如：35%棉花、65%涤纶混纺纱线称为涤／棉纱；50%锦纶、50%粘纤混纺纱线称为锦／粘纱；50%涤纶、33%棉花、17%锦纶混纺纱线称为涤／棉／锦纱。

（2）按纤维长度的不同，分为长丝纱线和短纤维纱线。长丝纱线是天然丝或化纤长丝组成的纱线，加拈回的称为有拈纱，不加拈回的称为无拈纱。短纤维纱线是短纤维纺纱经加拈而制成，按纤维长度不同分为棉型纱线、中长型纱线和毛型纱线等。

（3）按纺纱工艺流程不同，棉纱线可分为精梳纱、半精梳纱、普梳纱，毛纱线可分为精毛纺纱、粗毛纺纱和半精毛纺纱。

（4）按使用的纺纱设备不同，可分为环锭纺纱和各种新型纺纱，目前新型纺纱较多的是转杯纺纱（又叫气流纺纱），其他还有喷气纺纱、涡流纺纱、摩擦纺纱等。

（5）按纱线用途不同，可分为机织用纱、针织用纱、专门用纱。

（6）按纱线粗细（线密度）不同，可分为特细纱、细特纱、中特纱、粗特纱。

（7）按纱线后处理方法不同，可分为本色纱、漂白纱、染色纱、烧毛纱、丝光纱等。

（8）按纱线卷装不同，分为筒子纱和绞纱，筒子纱又分为平筒纱和锥筒纱。

（9）按用途不同，其代号有：经纱（T）、纬纱（W）、针织用纱（K）、起绒用纱（Q）等。

（10）按加工工艺不同，其代号有：绞纱（R）、筒纱（D）、精梳纱（J）、转杯纱（OE）、喷气纱（MJS）、涡流纱（MVS）、紧密纱（CS）、摩擦纱（FS）、经电清纱（E）等。

二、纱线的品质要求

1. 纱线细度

细度是纱线粗细程度的表征，也是确定纱线品种与规格的主要依据。细度不同的纱线，使用原料不同，产品价格不同，纺纱工艺也有所不同，因此纱线的粗细是纱线的重要特征之一。表示纱线粗细的方法有线密度（特克斯）、纤度（旦尼尔）、英制支数、公制支数四种。线密度是定长制，即在公定回潮率下 1 000 m 长纱线的重量克数；纤度也是定长制，即在公定回潮率下 9 000 m 长纱线的重量克数；英制支数属于定重制，即在公定回潮率下以 1 磅重量纱线中 840 码长度来表示，如 1 磅中有 20 个 840 码，就是 20 支纱；公制支数也是定重制，即在公定回潮率下以 1 kg 纱线的千米数表示，如 1 g 纱长 42 米，就是 42 支纱。

2. 纱线强度

纱线强度是纱线承受拉伸力大小的性能，它是纱线内在质量的反映，是纱线具有加工性能和最终用途的必要条件。纱线强度因其品种、粗细和用途不同而有不同的要求。例如，织物的经纱在织制过程中受到反复的拉伸和摩擦，强度要求较高，而纬纱所受外力作用较小，强度要求低些。影响纱线强度的主要因素有纤维性能、纱线结构、混纺比以及大气温、湿度等。

3. 纱线捻度

纱线捻度是纱线加捻程度的指标。纱条加捻时，纱条转动一周所呈现的螺旋状态称为一个捻回，纱条单位长度内的捻回数称为捻度。纱线捻度对纱线性质如强度、弹性、手感、耐磨性等有直接影响。由于各种纤维的性能和成纱用途不同，因而对纱线的捻度要求也不同。为使细纱获得所需强度，用细长纤维纺纱时，捻度可少些；织物的经纱要有较高强度，捻度应多些；纬纱和针织用纱一般要求柔软，捻度应少些。

4. 细度不匀

细度不匀是指纱线沿长度方向的粗细不匀，细度不匀率大，反映纱线质量差。目前，表示纱线细度不匀有三项指标：①纱线百米重量偏差，是指纱线单位长度的实际重量与标准重量的偏差。质量标准规定，每批次重量偏差不能超过 ±2.5%；每月生产 15 批次以上的，累计重量偏差要控制在 ±0.5% 以内。②百米重量不匀率，又叫百米重量变异系数。这是以纱线单位长度的重量变化来表示纱线粗细不匀的指标，又称长片段不匀率，是评定纱线品质的重要项目，它直接影响到织物的厚薄不匀程度和织物外观的匀净程度。目前，多数质量指标规定，优等品百米重量不匀率为 2.5%，一等品为 3.7%。针织用纱的百米重量不匀率要求在 1.8%～2.0% 之间，否则在针织布表面就会产生明显的粗细段不匀，并影响染色均匀度。③条干均匀度。条干均匀度是反映纱线短片段不匀率的指标，是纱线、条子或粗纱短片段（其长度接近或短于纤维长度）内粗细均匀的程度。目前，检验条干均匀度的方法有目光检验法和电子条干仪，前者直观检验可能有误，后者用科学仪器检验，正确性与确定性好。纺织制品的质量与纱线条干均匀度密切相关，细纱条干不好，纱线的强力降低，并影响织物的强度，还会使织物上出现各种疵点和条档，影响外观。此外，细纱条干不匀，会使纺纱和织造的断头率增加，降低劳动生产率。

5．纤维结和杂质

在纺纱过程中，如果加工不当，纤维会纠缠而形成球状小结的疵点，如棉结、毛粒等，散布在细纱内部和表面，还会显露在织物表面上，影响细纱和织物的外观和质量。天然纤维黏附有各种杂质，在加工中去除不尽，也会保留在纱线和织物上，影响外观和实用价值。

三、纺纱的基本工艺过程

纺纱是一种多工序、多机台生产的工艺过程，从原棉或化学短纤维加工成纱线需要经过一系列纺纱工艺过程，各工序担负的任务是不一样的，不同原料加工特点也不尽相同，但其基本工艺过程大同小异。

1．开清

开清是纺纱工艺的第一道工序，其主要任务是：①开松纤维原料；②清除杂质；③混合原料；④均匀成卷，制成符合一定规格和质量要求的棉卷或化纤卷。

各类纤维的开清工艺有所不同。①棉纺的开清工艺。棉纤维长度较短，纠缠较少，能承受强烈的打击，其所含杂质与棉纤维差别大，且附着力较小，可用一套开清棉联合机来完成开清。②毛纺的开清。毛纤维较长且弹性好，卷曲性大，纠缠厉害，不宜用打击机件进行强烈打击，只宜采用具有粗而钝、密度小的角钉或针刺的机器来处理，其作用比较缓和。③绢纺的开清。其原料是缫丝、拈丝等各种疵茧或下脚料，纤维细长，抱合力大，需经过精练脱胶，并用特殊针刺理直和除去杂质。④麻纺的开清。麻纤维含有果胶等物质，需经脱胶初步加工，再送到梳麻机上加工。⑤化学纤维的开清。化纤不含杂质，无需除杂，应用开清机械将其处理成卷子以供后用。

2．梳理

纺纱工艺中的梳理，其任务和内容包括：①进一步松解纤维材料，直到将纤维材料分离成有一定程度的伸直平行的单纤维状态；②继续清除杂质、纤维结以及排除部分不可纺的短纤维；③进行较均匀细致的混合；④将纤维集拢而成条状的生条。

纤维材料的梳理是利用梳理机械上两个互相靠近、表面带有针齿的工作机件（针面）做相对运动，对处在两针面间的纤维材料进行梳理，把纤维丛松解为单纤维状态，除去其中的杂质和疵点。在分梳过程中，纤维在两针面之间反复转移，使不同成分的纤维获得充分的混合。良好的梳理对改善纱条结构，提高成纱品质和节约原料都有重要作用。

根据纤维的种类和工艺要求不同，现代梳理机械基本上有两大类：一是回转式盖板的梳理机，适用于棉纺、棉和化纤混纺的梳理；二是罗拉式梳理机，适用于毛、绢丝、麻纺及废纺原料的梳理。

3．精梳

精梳是另一种方式的梳理，其主要任务是：①排除生条中 16 mm（国外为 12.7 mm）以下的短绒；②排除生条中残留的棉结、杂质、疵点；③使纤维进一步伸直、平行和分离，并制成均匀的精梳条。

在纺制高质量和特种纱线时，需要在梳理与并条两工序之间加入精梳工序。精梳工艺利用机件上的梳针对纤维丛的两端交替分梳，排除定长以下的短纤维，使须条内纤维长度趋于整齐，把扭结的纤维分离成单根纤维，并使其伸直平行，以及清除其中的杂质和疵点。经过精梳，原料的可纺性能大大改善，纱线的品质明显提高，具有强力高、条干均匀、光泽好的特点。

各种纤维的精梳过程采用不同类型的精梳机，有周期性精梳机、连续式精梳机、分段式精梳机等。周期性精梳机又称直型精梳机，多用于棉纺精梳纺、短毛精梳纺、短麻精梳纺及落棉精梳纺。连续式精梳机又称圆型精梳机，适用于加工含油较多的粗长羊毛精梳纺，整台机器上从不同的地点同时进行喂入、梳理、分离和接合，连续不断地进行，且有梳理好的连续条子输出。分段式精梳机工作的特点是：喂入的不是连续的半成品生条，而是束状的纤维，梳好后在另一台机器上做成连续的条子，因而在精梳机上没有分离和接合的阶段。长亚麻纺纱中的栉梳机和绢纺中用的圆型梳棉机都属于这一类型。

4．并条

经梳理工序制成的生条已成为连续的条状半成品，但生条中大部分纤维为弯钩和屈曲状态，且有部分小扎束，还不能在环锭细纱机或新型纺纱机上直接纺成细纱，因此生条必须经过并条工序，用并条机将生条变为熟条。并条工序的主要任务是：①并合，是指纺纱过程中把两个或两个以上的半成品同时喂入一台机合并为一体的过程，用并合的方法改善条子的中长片段均匀度。将 6～8 根条子随机并合，使条子的粗细段有机相互重合，并合后条子（熟条）的重量不匀率下降到 1% 以下甚至更低。②牵伸，将条子、粗纱有规律地拉长拉细的过程称为牵伸。由两对或两对以上罗拉机构实现的牵伸称为罗拉牵伸。用牵伸的方法改善条子的结构，提高纤维的伸直平行度和分离度。③混合，用反复并合的方法进一步实现单纤维之间的混合，保证条子的混合成分均匀，使各种纤维充分混合，并避免纱线或织物染色后产生"色差"。④控制好条子的定量差异，通过对条子定量的微调，将熟条的重量偏差控制在一定的范围内，以保证细纱的重量偏差符合设计要求，降低细纱的重量不匀率。⑤将制成的熟条子有规律地存放在条子筒内，便于后道工序加工。

并条工序中核心的工作是牵伸和并合。牵伸机构有简单罗拉牵伸、轻质辊牵伸、皮圈牵伸、针排牵伸和曲线牵伸等多种形式。后几种形式是利用轻质辊、皮圈、针排等使须条在牵伸时呈曲线状态，在牵伸区中形成适当的摩擦力，控制牵伸区纤维做有规则的运动，使产品粗细均匀。并合过程是将 6 根或 8 根条子从并条机后各自喂入条筒内引出，经导条罗拉转过 90°后，在导条台上并列向前输送，再由给棉罗拉积极喂入牵伸装置，牵伸后的须条先经集束器初步压缩，再由集束罗拉输出，经集条喇叭成条，紧压罗拉压紧，然后通过圈条器有规律地圈放在并条机前的输出条筒内。

5．粗纺

从并条机制成的熟条定量较重，必须经进一步牵伸才能将其牵伸到所需的成纱密度。目前，大部分精纺的细纱机还没有这样的牵伸能力，因此，在并条工序与精纺工序之间必须设置粗纺工序，所用设备为粗纺机。粗纺工序的主要任务是：①进一步牵伸。将熟条通过 5～14 倍牵伸拉长到所需细度，使之适应粗纺细纱机的牵伸能力，并进一步提高纤维的伸直度和分离度。②适当加捻。将牵伸后的须条加上适当的捻度，做成粗纱，增加纤维间的紧密度，提高纱条的强力，以承受加工过程的卷绕和退绕时的张力，制成一定的卷装形式，以便于储存、搬运和在精纺细纱机上操作。

粗纺机可分为头道、二道和单程粗纺机。粗纺机由喂入、牵伸、加捻、卷绕、成形机构组成。条子由粗纺机后条筒引出，经导条高架，喂入牵伸机构。粗纺机牵伸机构形式较多，有简单罗拉牵伸、双区牵伸、曲线牵伸、皮圈牵伸等。条子在牵伸机构中通过 5～14 倍牵伸成规定粗细的纱条后从前罗拉输出，进入装在锭子顶端的锭翼顶孔，从边孔走出，沿空心臂下行到压掌叶梗部绕上 2～3 圈后，绕到活套在锭子的纱管上。锭翼和锭子一起回转，把纱条加捻成粗纱，然后由一套机械式的自动控制机构——成形装置使粗纱卷绕在筒管上，形成截头圆锥的卷装形式。

6．精纺

精纺工序是将粗纱加工成一定线密度并符合国家标准或用户要求的细纱。所用设备为细纱机。精纺工序的主要任务是：①牵伸。将粗纱均匀地抽长拉细到需要的线密度，制成一定号数而且品质要求符合国家标准的细纱。②加捻。将牵伸后须条加上适当的捻度，使纱线具有一定的强度、弹性和光泽等物理机械性能。③卷绕成形。将细纱线按一定要求卷绕成形，以便于运输、储存和后加工。

各种精纺细纱机由喂入、牵伸、加捻和卷绕机构组成。喂入机构将条子或粗纱喂入牵伸机构，牵伸后的纱条由前罗拉输出，经加捻成细纱后卷绕在筒管上。精纺机按加捻和卷绕机构的不同，分为环锭精纺机、离心锭精纺机和走锭精纺机。

环锭精纺机的加捻和卷绕机构由锭子、钢领和钢丝圈组成，它的牵伸、加捻和卷绕是连续进行的，纺纱速度较高，并有各种型号和规格，适用于棉、毛、麻、丝和化学纤维的纯纺和混纺，能纺制不同号数或支数的细纱，是现代纺织技术中应用最多的一种精纺机。

离心锭精纺机的加捻卷绕机构是一台高速回转的离心纺罐。从牵伸机构输出的纱条，通过金属管或玻璃管制成的导纱器，导入高速回转的离心纺罐中。由于离心纺罐的高速回转，从导纱器引入的纱条受到离心力的作用而紧贴于罐内壁，从而使纱条受到加捻。经加捻后的纱条，在导纱器的引导下卷绕于纺罐内壁上。这种纺纱方法称为离心纺纱。

走锭精纺机是根据手工纺车原理制造的精纺机，其加捻和卷绕机构均装在做往复运动的走车上，牵伸、加捻和卷绕是周期性交替进行的。走锭精纺机采用边加捻边牵伸的方法，能使纱条均匀，适宜于纺制特粗或特细和捻度较小的细纱，对于粗纺毛纺更为适宜。纺出的毛纱、麻纱或其他细纱条干均匀，表面光滑，手感柔软。其主要缺点是生产率低，机构复杂，占地面积大。

7. 后纺加工

精纺机纺成的细纱都卷绕在细纱管上，称为管纱，可直接进入织厂准备工序，也可以卷绕在纬纱管上，直接供织机使用。细纱纺成后，根据需要还可以进行络纱、摇纱、成包或并纱、捻线、烧毛等后纺加工。后纺加工的主要任务是：①改善产品的外观质量。在精纺细纱机纺成的管纱中仍含有一定疵点，如粗细节、棉结杂质等，在络筒工序的电子清纱、空气捻结及吹吸风设备的工作下可以清除细纱上残留的疵点；加工股线时为使股线光滑、圆润，有的在捻线机上装有水槽进行湿捻加工；生产高档股线还需要经过烧毛机除去表面毛羽，提高光泽度，作针织用的纱线有的还需要上蜡处理。②改善产品的内在性能。单线经过合股加捻，可提高纱线的强力，改善条干，提高耐磨性。③稳定产品结构状态。经过络纱和合股加捻后，可以稳定纱线的捻回和均匀股线中单纱的张力。对捻回稳定性要求高或强捻纱线需经过湿热定型。④制成适当的卷装形式，以满足后加工的需要。卷装容量大，易于高速退绕，且便于储存和运输。管纱经络纱绕成直径大的筒子纱，可供机织、针织和编织用，也可以直接出售。但售纱大多再经摇纱制成绞纱打包出售。有的纱线摇成绞纱进行漂白、丝光、染色或上浆，供色织和针织使用。

四、新型纺纱方法

走锭纺纱方法是周期性工作的，生产率极低。环锭纺纱方法的发明，曾对生产连续化、提高纺纱机械效率起过革命性的作用。环锭纺纱方法的发明距今已有100多年的历史，目前仍占据着纺纱的主导地位。但是，随着纺织技术的进步，车速的不断提高，环锭纺纱方法受到卷装和速度的限制，不能满足纺纱生产的需要，促使人们进一步探索和研究新的纺纱方法和设备。目前，已经出现且比较成熟的新型纺纱方法主要有转杯纺纱（气流纺纱）、涡流纺纱、喷气纺纱、自捻纺纱等。

（一）新型纺纱的特点

新型纺纱与传统的环锭纺纱最大区别在于将加捻与卷绕分开进行，并将新的科学技术——微电子、微机处理技术广泛应用于纺纱生产活动中，从而使产品的质量保证体系由人的行为进化到电子监测控制。与传统的环锭纺纱相比，新型纺纱具有如下特点：

（1）产量高。新型纺纱采用了新的加捻方式，加捻器转速不再像环锭纺纱钢丝圈那样受线速度的限制，输出速度的提高可使产量成倍增加。

（2）卷装大。由于加捻与卷装分开进行，使卷装不受筒圈形状的限制，可以直接卷绕成筒子，从而减少了因络纱次数多而造成停车时间，使时间利用率得到很大的提高。

（3）流程短。新型纺纱普遍采用条子喂入，筒子输出，一般可省去粗纺、络筒两道工序，使工艺流程缩短，劳动生产率提高。

（4）改善了生产环境。由于微电子技术的应用，新型纺纱机的机械化程度远比环锭细纱机高，且飞花少、噪声低，有利于降低工人劳动强度，减少污染，改善工作环境。

（二）转杯纺纱（气流纺纱）

转杯纺纱属于自由端纺纱，是新型纺纱方法中发展最快、技术最成熟的一种纺纱方法，因采用转杯凝聚单纤维而称为转杯纺纱；初时主要用气流，我国又称之为气流纺纱。转杯纺纱最早产生于丹麦、法国等国家，我国 1958 年开始研究，1967 年起逐步应用于纺织工业生产。它与环锭纺纱的主要不同点是，喂入的纤维条与纺成的纱不是连续的，而是中间断开，形成自由端，由专门的加捻器对纱线的自由端进行加捻，卷绕与加捻分开进行，速度大大提高。目前，转杯速度已达到 9 万转/分以上，全自动转杯纺纱机速度已高达 11 万～15 万转/分。转杯纺纱机上已普遍采用有排杂装置的纺纱器，半自动和全自动的清洁、接头和落纱装置以及其他一些辅助装置。转杯纺纱前后工序的工艺和设备配套也在不断完备。

转杯纺纱与环锭纺纱比较，其主要优点是：产量高，工艺流程短，劳动力省，占地面积小，生产环境好，原料制成率高，成纱的某些性能如伸长率大，条干均匀，膨松度高，耐磨性能和染色性能好，纱疵和毛羽少等；其主要缺点是：投资费用大，适纺支数低，成纱的某些性能较差，如强力较低、拈度较大，实物手感比较粗硬等，但织物手感丰满厚实，保暖性好，耐磨性和吸湿性好，上色率高。转杯纺纱分为纯棉类与非棉类，既能用于机织，也能用于针织，适用范围广泛，可用做针织衫、灯芯绒、劳动布、卡其布、色织绒、印花绒、绒毯、线毯、卫浴用布和装饰用布等。

（三）喷气纺纱与涡流纺纱

涡流纺纱是在喷气纺纱技术的基础上发展而来的。1981 年，日本村田公司发明了喷气纺纱技术，经过 10 多年的发展和改进，形成了 MJS 系列喷气纺纱机，纺纱速度可达 300 m/min，条干水平明显优于环锭纺纱。因其采用棉条直接喂入，故取消了粗纱机；另外，纺纱机本身具备了自动络筒机的一些功能，因此生产的筒子纱可直接用于针织或喷气织机的纬纱及织前准备，大大缩短了生产工艺流程，既节省了占地面积，又节省了劳动用工。此后，喷气纺纱机又得到进一步改进，目前，世界上运行的喷气纺纱机大多是双喷嘴 MJS 802 系列喷气纺纱机。由于喷气纺纱为假拈退拈包缠纱，所以它只适用于涤棉混纺纱和纯化纤纱，而用到纯棉纺纱时，成纱强力过低，纺纱困难，其纱线达不到较好的实用价值。为此，日本村田公司又在喷气纺纱技术的基础上进行改进，于1995 年研发出了涡流纺纱（MVS）技术，改变了原喷气纺纱非自由端假拈退拈包缠的成纱过程，采用自由端涡流加拈，提高了成纱能力，纱线毛羽和手感得到进一步改善，纺纱速度可达到 450 m/min，是世界上纺纱速度最快的纺纱机。涡流纺纱以其优良的纱线品质、高速的纺纱效率以及高度的自动化程度，成为又一种发展前景很好的新型纺纱方法。

喷气纺纱和涡流纺纱两种方式都是通过原料直接喂入，经过牵伸装置后，经纺锭内的压缩空气加拈成纱。对于喷气纺纱来说，它是通过纺锭内部两个喷嘴，在相反两个方向压缩空气的作用下把原料纺成纱线；而对于涡流纺纱来说，当原料经过牵伸装置牵伸后，来到纺锭部分，由于涡流气圈的作用，30% 的纤维平行进入形成芯纤维，而其余的

70%纤维将在涡流气圈的作用下以包覆的形式包缠在中心纤维外层而纺成纱线。涡流纺纱（MVS）采用旋转涡流加捻成线，比机械式加捻效率高。高速回转的涡流只作用在纤维上，与前罗拉引出纤维的功能一起形成对纤维的加捻作用，高速涡流除了完成加捻任务外，并不影响纱线支数的高低，因此可以实现高速纺纱，其每锭的产量相当于环锭纺纱单锭产量的15～20倍。由于纤维受到具有声速的喷气涡流及卷取罗拉作用而形成真捻，因此这种特殊的加捻作用是其他纺纱机械所不能取代的，纱线在高的回旋速度下的成纱结构比环锭纱线的结构更为紧密和稳定。涡流纺纱的主要优点是：工艺流程短，占地面积小，用工省，能耗低，机物料消耗和机器维修工作量也少，运行费用较低，自控程度高；涡流纺纱的纱线是由包缠纤维和芯纤维所组成的一种双重结构纱，质量好，外观光洁，纱线毛羽少，产品具有优越的吸汗、速干、透气性、耐磨性、染色性，可广泛用于针织和机织产品中。涡流纺纱目前主要应用在混纺纤维和人造纤维的纺纱上，而对于一些表面油剂含量多的纤维，如蚕丝、毛类纤维等则不适宜。

第三节　织　造

织造是根据织物设计要求，采用相应的生产设备，通过特定的生产工艺过程，将纺织纤维或纺织纱线制成织物产品的生产过程。由纱线或纺织纤维经过织造加工或其他方法制成的平片状物体称为织物。根据制造方法的不同，织物分为机织物、针织物和非织造物。

一、织物的分类与基本结构

（一）机织物分类

机织物是由经、纬两个方向的纱线或长丝交织而成的织物，采用有色线织造的织物称为色织物。机织物有如下一些分类：

（1）按原料分类，可分为棉、毛、丝、麻和各种化纤的纯纺、混纺和交织物。棉织物的主要品种有平布、府绸、斜纹、哔叽、华达呢、卡其、直贡呢和横贡缎、提花布、毛巾布、灯芯绒、平绒等。毛织物分为精纺呢绒、粗纺呢绒和长毛绒三类。麻织物分为苎麻织物、亚麻织物和黄麻织物三类。丝织物品种繁多，我国丝绸分为纱、绫、罗、绢、锦、绸、缎等14类。化纤织物分为长丝型织物、棉型织物、毛型织物和中长型织物等。

（2）按纺织印染设备与工艺分类。按纺纱方法不同可分为环锭纺纱织物、气流（转杯）纺纱织物、喷气涡流纺纱织物、自捻纺纱织物等。按经纬用纱不同，可分为单纱织物、线织物和半线织物等。按织造设备不同，可分为有梭织物和无梭织物，目前全国无梭织物比重已超过80%。按印染加工工艺不同，可分为棉布（坯布）、色织布、漂色布、印花布和特种工艺整理布等。

（3）按织物用途分类，可分为：①衣着用织物，用于制作穿戴在人体上的各种衣服、鞋、帽、袜、围巾等。②家用织物，用于制作床上用品、毛巾、地毯、窗帘、墙布、家具布等。③产业用织物，直接用于工业、农业、商业、国防、文教卫生等。目前，我国衣着类织物占60%以上，装饰和产业用织物约占40%。

（二）针织物分类

针织物是用织针将纱线钩成线圈，再把线圈互相串套而成的织物。针织物的特点是质地松软，有良好的抗皱性和透气性，以及有较大的延伸性和弹性，适宜于做内衣、紧身衣和运动服等；在改变结构和提高尺寸稳定性后，同样可以做外衣。针织品除做衣着用外，还可以做其他生活和装饰用布，并且在工业、农业和医药卫生等领域应用广泛。

针织物分为纬编针织物和经编针织物两类。

纬编针织物是由一根或几根线在纬编针织机上沿横向形成线圈，并把线圈相互串套起来的针织物，是由一根纱线所形成的线圈沿着针织物的纬向配置。它可以是平幅的，如横机针织物，也可以是圆筒形的，如圆机针织物。纬编针织物的特点是横向延伸性较大，有一定的弹性，且脱散性大，主要用于内衣、裤类、毛衣等。

经编针织物是由一组或几组经纱在经编针织机上同时编织成圈、相互串套而成的针织物，由一根纱线所形成的线圈沿着针织物的经向配置。分为普通经编针织物和衬纬经编针织物。经编针织物的特点是延伸性小，弹性好，脱散性小，宜做外衣、蚊帐、渔网、花头巾和毛巾等。

（三）非织造织物分类

非织造织物根据其制造原理和方法不同，大致可以分为以下几类：①树脂黏着非织造织物。即将合成纤维通过梳棉机或梳毛机做成薄膜状纤维网，重叠到必要厚度，再经加热使合成纤维软化黏结或侵入树脂溶液使纤维黏结而形成织物。②针刺非织造织物。分为水刺法和针刺法两种。针刺法是采用数千枚特殊结构的钩针，穿过纤维网，上下反复穿刺，使纤维忽上忽下反复转移而相互缠绕纠结形成致密的非织造织物。③纺黏非织造织物。在合成纤维原液从纺丝头喷出形成长丝的同时，利用静电和高压气流，使长丝无规则地杂乱地散落在金属帘子上，然后经过热滚筒进行热定型，即可将长丝黏结成非织造织物。④缝织非织造织物。用多头缝纫机对纤维网进行多路缝合形成结构紧密的非织造织物。

（四）机织物的组织结构

织物在织机上形成时，经纱与纬纱交织是按照一定的规律进行的。织物组织是经纱与纬纱按相互沉浮交织规律交错组织的一种状态，组织结构不同，织物的外观风格和内在质量也有差异。机织物的组织结构可分为四大类。

1. 基本组织

基本组织也叫原组织、三原组织，包括平纹组织、斜纹组织、缎纹组织三种。①平纹组织。其特点是经纱与纬纱每隔一根纱线交织一次，是交织法中最简单的一种，却是织物质地较硬而最紧牢的组织，交织次数多，纱线相互紧靠，坚实牢固，应用很广，如棉布中的平布、府绸，丝绸中的纺、绨、绢，毛织物中的凡立丁等。②斜纹组织。其特点是织物表面有明显的倾斜纹路，经纬纱交织比平纹组织少，织物比较细密、柔软，光泽和弹性也较好。③缎纹组织。其特点是各个单独组织点的间距较远，织物表面精致美观，富有光泽。缎纹组织在丝织物中应用较多，棉布中有直贡呢、横贡缎等。

2. 简单花纹组织

简单花纹组织可分为变化组织和联合组织两类。①变化组织，是由基本组织变化而来，有平纹变化组织、斜纹变化组织和缎纹变化组织等。②联合组织，是由几种不同的组织按各种不同的方法联合而成，可构成具有明亮和阴暗部分的阴影组织，也可构成织物表面呈现蜂巢状凹凸的蜂巢组织。

3. 复杂组织

复杂组织由两组或多组经纱和纬纱交织而成，有双重组织、双层组织、多层组织、起毛组织、毛巾组织、纱罗组织等，其相应的织物品种甚多，应用于衣着、装饰和工业技术中。

4. 大小提花组织

提花组织的织物表面上有各式各样的花纹和图案，如丝织物中的锦就是最精美的提花织物，其花纹细致高雅，色泽瑰丽多彩，鲜艳悦目。棉织物中也有各种花纹图案的沙发布、提花毛巾等。

（五）针织物的组织结构

针织物的组织结构根据线圈结构与相互间排列，分为基本组织、变化组织和花色组织三类。

1. 基本组织

基本组织是线圈以最简单的方式组合而成，是所有针织物的基础。这种组织有纬编平针、螺纹、双反面、经编编链、经平、经缎等组织。

2. 变化组织

变化组织是在一个基本组织的相邻线圈纵行间，配置另一个或几个基本组织的线圈纵行而成。这类组织有纬编变化平针、双螺纹、经编经绒等组织。

3. 花色组织

花色组织是以上述组织为基础，利用线圈结构的改变，或者另外编入一些辅助纱线和其他纺织材料而成。这类组织有提花、纱罗、抽花、添纱、衬经衬纬、长毛绒，以及由以上组织组合而成的复合组织等。这类组织有显著的花纹效应和不同的机械特性。

二、织物设计

（一）织物设计的内容

织物设计是织造加工的首要环节，与织物的使用关系密切，必须根据以下六个方面来设计：

（1）织物用途和使用对象。织物的用途与使用对象不同，其风格会全然不同。织物用途有服装用、装饰用、产业用三类。使用对象可按男女老幼、城市农村、民族地域、文化层次、地理环境、内销外销等。

（2）织物风格与性能。织物风格包括的内容极其丰富，不同品种不同用途的织物，如棉型、中长型、毛型、丝绸型、麻型等，其风格要求不同。性能上，有织物断裂强度及伸长、耐磨性、紧密性、起毛起球性、折皱回复性、透气性、保暖性等。

（3）织物纤维原料。每一种纤维原料都具有独特性能，使用一种新原料就可以构成一种新的品种，因此纤维原料组合设计是织物设计的一项重要内容。

（4）织物纱线选用。不同结构纱线的配置会产生外观丰富多样的产品。纱有各种原料的纱和各种工艺制成的纱，线有双股、三股、多股及多次合股的线，纱线有各种不同的花色。经、纬纱线不同形式的组合，纱线线密度的变化与配合，会产生不同的织物外观和手感。

（5）织造加工技术。不同的织造加工技术会形成不同的主要加工工序，不同的产品要用不同的织造设备及不同的工艺参数来织造。

（6）织物的后加工技术。织物的后加工技术可分为机械后加工和化学染整后加工。机械后加工有割绒拉绒整理、缩呢工艺、剪花工艺、剪毛工艺、热压工艺、烧毛工艺、磨毛工艺等。化学染整后加工有漂练、染色、丝光、印花、喷花、烂花、涂层整理、树脂整理、防缩、防皱、防静电、防水、防污、阻燃整理等。经过不同的后加工，织物的外观效果会发生根本性的变化。

（二）织物设计原则

织物的设计要先做市场调查，使产品能够适销对路并有原料供应和质量保证。织物设计要坚持以下原则：

（1）适销对路原则。织物设计要最大可能地满足消费者的需要，切忌以设计者的个人爱好来代替消费者的愿望。产品设计是针对市场需求的设计，而不是设计者个人艺术爱好的设计。

（2）经济实用与美观相结合原则。织物设计应明确产品的使用目的、用途、性能要求及流行趋势等。就服饰用纺织品而言，除功能性和耐用性外，还要做到"外表美观、穿着舒适、洗涤方便、利于活动"。

（3）创新与规范相结合原则。织物设计既要有异想天开的开拓性思维，使产品不断创新，也要考虑到原料、纺纱、织造、染整工艺的优化组合及产品的规范化。

（4）设计、生产、销售相结合原则。各部门要瞄准市场的现实需要和发展趋势，积极配合做好产品研发工作。销售部门要及时掌握市场需求制订销售计划，设计部门要按销售信息安排研制和设计新产品，生产部门要从生产作业、材料供应、质量保证和成本控制上组织产品的生产。

（三）织机选择

1. 机织织机的选择

目前，加工机织物的织机分为有梭织机和无梭织机两大类。有梭织机虽有一定优点，如结构简单、制造成本低、能形成牢固的布边等，但因梭子的尺寸、重量大，相应要求梭口高度高，撞击剧烈，噪声大，机物料消耗大，综框动程大，严重限制了织机的速度和机幅，同时，生产品种的适应性也有一定局限，已逐步被各类无梭织机取代。

无梭织机利用高速射流（空气、水）或体积小、重量轻的引纬器来牵引纬纱通过梭口。其引纬的特点是：①射流与引纬器的重量减轻，可使织机速度大幅提高，特别是以流体作为引纬，织机主轴速度可达到 1 000 r/min 以上，织物幅宽也得到成倍扩大。②引纬射流与引纬器截面尺寸小，可使筘座动程和经纱开口高度相应缩小，对经纱起到良好的保护作用。③引纬动作缓和，纬纱所受张力比较合理，同时，采取混纬方式织入（纬纱交替引纬），可减少织物后加工的染色差异。④噪声较小，机物料消耗低，工作环境得以改善。⑤入纬率高，即单位时间（分钟）内织机引入纬纱的长度长。

目前，无梭织机类型主要有剑杆织机、喷气织机、喷水织机、片梭织机等，应根据不同织物品种来选择。剑杆织机广泛应用于棉、毛、丝、麻、化纤、玻璃丝等各种纤维纱线的织物加工，适用性最强。喷气织机最适合于生产大批量单色织物。喷水织机以生产合成纤维长丝单色织物为主，双喷嘴织机也可生产双色织物。片梭织机目前主要用于生产高档毛织物、牛仔布以及阔幅装饰织物和床上用品、产业纺织品等。

2. 针织织机的选择

针织织机分为纬编针织机和经编针织机两大类。纬编针织机又细分为圆型纬编针织机、平型纬编针织机以及袜机三种。①圆型纬编针织机简称圆纬机，是织针配置在圆形针筒上，用于生产圆筒形纬编针织物的针织机。圆纬机类型很多，主要有台车、多三角机、单面提花圆机、双面提花圆机、双反面提花圆机、螺纹机、双螺纹机、毛圈针织机、毛绒针织机等。②平型纬编针织机简称平纬机，是织针依次平列配置在平板型针床上的针织机，用于生产纬编成形衣片。其针床工作宽度可随意选择，以得到不同幅度的坯布；也可在编织过程中放针或收针，增宽或缩小织物幅宽，编织具有一定外形的成形针织品。平纬机也有单针床和双针床两种，可织造平针组织、螺纹组织、双反面组织等成形衣片。③袜机，分为圆袜机和平袜机两种。圆袜机也有单针筒和双针筒之分。圆袜机可生产长、中、短筒袜和连裤袜及各种花色袜的管状袜坯，用改变各部段的线圈大小等办法来适应脚形。管状袜坯的袜头缝合后成无缝袜。平袜机则是编织女式有缝长筒袜的袜机，它能织成根据脚、腿形状改变各部段宽度的平幅袜片，缝合后成为有缝袜。

经编针织机是把平行排列的经纱编织成经编针织物的针织机，简称经编机。经编机的类型很多，有的适用于编织组织结构和花型比较简单的经编针织物，如衣料、蚊帐、头巾、床单、小花纹家庭用品等，有的适用于编织组织结构和花型比较复杂的经编针织物，如窗帘、台布、床罩、毛毯、花边饰带、妇女内外衣、渔网、包装袋等。此外，还有许多专门用途的经编机。

三、织造准备

（一）经纱的织前准备

1. 络纱

络纱的目的是将纺纱厂送来的管纱或买来的绞纱接长，绕成能保证整经工序最高生产率的纱线卷装筒子；检查纱线直径，消除纱线上那些在以后织布工序中会造成断头或有损织物外观的疵点，如粗细节、条干不匀、绒毛、棉结、杂质等。

络纱机上的络纱筒子分为有边筒子和无边筒子两种，无边筒子又分为圆柱形、圆锥形、瓶形等；按筒子上纱圈卷绕结构可分为平行卷绕和交叉卷绕两种。络纱机也有相应的各种类型，我国纺织厂中大量使用的是槽筒络纱机，每台锭数有 60 锭、80 锭、100 锭和 120 锭之分，其中 100 锭为标准式。络纱工序是纺织厂中用人多、劳动强度高、劳动生产率低的一个工序，因此，实现络纱机操作的机械化、自动化是纺织科学研究和纺织工业现代化的重要课题之一。目前，自动络纱机已在许多纺织企业中使用。使用时要控制好络纱纱线速度，因为通过络筒纱线毛羽是会增加的，速度越快，毛羽增加越多。

2. 整经

整经的目的是将一定根数的经纱按规定的长度和宽度平行卷绕在整经轴上，以满足后续工序的需要，或直接做成织轴。整经要求各根经纱张力相等，在经轴或织轴上均匀分布，色线排列符合工艺要求。

整经方法根据不同工艺要求采用分批整经、分条整经和分段整经等。①分批整经是将织制某种织物所需的总经纱数分绕在若干个整经轴上，在并轴和浆纱时再并合卷绕在织轴上。分批整经速度快，生产率高，适合于大批量生产，常用于棉织生产。②分条整经是先将织物总经纱数的一部分组成一个条带卷绕在整经滚筒上，绕到规定长度后剪断，再紧挨前一条带卷绕另一条带，如此依次将一条条带卷绕在同一整经筒上，直至绕到规定条数为止，最后将整经滚筒上的经纱用倒轴机构卷绕到织轴上。分条整经法广泛用于小批量、多品种的色织、毛织、丝织等。③分段整经是先将织物的总经纱数的一部分卷绕在狭幅小经轴上，然后将若干个狭幅小经轴上的经纱同时退绕到阔幅经轴上，最后再用倒轴机构将经纱卷绕到织轴上。

3. 浆纱

经纱上浆的目的就是用一种特制的黏着剂，使纱线周围伸出的纤维黏附于纱的条干上，提高经纱的光滑度，同时使经纱的表面覆上一层能承受摩擦力及不使纱线发毛的薄膜，增强纱线的耐磨性。还有部分浆液渗透到纱线内部，增加纤维间的附着力，在纱线受到拉伸时阻碍纤维在纱线内自由移动，从而提高经纱的强度。

经纱上浆有经轴上浆、织轴上浆、绞纱上浆、单纱上浆等方式。经轴上浆是将若干只经轴的经纱同时引出，经上浆、烘干后绕成织轴，此法应用最广。织轴上浆是由分条整经机做成织轴后上浆再卷绕成织轴，多应用于丝织、色织等多品种小批量的生产。绞纱上浆是将绞纱在浆液中浸透后绞干、抖松、烘干，适用于色织、织带等小批量生产。

棉麻股线作经纱时，可不经浆纱；用黄麻纱制织麻袋时，也可不经浆纱；毛织生产中经纱不需上浆，但在织前准备中需增加并纱和拈线过程；生丝生织和熟织均需在织前经过并丝和拈线，一般也不经浆纱。

浆纱的浆料由黏着剂和助剂组成。黏着剂有淀粉、动物胶、褐藻胶、水溶性纤维素醚等。其中，淀粉广泛适用于各种纱线的上浆，动物胶适用于天然丝和粘胶丝的上浆，褐藻胶和纤维素醚适用于棉纱、粘胶纱的上浆。助剂有柔软剂、表面活性剂、淀粉分解剂、防腐剂和蜡等。上浆前，应根据经纱品种、工艺要求制订浆液配方，并将各种浆料以合理的程序和方法调制成规定的浓度、温度、黏度和 pH 值的浆液，供浆纱之用。

4. 穿经

穿经是上机前将卷绕在织轴上的经纱按一定的织物组织要求，穿入停经片、综丝和筘内。在纺织厂中，穿经有手工和机械两种方式。手中穿经在穿经架上进行。人工分纱后，先用穿经钩将纱穿引入停经片和综丝眼中，然后借插筘刀把经纱插入筘齿的缝隙中。手工穿经劳动强度高，生产率低，但适宜于复杂的组织和小批量生产，且穿经质量较好，便于综、筘和停经片的清理和保养。大批量生产时，第一只织轴采用手工穿经，以后用手工连接，或用打结连接，或用特种黏结剂黏结。把织完的织轴纱头与新织轴上的经纱连接起来，称为接经。然后把原织轴上的停经片、综和筘移到新织轴上，以完成穿经工作。机械穿经的接经机原理与手工接经法相同，有固定式和活动式两种。固定式接经机在接经室内工作，活动式接经机则在织机停机时在机后工作。20 世纪 60 年代后期，我国研制成功单程式穿经机，使分纱、分停经片、分综、穿孔和插筘五个基本穿经动作在机上自动完成，实现了穿经自动化，提高了经纱织前准备的效率，也减轻了工人手工穿经的劳动强度。

（二）纬纱的织前准备

1. 卷纬

在一些纺织厂中，织造工程所用的纬纱大多依靠本厂纺纱工场供给，将细纱机所纺成的纬纱直接卷绕在纬管上供给织造应用，而无需经过专门的卷纬工序，这种纬纱称为直接纬纱，而经过专门的卷纬工序的纬纱称为间接纬纱。

直接纬纱的主要优点是减少一道工序，节省了厂房面积、电力、机物料和纬纱储备量，但缺点也是很明显的，即直接纬纱卷绕较松，纱管上纱的容量不大，增加了精纺机的络纱次数和织布机换梭、换纬次数，使停台时间增加，影响生产效率，产生疵布多，影响布的质量。经过卷纬工序的间接纬纱则增加了纬管容量，纬纱较长，减少了织机的换梭和换纬次数，提高了效率，减少了回丝，同时改善了纬纱质量，断头数减少，改善了织物外观，减少了造成脱纬的可能。直接纬纱常用于棉毛纱织联合企业制织一般织物，间接纬纱常用于毛织、丝织、麻织和单一的织布厂。

2. 定捻

在纺纱过程中，加捻后纱线中的纤维因受拉伸作用而产生抗加捻的内应力，使纱线捻度不能稳定，当纱线松弛时会产生扭结起圈。定捻是利用湿热条件稳定纱线捻度，防止纱线松弛时产生扭结现象，避免出现纬缩等疵病。

纱线定捻有三种方法：①自然吸湿法。即把管纱或筒子纱放在湿度较高的室内一定时间，让其自然吸湿后定捻。此法常用于棉、麻、毛等纬纱定捻。②给湿定捻法。将管纱或筒子纱直接浸入水中一定时间，以提高纱线回潮率。此法定捻时间短，纱线储备量少，适用于强捻的棉、丝和毛纱线定捻。③热湿定捻法。将管纱或筒子纱放在蒸纱锅内加热给湿或用蒸汽喷湿定捻。适用于强捻丝、毛纱、合成纤维纯纺纱或混纺纱线定捻。

（三）针织纱的织前准备

针织用纱线的织前准备工艺比较简单。纬编针织用纱线只经过络纱，把纱线卷绕成纬编针织生产需要的筒子，并在络纱过程中清除纱疵和杂质。经编针织用纱线除经过络纱外，还要经过整经做成经轴。整经可用分段整经法，将织物全幅所需经纱分绕在若干个狭幅小经轴上，然后依次并列地穿在轴管上，便可构成供经编机和织编机等用的经轴。

四、织造生产工艺流程

不同卷装的纱线经过织前准备加工处理，做成符合织造需要的卷装——织轴和纬管后，便可在织机上织制成符合质量要求的织物。织机上经纬纱交织的过程如下：当综框被上下分开时，穿入综丝眼的经纱也被分成上下两层，形成梭口。装有纡子的梭子从两层经纱间穿过，将一根纬纱留在梭口中。筘座向前运动，筘即把引入梭口中的纬纱推向织口，经纱与纬纱交织成织物。已织成的织物由卷布辊卷起，与此同时，从织轴上放出一定长度的经纱。这是织机上完成经纱与纬纱的交织必须进行的开口、引纬、打纬、卷取和送经五种基本动作，这些动作循环反复，就构成了连续生产的机织过程。

机织中为了获得不同的组织花纹，常采用凸轮（踏盘）开口机构、多臂开口机构或提花开口机构。装有凸轮开口机构的踏盘式织机，是利用凸轮控制综框的升降及其工作顺序。一般用 $2\sim8$ 片综框，适用于生产各种平纹、斜纹、缎纹和灯芯绒等织物。装有多臂开口机构的织机称为多臂机，使用 $16\sim32$ 片综框，可以织制各种小花纹组织的织物。装有提花开口机构的织机称为提花机，可织造大花纹织物，如提花毛巾、提花毛毯、提花锦缎、像景等织物。织制多种纬纱的格子或横条织物，可用多梭箱织机。

在织造过程中，当纡子中的纬纱断头或用完时，可采用手工的方法或机械自动化的方法来调换或补给。织机按补给纬纱自动化与否，分为普通织机和自动织机。我国目前生产的都是自动织机。自动织机上换纬的方式有自动换梭和自动换纡两种。织机上还有各种辅助装置，用来提高织机的产量和织物的质量，减轻织工的劳动强度，防止零件的损坏以及保护操作者的安全等，如纬纱断头自停装置、经纱断头自停装置、护经装置、飞梭防护装置等。

各种织物的织造生产工艺流程如下。

（1）本色纯棉织物的基本生产工艺流程为：

经纱：整经→浆纱→穿结纱 ⟶
⟶织造→验布→刷布→烘布→折布→打包→入库
纬纱：给湿 ⟶

（2）棉/化纤混纺或交织织物的基本生产工艺流程为：

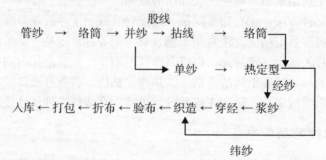

（3）毛型织物的基本生产工艺流程为：和毛→梳毛→细纱→络筒→并线→整经→穿结经织造→坯布检验→修补→刷坯测长→缝筒→洗呢→缩呢→洗呢→脱水→染色→定型→拉幅烘干→中检→熟修→起毛→剪毛→刷毛→蒸呢→烫光→成品检验。

（4）针织基本生产工艺流程。成圈是针织的基本工艺，纱线构成线圈，经过纵向串套和横向连接，便成为针织物。针织机上成圈的主要机件是织针，常用的织针有舌针和钩针。成圈过程有针织法和编结法两类。

1）针织法的成圈工艺过程为：退圈→垫纱→弯纱→带纱→闭口→套圈→连圈→脱圈→成圈→牵拉……（循环反复）。

2）编结法的成圈工艺过程为：退圈→垫纱→带纱→闭口→套圈→连圈→脱圈→成圈→弯针……（循环反复）。

五、织坯整理

织机上织成的织物，一般按规定长度剪开落下，落下的织物称为织坯。各类织坯的整理工艺流程不完全相同，一般包括以下基本程序：

（1）织坯检验。检验工用目光逐匹检验验布机上布坯表面疵点，测定下机产量，并将所发现的疵点标记在布边上，以利于分档、分等、修、织、洗等工作。

（2）刷布。用刷布机刷去织坯表面残留的部分纤维结和杂质，使其表面光洁，以改善布面外观。

（3）烘布。一般在高温和潮湿天气条件下采用，把织物的回潮率控制在一定范围以内，便于较长时间储存，避免织物在梅雨季节发生霉变。

（4）折叠。在折布机上以 1 m 长的折幅将织物折叠起来，并测量联匹长度。

（5）分等和成包。根据布边疵点标记核查疵点评分，然后以匹为单位累计评分定等。在考核入库一等品时，属修、织、洗范围的疵点暂不评分，待修、织、洗油后复查、定等。最后在织物的一端印上织物规格、名称、商标等印记，并按规定匹数和长度将织物包装起来，以便储藏、运输和销售。

六、新型织机

随着现代纺织技术的发展，无梭织机正逐步取代有梭织机。目前，新型无梭织机主要有剑杆织机、喷气织机、喷水织机和片梭织机。

1. 剑杆织机

剑杆织机是以剑杆作为引纬器。剑杆引纬方式又称积极引纬，它是利用两个剑杆积极控制引纬器的相向运动，当一侧的引纬器导入纬纱时，另一侧引纬器到到梭口中间接去纬纱，这样轮流传递纬纱，就能使纬纱引入梭口，同经纱交织成织物。这种织机虽然引纬速度不是很高，但适用性很强。棉、毛、丝、麻、化纤、玻璃丝等各种纤维纱线都能加工，纱线不论粗细或花式都能使用，而且在一个纬纱循环中可同时使用粗号纱和细号纱；细薄、中厚、厚重、紧密等各类织物都能织造；能织多色纬纱，一般织 8 色，个别型号的织机达 16 色。目前，剑杆织机主要用于毛织物、色织、牛仔布、装饰类织物及工业用织物生产中。剑杆织机是在有梭织机的基础上改造而成的，构造简单，价格适中，具有投资省、上马快的优点，能生产一般产品，因而得到广泛应用，缺点是生产效率稍低。

2. 喷气织机

喷气织机利用压缩空气喷射纱线表面所产生的摩擦牵伸力把纬线带过梭口，是一种消极引纬方式的织机。喷气织机引纬系统是在发展过程中不断完善的，目前采用主喷嘴＋异形筘＋辅助喷嘴的引纬系统，有广泛的产品适应性，可广泛应用于批量较大的织物中。喷气织机的转速很高，可达 350～450 r/min，引纬 1 500～1 800 m/min。由于喷气织机没有投梭和自动换纬机构，机器工作时噪声较小，改善了工人劳动环境，有利于保护工人健康。

3. 喷水织机

喷水织机是把小水滴用很高的压力从喷嘴飞喷出去形成射流牵引纬纱通过梭口，也是一种消极引纬方式的织机。喷水织机转速快，达 1 000 r/min，引纬达 2 000 m/min，适宜于大批量低成本的织物加工，目前以生产合成纤维长丝单色织物为主，随着双喷嘴织机的采用，也可以生产双色织物，但不能用于阔幅织物的织造，目前最宽喷水织机织幅为 230 cm。

4. 片梭织机

片梭织机以片状钢梭作为引纬器，是一种积极引纬方式的织机。它与有梭引纬不同之处在于：片梭只起引纬器的作用，它不装载纬纱卷装，体积很小，重量很轻，速度比一般织机高许多，声响和振动也比一般织机小得多。片梭织机机构复杂，制造要求精确，机器价格高，适用于生产附加值高的产品，目前主要用于生产高档毛织物、牛仔布、阔幅装饰织物与床上用品及产业用纺织品。

七、针织工艺与服装 CAD/CAM 技术

20 世纪 70 年代以来，随着计算机的微型化、智能化和网络化，计算机辅助设计（CAD）、计算机辅助制造（CAM）、计算机辅助检测（CAT）、计算机辅助教学（CAI）等计算机辅助技术广泛应用于科学技术、工业、交通、财贸、农业、医疗卫生、军事以及人们日常生活的各个方面。

针织工艺与服装 CAD/CAM 技术主要是，应用计算机图形图像的编辑功能进行针织物花形意匠图的设计，织物纹路的模拟显示，服装的自行打板、推板、排料和立体效果显示，以及应用计算机的快速反应能力进行各种工艺设计与计算，以适应针织产品短周期、小批量、多品种的市场需求。

现代纺织制造在信息化、数字化技术驱动下，各类针织工艺与服装计算机辅助设计（CAD）和计算机辅助制造（CAM）系统如雨后春笋般出现并得到普及和发展。在针织工艺 CAD/CAM 技术方面，针织工艺 CAD 系统有针织工艺参数设计、线圈模型设计、针织及组织设计、色彩搭配设计和针织面料仿真设计。针织工艺 CAM 系统都是通过电磁转换来控制选针机构从而完成编织加工的，它将 CAD 系统设计的图案经软件处理转换为一套适合加工的工艺参数信息送入控制箱，驱动电磁执行机构完成编织。这当中具体操作系统有：针织圆纬机 CAD/CAM 系统、针织横机 CAD/CAM 系统、经编机 CAD/

CAM 系统等。

在针织服装 CAD/CAM 技术方面，有针织服装 CAD/CAM 原型制作、选款、打板、排版、排料、设计纸样、工艺说明和工艺管理等基本功能模块。设计完成后可以输出原型制作、打板、排版、排料、设计纸样、工艺说明和工艺管理的图形及文本，或经软件处理直接控制排料、裁剪和缝纫以进行生产。

针织工艺与服装 CAD/CAM 技术随着计算机软硬件的不断发展和更新换代，将向更高级、更方便、更实用的方向发展，向机电一体化方向发展。具体而言，其发展方向以数据库结构化、网络化为主，专用功能与扩展功能并重发展，系统与质量评估密切配合，向计算机辅助评价（CAQ）系统延伸；与企业信息密切配合，向企业信息化及信息中心延伸，以及向 3D 效果仿真发展。当前，针织设备从利用计算机进行辅助花型设计到计算机进行花型图像处理，从计算机控制的电子选针到自动卷取落布，从单机控制到多机控制、远程控制或群控，从机器的运动状态监控到机器故障显示，从机器运行参数的设定到根据织物要求的自动调整等一系列先进计算控制技术的广泛应用，使针织机技术达到一个较高水平。

第四节　染　　整

染整工程是对纺织制品进行以化学处理为主的工艺过程，它与纺纱、织造生产一起形成纺织物生产的全过程。通过染整加工，可以提高纺织制品的使用性能和改善其外观，染整质量对纺织品的使用价值有重要的影响。

一、纺织物的预处理

预处理是指纺织物烧毛、退浆、精练、漂白、丝光和热定型等工艺过程，目的是除去纱线或织物上的天然杂质以及纺织生产过程中所附加的浆料、助剂和沾污物。纺织品经过预处理后具有较好的润湿性、白度、光泽和尺寸稳定性，便于以后加工，并提高其使用价值。

1. 烧毛

烧毛是使纱线或织物在张紧的状态下迅速通过火焰或在炽热的金属表面擦过，把表面茸毛烧去的工艺过程。把纱线或织物表面的茸毛烧去，能使织物表面光洁、织纹清晰，增进染色或印花后的色泽鲜艳度，在使用过程中不易沾尘。合成纤维织物烧毛后，还可减轻因茸毛摩擦而引起的起球现象。纱线烧毛主要是绢丝烧毛和棉纱线烧毛，纱线张紧后以一定的速度通过火焰口将茸毛烧去。织物烧毛采用烧毛机，常用的有煤气烧毛机和铜板烧毛机。煤气烧毛机使用方便，对各种厚薄不同的织物的烧毛都很适用，烧毛也比较匀净。铜板烧毛机适合于组织紧密和厚实的织物烧毛。

2. 退浆

棉、麻、粘胶和合成纤维织物的经纱，在织造前大多经过上浆，浆料在染整过程中会影响织物的润湿性，并妨碍化学试剂与染料对纤维的接触。因此，织物在染整时都先经退浆，以免影响染整的效果。各种织物退浆常用的方法有三种：①热水退浆法。织物浸轧热水后，在退浆池中保温堆放 10 多个小时，使浆料溶胀而用水洗去。对于水溶性浆料如褐藻胶、纤维素醚等采用热水退浆法有良好的退浆效果。②碱退浆法。在碱液作用下，淀粉发生膨化，经热水强烈洗涤后，可从织物上除去。棉织物用碱液退浆，还能除去较多的自然杂质，对棉子壳的去除帮助更大。③酶退浆法。主要用酶来分解织物上的淀粉浆料。常用于退浆的酶有胰淀粉酶和细菌淀粉酶。酶退浆所需时间短，浆料的去除较为完全，而且不损伤纤维，适用于含杂质较少的轻薄织物退浆。

3. 精练

精练是用化学方法和物理方法除去棉、麻、毛、蚕丝织物中的天然杂质、沾污物和残存浆料的工艺过程。化学纤维织物的精练主要是除去纺织生产过程中的浆料和沾污物。

棉、麻织物的精练俗称煮练。棉纺织物煮练的目的是除去纤维所含的棉蜡、油脂、含氮物质、果胶、棉子壳等杂质，使纤维具有良好的吸水性和获得一定的白度，改善织物的染整性能。煮练的主要用剂是烧碱，另加表面活性剂、硅酸钠、亚硫酸氢钠和软水剂等助剂。棉布的煮练方法有煮练锅煮练和汽蒸煮练两种。

苎麻织物的煮练与棉织物相似。亚麻纤维对酸、碱和氧化剂较敏感，其织物宜采用较为缓和的条件进行处理。

蚕丝织物的精练称为脱胶，多数蚕丝织物的脱胶分两步进行，先经初练，再经复练。

毛织物在纺织过程中会黏附毛油、浆料、尘埃、油污等，这些杂质的除去是通过洗呢工艺来进行的。

化学纤维不含天然杂质，精练的目的是除去纺织过程中的浆料、润滑剂、着色剂和尘土等，精练工艺条件缓和。

4. 漂白

漂白是用化学方法将纺织物中存在的有色物质分解去色，使纺织物获得必要白度的工艺过程。棉麻纺织物中存在着天然的或附加的有色物质，经精练后仍有残留，需要漂白。羊毛纤维一般不经过漂白过程。丝纤维的色素等杂质主要在丝胶中，脱胶后一般不再漂白。有些合成纤维经热定型处理后会泛黄，需要漂白。

常用的漂白剂有：①次氯酸钠，主要用于棉、麻、织物漂白；②过氧化氢，可用于各种纤维和一般化学纤维织物的漂白；③亚氯酸钠，适用于棉、麻、合成纤维及其混纺织物的漂白。棉布用次氯酸钠漂白，通常有轧漂、淋漂和连续轧漂等方式。

5. 丝光

丝光是指棉、麻纺织品在张紧状态下用浓烧碱溶液处理，以获得耐久的光泽，提高对染料吸附能力的加工过程。丝光以纱线或织物的形态进行。

纱线丝光通常以绞纱形式进行，将煮练后的绞纱套在一对施加张力的滚筒上，滚筒转动使绞纱浸于碱液中数分钟，然后淋洗除去碱液，最后在消除张力下浸酸中和残碱，并进行充分水洗。

织物丝光有布铗丝光机和弯辊丝光机等。棉织物丝光通常轧碱两次，其间经过绷布滚筒，以增加碱液渗入织物时间。第二次轧碱后，织物进入布铗伸幅装置张紧，然后用热水充分水洗除去碱质，并以稀酸中和残碱，最后以冷水清洗。

6. 热定型

热定型是使具有热塑性的合成纤维及其混纺或交织物形态和尺寸相对稳定的工艺过程。这些纺织物在染色或印花之前，一般先在有张力的状态下进行热定型，以防止织物收缩变形。织物热定型有干、湿两种方法。干热定型是使织物在加热室中用热风加热，并将幅宽逐渐拉伸到一定尺寸，织物从加热室出来后经冷却区冷却，从而得到稳定的尺寸。聚酯纤维及其混纺、交织物多采用干热定型。湿热定型有热水浴和汽蒸两种形式，前者是使织物在沸水或高压罐中处理，后者是将织物卷绕在多孔辊上用饱和或过热蒸汽汽蒸。锦纶织物常采用湿热定型。

二、染色

染色是使纺织材料染上颜色的工艺过程，它借助染料与纤维发生物理化学的结合作用，或者用化学方法在纤维上生成不溶性有色物质，使整个纺织品成为有色物体。

染色产品应该色泽均匀，而且必须具有良好的染色牢度。染色牢度是各方面的，对一般消费者而言，染色应有日晒、气候、皂洗、汗渍、摩擦等牢度。染色制品的用途不同，染色牢度的要求也不同。如衬里布与日光接触机会少，而摩擦的机会较多，因此，它的摩擦牢度必须良好，而日晒牢度的要求则不高；夏季衣服需要经常洗晒，故染色制品应具有较高的日晒、皂洗和汗渍牢度。

染色的染料大多是有色的有机化合物，可溶于水，或能制成溶液，纤维材料用染浴处理时，在纤维分子与染料分子之间引力的作用下，染料能舍溶液而上染到纤维上。染色一般用水做介质，在一定温度、pH 值等条件下进行。在上染过程中，染料分子到达纤维表面附近，借分子间引力而在纤维表面发生吸附，然后染料由纤维表面向纤维内部扩散而染着在纤维上。许多染料在上染后，不经其他化学处理，染色即告完成；有的染料上染后，要经过化学处理，使染料完成它的化学变化，染色才告完成。

上染时染料从染液向纤维转移的特性称为染色亲和力。在一定条件下，染料对纤维的亲和力大小是由染料与纤维的性质决定的，因而各类纤维有各自适应的染料。

纤维素纤维常用的染料包括：直接染料、活性染料、不溶性偶氮染料、还原染料和可溶性还原染料、硫化染料、苯胺黑染料等。

蛋白质纤维常用的染料包括：直接染料、活性染料、酸性染料、酸性媒染染料、酸性含媒染料等。

醋酯纤维和合成纤维染色常用的染料各有不同。醋酯纤维染色主要用分散染料，有时也用不溶性偶氮染料；锦纶纤维用酸性染料、酸性含媒染料和分散染料；涤纶纤维用分散染料，有时也用不溶性偶氮染料；腈纶纤维用盐基性染料；维纶纤维用硫化染料、还原染料和酸性媒染染料，有时也用直接染料。

纤维制品可以散纤维、条子、纱线和织物的各种形式去染色，染色机械有相应的各种类型，例如，棉织物常用的平幅状染色机有交辊卷染机，大规模染色的有连续轧染机等。

三、印花

印花是采用各种方法在纺织物上印制各种花纹图案的工艺过程。印花是一种综合性的技术，一般包括雕刻、调浆、印制、后处理等工序。印花织物是一种实用性的艺术品，花样设计不但要适合人们的生活习惯、特点和爱好，还应该有高度的思想性和艺术性。

印花有毛条印花、纱线印花和织物印花之分，以织物印花为主。毛条印花用于织制混色花呢，纱线印花用于织造特种风格的彩色花纹织物，织物印花按所用设备不同，分为镂空版印花、筛网印花、滚筒印花。

在印花过程中，将染料和溶剂、助剂等各种化学品与糊料调制成印花色浆，用印花设备印到织物上，染料在纤维上发生染着作用，最后把糊料洗去。糊料有淀粉、糊精、海藻胶、龙胶、阿拉伯树胶等。印花色浆应具有良好的润湿性能，具有适当的黏着力，并具有能克服由于织物的毛细管效应而引起的渗化的能力。色浆应均匀，不含有不溶物质颗粒和浆块。印花色浆的制备是先将糊料调制成糊，称为原糊，印花时，将染料、化学品加入到原糊中，混合搅拌而成色浆，再印到织物上。

织物印花的基本工艺方法有如下几种：

（1）直接印花。是指在织物上直接印上色浆，然后经过蒸化等一系列的后处理过程而获得所需花纹图案的印花方法。此种印花方法简单，大多用于夏季浅色花布的印制。筛网印花一般都采用直接印花。

（2）拔染印花。是指在已染过色的织物上，印上含有能破坏原有颜色的还原剂或氧化剂（拔染剂）等的色浆，使在深色织物上获得白色或彩色花纹的印花方法。通常把获得白色花纹的拔染印花称为拔白印花，把获得有色花纹的拔染印花称为色拔印花。织物印花后通过蒸化等后处理以及皂洗、水洗等，便可在染色织物上获得白色或彩色花纹。

（3）防染印花。是指在织物上先印上能防止底色染料着色或显色的色浆，然后将织物染色而获得底色花布的工艺方法。印花色浆中防止染色作用的物质称为防染剂。获得白色花纹的防染印花称为防白印花，获得有色花纹的防染印花称为色防印花。如果所印花纹很大，或者染料的清色非常困难，则只能用防染来获得所需的印花效果。

（4）特种印花。分为皱缩印花、烂绒印花、静电植绒等。静电植绒是在织物上印上黏着剂，在高压静电场中发生感应的绒毛垂直地密植于织物表面，被黏结剂黏着，经烘燥、刷毛、烤焙而得。绒毛可先经染色，也可在植绒后用喷雾印花法制成彩色植绒制品。

印花机主要有滚筒印花机、筛网印花机、圆网印花机等。圆网印花机的特点是利用圆网的连续转动进行印花，既保持了筛网印花的风格，又提高了印花的生产效率。

四、整理

织物整理的目的是稳定织物尺寸，改善织物的外观和手感，增强使用性能等。整理的方法分为物理机械整理和化学整理两类。物理机械整理是依赖机械作用完成的整理，化学整理是使用化学剂在纤维上发生化学反应或物理化学变化而得的整理效果。整理要根据不同织物材料有针对性地进行。

1．棉织物的整理

棉织物的特点是吸湿性好，穿着舒适，耐洗，污物容易洗去，但光泽较差，弹性也较差，容易起皱。因此，棉织物的整理应尽可能保持其特性，并使其在一定程度上获得其他纤维织物的优点。棉织物在练漂和染印加工中，经受许多机械作用，引起了织物经向伸长、纬向收缩、幅宽不均匀以及纬斜等现象。因此，棉织物需要在拉幅机上定幅，以使幅宽均匀，长度亦获得一定的恢复。还可以通过预缩整理，减少织物在穿着洗涤过程中的缩水。要求具有防皱性能的产品可做防皱整理。漂白产品可用荧光增白剂增白。棉织物可用轧光、电光和轧纹整理，增加织物的美观。按照用途，有些产品需要上浆或用柔软剂做柔软整理，有的还要做阻燃、拒水、拒油等化学处理。

2．麻织物的整理

为了改善亚麻与苎麻织物表面的光泽和手感，一般采用剪毛、上浆和轧光等整理。衣着用白细麻布可结合丝光进行防皱整理，提高抗皱性能。黄麻织物用树脂处理可以提高耐磨性能。用于帐篷、挂包等粗麻织物，可进行防水、防霉、上蜡、轧光等整理，特种用途的麻织物还可以进行防火整理。

3．蚕丝织物的整理

蚕丝织物手感柔软，光泽美观，回弹性比棉麻好，一般不需要特殊整理。蚕丝织物经练、染、印后，都需进行脱水、定幅、烘干处理；缎类织物可用明胶单面上浆，再经糅合处理，以获得丰富而柔和的手感；丝绒类织物经过拉幅、烘干后，还需经过刷毛、剪毛等处理。蚕丝织物脱胶后失重多，可进行加重整理。蚕丝织物容易起皱，经防皱整理可以得到改善。有特殊需要的，还可以进行拒水整理和柔软整理。

4．毛织物的整理

毛织物整理可分为光面整理和绒面整理两类。对精梳毛织物的整理属光面整理，目的是使呢面光洁，织纹清晰，挺括而有弹性。整理过程主要是洗呢、煮呢、蒸呢、压呢和剪毛。对粗纺毛织物的整理属于绒面整理，经整理后呢面有绒毛，手感柔软丰满而富有弹性。整理过程主要是洗呢、缩绒、起毛、蒸刷、剪毛、蒸呢或烫呢。

5．化学纤维纯纺、混纺、交织物的整理

化学纤维织物的特性随品种而不同，整理工艺也各不同。粘胶纤维手感柔软，长丝可织成仿蚕丝织物，产品干、湿强力较差，容易起皱，缩水率大。采用化学防皱整理，可以增进抗皱性能，提高强力，降低缩水率。涤纶、锦纶等热塑性合成纤维织物经过热定型整理，可得到良好的形态稳定性，用轧光、轧纹整理，能获得较耐久的效果。化纤织物由于吸湿性差，易沾污，可用易去污处理和防静电整理，以改善其使用性能。此外，还可以做柔软、拒水、拒油、涂层等加工整理。化学纤维混纺和交织物可参照各类天然纤维的整理，结合化学纤维的特性采用不同的整理工艺。

第八章　食品工业技术

古人云：“民以食为天。”一个人一生所吃的食物，大约是人体重的 1 000 倍。食品是人体生长发育、更新细胞、修补组织、调节机能必不可少的营养物质，也是产生热量保持体温、进行脑力活动和体力活动的能量来源。食物首先来源于农业，同时来源于食品加工业。食品工业与食品农业对于国家、社会同样具有极其重要的意义。

所谓食品，简单地说，就是经过加工制作的食物。食品工业是运用机械设备和科学方法对食品原料进行加工以供人们食用为目的的工业。其他工业相比，食品工业同具有原料资源分布广、产品品种多、行业多、加工季节性较强、产品质量要求复杂等特点。由于食品工业产品繁多，制作加工工艺各不相同，在此仅以若干代表食品为例介绍其制作加工技术和过程。

第一节　罐头食品生产

一、罐头食品的种类

罐头食品是指用密封的容器包装并经过高温杀菌的食品，也称罐藏食品。罐头食品可供直接食用，它的食味虽稍逊于新鲜食品，但基本上还能保持原有风味和营养价值。罐头食品不仅便于携带、运输，还便于储存，不易破损，耐久藏，能常年供应市场。在国外，罐头食品已成为人们的日常食品。

罐头食品种类繁多，按罐藏原料分类，可分为果蔬类罐头、畜禽肉类罐头和水产类罐头；按加工方法分类，可分为清蒸类罐头、调料类罐头、油浸类罐头、糖水糖浆类罐头、果浆类罐头和果汁类罐头等。

二、罐头原料的处理

果蔬类罐头原料装罐前的处理包括分选、洗涤、去皮、修整、热烫、抽空等，其中分选、洗涤对所有的原料均属必要，其他则根据原料及成品的种类而定。①分选。目的在于剔除不合格的和腐烂霉变的原料，并按原料的大小和质量进行分级，以保证和提高产品质量。②洗涤。目的是除去果蔬表面附着的尘土沙泥、部分微生物以及可能残留的农药等。③去皮。对需要去皮的果蔬，可以用手工、机械、热力、化学等方法去皮。比如，苹果、梨可采用旋皮机去皮，马铃薯、荸荠可采用擦皮机去皮，成熟度较轻的桃、番茄及枇杷等多用蒸汽去皮，橘子去囊衣可采用化学去皮法。④修整。是对去皮的果蔬进行切块或去蒂柄等。⑤热烫。将果蔬放入沸水或蒸汽中进行短时间的加热处理，目的是稳定色泽，改善风味与组织，杀死部分微生物。⑥抽空。对于一些含空气较多或易变色的水果，如苹果、梨等，在装罐前一般采用减压抽空处理，使水果的空气释放出来，代之以糖水或无机盐水，以便后续工序的顺利进行和提高产品质量。

畜禽肉类和水产类罐头原料也要经过相应的处理，如洗涤、去杂物、切块、预热（蒸煮、油炸等）处理。

除原料处理之外，还要对辅助材料，如动植物油、食盐、砂糖、酱油或其他调味品等进行处理，以增加成品的色香味。同时，罐头生产用水也必须符合标准。

三、装罐

原料经过加工处理后，应立即装入罐内（铁盒罐、铝盒罐、玻璃罐、软包装罐等），以免变质、变色。装罐的基本要求是：①装罐前容器必须清洗和消毒。②同一等级的罐头，其原料的色泽、成熟度、块形大小及块数应该相同。③按标准称重，每罐允许公差±3%，但每批平均重量不低于标准；对出口的罐头，只允许正差，不得有负差。④装罐要密实，减少罐内空气，保证封罐后达到规定的真空度。⑤装罐时要留有顶隙，一般为8～10 mm，目的是在排气时产生一定的真空度，避免在杀菌过程中铁盒发生变形、裂缝，玻璃罐发生跳盖、破裂等现象。午餐肉与果浆罐头一般不留顶隙。

装罐方法有人工装罐和机械装罐两种。对于经不起机械性摩擦，需要合理搭配和排列整齐的块片状食品（果蔬块、鱼块、畜肉块、禽肉块等），一般用人工装罐，其主要过程包括装料、称量、压紧和加汤汁或调味料等。对于颗粒体、半固体和液体食品，常用机械装罐，如青豆、甜玉米、午餐肉、果浆、果汁等。装罐后要用封罐机将罐盖预封，其松紧程度以能让罐盖沿罐身自由地回转但不脱开为度，以便排气时使罐内的空气、水蒸气及其他气体自由地从罐内逸出。

四、排气和封罐

食品装罐后在密封前要将罐内的空气尽可能排除，以阻止罐内需氧菌及霉菌的发育生长，保证食品质量。对于玻璃瓶罐，排气还可以加强金属盖和容器的密合性，即罐盖借大气压力紧压在罐口上，罐内内压减轻，使跳盖的可能性大为减少。

排气方法一般有热力排气法、真空封罐排气法和喷蒸汽封罐排气法。

（1）热力排气法。用得较多的是链带式加热排气，其特点是预封罐头由多条链带输送装置连续不断地从排气箱一端送入箱内，并按照预定排气时间在箱内导轨往返传送的同时，接受蒸汽或高温水加热，而后再从排气箱的另一端输出，直接送往封罐机封罐。热力排气法还有一种热装罐密封法，即先将食品（液体和半液体食品）加热到一定温度（70 ℃左右）后立即装罐密封。热力排气法常会引起食品品质变化，特别是水果罐头，极易出现组织溃烂、失去风味和容易变色等情况，因此排气温度不宜过高。

（2）真空封罐排气法。即在真空环境中进行排气封罐的方法，一般在真空封罐机中进行。真空封罐机内罐头排气时间很短，只能排除顶隙内的空气和罐头食品中的一部分气体，但真空度比热力排气法所达到的要高。真空封罐时顶隙值大小极为重要，顶隙愈大，真空度愈高。但顶隙过大，又会影响商品信誉，使人感到"量不足"，这也是应该注意的，适度则可。

（3）喷蒸汽封罐排气法。就是在封罐时向罐头顶隙内喷射蒸汽，将空气驱走后而

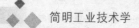

密封，待顶隙内蒸汽冷凝时便形成部分真空的方法。

排气之后要立即封罐。封罐就是利用封罐机将罐盖和罐身紧密封闭，使罐内食品和罐外环境隔离。

五、加热杀菌和冷却

罐头封罐后，还要进行加热杀菌。杀菌的目的是杀死食品中所污染的致病菌、产毒菌、腐败菌，并破坏食物中的酶，使食品储藏两年以上而不变质。杀菌设备一般是杀菌锅，是一种密闭高压容器，有立式杀菌锅和卧式杀菌锅两类。

加热杀菌的温度和时间要根据内容物种类、性质和杀菌要求不同而定，一般可分为低温杀菌（常压杀菌）和高温杀菌（高压杀菌）两种。低温杀菌的温度为 80 ~ 100 ℃，时间 10 ~ 30 min，适用于含酸较高（pH < 4.5）的水果罐头和部分蔬菜罐头，如黄瓜、番茄、酱菜等。高温杀菌的温度为 105 ~ 121 ℃，时间 40 ~ 90 min，适用于含酸较低（pH > 4.5）和非酸性的畜禽肉、水产品及大部分蔬菜罐头。

加热杀菌结束后应当迅速冷却，如不立即冷却，食品的质量就会受到严重的影响，如色泽变暗、风味变差、组织变烂等。冷却速度越快，对食品质量影响越小。但快速冷却时，必须注意罐内外压力差的变化，以免发生爆罐事故。常用的冷却方法有普通冷却和空气反压冷却。普通冷却就是在杀菌锅表压降为零值时，从锅底进冷水冷却，或取出罐头放在水池内冷却。空气反压冷却就是杀菌结束并停止进蒸汽后，先将所有阀门关闭，让压缩空气通入锅内，达到一定压力，然后缓慢地放入冷水进行冷却。

六、成品检验

经过杀菌冷却后的畜禽肉类罐头和水产类罐头，还要送到（37 ± 2）℃的高温库中，经过 5 ~ 7 d 保温后验质；果蔬类罐头在 20 ℃中保温 7 d 后再验质。如杀菌不彻底，罐内残留的微生物在上述适宜温度下就会繁殖起来，使罐内食品腐败变质，产生气体，罐底或罐盖将出现膨胀。因此，在保温结束后，全部罐头要进行一次敲音检查，将正常罐和不良罐分开处理。有些不膨胀的酸败罐，用敲罐听声的方法检查不出来，则需抽样开罐验质。由于保温检查会影响罐内食品的色、香、味，有的甚至会发生罐臭（如虾、蟹类罐头），因而对这类罐头要采用抽样开罐检查。

第二节 啤 酒 生 产

一、啤酒的营养价值

啤酒以麦芽为主要原料，是营养丰富的酿造酒，在酒类中含酒精最低，而含二氧化碳较多，是夏天人们喜爱的清凉饮料。啤酒还有"液体面包"之称，被列为世界营养食品，因为它具有营养食品的三个基本条件：①啤酒中含有较多的氨基酸，人体必需的氨基酸都含有；②啤酒的发热量较高，1 L 啤酒能供给的热量，相当于 5 个鸡蛋，500 g

瘦肉或250 g牛奶的热量；③啤酒中的营养成分都易被人体消化吸收。现行国家标准规定的啤酒定义是，啤酒是以麦芽为主要原料，加酒花，经酵母发酵而成的，含有二氧化碳气，起泡的低酒精度的饮料。

啤酒是世界上产量最大的酒种，其酿造历史已有4 000多年。我国的啤酒是外来酒种，酿造历史还不到100年。从整体上看，我国啤酒的酿造设备和技术还比较落后，品种、质量和产量还不能满足人民群众的需要。但近20年来啤酒行业发展很快，新建啤酒厂增加不少，啤酒品种、质量和产量都在逐年上升，成为当今民众普遍喜爱、饮用最多的酒种。我国现已成为世界第二大啤酒生产国。

二、啤酒原料

生产啤酒的原料主要有大麦、淀粉辅助原料、酒花、水和啤酒酵母。啤酒采用大麦做原料，一方面，取其淀粉和蛋白质成分；另一方面，使大麦发芽，取其淀粉酶作为糖化剂。酒花又称蛇麻花，能赋予啤酒香味和爽口苦味，并增进啤酒泡的持久性。水的质量对啤酒的影响十分重要，特别是糖化用水，直接影响到啤酒质量。我国青岛啤酒之所以久负盛名，远销国内外，与其使用当地有名的崂山矿泉水做糖化水大有关系。为了节省大麦芽，可以在酿造啤酒时选用部分含淀粉较多的碎大米和去胚的碎玉米等做辅助原料，以降低成本和提高啤酒的质量。酵母是事先培养好的含有麦芽糖酶和酒化酶的酵母菌等，它能将麦芽汁中可以发酵的糖及蛋白质和酒花等转化为乙醇、二氧化碳、氨基酸、脂、有机酸、苦味质等，使啤酒具有独特的风味。

三、麦芽制造

麦芽制造先后经过新大麦储存→选麦浸泡发芽→麦芽烘干→去根备用。新大麦储存6～8 d，可以提高发芽率；选麦是为了发芽整齐和除去杂质；浸泡是使大麦吸足水分和氧，为发芽提供条件，一般放在专用的发芽罐或发芽箱内发芽；烘干的麦芽便于去根，并能产生特有的色、香、味。

四、麦芽汁制造

麦芽汁的制造过程就是原料中淀粉的糖化过程，即将麦芽粉碎与温水混合，借助麦芽自身的多种水解酶，将淀粉和蛋白质等高分子物质进一步分解成可溶性低分子糖类、糊精、氨基酸等，最后形成一定浓度的麦汁，并和麦糟分离开。未分离麦糟的混合液称为糖化醪。麦芽粉糖化的方法有煮沸法和浸出法。浸出法要求麦芽具有较强的糖化力，辅助原料也不宜过多。大多数啤酒厂采用煮沸法进行糖化，其过程是首先将辅料和部分麦芽粉在糊化锅中同水混合，并升温煮沸糊化；同时，麦芽粉和水在糊化锅内混合，在45～55 ℃保温进行蛋白质休止，时间在30～90 min以内，再将糊化锅中煮沸的糊醪泵入糖化锅，并在65～68 ℃保温糖化。待糊化醪无碘反应后，再从糖化锅中取出部分醪液放入糊化锅，进行第二次煮沸，而后泵入锅使醪温升至75～78 ℃，停止10 min后过滤。过滤后的麦汁送入煮沸锅，在煮沸过程中加入酒花，煮沸后除去花粕，并调整麦汁浓度，经过冷却沉淀，即可进行发酵。

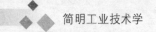

五、发酵

啤酒麦芽汁的发酵分为前发酵和后发酵两个过程。

前发酵的主要任务是麦汁中的可发酵糖在酵母的作用下发酵变成酒精，一般采用下发酵法。啤酒按发酵方式分为上发酵和下发酵。上发酵在较高温度（200 ℃以下）下进行，起发快，发酵后期大部分酵母浮在液面，发酵期 4～6 d，生产周期短，设备周转快，啤酒有独特风味，但保存期较短。下发酵在较低温度（130 ℃以下）下进行，发酵过程缓慢，发酵期 5～10 d，发酵后期大部分酵母沉降于容器底部。下发酵的后发酵期较长，酒液澄清良好，泡沫细腻风味好，保存期长，我国及世界上大多数国家采用下发酵法生产啤酒。采用下发酵法发酵时，通常是将加酒花后的澄清麦汁冷却至 7 ℃，然后于发酵室或发酵池接种酵母发酵。发酵过程分为低泡、高泡和落泡三个阶段。低泡阶段是指接种后 15～20 h，发酵池的四周出现白沫直至扩至全液面，产生二氧化碳，经过 2～3 d 后泡沫逐渐增多，从而进入高泡阶段。高泡阶段泡沫丰富，表面出现了黄棕色，品温达到 8.5～9.0 ℃，维持 2～3 d。落泡阶段为 2～3 d，泡沫收缩，形成褐色的泡盖，经人工降温至 4～5 ℃和一定糖度，然后将这种前发酵的"嫩酒"送至密封罐进行前发酵。

前发酵后接着是后发酵。后发酵的目的是完成残糖的最后发酵，增加啤酒的稳定性，饱充二氧化碳，澄清酒液，消除"嫩酒味"，降低氧含量等，以形成啤酒特有的色香味。一般啤酒的后发酵期约为 15 d，高档优质啤酒后发酵期长达 90 d。后发酵以后经测定符合指标即可过滤放酒。

六、成品酒包装

成品啤酒有鲜啤酒（生啤酒）和熟啤酒之分。鲜啤酒是不经过巴氏灭菌或瞬时高温灭菌，成品中含有一定量的活酵母菌，达到一定生物稳定性的啤酒。鲜啤酒因未经灭菌，酒体中保留着大量的酵母和酶，同时也存在其他杂菌而不易长期储存，故保质期短，一般只有 7 d 左右，只能就地销售饮用。过滤后的成品酒若作鲜啤酒出售，可直接进行桶装，就地供应消费者饮用。鲜啤酒不但口味新鲜，啤酒风味浓厚，而且具有较高的营养价值。

过滤后的成品酒若作熟啤酒出售，则要进行瓶、罐装。熟啤酒是经灌酒机上包装后，再经过巴氏灭菌或高温瞬间杀菌生产的啤酒。熟啤酒可以较长时间储存，其保质期可达 3 个月左右而不发生沉淀浑浊。鲜啤酒与熟啤酒的区分就在于是否经过杀菌工序。市上出售的瓶、罐装啤酒，绝大多数为熟啤酒。

第三节　食糖和糖果生产

一、食糖的营养价值

食糖是人民生活的必需品。食糖的发热量比猪肉、鸡蛋、大米、面粉都高，是供应人体热能的重要物质。食糖也是食品工业和医药工业等工业生产的基本原料和辅助材料。

二、食糖原料

食糖是由甘蔗或甜菜制成的产品，其主要成分是碳、氢、氧三元素所组成的蔗糖。蔗糖是由葡萄糖和果糖所构成的一种双糖，分子式为 $C_{12}H_{22}O_{11}$。葡萄糖和果糖结合成蔗糖时，醛基和酮基的特性完全丧失，故蔗糖无还原作用，但在一定条件下可分解为具有还原性的葡萄糖和果糖。蔗糖是无色透明的单斜晶系结晶体，故其名称为砂糖。蔗糖易溶于水，吸湿性很小，其溶液有一定的黏度。蔗糖较甜，甜味愉快爽口，是各种糖果和甜品的主要甜味来源。

食糖原料在我国热带、亚热带地区是甘蔗，而在北方地区主要是甜菜。甘蔗含糖量为12%～14%。蔗糖生产后的废物是大量的甘蔗渣，而甘蔗渣纤维十分丰富，是造纸工业的极好原料。因此，蔗糖制糖企业一般应该办成糖纸化工企业，利用制糖生产中产生的"三废"（即废物、废水、废气）生产大量的副产品，才能使企业获得较好的经济效益，并防止污染环境。在制糖甘蔗产区，还有一种黑皮甘蔗，其产量高，面积广，但含糖量低（6%左右），含水分很大，而且比较脆口，被称为果蔗。果蔗被当做水果一样消费食用，一般不能用做食糖生产的原料。

蔗糖是人民生活和社会生产最重要的甜味料。除蔗糖外，能够充当甜味料的还有淀粉糖浆、饴糖（麦芽糖）、转化糖浆（葡萄糖和果糖混合物）、果脯糖浆、糖醇、低聚糖、蜂蜜、甘油、甜味剂、糖精钠（化学合成）等。食糖原料众多，但生产数量最大、最容易获得、最适合人体需要的食糖原料，主要是甘蔗和甜菜。

三、食糖生产方法

制糖要先从甘蔗或甜菜中压榨出甘蔗汁或甜菜汁，除去其中的杂质，然后加入少许石灰水，与其中所含的酸发生中和，因为糖汁中有酸的存在，蔗糖很容易分解变成葡萄糖和果糖。石灰水与蔗汁中的酸中和以后所形成的沉淀的钙盐和酸质，可以用过滤方法除去。同时，在过滤的溶液中通入二氧化碳，使多余的石灰水发生沉淀，再将它重复过滤而除掉。将经过多次中和反应和重复过滤后的蔗糖汁液放在真空器中蒸发，蒸浓以后使其冷却，这时就有红棕色略带黏性的结晶体析出，这就是红糖。红糖虽显得粗糙，却有丰富的营养价值。

如果再将红糖溶解在水中，加入适当数量的吸色物质（骨炭或活性炭），就可以使红糖的颜色脱去，再经真空蒸发浓缩，冷却后就可以得到白色结晶体——白糖。此种白糖尚含有一定的水分，再将水分除掉，就可以得到砂糖和冰糖。砂糖是蔗糖的颗粒结晶体，不同的砂糖结晶度不同。按结晶颗粒大小，砂糖可分为粗晶粒砂糖、中晶粒砂糖、细晶粒砂糖、面包专用细砂糖。冰糖则是蔗糖的大结晶块，俗称石头糖。为补充国内生产和供应食糖不足，我国每年都从古巴等拉丁美洲国家进口大量的蔗红糖，用于进一步加工成白砂糖和冰糖，满足国内市场的用糖需求。

四、糖果生产工艺

糖果的主要组成物质是甜味物质，称为甜味料，即糖类原料，此外还有油脂原料、乳品原料、胶体原料、果料原料和食品添加剂等。砂糖是制取糖果的最主要、最重要的甜味料。砂糖的主要成分是蔗糖，因此，砂糖是蔗糖的俗称。在糖果工业中，应用最广泛的食糖商品是白砂糖。从生产工艺的实用性出发，至今还没有一种糖类可以完全代替砂糖在糖果中的作用，因为砂糖具有一系列显著的特性：①具有合适的甜度和甜味；②产生基体作用，可作为填充剂、稀释剂和载体；③溶解度高，溶解速度快；④通过产生渗透压而使糖果具有良好的保存性；⑤纯净无色，可达到化学纯粹的品质；⑥具有转化成还原糖的能力；⑦具有结晶性；⑧通过与蛋白质和淀粉反应能形成一定的结构；⑨加热能形成香味物质与呈色物质；⑩具有很好的营养性、消化性、安全性；⑪具有良好的储存稳定性。另外，砂糖来源充沛，价格低廉，具有明显的经济效应。因此，砂糖广泛应用于糖果中，而没有一种其他糖类能完全取代它。

糖果制作的工艺过程主要是：配料→化糖→熬糖→混合与冷却→成形→包装。具体来说，就是先将白砂糖、糖稀、水以及其他原料（根据不同糖果种类而定）、柠檬酸、香料、食用色素等，按比例要求配置齐全，但要各料分开装置，暂不混合。此为制作糖果的第一道工序——配料。

配料之后的工序是化糖。硬糖果物料的溶化主要是指砂糖的溶化，其工艺目的是将结晶状态的砂糖变成糖的溶液状态。化糖过程首先要了解砂糖在水中的溶解特性，以确定合理的加水量。理论上砂糖和水的比例为 1∶0.25，此时的糖溶液为饱和溶液。但是，其他糖浆和成分的因素也会影响糖溶液在一定温度下的饱和度，因此，实际加水量一般为总干固物的30%～35%，加热温度掌握在105～107 ℃，浓度为75%～80%。糖液沸腾后要静止片刻，使砂糖充分溶解，一般化糖时间以 9～11 min 为宜。如果采取在压力下加热化糖的方法，加水量可减少至15%左右。

熬糖是糖果制作的重要工序。溶化后的糖液含水量在20%以上，要使糖液达到硬糖果规定的浓度变成糖膏，就必须脱除糖液中残留的绝大部分水分，通过不断加热，蒸发水分直至最后将糖液浓缩至规定的浓度。这一过程在糖果制作中称为熬糖。熬糖过程中，糖液通过不断加温吸收热量，自身温度得以不断提高。当糖液温度升到一定的温度时，糖液的内在蒸汽压大于或等于糖液表面所受的压力时，糖液即产生沸腾，糖液内大量的水分以水蒸气的状态脱离糖液，糖液的浓度得以提高。熬糖方式分为常压熬糖、真空熬糖和连续真空熬糖等。常压熬糖采取直接用火加热的方式，在108～160 ℃的条件下进行，熬煮物料应保持在 pH 为 6 左右，熬煮物料的批量宜少，熬煮周期不超15 min，熬煮后期通过高温区时应尽快进行，要准确控制制品的熬煮终点与最终浓度。真空熬糖也称减压熬糖，在一个密闭的熬糖锅内，糖液表面的空气大部分被抽除，糖液受到表面空气压力极小，在升温过程中，只要达到较小的蒸汽压，糖液即处于沸腾状态，使糖液在较短时间、较低温度条件下便能完成规定浓度的脱水过程，避免了糖液在长时间高温条件下熬煮带来的不利影响。真空熬糖分为三步，即预热、真空蒸发和浓缩。在进行熬糖前，要先将溶化的糖液预热至115～118 ℃，然后开启真空泵及冷凝器水阀，排除锅内部分空气。当锅内真空度达到 34 kPa 时，开启吸糖管开关，把预热后的糖液吸入真空锅，同时开启真空熬糖锅的加热室蒸汽。当糖液温度达到 125 ～ 128 ℃时，即可将气压开关和加热室蒸汽关闭，使锅内真空很快升高到 93.33 kPa 以上。当糖液温度降低到 110 ～ 112 ℃时，熬糖即告结束。然后，打开气压开关，关闭冷凝水阀及真空泵。最后，打开熬糖锅底部阀门，将熬好的糖液取出。

混合与冷却是熬糖后紧接的一项工序。经熬煮的糖液从熬糖锅取出后，在糖体温度降至 110 ℃左右，糖液还未失去流动性时，将所有的着色剂、香料、柠檬酸及其他添加物料及时添加进糖体，并使其分散均匀。这一过程在糖果制作中称为混合。在混合的同时，要对糖液进行冷却。硬糖果制作过程中冷却的作用，首先是控制与缓和经熬煮糖液内部变化的继续和由于操作不当引起的变化；其次是促使糖液降低到一定的温度而有利于物料的混合；最后使糖液的温度降低到便于成形的状态，一般冲压成形的硬糖果需要冷却到 80 ～ 90 ℃。在此温度下，糖膏具有良好的可塑性和较大的黏度便于进一步成形。硬糖果冷却的方式有手工冷却，也有机械自动冷却。不管哪种方式冷却，传热介质都是冷水。要根据不同的糖膏温度、环境温度和自来水温度，调节好冷却水的流量，使物料充分均匀混合，冷却顺利进行。

硬糖果的成形由于品种特性不同，方式也不同。大部分硬糖果是浇注成形和冲压成形，但也有滚压成形、剪切成形、塑性成形等。除浇注成形的硬糖外，采用其他方式成形的硬糖果，糖膏温度都需控制在 80 ～ 90 ℃之间。温度过高，则定型的糖粒有变形的危险；温度过低，则操作困难，糖粒表面容易开裂而不光滑。硬糖果的成形过程包括整形、匀条和塑压等程序。成形后的糖粒实际上仅表面是固体，其内部热量仍在向外扩散，因此必须继续予以冷却。冷却方式一般采取表面冷风冷却，经处理的冷风温度为 12 ～ 18 ℃，相对湿度应低于 60%，固化温度为 58 ℃左右，终了冷却温度为 40 ℃左右。

硬糖果的包装分为内包装和外包装。内包装纸糖果行业一般称其为商标纸，其包装形式有扭结包装、枕式包装、克头包装（折叠式包装）。扭结包装是国内最传统的包装形式，现在一般采用枕式包装。克头包装由于适宜于卷包条包，符合糖果消费量小、休闲方便的特点，近几年来在国内城市糖果消费中有逐步流行的趋势。糖果外包装形式有袋装、条装（卷装）、听装、盒装。内外包装无论采用哪一种形式，材料的选择都必须符合食品卫生法规的要求，在此基础上，追求对糖果保质期的有利及产品的商业性。尤其是进入市场经济以后，竞争的剧烈使得糖果制造厂家在产品的外观设计造型上更趋向于观赏性、艺术性，以提高产品的商品性，因而外包装在上述几种形式的基础上，繁衍变化无穷，极大地丰富了市场，满足了人们日益增长的消费需求。

第四节　面包和饼干生产

面包和饼干是营养价值较高的食品，由于食用和携带方便，故消费量较大。面包与饼干的主要原料是小麦面粉，辅助材料一般有酵母、盐、糖、蛋品、乳品、油脂、果

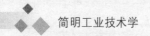

料、色素和水等。

一、面包的制作方法

制作面包的常用方法是将所需的面粉和辅助材料混合在一起，然后经过揉搓，做成面团，使其发酵一段时间（一般是两次发酵），接着将面团分割成一定形状和重量的小块，再经醒发后刷蛋液，最后将其放置于烤炉内烘烤而成。在现代的面包烤房里，混合、揉搓、分割和成形都是机械化的。发酵过程中产生的乙醇和二氧化碳，在烘烤时乙醇几乎都被驱散，而二氧化碳膨胀，使面包呈蜂窝状结构而显得松软。

二、饼干的制作方法

饼干种类较多，其制作都经过如下基本工艺流程：首先将面粉和辅助材料通过和面机制成面团，再经过辊轧机轧成面片，成形机压成饼胚，最后经烤炉高温烘烤，冷却后即成酥松可口的饼干。制作饼干一般不用酵母（苏打饼干除外），为了使饼干稍微膨胀，生产中可加入膨松剂（小苏打、碳酸氢铵等）。饼干中的含水量为3%左右，而面包中的含水量可达30%以上。

夹心饼干生产的主要环节是在两块饼干中涂上一层夹心，依靠这层夹心将两块饼干黏合在一起而成夹心饼干。威化饼干也是由饼干单片与夹心组成的夹心饼干，其口感酥脆，入口易化，制作过程也主要是涂夹心后再切割、整理、包装。

第五节 奶制品生产

奶是哺乳动物分泌的乳汁，商品乳主要是指牛乳。牛乳呈白色或略带浅黄色，不透明，味稍甜，具有独特的乳香气。牛乳由水、脂肪、无脂乳固体、乳糖、酪素和其他蛋白质等组成，是高营养价值的食品。

一、酸奶的制作方法

酸奶也称酸牛奶，是人们喜爱的饮用发酵乳。所谓发酵乳是以原乳、鲜乳或乳制品等为主要原料，添加乳酸菌或酵母，发酵以后变成凝固状态或液体状态且具有特殊风味的乳饮料。

酸奶制作的原料要求是：原料乳要选择新鲜优质牛乳，其中不得含有抗生素和其他有害菌类，要求无脂乳固形物在8.5%以上。为了增加乳固形物，往往要添加1%～3%的脱脂奶粉。甜味料可使用砂糖、葡萄糖或蜂蜜等，添加量一般为8%～10%。为使酸奶凝乳硬化，还应增加乳固形成分，可添加琼脂0.05%～0.10%，明胶0.5%或淀粉0.3%，其中以琼脂为最好。

酸奶制作首先要按配方将全乳、脱脂乳、脱脂奶粉、砂糖等混合，加热到50～60℃再过滤，并将琼脂切碎加水溶解成为3%的溶解液加入到混合料中。调制时一定要充分搅拌均匀，防止在发酵中乳脂肪分离。奶液搅拌均匀后进行杀菌。杀菌温度90℃，时间 30 min。也可以采用超高温瞬间杀菌，温度 110 ℃，时间 1 min，或温度 135 ℃，时间 2 s。杀菌后要立即将乳质冷却到 40 ℃ 左右。

酸奶制作的最后阶段是发酵、冷藏。菌种在目前食品工业中多数采用的是嗜熟乳链球菌和保加利乳杆菌的混合发酵剂，添加量是 2%～3%，添加后混合均匀，发酵温度 41～44 ℃，以 43 ℃ 为最好，发酵时间为 3～4 h。发酵后在乳液达到一定酸度时（0.7%～0.8%），立即移到冷藏库或冰箱，放置在温度 0～5 ℃ 中，一直到安全冷却下来，冷藏时间以 1～2 周为好。如要使酸奶长时间保存，而又具有山梨酸味，应以用量为 0.3 g/kg 以下的山梨酸汁作为防腐剂，就可达到酸奶长时间防腐存放和增加风味的目的。

二、炼乳的制作方法

炼乳分为甜炼乳（加糖炼乳）和淡炼乳（无糖炼乳）两种，以甜炼乳销售量最大。甜炼乳添加有砂糖，能利用蔗糖溶液的渗透压抑制微生物繁殖，使炼乳富于保存性，有利于长时间存放。甜炼乳制作的工艺流程是：原料乳→标准化→预热杀菌→加糖→浓缩→冷却→加入稳定剂→装罐瓶→高温杀菌→振摇→保温检查→成品。

炼乳制作要选用新鲜含脂乳或脱脂乳。为了使产品的成分一致，所用的乳原料要标准化。如果要提高脂肪含量，应在乳中加乳油；如果要降低含脂率，则应在乳中加入脱脂乳。预热消毒温度为 95 ℃，保持 15 min 消毒时间，并观察其蛋白质的耐热性，但酸度不能高于 180 T。甜炼乳的原料在预热后注入糖浆，其量为乳总数的 16%～18%。

乳浓缩有真空法和平锅法两种。现代炼乳浓缩一般采用真空浓缩法，即将乳液置于真空锅内空气稀薄的空间，从 100.6 ℃ 高温沸腾降到 48.8～54.4 ℃ 范围内进行浓缩。乳在真空锅中加热，体积逐渐膨胀，相对密度小，向上浮到表面时，水汽蒸发，乳体积缩小而浓厚，相对密度增大，于是又下降而达到浓缩的程度。乳浓缩后的体积为原体积的 40% 左右。如果蒸发浓缩乳是淡炼乳，浓缩后即从锅内放出，用纱布滤入冷却器中，冷却到 8～10 ℃；如果是甜炼乳，则应迅速冷却到 30～32 ℃，加入炼乳量 0.025% 的乳糖粉，慢慢搅拌 40～60 min，再冷却到 17～18 ℃，继续搅拌，同时加入 0.02%～0.05% 的微量磷酸氢二钠稳定剂，以保持炼乳的耐久性。

炼乳冷却后应立即装罐。装罐时淡炼乳的温度以 10 ℃ 为宜，而甜炼乳在 17～18 ℃ 之间，但必须在搅拌后 1～2 h 内进行。装罐最好在真空封罐机中进行。炼乳装罐后要立即进行高温杀菌，温度在 110～117 ℃ 之间，以 15 min 为最妥。杀菌后将乳罐放置在振摇器中振摇，促使炼乳内凝聚的干酪酸素软块粉碎，防止罐底沉淀蔗糖，振摇时间为 10 min，转速为 200 r/min。振摇后将乳罐放入 37 ℃ 的保温箱内保温 8～10 d，检查乳罐的杀菌效果。如果杀菌不彻底，由于微生物的氧化作用而产生气体，罐内压力增加，会使乳罐膨胀变形，则说明此罐乳制品不良，应立即检出。乳罐不膨胀者为正常，移入成品库待售。

三、奶粉的制作方法

奶粉是将鲜乳经脱水处理而制成的粉末，脱水后的体积仅为鲜乳的 1/8 左右。奶粉同样具有鲜乳的品质和营养成分，但比鲜乳的保存期长，运输和保存方便，除供给婴儿、病人、老人等食用外，还可供制造糖果、冷饮、糕点等食品加工用。

加糖全脂奶粉制作的工艺流程是：原料乳验收→预处理→预热杀菌→真空浓缩→加糖→过滤→喷雾干燥→出粉→冷却→筛粉→称量包装→检验→成品。

奶粉制作首先要对原料乳进行验收和预处理。原料乳必须新鲜，不能混有异常乳，酸度不超过 200 T，含脂率不低于 3.1%，乳固体不低于 11.5%，比重应为 1.028 ～ 1.032，杂菌数不超过 20 万个/毫升。合格牛奶要进行过滤和净化等处理。预热杀菌的目的是杀死鲜奶中微生物及破坏酶的活性。一般采用高温短时间杀菌法，或超高温瞬时间杀菌法。若使用片式或管式杀菌器，通常采用的杀菌条件为温度 80 ～ 85 ℃，保持 30 s，或温度 95 ℃，保持 24 s；若用超高温瞬时间杀菌装置，则温度为 120 ～ 150 ℃，保持 1 ～ 2 s。

制作加糖奶粉时，加糖方法有几种：一是预热杀菌时加糖；二是浓缩后期加糖；三是连续出料时加糖；四是预热杀菌时加一部分糖，然后在装罐时再加入剩余的糖。按我国国家标准规定，加糖奶粉中蔗糖含量应在 20% 以下。

原料乳经杀菌后，应立即进行真空浓缩，一般浓缩至原料乳体积的 1/4 左右。浓缩设备一般小型乳品厂多用单效真空浓缩锅，较大型乳品厂则使用双效或三效真空蒸发器，也有采用片式真空蒸发器的。浓缩结束，浓缩乳应进行过滤，一般采用双联过滤器。喷雾干燥可采用压力喷雾干燥法或离心喷雾干燥法喷制甜奶粉。如果采用离心喷雾干燥法，可获得奶粉颗粒较粗、大小分布比较均匀的奶粉。喷雾干燥的工艺条件为：转速 8 000 ～ 15 000 r/min，热风温度为 150 ～ 180 ℃，干燥室温度为 85 ～ 95 ℃，排风温度为 85 ～ 90 ℃，成品水分不超过 2%。喷雾干燥室内的奶粉要求迅速连续地卸出，及时冷却，以免受热过久降低制品质量。乳品工业常用的出粉机械有螺旋输送器、鼓型阀、涡旋气封阀和电磁振荡出粉装置等。先进的生产工艺是将出粉、冷却、筛粉、输粉、储粉和称量包装等工序连接成连续化的生产线。出粉后应立即筛粉和晾粉，使制品及时冷却。喷雾干燥奶粉要求及时冷却至 30 ℃ 以下。目前，一般采用流化床出粉冷却装置。

奶粉冷却后应立即用马口铁罐、玻璃瓶或塑料袋进行包装。根据保存期和用途的不同，可分为小罐密封包装、塑料袋包装和大包装。需要长时间保存的奶粉，最好采用 500 g 马口铁罐抽真空充氮密封包装，保存期可达 3 ～ 5 年。如果短期内销售，则多采用聚乙烯塑料袋包装，每袋 500 g 或 250 g，用高频电热器焊接封口。小包装称量应精确、迅速，一般采用容量式或重量式自动称量装罐机。大包装的奶粉一般供应特别需要者，也分为罐装和袋装，每袋重 12.5 kg 或 25.0 kg。包装后经最后检验，合格成品入库待售。

参 考 文 献

[1] 王庆义. 冶金技术概论. 北京：冶金工业出版社，2006.
[2] 王明海. 钢铁冶金概论. 北京：冶金工业出版社，2004.
[3] 刘根来. 炼钢原理与工艺. 北京：冶金工业出版社，2004.
[4] 霍庆发. 电解铝工业技术与装备. 沈阳：辽海出版社，2002.
[5] 徐秀芝，等. 有色金属冶金. 北京：冶金工业出版社，1988.
[6] 余承辉. 机械制造基础. 上海：上海科学技术出版社，2009.
[7] 刘建亭. 机械制造基础. 北京：机械工业出版社，2002.
[8] 庞建跃. 机械制造技术. 北京：机械工业出版社，2007.
[9] 何萍，等. 金属切削机床概论. 北京：北京理工大学出版社，2008.
[10] 申永山，等. 现代电工电子技术. 北京：机械工业出版社，2008.
[11] 徐淑华. 电工电子技术. 2 版. 北京：电子工业出版社，2008.
[12] 廉亚因. 电工与电子技术. 北京：电子工业出版社，2008.
[13] 邢江勇，等. 电工电子技术. 2 版. 北京：科学出版社，2011.
[14] 欧阳微频，等. 应用电工基础知识. 北京：中国电力出版社，2011.
[15] 金有海，等. 石油化工过程与设备概论. 北京：中国石化出版社，2008.
[16] 吴志泉，等. 工业化学. 2 版. 上海：华东理工大学出版社，2003.
[17] 陈五平. 无机化学工艺学. 3 版. 北京：化学工业出版社，2001.
[18] 崔英德. 实用化工工艺. 北京：化学工业出版社，2002.
[19] 廖巧丽，等. 化学工艺学. 北京：化学工业出版社，2001.
[20] 张留成，等. 高分子材料基础. 北京：化学工业出版社，2002.
[21] 刘柏谦，等. 能源工程概论. 北京：化学工业出版社，2009.
[22] 林世雄. 石油炼制工程. 3 版. 北京：石油工业出版社，2000.
[23] 陈绍洲，等. 石油加工工艺学. 上海：华东理工大学出版社，1997.
[24] 姚强，等. 洁净煤技术. 北京：化学工业出版社，2005.
[25] 刘希良. 风能开发利用. 北京：化学工业出版社，2005.
[26] 陈锡芳. 水力发电技术与工程. 北京：中国水利水电出版社，2010.
[27] 沈辉，等. 太阳能光伏发电技术. 北京：化学工业出版社，2005.
[28] 袁振宏，等. 生物质能利用原理与技术. 北京：化学工业出版社，2005.
[29] 杨彦克. 建筑材料. 成都：西南交通大学出版社，2006.
[30] 李业兰. 建筑材料. 2 版. 北京：中国建筑工业出版社，2009.
[31] 张云洪. 陶瓷工艺技术. 北京：化学工业出版社，2009.
[32] 刘晓勇. 玻璃生产工艺技术. 北京：化学工业出版社，2008.
[33] 章友鹤. 棉纺织生产基础知识与技术管理. 北京：中国纺织出版社，2011.

［34］于伟东. 纺织材料科学. 北京：中国纺织出版社，2006.

［35］关立平. 机织产品设计. 上海：东华大学出版社，2008.

［36］徐蕴燕. 毛织物设计与工艺. 上海：东华大学出版社，2008.

［37］万振江. 针织工艺与服装 CAD/CAM. 北京：化学工业出版社，2004.

［38］李争平. 中国酒文化. 北京：时事出版社，2007.

［39］李文卿. 面点工艺学. 北京：中国轻工业出版社，1999.

［40］蔡云升. 新版糖果巧克力配方. 北京：中国轻工业出版社，2002.

［41］李惠娟，等. 禽、蛋、奶类美食品. 北京：科学出版社，2000.